电工电子实训教程

主　编　王俊生
副主编　王春霞　王双林
参　编　王宏亮　陈艳丽　陈之勃

机 械 工 业 出 版 社

本书内容包括3部分：第1篇常用仪器仪表及安全用电介绍了数字万用表，数字存储示波器，信号发生器的使用及安全用电；第2篇电气工程实训介绍了低压电器基础常识，电气识图及安装配线基础，故障检测与调试基础，工程实践中的电动机控制，照明与计量，可编程序控制器及综合实训项目；第3篇电子工艺实训介绍了常用电子元器件的识别与检测，手工焊接技术及工艺，电子产品整机装配工艺，工业生产中电子元器件焊接工艺及综合实训项目等。本书注重实用性、科学性及对工程实践的普及与应用，充分体现电工电子实训的特点，适合于应用型人才培养的需要。

本书可供本科院校及大中专电气信息类专业及非电类相关专业的学生进行电工电子实训使用，也可作为实践指导教师和相关专业工程技术人员的参考用书。

图书在版编目（CIP）数据

电工电子实训教程/王俊生主编. —北京：机械工业出版社，2021. 8
ISBN 978-7-111-69059-7

Ⅰ. ①电…　Ⅱ. ①王…　Ⅲ. ①电工技术-教材 ②电子技术-教材
Ⅳ. ①TM ②TN

中国版本图书馆 CIP 数据核字（2021）第179997号

机械工业出版社（北京市百万庄大街22号　邮政编码100037）
策划编辑：罗　莉　责任编辑：罗　莉
责任校对：肖　琳　封面设计：马若濛
责任印制：单爱军
北京虎彩文化传播有限公司印刷
2022年1月第1版第1次印刷
184mm×260mm · 17.5印张 · 432千字
0001—1500册
标准书号：ISBN 978-7-111-69059-7
定价：59.00元

电话服务　　　　　　　　网络服务
客服电话：010-88361066　机　工　官　网：www.cmpbook.com
　　　　　010-88379833　机　工　官　博：weibo.com/cmp1952
　　　　　010-68326294　金　　书　　网：www.golden-book.com
封底无防伪标均为盗版　机工教育服务网：www.cmpedu.com

前　言

本书主要针对电类专业“电子实习”课程教学编写，兼顾非电类“电工电子实习”课程教学。所选用的课程内容和项目模块是以学生就业为导向，根据企业对专业所涵盖的岗位工作任务及职业能力需求编写的，遵循学生认知规律，紧密结合职业资格鉴定标准，充分体现以任务为引领、依据项目教学的特点。相对传统教材，本书以工艺训练为主线，突出安装调试、故障分析、故障维修等技能，对学生进行规范化的工程训练。内容上注重广泛性、科学性、实用性和先进性，注重新知识、新技术的介绍，从工程实际的角度，培养学生分析和解决实际问题的能力、工程实践能力和创新意识。

本书特点如下：

1. 紧紧围绕应用型办学定位，注重培养学生的工程能力、综合能力和创新能力。

2. 以行业标准为依据，以社会需求为导向，紧密结合行业发展的相关知识、技术、方法，以工程应用为背景并将工程上成功的案例引入到本书内容中。

3. 通过“工程认知—基本技能训练—综合能力训练—创新能力训练”四层次实训结构，按照学生从工程感性认知、基础实践能力、专业实践能力、工程创新能力逐级递进的方式来培养，形成科学合理、特色鲜明的电工电子工程实训课程教学体系。

4. 根据各专业培养目标和专业特点，建立基于专业特点的实习教学内容，构建专业化实习实训项目模块。

5. 依据学生个人兴趣及个人能力，突出个性化培养，每个实训项目都包括基本功能和拓展功能要求；对不同专业、不同能力的学生进行阶梯式、差异化训练；为学生搭建不同层次、不同类型的综合型训练平台。

6. 改变传统形式，实训项目采用任务驱动方式，先以案例进行启发，培养学生分析问题、解决问题的能力，逐步提高学生的工程实践能力、创新能力和实际工作能力。

本书由辽宁工业大学王俊生任主编，王春霞、王双林任副主编，王宏亮、陈艳丽、陈之勃参编。在编写过程中，辽宁工业大学电气工程学院、电子与信息工程学院的老师们提出了许多有益的意见和修改建议，在此表示诚挚的谢意。

本书在编写过程中参考了大量的资料，学习并借鉴了一些编者的思想，在此向这些编者致以衷心的感谢。

由于编者水平有限，书中难免存在错误与不足，恳请同行专家和广大读者批评指正。

编　者

于辽宁工业大学

目　录

第3篇　电子工艺实训

第 1 篇

常用仪器仪表及安全用电

数字万用表、数字存储示波器、信号发生器是电工电子技术人员在工作中经常使用的电子仪器仪表，是电子产品维修者的必备工具，本篇以 VC9800 系列数字万用表、GDS1102B 型数字存储示波器、AFG－2105 型信号发生器为例，重点介绍三种仪表的特点及使用方法。

Chapter

第1章 数字万用表

万用表是电子电路安装与调试过程中使用最多的测量仪表，最大的特点是有一个旋钮开关，各种功能靠这个开关来切换。万用表按指示方式可分为模拟万用表和数字万用表两大类，与模拟万用表相比，数字万用表灵敏度高、准确度高、显示清晰、过载能力强，所以现在数字万用表已成为使用主流，本章介绍 VC9800 系列数字万用表的特点及使用方法。

1.1 VC9800 系列万用表特点

VC9800 系列万用表是一种四位半数字仪表，是一种性能稳定、用电池驱动的高可靠性的数字万用表。仪表采用 42mm 字高液晶显示屏（LCD）显示，读数清晰；具有约 15s 延时背光及过载保护功能，可用来测量交直流电压、电流、电阻、电容、二极管、晶体管等参数，实物如图 1-1-1 所示。

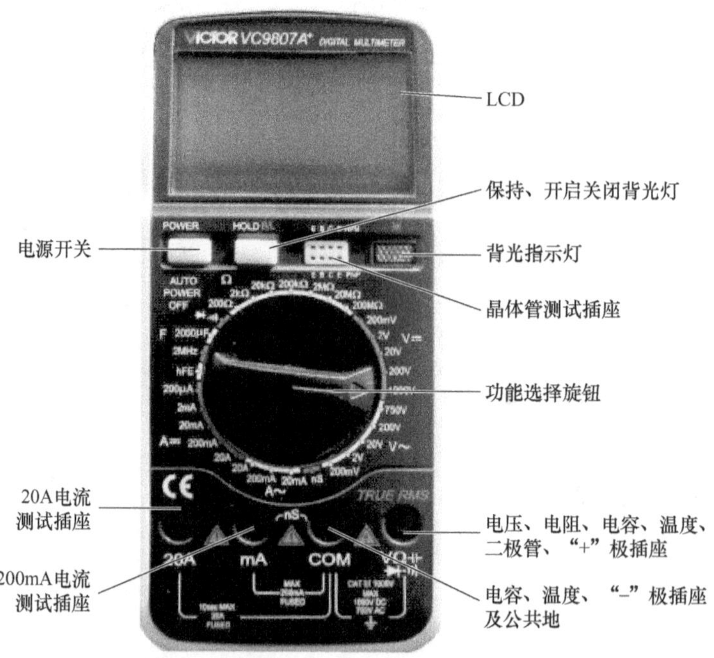

图 1-1-1　万用表实物图

1.2　VC9800 系列万用表使用方法

1.2.1　测量交直流电压、电阻、电容、二极管、晶体管、频率方法及注意事项

1. 测量方法

测量以上元器件时，将万用表红表笔插入“VΩ”插孔，黑表笔插入“COM”插孔；将功能旋钮旋到相应档位进行测量。两端元器件将红黑表笔跨接在器件上或电路中进行测量。

2. 注意事项

（1）档位选择：测量交直流电压、电阻、电容时首先选好测量档位，如果不知道所测量元器件参数值大小，需要将功能开关旋至对应选项的最大档位，根据所测值大小再更换至合适档位进行测量。

（2）测量超量程：如果测量电压、电阻、电容时所选择的档位较小，测量值超出量程范围，万用表显示“OL”或“1”，此时必须将旋钮开关旋至较高档位，确定测量值之后再重新选择合适档位。如果所测值超过最高档位的最大值，则有损坏万用表的危险，此时需要更换测试仪器。若被测二极管开路或极性反接，显示“OL”。

（3）测电压：测量电压较高时，要注意用电安全，避免触电危险，在完成电压测量的操作之后，需要断开表笔与被测电路的连接；测量交流电压不能超过 750V（有效值），测量直流电压不能超过 1000V。

（4）测电阻：

1）测量电阻时如电阻值超过 1MΩ 时，读数需要几秒时间才能稳定。

2）测量在线电阻时，要确认被测电路所有电源已关断及所有电容都已完全放电时才可进行。

3）测量低阻时，表笔会带来内阻，为获得精确读数，可以先记录表笔短路值，然后在测量读数中减去表笔短路时的数值得到电阻值。

4）禁止在电阻量程测量电压。

（5）测电容：

1）测量电容容量之前，对电容应充分放电，以防止损坏熔丝管和仪表。

2）用 20nF 档测量电容时，屏幕显示值可能有残留读数，此读数为表笔的分布电容，为精确读数，可在测量后，减去此数值。

3）大电容档测量严重漏电或击穿电容时，将显示一些数值且不稳定；测量大电容时，读数需要几秒时间才能稳定。

（6）测量二极管：选择“→|−、·))”档，当万用表红表笔接二极管正极，黑表笔接二极管负极时，万用表上显示二极管的正向电压值，否则显示“OL”。

（7）测量晶体管：根据所测量的晶体管是 NPN 型或 PNP 型、然后将晶体管按照发射极、基极、集电极分别插入对应插孔。

（8）测频率：将表笔或屏蔽电缆插入“COM”和“V/Ω/Hz”插孔；将旋钮开关旋转

至频率档上，将表笔或电缆跨接在信号源或被测负载上。测量时需要注意以下几点：

1）在噪声环境下，测量小信号时最好使用屏蔽电缆。

2）输入超过 10V（有效值），可以读数，但可能超差。

3）禁止输入超过 250V 直流电压或交流峰值的电压值。

（9）勿在电阻量程、“⊣▷⊢、·))”档输入电压，避免损坏仪表。

3. 数字万用表使用中容易出现的问题

1）用错档位，比如测直流电压时用了交流电压档位，需要使用者使用前注意先选好档位。

2）量程使用错误，初学者尤其是大中专院校学生容易出现这种问题。

3）测电流时万用表表笔忘记换位置，仍然用电阻电压插孔。

4）测量晶体管时判断错误，引脚位置插错，测量二极管时正负极性弄错。

1.2.2　交直流电流的测量

1. 测量方法

1）将万用表红表笔插入“mA”插孔（最大测量电流为 200mA）或者插入“20A”插孔（最大测量电流为 20A），黑表笔插入“COM”插孔。

2）将功能旋钮旋至相应电流档位，然后将仪表串接入待测回路中，被测电流值及红表笔点的电流极性将同时显示在屏幕上。

2. 注意事项

1）在万用表串接到待测回路之前，应先将回路中的电源关闭。

2）如果事先不知道被测电流大小，则需要将旋钮开关旋至最高档位，然后根据实际测量的电流值旋至相应电流档位；如果屏幕显示“OL”，表明被测电流超过万用表显示量程，需要旋至大量程档位上。

3）最大输入电流为 200mA 或者 20A（视红表笔插入位置而定），过大的电流将会损坏 mA 档的熔丝，在测量 20A 要注意，每次测量时间不得大于 10s，过大的电流将使电路发热，甚至损坏仪表。

4）当表笔插在电流输入端口上时，切勿把表笔测试针并联到任何电路上，会损坏熔丝和仪表。

5）在完成所有的测量操作后，应先关断电源再断开表笔与被测电路的连接，对大电流的测量更为重要。

6）禁止在电流插孔与“COM”插孔之间输入高于 36V 的直流电压和高于 25V 的交流电压。

7）本万用表测得的交流电流为有效值。

1.2.3　数据保持/背光的开启与关闭

按下“HOLD B/L”按键，屏幕出现“HOLD”符号，当前数据就会保持在屏幕上；再次按下此键，“HOLD”符号消失，长按 2s 为背光灯的开启与关闭。

1.2.4　自动开关机

当仪表停止使用约 15min 后，仪表便自动断电进入休眠状态；若要重新启动电源，按下 “Power” 键，就可重新接通电源。按住 “HOLD B/L” 键，同时开启电源开关，屏幕上 “APO” 符号消失，将取消自动关机功能。

注：最后还有一个规定，万用表使用之后要把旋钮开关拨到交流电压最高档，以防别人不慎误操作测量 220V 市电电压而损坏仪表。

Chapter

第2章

数字存储示波器

示波器是利用示波管内电子射线的偏转，在屏幕上显示出电信号波形的仪器，是一种综合性的电信号测试仪器，既可以测量电压、电流的波形和元器件的特性曲线，还可以测量电信号的幅度、频率和相位等，是一种广泛用于科研、生产实践和实验教学的测试仪器。示波器有模拟示波器和数字示波器，现在广泛应用的是数字示波器，本章以 GDS1102B 型数字存储示波器为例介绍数字示波器的使用。

2.1 GDS1102B 型数字存储示波器特点

GDS1102B 型数字存储示波器具有 250MSa/s 实时采样率、25GS/s 等效采样率，高达 10ns 的峰值检测能力。实物如图 1-2-1 所示。

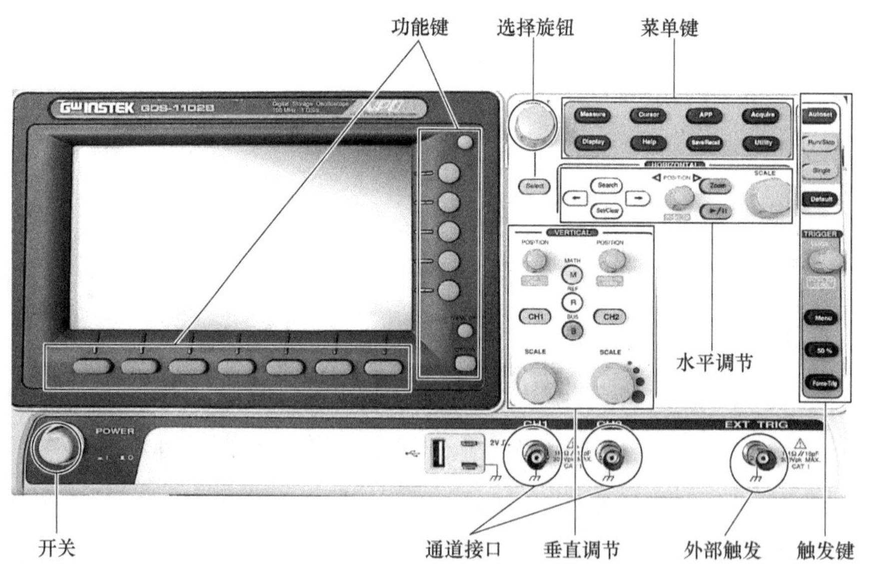

图 1-2-1 GDS1102B 型数字存储示波器实物图

2.2 GDS1102B 型数字存储示波器使用方法

1. 参数设置

(1) 使用前请详细阅读使用说明书，明确各按键功能作用。

（2）如果示波器初次使用，首先选择使用语言。方法：按下菜单键 Utility→选择水平功能键 Language→选择垂直功能键语言→旋转 VARIABLE 键选择需要的语言（共 8 种语言可选）→按下 Select 键确定，完成使用语言的选择（示波器所有的测量项选择都通过 VARIABLE 和 Select 键确定）。

（3）采样模式：按下菜单键 Acquire→水平功能键选择模式/平均→垂直功能键选择平均，有 2、4、8、16、32、64、256 共 7 种选择。

（4）显示方式：按下菜单键 Display→设定显示方式是点还是向量，是显示全部格线还是只显示外框等显示方式。

（5）触发模式：Autoset 自动触发，无论处于哪种触发条件下（若无触发发生，示波器更新输入信号，特别是在低时基下检视滚动波形时选择此模式）；Single 单次触发，触发时示波器只采集一次输入信号，然后停止采样；Force - Trig 强制触发，无论在什么触发条件下均会采集输入信号，示波器捕获一次信号。

（6）触发方式选择：按 Menu 键，水平功能菜单键出现触发类型选择、信号源选择、耦合方式选择、斜率选择等，具体选择与以上选择方式相同。

（7）测量显示设置：按下 Measure 键，水平功能菜单出现选择测量、删除测量等、按下选择测量键，垂直功能菜单出现电压/电流、时间、延迟等，根据需要进行选择。在示波器屏幕上显示出测量值，比如峰-峰值、频率等，同时可以删除不需要的测量项。

（8）通道选择及设置（以 CH1 为例）：按下通道选择按键 CH1，屏幕下方出现水平功能菜单：耦合方式选择、输入阻抗、反转开关选择、带宽选择、扩大底部选择、位置选择、探针选项等，按照需要选择对应功能菜单键。对应 CH1 还有 VERTICAL 区域 POSITION 键，旋转该键可以上下移动屏幕上的波形；SCALE 键，旋转该键可以改变示波器屏幕上垂直刻度；HORIZONTAL 区域 POSITION 键，旋转该键可使波形左右移动，SCALE 键可以改变时基，左慢右快。CH2 设置与 CH1 相同。

注：所有选择设置出现的功能菜单均可通过再次或多次按相同键使屏幕上的显示消失，或者通过 MENU OFF 键使其在屏幕上的显示消失。

2. 校准

示波器参数设置好之后，使用之前需要先进行校准，示波器探棒衰减设为 ×10，将其与 CH1 的输入端相连，示波器的探棒与校正补偿信号的输出端相连［2V 峰-峰值，1kHz 方波］，此时按下 Autoset 键，在示波器屏幕中央出现频率是 1kHz，幅值是 2V 的方波，方波的频率和幅值可以直接从示波器上读出，如果波形边缘不够平滑则需要旋转探棒调节点进行调整；如果不能出现该波形，或者频率等有偏差，检查示波器探棒是否损坏，示波器探棒没有损坏，则 CH1 输入损坏，需要更换 CH2 使用，并及时维修示波器。

3. 测量

1）示波器校准完毕，开始测量电路波形。将示波器探棒夹持在需要测量的电路两端，按下 Autoset 键，被测波形将直接显示在示波器屏幕上，此时波形是连续触发的，如果需要单次触发则按 Single 键，如波形抖动可以按 Run/Stop 键使波形停止。此时按照以上设置，波形的频率和峰-峰值可以直接从示波器上读出，如果需要测量某一点的幅值，则按 Cursor 键选择垂直游标或水平游标进行测量，移动垂直游标可以看到示波器上显示两游标之间相对原点的电压值和两游标之间的电压绝对值，移动水平游标可以显示两游标相对原点的时间和两游标之间的时间绝对值。根据需要移动游标位置进行测量。

2）如果感觉波形在屏幕上显示太小，则可以旋转 VERTICAL 区的 SCALE 旋钮调节垂直方向上的显示大小，旋转 HORIZONTAL 区的 SCALE 旋钮调节水平方向上的显示大小，如果旋转后波形不能全部显示在屏幕上，则此时电压或时间将不能再自动测量显示，需要重新进行调节，至少让一个周期的完整波形显示在示波器屏幕上。如果需要对波形进行移动，则垂直方向上可以用 VERTICAL 区的 POSITION 进行移动，水平方向上可以选择 HORIZONTAL 区的 POSITION 进行移动（示波器只能改变波形显示的大小，并不能改变波形各参数的实际大小）；

3）测量完毕可以选择 Save/Recall 键对波形进行保存管理。

通过以上几步可以完成一个正弦波信号的基本测量。

2.3 示波器使用常见问题解决方案

对于初学者，在示波器使用上通常会遇到很多问题，常见问题及解决方法如下：

（1）示波器上不显示输入信号：确认已经启动通道，若没有，按 CH1 或 CH2 键启动相应通道，若仍未出现信号，按下 Autoset 键。

（2）波形无法更新：按下 Run/Stop 键，解除波形的锁定状态。

（3）不能显示出 Measure 键设定的各参数值，检查波形一个周期是否完整地显示在示波器上，如没有则调整波形大小到显示完整即可。

（4）探棒波形失真：需要对波形进行探棒补偿操作。

（5）Autoset 键不能完整抓取信号：信号幅度可能低于 30mV 或信号频率低于 30Hz，需要进行手动操作。

（6）使用游标测量时两条游标线同时移动：按下 Cusor 键，使得两条游标线一个为实线显示，一个为虚线显示，此时再移动，实线显示的游标移动，虚线显示的游标不动。

（7）示波器测得波形不准：使用之前必须进行校准，需要对示波器的探棒进行校准。

（8）Autoset 键不能捕捉到信号：检查信号频率是否低于 20Hz，幅度是否低于 30mV。

Chapter

第3章 信号发生器

信号发生器又称信号源或振荡器，用于产生被测电路所需特定参数的电测试信号，是一种能提供各种频率、波形和输出电平信号的设备，常用作测试的信号源或激励源。本章以固纬 AFG－2105 任意信号发生器为例讲述信号发生器的使用方法。

3.1 AFG－2105 任意信号发生器特点

AFG－2105 任意信号发生器是以 DDS 技术为基础，涵盖正弦波、方波、三角波、噪声波以及 20MSa/s 采样率的任意波形。具有 0.1Hz 的分辨率和 1%～99% 的方波（脉冲波）可调占空比功能。此外，还提供 AM/FM/FSK 调变、扫描以及计频器功能。在参数设置上采用全数字化的操作设计。实物照片如图 1-3-1 所示。

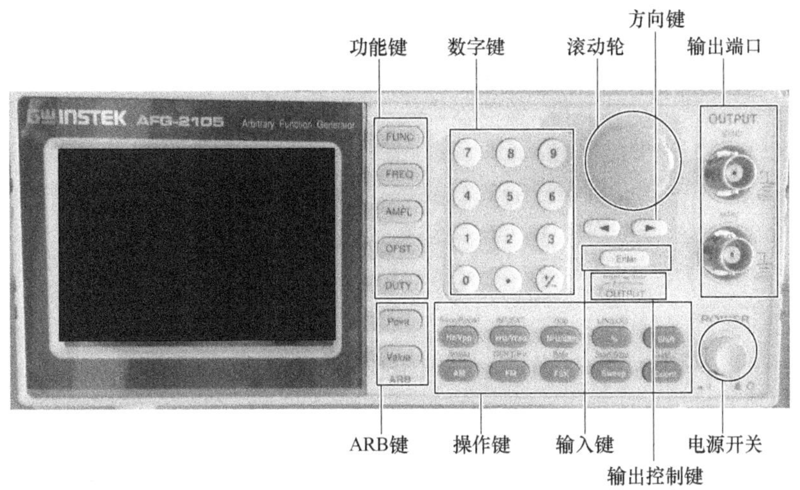

图 1-3-1 AFG－2105 任意信号发生器实物图

3.2 使用方法

3.2.1 基本波形输出

1. 明确信号发生器各个功能键的使用方法

2. 开机后进入设置

如果第一次开机使用信号发生器，开机后设备进入默认设置，信号发生器准备就绪，可以输出频率1000Hz，幅值0.1V（峰-峰值），偏置0V（直流）的正弦波。信号发生器默认语言是英语，所有屏幕菜单、弹出消息以及内置帮助都会以指定的语言显示。

以输出频率1000Hz，峰-峰值2V的正弦波为例，讲述如何设置、输出波形。

3. 选择波形

重复按FUNC键选取波形，有正弦波、方波、三角波、噪声波、ARB五种选择，当选取正弦波时，正弦波符号会以点亮方式显示在屏幕上。

4. 设置频率

1）按FREQ键，频率显示区域的FREQ图标闪烁，此时可以通过Arrow keys键、Scroll Whell键和Enter键编辑频率，按Arrow keys键（◀和▶）选择使得需要调节的频率位闪烁，然后通过Scroll wheel键改变数值大小，通过Enter键确定。选择频率值为1kHz。

2）按FREQ键，频率显示区域的FREQ图标闪烁，通过Keypad键盘和Hz/Vpp、kHz/Vrms、MHz/dBm键设置频率：通过Keypad的数字键设置频率值，然后按Hz/Vpp或kHz/Vrms或MHz/dBm键确定频率单位，对应屏幕上单位点亮。

频率范围：正弦波的频率0.1Hz～5MHz，方波频率0.1Hz～5MHz，三角波频率0.1Hz～1MHz。

5. 设置幅值

1）按AMPL键，幅度显示区AMPL图标点亮，使用Arrow keys键、Scroll Whell和Enter键编辑幅值，按Arrow keys键使得需要调节的电压位闪烁，然后通过Scroll Whell改变数值大小，通过Enter键确定。选择峰-峰值为2V。

2）按AMPL键，幅度显示区域的AMPL图标闪烁；通过Keypad键盘、Shift键，和Hz/Vpp、kHz/Vrms、MHz/dBm键设置需要设置的电压量：通过Keypad的数字键设定幅度值，然后按Hz/Vpp或kHz/Vrms或MHz/Vrms键确定具体输出的电压量。

电压范围：空载时，2mV～20V；50Ω负载时，1mV～10V（均为峰-峰值）。

6. 设置DC偏置（OFST）

1）按OFST键，偏置显示区域的OFST图标闪烁，使用Arrow keys键、Scroll Whell键和Enter键编辑幅值，按Arrow keys键使得需要调节的OFST位闪烁，然后通过Scroll Whell键确定数值大小，通过Enter键确定。设置DC偏置为0.1V。

2）按OFST键，偏置显示区域的OFST图标闪烁，通过Keypad和Shift键，Hz/Vpp键设定需要设置的偏置电压量，通过Keypad的数字键设置数值，然后按Hz/Vpp，kHz/Vrms，MHz/dBm键确定具体输出的电压量。

范围：空载时，（AC＋DC）±10V（峰值）；50Ω负载时，（AC＋DC）±5V（峰值）。

由此所需要的频率1kHz，峰-峰值2V的正弦波设置完毕。

7. 设置方波或三角波

如果需要输出的是方波或者三角波，用DUTY键设置标准方波或三角波的占空比，其余设置方法与以上设置方法类似，不再重复介绍。

范围：≤100kHz时，1.0%～99.9%；≤5MHz时，20.0%～80.0%；≤10MHz时，

40.0%～60.0%；≤25MHz 时，50.0%。

8. 输出正弦波形

设置好各参数值之后，按下输出按钮 OUTPUT，使其点亮，通过输出端子 MAIN 将波形输出。

OUTPUT 区域 SYNC 输出信号：SYNC 输出端口用于输出同步信号，除噪声输出外，所有的输出信号都能产生同步信号。即使主输出关闭，仍输出 SYNC 信号。对于正弦波、三角波、ARB、AM、FM、FSK，SYNC 输出的 TTL 方波占空比为 50%；对于方波，SYNC 输出的 TTL 方波占空比与输出方波占空比一致。

3.2.2　其他功能介绍

1. 幅值调制

AM 波形由载波和调制波组成，载波幅值与调制波幅值有关。选择 AM，信号发生器上 AM 图标点亮，通过信号发生器可以设置载波频率、幅值、偏置电压以及内部或外部调制源，还可以设置调制波形的调制频率、调制深度、调制源，其中默认调制波形为正弦波。各种量的设置方法与设置正弦波的方法相似，不再介绍。

2. 频率调制

FM 波形由载波和调制波组成。载波的瞬时频率随调制波形的幅值而变化。选择 FM，信号发生器上 FM 图标点亮，选择载波波形、载波的频率、幅值，选择调制波波形，调制频率、频偏、调制源等设置方法与幅值调制相似，不再介绍。

注意：设置各量时需要用先按 Shift 键，再按对应设置键。

3. 创建任意波形

选择 ARB 功能，按 Point 键设置点数，然后确定 Value 值，即可创建任意波形。

注意：波形点的水平位置与设置频率有关。

4. 计频器

将信号源接入后面板的 Counter 输入接口，按 Count 键，启动计频器功能，此时 Count 图标点亮。门限时间为 0.01s、0.1s、1s、10s。计数设置区显示当前门限时间。

3.3　使用注意事项

1）数字键必须与操作键配合使用设置数值大小。

2）滚动轮必须与方向键和输入键配合设置数值大小。

3）每个键的第二功能需要与 Shift 键配合使用。

4）每种对应量的设定必须在信号发生器的容限范围之内，不能超量程。

5）注意 SYNC 和 MAIN 输出的不同。SYNC 直接输出对应量的同步信号，MAIN 需要与 OUTPUT 键配合使用输出设定的信号。

6）输出标准波形前，调制、FSK、扫描和记频功能不能使用。

Chapter

第4章 安全用电

4.1 电气安全用具

4.1.1 安全用具种类

1. 防护用具

包括接地线、隔离板、遮栏、安全工作牌、安全腰带。

2. 绝缘安全用具

分辅助绝缘用具和基本绝缘用具。

1）辅助绝缘用具主要有绝缘手套、绝缘鞋、绝缘垫、绝缘台等。

2）基本绝缘用具又分高压绝缘用具和低压绝缘用具，高压绝缘用具主要有绝缘棒、绝缘靴、绝缘夹钳、高压试电笔等，低压绝缘用具主要有绝缘手套、装有绝缘柄的工具、低压试电笔等。

4.1.2 常用安全用具的使用方法

常用电气安全用具主要有绝缘手套、绝缘靴、绝缘棒三种。

1. 绝缘手套

由绝缘性能良好的特种橡胶制成，有高压、低压两种。

操作高压隔离开关和高压断路器等设备、在带电运行的高压电器和低压电气设备上工作时，预防接触电压。

2. 绝缘靴

由绝缘性能良好的特种橡胶制成，带电操作高压或低压电气设备时，防止跨步电压对人体的伤害。

3. 绝缘棒

又称绝缘杆、操作杆或拉闸杆，用电木、胶木、塑料、环氧玻璃布棒等材料制成，结构如图1-4-1所示。

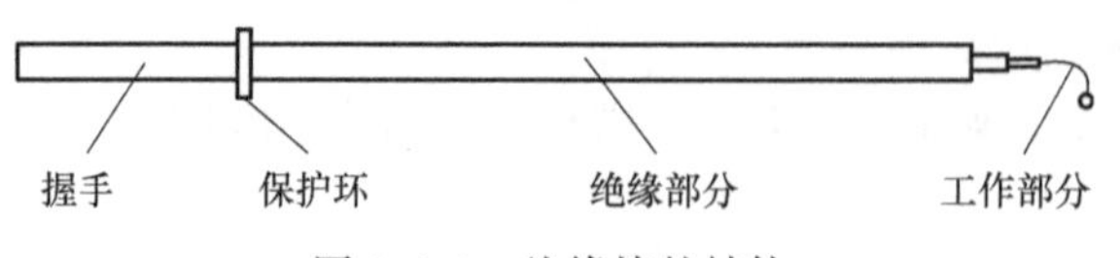

图1-4-1　绝缘棒的结构

主要包括：工作部分、绝缘部分、握手和保护环。

4.2　触电及其预防、急救

4.2.1　触电

1. 电流对人体的伤害

电流对人体的伤害有 3 种：电击、电伤和电磁场伤害。

(1) 电击：指电流通过人体，破坏人体心脏、肺及神经系统的正常功能。

(2) 电伤：指电流的热效应、化学效应和机械效应对人体的伤害。主要是指电弧烧伤、熔化金属溅出烫伤等。

(3) 电磁场生理伤害：指在高频磁场的作用下，人会出现头晕、乏力、记忆力减退、失眠、多梦等神经系统的症状。

一般认为电流通过人体的心脏、肺部和中枢神经系统的危险性比较大，特别是电流通过心脏时，危险性最大。所以从手到脚的电流途径最为危险。

触电还容易因剧烈痉挛而摔倒，导致电流通过全身并造成摔伤、坠落等二次事故。

2. 发生触电事故的主要原因

1) 缺乏电气安全知识，在高压线附近放风筝，爬上高压电杆掏鸟巢；低压架空线路断线后不停电用手去拾相线；黑夜带电接线手摸带电体；用手摸破损的胶盖刀闸。

2) 违反操作规程，带电连接线路或电气设备而又未采取必要的安全措施；触及破坏的设备或导线；误登带电设备；带电接照明灯具；带电修理电动工具；带电移动电气设备；用湿手拧灯泡等。

3) 设备不合格，安全距离不够；二线一地制接地电阻过大；接地线不合格或接地线断开；绝缘破坏导线裸露在外等。

4) 设备失修，大风刮断线路或刮倒电杆未及时修理；胶盖刀开关的胶木损坏未及时更改；电动机导线破损，使外壳长期带电；瓷绝缘子破坏，使相线与拉线短接，设备外壳带电。

5) 其他偶然原因，夜间行走触碰断落在地面的带电导线。

以上 5 点可以简单概括为：线路架设不合规范；电气操作制度不严格；用电设备不合要求；用电不规范。

4.2.2　触电的预防

1. 直接触电的预防

(1) 绝缘措施：良好的绝缘是保证电气设备和线路正常运行的必要条件。例如：新装或大修后的低压设备和线路，绝缘电阻不应低于 0.5MΩ；高压线路和设备的绝缘电阻不低于 1000MΩ/V。

防止人体触电，用绝缘物把带电体封闭起来。常用的绝缘材料有瓷、玻璃、云母、橡胶、木材、胶木、塑料、布、纸和矿物油等。

注意：很多绝缘材料受潮后会丧失绝缘性能或在强电场作用下会遭到破坏，丧失绝缘性能。

（2）屏护措施：采用遮栏、护照、护盖箱闸等把带电体同外界隔绝开来。电器开关的可动部分一般不能使用绝缘，而需要屏护。高压设备不论是否有绝缘，均应采取屏护。

应当注意：凡是金属材料制作的屏护装置，应妥善接地或接零。

（3）间距措施：在带电体与地面间、带电体与其他设备间应保持一定的安全间距。间距大小取决于电压的高低、设备类型、安装方式等因素。间距除用防止触及或过分接近带电体外，还能起到防止火灾、防止混线、方便操作的作用。

2. 间接触电的预防

（1）加强绝缘：加强绝缘就是采用双重绝缘或另加总体绝缘，即保护绝缘体，以防止通常绝缘损坏后的触电，使设备或线路绝缘牢固。

（2）接地和接零：

1）接地指与大地的直接连接，电气装置或电气线路带电部分的某点与大地连接、电气装置或其他装置正常时不带电部分某点与大地的人为连接都叫接地。

为了防止电气设备外露的不带电导体意外带电造成危险，将该电气设备经保护接地线与深埋在地下的接地体紧密连接起来的做法叫保护接地。

由于绝缘破坏或其他原因而可能呈现危险电压的金属部分，都应采取保护接地措施。如电动机、变压器、开关设备、照明器具及其他电气设备的金属外壳都应予以接地。一般低压系统中，保护接地电阻值应小于4Ω。

2）保护接零就是把电气设备在正常情况下不带电的金属部分与电网的保护接地中性线紧密地连接起来。应当注意的是，在三相四线制的电力系统中，通常是把电气设备的金属外壳同时接地、接零，这就是所谓的重复接地保护措施，还应该注意，保护接地中性线回路中不允许装设熔断器和开关。

（3）自动断电保护：为了保证在故障情况下人身和设备的安全，应尽量装设自动断电保护器。可以在设备及线路漏电、过电流、过电压或欠电压、短路时通过保护装置的检测机构转换取得异常信号，经中间机构转换和传递，促使执行机构动作，自动切断电源，起到保护作用。

（4）采用安全电压：是用于小型电气设备或小容量电气线路的安全措施。根据欧姆定律，电压越大，电流也就越大。因此，可以把可能加在人身上的电压限制在某一范围内，使得在这种电压下，通过人体的电流不超过允许范围，这一电压就叫作安全电压。安全电压的工频有效值交流不超过50V，直流不超过120V。

凡手提照明灯、高度不足2.5m的一般照明灯，如果没有特殊安全结构或安全措施，应采用42V或36V安全电压。

凡金属容器内、隧道内、矿井内等工作地点狭窄、行动不便，以及周围有大面积接地导体的环境，使用手提照明灯时应采用12V安全电压。

3. 静电、雷电、电磁危害的防护措施

（1）静电的防护：生产工艺过程中的静电可以造成多种危害。在挤压、切割、搅拌、喷溅、流体流动、感应、摩擦等作业时都会产生危险的静电，由于静电电压很高，又易发生静电火花，所以特别容易在易燃易爆场所中引起火灾和爆炸。

静电防护一般采用静电接地，增加空气的湿度，在物料内加入抗静电剂，使用静电中和器和工艺上采用导电性能较好的材料，降低摩擦、流速、惰性气体保护等方法来消除或减少静电产生。

(2) 雷电的防护：一般采用避雷针、避雷器、避雷网、避雷线等装置将雷电直接导入大地。

避雷针主要用来保护露天变配电设备、建筑物和构筑物；避雷线主要用来保护电力线路；避雷网和避雷带主要用来保护建筑物；避雷器主要用来保护电力设备。

(3) 电磁危害的防护：电磁危害的防护一般采用电磁屏蔽装置。高频电磁屏蔽装置可由铜、铝或钢制成。金属或金属网可有效地消除电磁场的能量，因此可以用屏蔽室、屏蔽服等方式来防护。屏蔽装置应有良好的接地装置，以提高屏蔽效果。

4.2.3　触电急救

1. 触电抢救常识

发生触电事故时，在保证救护者本身安全的同时，必须首先设法使触电者迅速脱离电源，然后进行以下抢救工作：

1）解开妨碍触电者呼吸的紧身衣服。

2）检查触电者的口腔，清理口腔的黏液，如有假牙，需取下。

3）立即就地进行抢救，如呼吸停止，应采用口对口人工呼吸法抢救，若心脏停止跳动或不规则颤动，可进行人工胸外挤压法抢救，决不能无故中断。

如果现场除救护者之外，还有第二人在场，则还应立即进行以下工作：

1）提供急救用的工具和设备；

2）劝退现场闲杂人员；

3）保持现场有足够的照明并保持空气流通；

4）向领导报告，并请医生前来抢救。

实验研究和统计表明，如果从触电后 1min 开始抢救，则 90% 可以救活；如果从触电后 6min 开始抢救，则仅有 10% 的救活机会；而从触电后 12min 去抢救，则救活的可能性极小。因此当发现有人触电时，应争分夺秒，采用一切可能的办法。

2. 触电的现场抢救

(1) 使触电者尽快脱离电源：

1）如果触电现场远离开关或不具备关断电源的条件，救护者可站在干燥木板上，用一只手抓住衣服将其拉离电源，如图 1-4-2 所示。也可用干燥木棒、竹竿等将电线从触电者身上挑开，如图 1-4-3 所示。

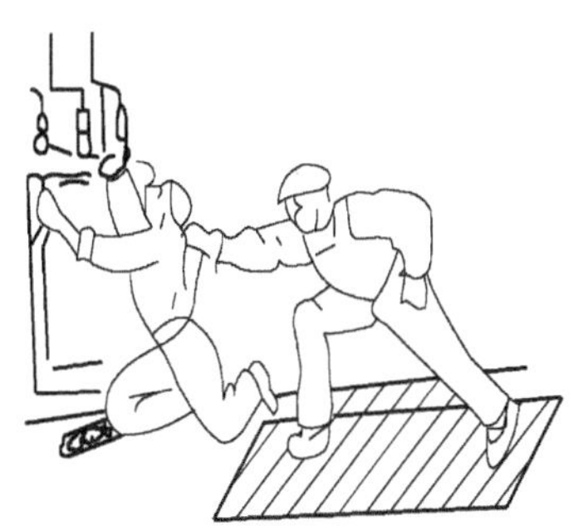

图 1-4-2　将触电者拉离电源

图 1-4-3　将触电者身上电线挑开

2）如触电发生在相线与大地间，可用干燥绳索将触电者身体拉离地面，或用干燥木板将人体与地面隔开，再设法关断电源。

3）如手边有绝缘导线，可先将一端良好接地，另一端与触电者所接触的带电体相接，将该相电源对地短路。

4）也可用手头的刀、斧、锄等带绝缘柄的工具，将电线砍断或撬断。

（2）对不同情况的救治：

1）触电者神智尚清醒，但感觉头晕、心悸、出冷汗、恶心、呕吐等，应让其静卧休息，减轻心脏负担。

2）触电者神智有时清醒，有时昏迷，应静卧休息，并请医生救治。

3）触电者无知觉，有呼吸、心跳，在请医生的同时，应施行人工呼吸。

4）触电者呼吸停止，但心跳尚存，应施行人工呼吸；如心跳停止，呼吸尚存，应采取胸外心脏挤压法；如呼吸、心跳均停止，则必须同时采用人工呼吸法和胸外心脏挤压法进行抢救。

3. 口对口人工呼吸法

此法只对停止呼吸的触电者使用。操作步骤如下：

1）先使触电者仰卧，解开衣领、围巾、紧身衣服等，除去口腔中的黏液、血液、食物、假牙等杂物。

2）将触电者头部尽量后仰，鼻孔朝天，颈部伸直。救护人一只手捏紧触电者的鼻孔，另一只手掰开触电者的嘴巴；救护人深吸气后，紧贴着触电者的嘴巴大口吹气，使其胸部膨胀；之后救护人换气，放松触电者的嘴鼻，使其自动呼气。如此反复进行，吹气 2s，放松 3s，大约 5s 一个循环，如图 1-4-4 所示。

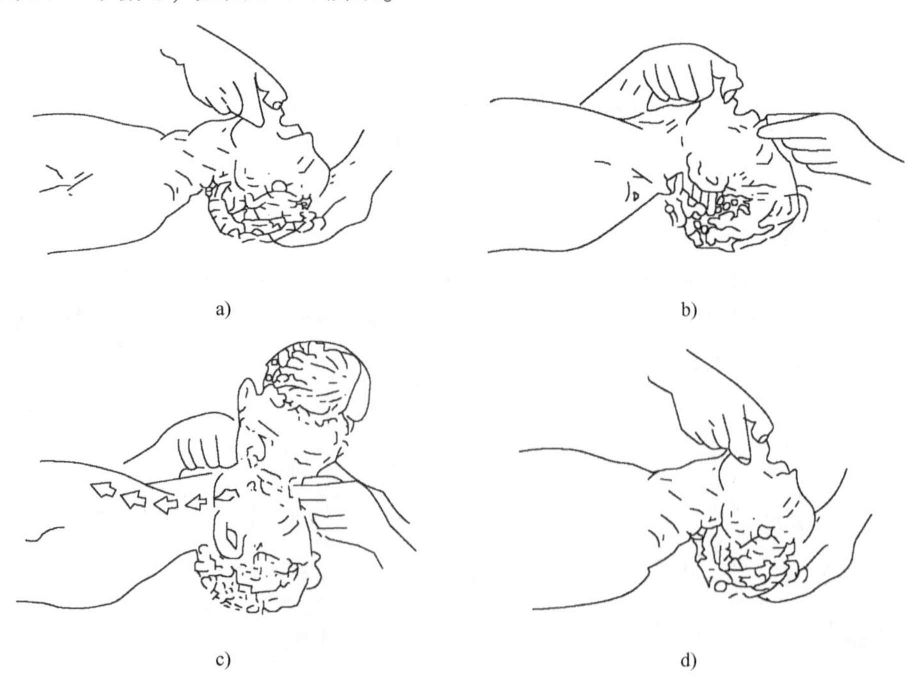

图 1-4-4　口对口人工呼吸法

a）头部后仰图　b）捏鼻掰嘴　c）贴紧吹气　d）放松换气

3）吹气时要捏紧鼻孔，紧贴嘴巴，不漏气，放松时应能使触电者自动呼气。

4）如触电者牙关紧闭，无法撬开，可采取口对鼻吹气的方法。

5）对体弱者和儿童吹气时用力应稍轻，以免肺泡破裂。

4. 胸外心脏挤压法

此法是帮助触电者恢复心跳的有效方法。操作要领如图 1-4-5a ~ d 所示。

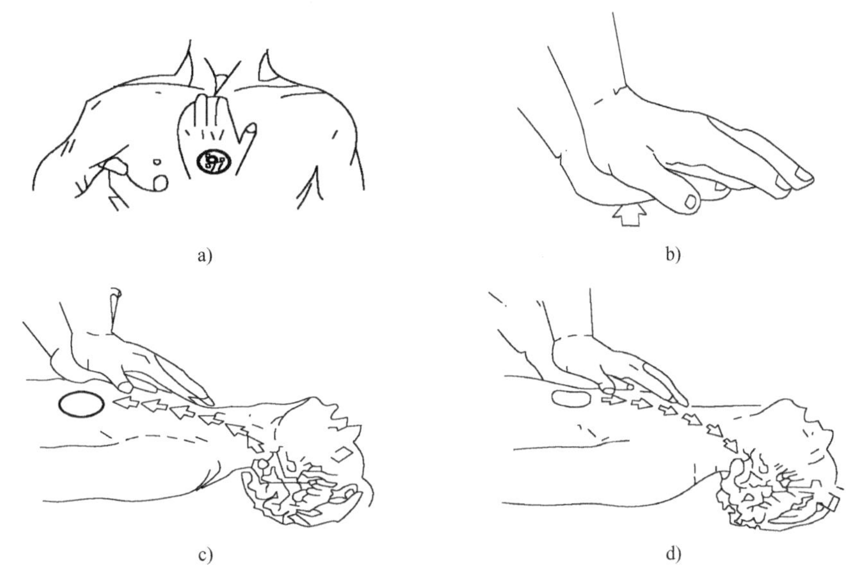

图 1-4-5　胸外心脏挤压法

a）正确压点　b）叠手姿势　c）向下挤压　d）突然放松

4.3　电气消防知识

4.3.1　消防安全管理

要实现对电气设备和线路的安全消防，就必须贯彻“预防为主，防消结合”的方针，要求做到如下几点：

1）各单位消防工作应指定专门领导负责，制定结合本单位实际的防火工作计划。组建基本消防队伍，绘制消防器材平面布置图。

2）消防器材管理要由保卫部门或指定专人负责，并进行登记造册，建立台账。

3）明确防火责任区，将防火工作切实落实到实验室、教室，做到防火安全，人人有责；处处有人管。

4）建立定期检查制度，杜绝火灾、爆炸事故的发生，若发现隐患，应及时整改，并在安全台账上做记录。

5）电气设备应做到防雨、防潮，挂有防触电标志，避免漏电事故。

6）检查电气设备时，应穿绝缘鞋和戴绝缘手套。

7）了解应检查的电器设备的具体状况后，再进行具体检查，检查时禁止用手触摸，用相应的电器经试验确认是否有电，再进行工作。

8）检查高压电器设备时，检修人员与裸导体应保持1.8m以上的安全距离。同时应停电检修的必须停电检修，防止发生触电和烧毁试验仪表事故。

4.3.2 电气火灾处理

电气火灾事故与一般火灾事故相比有不同的特点：一是火灾时电气设备带电，若是不注意，可能使扑救人员触电；二是有的电气设备充有大量的油。因此处理时应特别注意以下几点：

1. 采取断电措施，防止扑救人员触电

在火灾发生时要立即切断电源，应尽可能通知电力部门切断着火地段电源。在现场切断电源时，应就近将电源开关拉开，或使用绝缘工具切断电源线路。切断低压配电线路时，不要选择同一地点剪断，防止短路。选择断电位置要适当，不要影响灭火工作的进行。不懂电气知识的人员一般不要去切断电源。

2. 带电灭火的安全技术要求

为了争取灭火时间，或因特殊情况不允许断电时，则要进行带电灭火，以减少损失。但必须注意以下事项：

1）选择使用不导电的灭火器具，采用二氧化碳、1211或干粉灭火器，不能使用水溶液或泡沫灭火器材。

2）如采用水枪灭火时，宜用喷雾水枪，其泄漏电流小，对扑救人员比较安全；在不得已的情况下采用直流水枪灭火时，水枪的喷头必须用软铜线接地；扑救人员穿绝缘靴和戴绝缘手套，防止水柱泄漏电流致使人体触电。

3）使用水枪灭火，喷头与带电体之间距离：110kV要大于3m，220kV要大于5m；使用不导电的灭火器材，机体喷嘴与带电体的距离：10kV要大于0.4m，35kV要大于0.6m。

4）架空线路着火，在空中进行灭火时，带电导线断落接地，应立即划定警戒区，所有人员距接地处8m以外，防止跨步电压触电。

4.4 识别安全警示标志

4.4.1 安全标志分类

安全标志由安全色、几何图形和图形符号组成，用来表达特定的安全信息。安全标志可以和文字说明的补充标志同时使用。分为禁止标志、警告标志、命令标志、提示标志以及补充标志。

1. 禁止标志

是不准或制止人们的某项行为。

禁止标志的几何图形是带斜杠的圆环，圆环与斜杠相连用红色，背景用白色，图形符号用黑色绘画。

我国规定的禁止标志共有28个，即禁放易燃物、禁止吸烟、禁止通行、禁止乘车、禁止攀登、修理时禁止转动、运转时禁止加油等。

2. 警告标志

是警告人们可能发生的危险。

警告标志的几何图形是黑色的等边正三角形，背景用黄色，中间图形符号用黑色。我国规定的警告标志共有 30 个，即注意安全、当心触电、当心爆炸、当心火灾、当心腐蚀、当心中毒、当心机械伤人、当心伤手、当心吊物、当心扎脚、当心落物、当心坠落、当心车辆、当心弧光、当心冒顶、当心瓦斯、当心塌方、当心坑洞、当心电离辐射、当心裂变物质、当心激光、当心微波、当心滑跌等。“三角黑色闪电”警告标志，是为预防电击和迅速辨别该处装有电气元器件而设。

3. 命令标志

是必须遵守。

命令标志的几何图形是圆形，背景用蓝色，图形符号及文字用白色。命令标志共有 15 个，即必须戴安全帽、必须穿防护鞋、必须系安全带、必须戴防护眼镜、必须戴防毒面具、必须戴护耳器、必须戴防护手套、必须穿防护服等。

4. 提示标志

是示意目标的方向。

提示标志的几何图形是方形，背景用红、绿色，图形符号及文字用白色。提示标志共有 13 个，一般提示标志用绿色背景的有 6 个：安全通道、太平门等。消防设备提示标志用红色背景的有 7 个：消防警铃、火警电话、地下消火栓、地上消火栓、消防水带、灭火器、消防水泵结合器等。

5. 补充标志

是对前述四种标志的补充说明，以防误解。补充标志分为横写和竖写，横写的为长方形，写在标志下方，可以和标志连在一起，也可以分开；竖写的写在标志杆上部。补充标志的颜色：竖写用白底黑字；横写的禁止标志用红底白字，用于警告标志的用白底黑字，用于指令标志的用蓝底白字。

4.4.2　标示牌式样

安全警示标示牌式样要求见表 1-4-1。

表 1-4-1　安全警示标示牌式样要求

序号	名　　称	悬挂处所	式　　样		
			尺寸/mm^2	颜　　色	字　　样
1	禁止合闸，有人工作！	一经合闸即可送电到施工设备的断路器（开关）和隔离开关（刀闸）操作把手上	200×100 和 80×50	白　底	红　字
2	禁止合闸，线路有人工作！	线路断路器（开关）和隔离开关（刀闸）把手上	200×100 和 80×50	红　底	白　字
3	在此工作！	室外和室内工作地点或施工设备上	250×250	绿底，中有直径为 210mm 的白圆圈	黑字，写于白圆圈中

（续）

序号	名　称	悬挂处所	式　样		
			尺寸/mm^2	颜　色	字　样
4	止步，高压危险！	施工地点临近带电设备的遮栏上；室外工作地点的围栏上；禁止通行的过道上；高压试验地点；室外构架上；工作地点临近带电设备的横梁上	250×200	白底红边	黑字，有红色箭头
5	从此上下！	工作人员上下的铁架、梯子上	250×250	绿底，中有直径为210mm的白圆圈	黑字，写于白圆圈中
6	禁止攀登，高压危险！	工作人员上下的铁架临近可能上下的另外铁架上，运行中变压器的梯子上	250×200	白底红边	黑字

第 2 篇

电气工程实训

Chapter

第1章 低压电器基础常识

1.1 电气的相关概念

1.1.1 电路

简单地说电路是电流的通路，是为了某种需要由一些电工设备或元器件按一定方式组合起来的；也是电流流经的基本途径；要使电流在电路中流动，就必须有产生电流的电源，消耗电能的用电器（即负载），以及连接它们的导线和接通、断开电路的开关，因此把由电源、用电器、导线和开关等元器件组成的电流路径叫作电路。

1.1.2 电气控制技术

电气控制技术在工业生产、科学研究以及其他各个领域的应用十分广泛，已经成为实现生产过程自动化的重要技术手段之一。比如机械电气、建筑电气、汽车电气、工厂供配电等。尽管电气控制设备种类繁多、功能各异，但其控制原理、基本线路、设计基础都是类似的。本篇以电动机或其他执行电器为主要控制对象，学习电气控制中常用低压电器的使用、电气控制系统的表达和分析方法等知识。

1.1.3 电器分类

电器是一种能够根据外界信号（机械力、电动力和其他物理量）和要求，手动或自动地接通或断开电路，以实现对电路或非电对象的切换、控制、保护、检测、变换和调节的元器件或设备。具体作用如下：

（1）控制作用：如电梯的上下移动、快慢速自动转换与自动停层等。

（2）保护作用：根据设备的特点，对设备、环境以及人身实行自动保护，如电动机过热保护、电网短路保护、漏电保护等。

（3）检测作用：利用仪表以及与之相适应的电器，对设备、电网或其他非电参数进行测量，如电流、电压、功率、转速、温度、湿度等。

（4）调节作用：可对一些电量和非电量进行调整，以满足用户要求，如柴油机的油门、房间的温湿度调节、照明度调节等。

（5）指示作用：利用低压电器的控制、保护等功能，检测出设备运行状况与电气电路工作情况，如绝缘监测等。

（6）转换作用：在用电设备之间转换或对低压电器、控制电路分时投入运行，以实现功能转换，如励磁装置手动与自动转换，供电的市电与自备电的切换等。

1.1.4　高压电器

高压电器一般是指用于交流高压 3kV 及以上变配电设备上的电器。种类也很多，按照它在电力系统中的作用可以分为以下几种：

（1）开关电器：如高压断路器、高压隔离开关、高压负荷开关、接地开关以及操作机构等。

（2）保护电器：如综合保护继电器、高压熔断器、高压避雷器等。

（3）测量电器：如电压互感器、电流互感器等。

（4）限流电器：如电抗器、电阻器等。

（5）其他：如电力电容器、绝缘子、高压开关柜、组合电器等。

1.1.5　低压电器

低压电器是指用于额定电压交流 1200V 或直流 1500V 以下的电路内起通断、保护、控制、转换或调节作用的电器。作为基本器件，广泛应用于输配电系统中，在工农业生产、交通运输和国防工业中起着极其重要的作用。

低压电器根据其在电气线路中所处的地位和作用，可分为低压配电电器（也称低压开关）和低压控制电器两大类；按照动作方式可分为自动切换电器和非自动切换电器两类。为满足某些特殊场合的需要（如防爆、化工、航空、船舶、牵引、热带等），在各类电器的基础上还有若干派生电器。

1. 低压电器的组成

一般有两个基本部分：感受部分和执行部分，感受部分感受外界的信号，做出有规律的反应，在自动切换电器中，感受部分大多由电磁机构组成，在手控电器中，感受部分通常为操作手柄等；执行部分如触点连同灭弧系统，根据指令，执行电路接通、切断等任务。对自动开关类的低压电器，还具有中间（传递）部分，任务是把感受和执行两部分联系起来，使它们协同一致，按一定的规律动作。但有些低压电器工作时，触点在一定条件下断开电流时往往伴随有电弧或火花，电弧或火花对断开电流的时间和触点的使用寿命都有极大的影响，特别是电弧，必须及时熄灭。故有些低压电器还有灭弧机构，用于熄灭电弧。

2. 主要性能参数

（1）额定电压 U_e：是保证电器长时间工作时所适用的最佳电压。低压电器中指主触点的额定电压。

（2）额定电流 I_e：是指在额定环境条件下，电气设备的长期连续工作时允许电流。是保证电器能正常工作的电流值。同一电器在不同的使用条件下，有不同的额定电流等级。

（3）操作频率：电器设备每小时内能够实现的最高动作次数。

（4）分断能力：低压电器在规定的条件下，能可靠接通和分断的最大电流。与电器的额定电压、负载性质、灭弧方法等有很大关系。

（5）电气寿命：低压电器在规定条件下，在不需修理或更换零件时的负载操作循环次数。

（6）机械寿命：低压电器在需要修理或更换机械零件前所能承受的负载操作次数。

3. 选择的一般原则

1）应根据经济耐用、安全可靠、技术先进的原则进行选择，淘汰陈旧电器设备。

2）应根据单位用电负荷的性质、负荷的大小、电压的高低和电流的大小恰当地进行选择。

3）所选择的电器设备，不仅应满足使用和维护方便的要求，还应满足正常持续运行的要求，在发生事故时，应保证安全迅速而有选择性地切除故障。

1.2 常见低压电器元件识别与使用

常见的低压电器元件主要有刀开关、熔断器、断路器、接触器、继电器、按钮、行程开关等，学习识别与使用这些电器元件是掌握电气控制技术的基础。

1.2.1 熔断器

1. 认识熔断器

串联连接在被保护电路中，当电路短路时，电流很大，熔体急剧升温，立即熔断，因此熔断器可用于短路保护。同时，由于熔体在用电设备过载时所通过的过载电流能积累热量，当用电设备连续过载一定时间后熔体积累的热量也能使其熔断，因此熔断器也可做过载保护。熔断器一般分成熔体座和熔体等部分。如图 2-1-1 所示为典型熔断器外形。

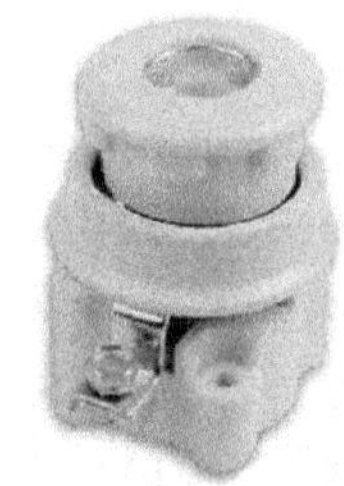

图 2-1-1 典型熔断器外形

2. 图形符号及测量

（1）电气符号：熔断器的图形符号和文字符号如图 2-1-2 所示。

图 2-1-2 熔断器图形和文字符号

（2）接线之前应对熔断器进行必要的检测：把数字万用表调至蜂鸣档，两表笔分别测熔体座两端螺钉，若数字万用表未蜂鸣，则此组触点状态为“不通”，熔体已烧坏或者熔体座内无熔体；若数字万用表蜂鸣，则此组触点状态为“导通”，熔体座内有熔体并且熔体并未损坏。

3. 熔断器的选择

(1) 型号：典型熔断器的型号标志组成及其含义如下：

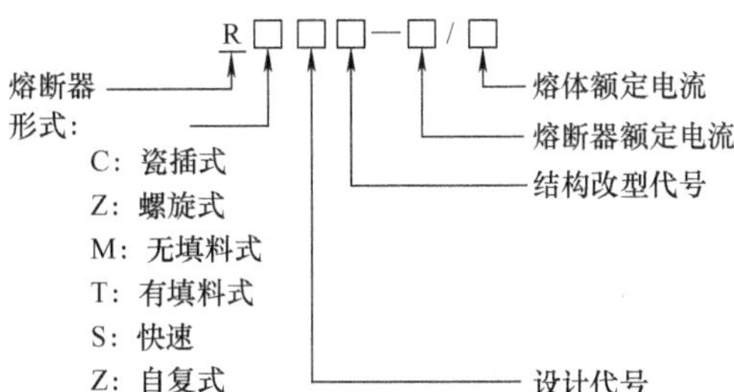

(2) 主要技术参数：有额定电压、额定电流和极限分断能力。具体内容见表 2-1-1。

表 2-1-1 熔断器的主要技术参数

型号	额定电压/V	额定电流/A		极限分断能力/kA
		熔断器	熔体	
RL6-25	~500	25	2、4、6、10、20、25	50
RL6-63		63	35、50、63	
RL6-100		100	80、100	
RL6-200		200	125、160、200	
RLS2-30		30	16、20、25、30	
RLS2-63		63	32、40、50、63	
RLS2-100		100	63、80、100	

(3) 选型：主要包括熔断器类型、额定电压、额定电流和熔体额定电流等的确定。

熔断器的类型主要由电控系统整体设计确定，额定电压应大于或等于实际电路的工作电压；额定电流应大于或等于所装熔体的额定电流。

确定熔体电流是选择熔断器的关键，可参考以下几种情况：

1) 对于照明线路或电阻炉等电阻性负载，熔体的额定电流应大于或等于电路的工作电流，即

$$I_{fN} \geqslant I \tag{2-1-1}$$

式中 I_{fN}——熔体的额定电流；

I——电路的工作电流。

2) 保护一台异步电动机时，考虑电动机冲击电流的影响，熔体的额定电流可按下式计算：

$$I_{fN} \geqslant (1.5 \sim 2.5) I_N \tag{2-1-2}$$

式中 I_N——电动机的额定电流。

3) 保护多台异步电动机时，若各台电动机不同时起动，则应按下式计算：

$$I_{fN} \geqslant (1.5 \sim 2.5) I_{Nmax} + \sum I_N \tag{2-1-3}$$

式中 I_{Nmax}——容量最大的一台电动机的额定电流；

$\sum I_N$——其余电动机额定电流的总和。

4）为防止发生越级熔断，上、下级（即供电干、支线）熔断器间应有良好的协调配合，为此，应使上一级（供电干线）熔断器的熔体额定电流比下一级（供电支线）大1或2个级差。

4. 常见故障的排查

熔断器的常见故障及其处理方法见表2-1-2。

表2-1-2　熔断器的常见故障及其处理方法

故障现象	产生原因	修理方法
电动机起动瞬间熔体即熔断	1. 熔体规格选择太小 2. 负载侧短路或接地 3. 熔体安装时损伤	1. 调换适当的熔体 2. 检查短路或接地故障 3. 调换熔体
熔丝未熔断但电路不通	1. 熔体两端或接线端接触不良 2. 熔断器的螺帽盖未旋紧	1. 清扫并旋紧接线端 2. 旋紧螺帽盖

1.2.2　低压断路器

1. 认识低压断路器

低压断路器又称自动空气开关，既有手动开关作用，又能自动进行失电压、欠电压过载和短路保护。在电气线路中起接通、分断和承载额定工作电流的作用，并能在线路和电动机发生过载、短路、欠电压的情况下进行可靠的保护。它的功能相当于刀开关、过电流继电器、欠电压继电器、热继电器及漏电保护器等电器部分或全部的功能总和，是低压配电网中一种重要的保护电器。如图2-1-3、图2-1-4所示为典型线路保护低压断路器及电动机保护断路器。

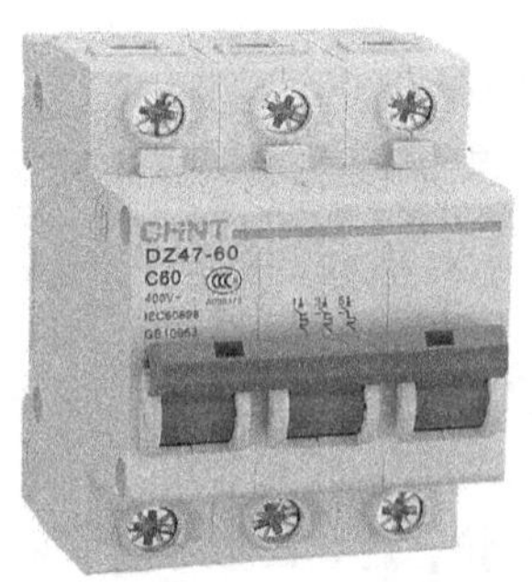

图2-1-3　线路保护断路器外形

图2-1-4　电动机保护断路器外形

2. 低压断路器结构

主要由触点、灭弧系统、各种脱扣器和操作机构等组成，如图2-1-5所示。

如图2-1-5所示，断路器处于闭合状态，3个主触点通过传动杆与锁扣保持闭合，锁扣可绕轴转动。断路器的自动分断是由电磁脱扣器、欠电压脱扣器和双金属片使锁扣被杠杆顶开而完成的。正常工作中，各脱扣器均不动作，而当电路发生短路、欠电压或过载故障时，分别通过各自的脱扣器使锁扣被杠杆顶开，实现保护作用。脱扣器又分电磁脱扣器、热脱扣器、复式脱扣器、欠电压脱扣器和分励脱扣器等 5 种。

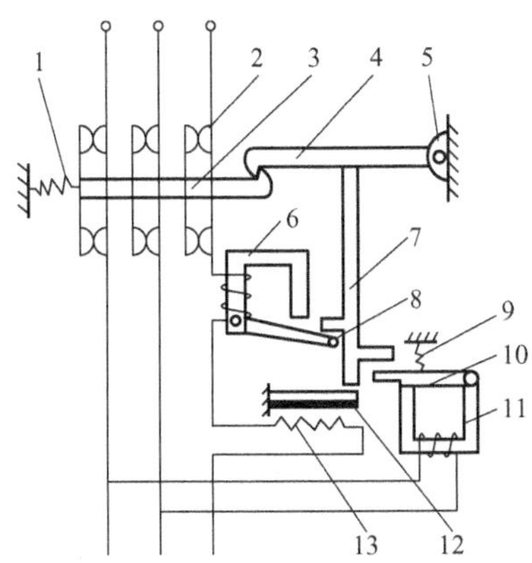

图 2-1-5　低压断路器结构示意图

1、9—弹簧　2—主触点　3—传动杆　4—锁扣　5—轴　6—电磁脱扣器　7—杠杆
8、10—衔铁　11—欠电压脱扣器　12—双金属片　13—发热元件

3. 图形符号及检测

（1）电气符号：低压断路器的图形符号及文字符号如图 2-1-6 所示。

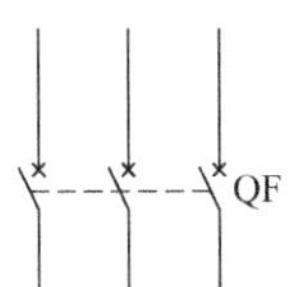

图 2-1-6　低压断路器图形及文字符号

（2）接线之前应对断路器进行必要的检测：把断路器置于 ON 状态，并把数字万用表调至蜂鸣档，两表笔分别测一组触点两端螺钉，若数字万用表未蜂鸣，则此组触点状态为“不通”，断路器故障；若数字万用表蜂鸣，则断路器此组触点状态为“导通”，断路器正常。

4. 低压断路器的选择

（1）型号：典型低压断路器的标志组成及其含义如下：

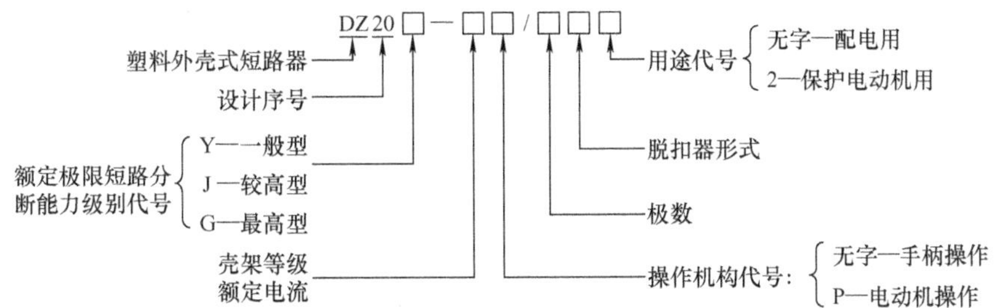

常用的低压断路器 DZ 系列主要有 DZ15、DZ20、DZ47。此外，还有 DW 系列和 DWX 系列。

（2）主要技术参数：有额定电压、额定电流、通断能力和分断时间等。

常见的 DZ20 系列低压断路器的主要技术参数见表 2-1-3。

表 2-1-3 DZ20 系列低压断路器的主要技术参数

型号	额定电流/A	机械寿命/次	电气寿命/次	过电流脱扣器范围/A	短路通断能力			
					交流		直流	
					电压/V	电流/kA	电压/V	电流/kA
DZ20Y-100	100	8000	4000	16、20、32、40、50、63、80、100	380	18	220	10
DZ20Y-200	200	8000	2000	100、125、160、180、200	380	25	220	25
DZ20Y-400	400	5000	1000	200、225、315、350、400	380	30	380	25
DZ20Y-630	630	5000	1000	500、630	380	30	380	25
DZ20Y-800	800	3000	500	500、600、700、800	380	42	380	25
DZ20Y-1250	1250	3000	500	800、1000、1250	380	50	380	30

（3）选型：低压断路器的选择应注意以下几点：

1）低压断路器的额定电流和额定电压应大于或等于线路、设备的正常工作电压和工作电流。

2）低压断路器的极限通断能力应大于或等于电路最大短路电流。

3）欠电压脱扣器的额定电压等于线路的额定电压。

4）过电流脱扣器的额定电流大于或等于线路的最大负载电流。

5. 常见故障的排查

低压断路器常见故障及其处理方法见表 2-1-4。

表 2-1-4 低压断路器常见故障及其处理方法

故障现象	产生原因	修理方法
手动操作断路器不能闭合	1. 源电压太低 2. 热脱扣的双金属片尚未冷却复原 3. 欠电压脱扣器无电压或线圈损坏 4. 储能弹簧变形，导致闭合力减小 5. 反作用弹簧力过大	1. 检查线路并调高电源电压 2. 待双金属片冷却后再合闸 3. 检查线路，施加电压或调换线圈 4. 调换储能弹簧 5. 重新调整弹簧反力
电动操作断路器不能闭合	1. 电源电压不符 2. 电源容量不够 3. 电磁铁拉杆行程不够 4. 电动机操作定位开关变位	1. 调换电源 2. 增大操作电源容量 3. 调整或调换拉杆 4. 调整定位开关
电动机起动时断路器立即分断	1. 过电流脱扣器瞬时整定值太小 2. 脱扣器某些零件损坏 3. 脱扣器反力弹簧断裂或落下	1. 调整瞬间整定值 2. 调换脱扣器或损坏的零部件 3. 调换弹簧或重新装好弹簧
分励脱扣器不能使断路器分断	1. 线圈短路 2. 电源电压太低	1. 调换线圈 2. 检修线路调整电源电压
欠电压脱扣器噪声大	1. 反作用弹簧力太大 2. 铁心工作面有油污 3. 短路环断裂	1. 调整反作用弹簧 2. 清除铁心油污 3. 调换铁心
欠电压脱扣器不能使断路器分断	1. 反力弹簧弹力变小 2. 储能弹簧断裂或弹簧力变小 3. 机构生锈卡死	1. 调整弹簧 2. 调换或调整储能弹簧 3. 清除锈污

1.2.3　接触器

1. 认识接触器

是用于远距离频繁地接通和切断交、直流主电路及大容量控制电路的一种自动控制电器。其主要控制对象是电动机，也可用于控制其他电力负载、电热器、电照明、电焊机与电容器组等。接触器具有操作频率高、使用寿命长、工作可靠、性能稳定、维护方便等优点，同时还具有低压释放保护功能，因此，在电力拖动和自动控制系统中，接触器是运用最广泛的控制电器之一。

按控制电流性质不同，接触器分为交流接触器和直流接触器两大类。如图 2-1-7 所示为几款接触器。

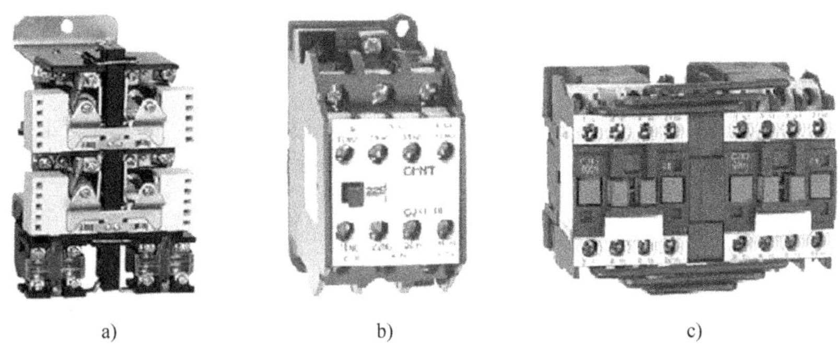

a)　　b)　　c)

图 2-1-7　几种接触器外形

a）CZ0 直流接触器　b）CJX1 系列交流接触器　c）CJX2－N 系列可逆交流接触器

交流接触器和直流接触器的主要区别在于铁心和线圈。交流接触器电磁铁心存在涡流，所以电磁铁心做成一片一片叠加在一起。过零瞬间防止电磁释放，在电磁铁心上加有短路环，线圈匝数少，电流大，线径粗。直流接触器电磁铁心是整体铁心，线圈细长，匝数特别多。本篇主要讲交流接触器。

2. 交流接触器

常用于远距离、频繁地接通和分断，额定电压至 1140V、电流至 630A，频率为 50Hz（或 60Hz）的交流电路。交流接触器的结构示意图如图 2-1-8 所示，由电磁系统、触点系统、灭弧装置和其他部件组成。

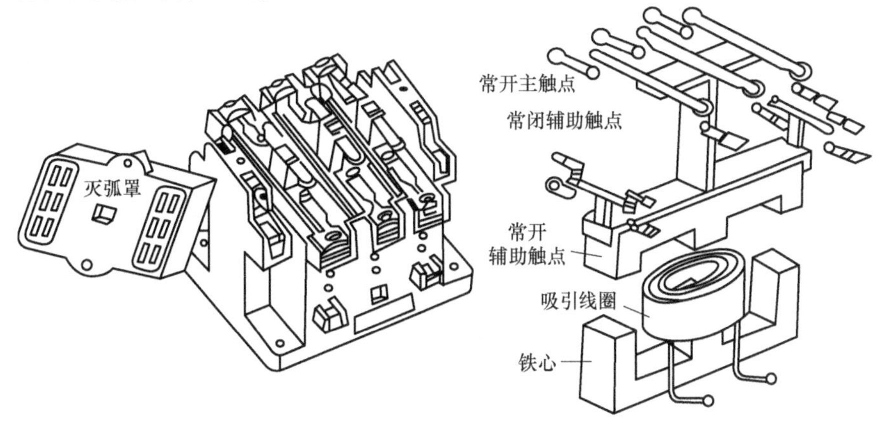

图 2-1-8　交流接触器结构示意图

交流接触器采用双断口灭弧方法，如图 2-1-9 所示。并通过隔离和降温帮助灭弧。由于用双断口代替单断点，动、静触点之间的电压变为之前的一半，弧光大幅度降低。

交流接触器工作时，当施加在线圈上的交流电压大于线圈额定电压值的 85% 时，铁心中产生的磁通对衔铁产生的电磁吸力克服复位弹簧拉力，使衔铁带动触点动作。触点动作时，常闭触点先断开，常开触点后闭合，主触点和辅助触点是同时动作的。当线圈中的电压值降到某一数值时，铁心中的磁通下降，吸力减小到不足以克服复位弹簧的拉力时，衔铁复位，使主触点和辅助触点复位。该功能是接触器的失电压保护功能。与适当的热继电器或电子式保护装置组合成电动机起动器，以保护可能发生过载的电路。

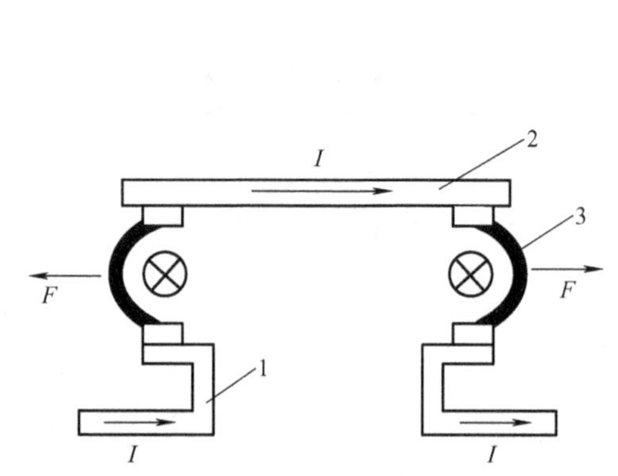

图 2-1-9 双断口灭弧方法示意图

1—静触点 2—动触点 3—断口

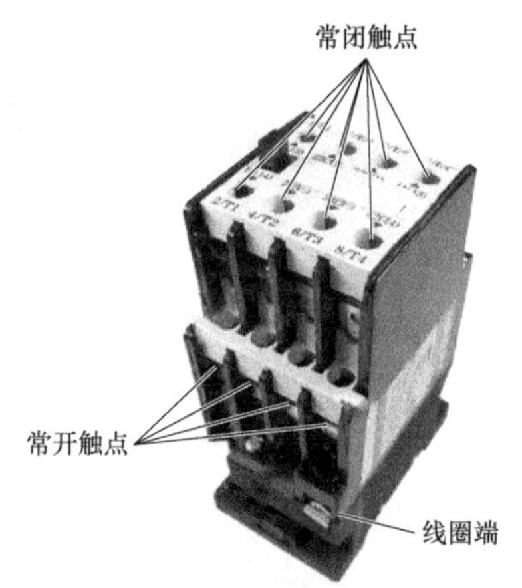

图 2-1-10 交流接触器触点分配示意图

如图 2-1-10 所示，交流接触器的触点系统由主触点和辅助触点组成。主触点用于通断主电路，辅助触点用于控制电路中。一般分为两个层次：

下层有 4 对触点，通断电流的能力较大，均为常开触点；其中 3 路主触点，上方的（3 路进线）$1/L_1$、$3/L_2$、$5/L_3$ 一般分别接至交流电源的三相相线，下方的（3 路出线）分别为 $2/T_1$、$4/T_2$、$6/T_3$，一般出线接到电动机负载或热继电器上。另外 1 路辅助触点：13、14（见接触器实物）是交流接触器的辅助触点，辅助触点一般用于控制电路中。

交流线圈为图 2-1-10 左上角和右下角的 2 个接线端子 A_1、A_2（图 2-1-10 左上、右下端子）。

上层有 4 对辅助触点，通断电流的能力较小。一般为两对常开触点，接触器实物上印有 53、54 和 83、84 字样，两对常闭触点，接触器实物上印有 61、62 和 71、72 字样。

3. 图形符号及测量

（1）电气符号：交、直流接触器的图形符号及文字符号如图 2-1-11 所示。

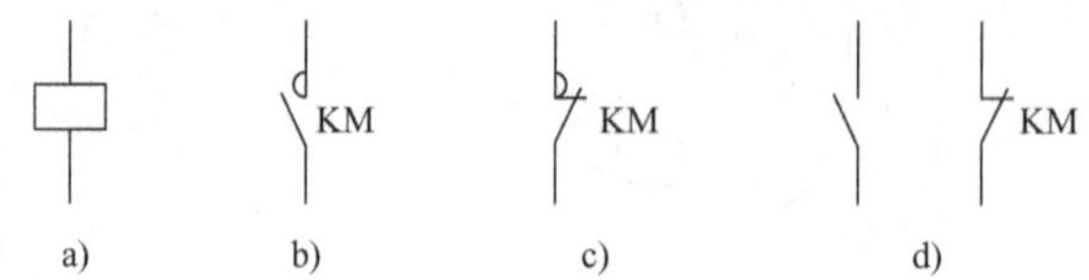

图 2-1-11 接触器图形、文字符号

a）线圈 b）常开主触点 c）常闭主触点 d）常开、常闭辅助触点

（2）接触器的测量：接线之前，应对接触器进行必要的检测。检测内容包括：电磁线圈是否完好；对结构不甚熟悉的接触器，应区分出电磁线圈、常开触点和常闭触点的位置及状况。

1）测量线圈，步骤一：将数字万用表拨至电阻 R * 20kΩ 档，模拟万用表需要调零，数字万用表无须调零。步骤二：通过表笔接触接线螺钉 A_1、A_2，测量电磁线圈电阻，若为零，说明短路；若无穷大，则为开路。

2）测主触点及常开（NO）、常闭（NC）辅助触点，步骤一：把数字万用表调至蜂鸣档，两表笔分别测一组触点两端螺钉，若数字万用表未蜂鸣，则此组触点状态为“不通”，可能是主触点或常开触点；若数字万用表蜂鸣，则此组触点状态为“导通”，可能是常闭触点。步骤二：在触点两端螺钉被表笔“蜂鸣档”测量的状态下，按下接触器机械测试按键，若蜂鸣声响起则此组触点为主触点或常开触点，若蜂鸣声熄灭则此组触点为常闭触点。

4. 接触器的选择

（1）型号：典型接触器的标志组成及其含义如下：

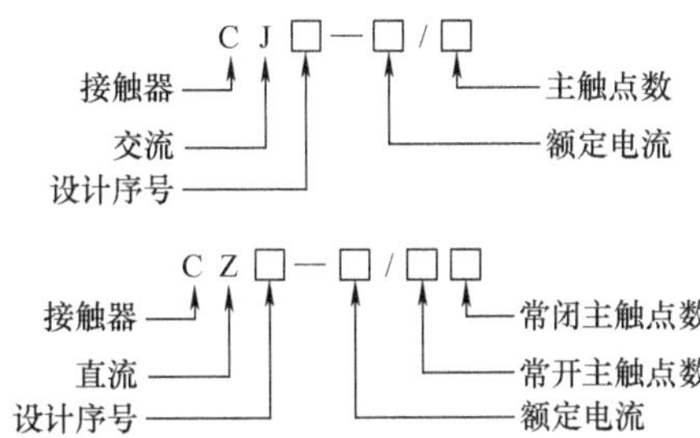

（2）主要技术参数：有额定电压、额定电流、吸引线圈的额定电压、电气寿命、机械寿命和额定操作频率，见表 2-1-5。

表 2-1-5　CJ10 系列交流接触器的技术参数

型　号	额定电压/V	额定电流/A	可控制的三相异步电动机的最大功率/kW			额定操作频率/(次/h)	线圈消耗功率/(V · A)		机械寿命/万次	电寿命/万次
			220V	380V	550V		起动	吸持		
CJ10 - 5	380/500	5	1.2	2.2	2.2	600	35	6	300	60
CJ10 - 10		10	2.2	4	4		65	11		
CJ10 - 20		20	5.5	4	4		140	22		
CJ10 - 40		40	11	20	20		230	32		
CJ10 - 60		60	17	30	30		485	95		
CJ10 - 100		100	30	50	50		760	105		
CJ10 - 150		150	43	75	75		950	110		

接触器铭牌上的额定电压指主触点的额定电压，交流有 127V、220V、380V、500V 等档次；直流有 110V、220V、440V 等档次。

接触器铭牌上的额定电流是指主触点的额定电流，有 5A、10A、20A、40A、60A、100A、150A、250A、400A 和 600A 等档次。

接触器吸引线圈的额定电压交流有 36V、110V、127V、220V、380V 等档次；直流有 24V、48V、220V、440V 等档次。

接触器的电气寿命是指在不同使用条件下无须修理或更换零件的负载操作次数来表示。接触器的机械寿命是指在需要正常维修或更换机械零件前，包括更换触点，所能承受的无载操作循环次数来表示。

额定操作频率是指接触器的每小时操作次数。

（3）选型：主要考虑以下几个方面：

1）根据接触器所控制的负载性质，选择直流接触器或交流接触器。

2）接触器的额定电压应大于或等于所控制线路的电压。

3）接触器的额定电流应大于或等于所控制电路的额定电流。对于电动机负载可按经验公式(2-1-4）计算：

$$I_c = \frac{P_N}{KU_N} \tag{2-1-4}$$

式中 I_c——接触器主触点电流，A；

P_N——电动机额定功率，kW；

U_N——电动机额定电压，V；

K——经验系数，一般取 1～1.4。

4）吸引线圈电流种类和额定电压应与控制回路电压相一致。

5）接触器的主触点和辅助触点的数量应满足控制系统的要求。

5. 常见故障的排查

表 2-1-6 给出了接触器常见故障现象，产生原因及修理方法。

表 2-1-6 接触器常见故障及其处理方法

故障现象	产生原因	修理方法
接触器不吸合或吸不牢	1. 电源电压过低 2. 线圈断路 3. 线圈技术参数与使用条件不符 4. 铁心机械卡阻	1. 调高电源电压 2. 调换线圈 3. 调换线圈 4. 排除卡阻物
线圈断电，接触器不释放或释放缓慢	1. 触点熔焊 2. 铁心表面有油污 3. 触点弹簧压力过小或复位弹簧损坏 4. 机械卡阻	1. 排除熔焊故障，修理或更换触点 2. 清理铁心极面 3. 调整触点弹簧力或更换复位弹簧 4. 排除卡阻物
触点熔焊	1. 操作频率过高或过负载使用 2. 负载侧短路 3. 触点弹簧压力过小 4. 触点表面有电弧灼伤 5. 机械卡阻	1. 调换合适的接触器或减小负载 2. 排除短路故障更换触点 3. 调整触点弹簧压力 4. 清理触点表面 5. 排除卡阻物
铁心噪声过大	1. 电源电压过低 2. 短路环断裂 3. 铁心机械卡阻 4. 铁心极面有油垢或磨损不平 5. 触点弹簧压力过大	1. 检查线路并提高电源电压 2. 调换铁心或短路环 3. 排除卡阻物 4. 用汽油清洗极面或更换铁心 5. 调整触点弹簧压力
线圈过热或烧毁	1. 线圈匝间短路 2. 操作频率过高 3. 线圈参数与实际使用条件不符 4. 铁心机械卡阻	1. 更换线圈并找出故障原因 2. 调换合适的接触器 3. 调换线圈或接触器 4. 排除卡阻物

1.2.4　电磁式继电器

1. 认识电磁式继电器

继电器是根据某种输入信号的变化，接通或断开控制电路，实现自动控制和保护电力装置的自动电器，继电器分类如下：

（1）按输入信号可分为：电压继电器、电流继电器、功率继电器、速度继电器、压力继电器、温度继电器等。

（2）按工作原理可分为：电磁式继电器、感应式继电器、电动式继电器、电子式继电器，热继电器等。

（3）按输出形式可分为：有触点继电器和无触点继电器。

接触器与继电器的区别，主要表现在以下两个方面。

1）所控制的线路不同：继电器用于控制电信线路、仪表线路、自控装置等小电流电路及控制电路；接触器用于控制电动机等大功率、大电流电路及主电路。

2）输入信号不同：继电器的输入信号可以是各种物理量，如电压、电流、时间、压力、速度等，而接触器的输入量只有电压。

接触器与继电器主要区别在于：继电器是用于切换小电流电路的控制电路和保护电路，而接触器是用来控制大电流电路；继电器没有灭弧装置，也无主触点和辅助触点之分等。如图 2-1-12 所示为几种常用电磁式继电器。

a)

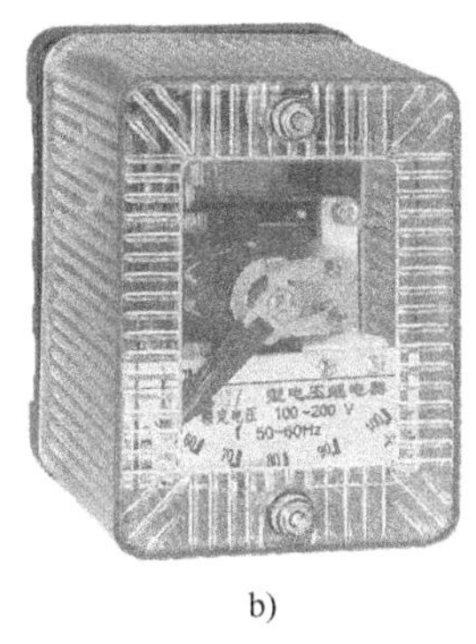

b)

c)

图 2-1-12　电磁式继电器外形

a）电流继电器　b）电压继电器　c）中间继电器

2. 电磁式继电器

结构如图 2-1-13 所示，由电磁机构和触点系统组成。按吸引线圈电流的类型，可分为直流电磁式继电器和交流电磁式继电器。按其在电路中的连接方式，可分为电流继电器、电压继电器和中间继电器等。

（1）电流继电器：线圈与被测电路串联，以反映电路电流的变化。线圈匝数少，导线粗，线圈阻抗小。用于电流型保护的场合，还常用于按电流原则控制的场合。有欠电流继电器和过电流继电器两种。

（2）电压继电器：反映的是电压信号。使用时，线圈并联在被测电路中，线圈的匝数多、导线细、阻抗大。继电器根据所接线路电压值的变化，处于吸合或释放状态。根据动作电压值不同，电压继电器可分为欠电压继电器和过电压继电器两种。

（3）中间继电器：可以将一个输入信号变成多个输出信号或将信号放大（即增大触点容量），其实质是电压继电器，只能用于控制电路中。它体积小，动作灵敏度高，触点容量较大，在10A以下电路中可代替接触器起控制作用。当其他继电器的触点数或触点容量不够时，可以借助中间继电器来扩展其触点数或触点容量，起到信号中继作用。

中间继电器触点数量可达8对，没有主辅之分，触点容量较大（5～10A），如图2-1-14所示。13、14分别是中间继电器的交、直流线圈2个接线端。1、5、9及4、8、12分别是中间继电器的辅助触点，其中：端子9和12是公共端、1、4是常闭触点，5、8是常开触点。

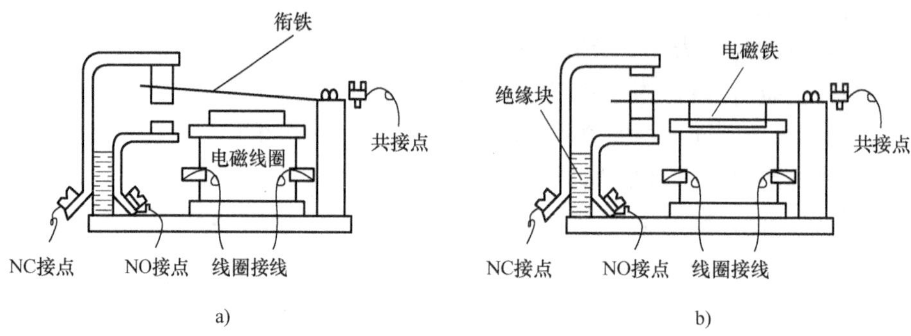

图2-1-13　电磁式继电器结构示意图

a）线圈未通电　b）线圈通电

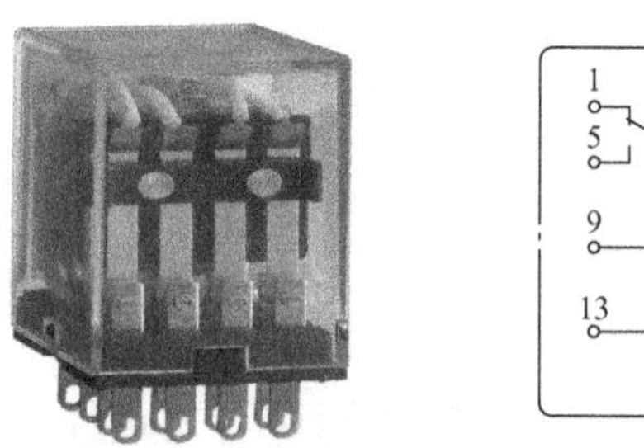

图2-1-14　小型中间继电器外形及接线图

3. 图形符号与检测

（1）电气符号：电磁式继电器的图形符号及文字符号如图2-1-15所示，电流继电器的文字符号为KI，电压继电器的文字符号为KV，中间继电器的文字符号为KA。

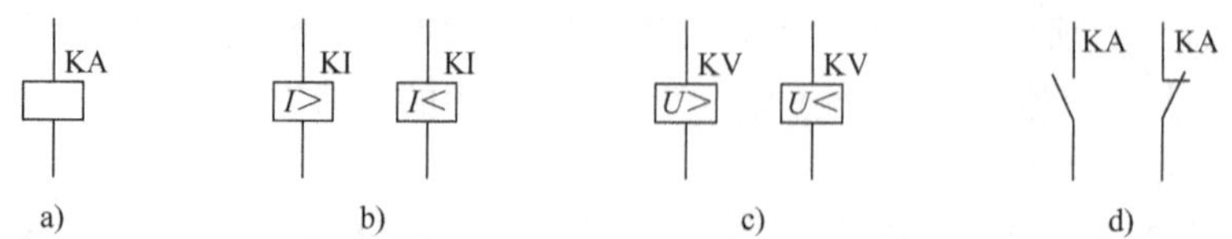

图2-1-15　电磁式继电器图形、文字符号

a）中间继电器线圈　b）电流继电器线圈　c）电压继电器线圈　d）中间继电器常开、常闭触点

（2）继电器的测量：参考接触器的测量方法。接线之前，对继电器进行必要的检测。检测内容包括以下几点：

1）测量线圈位置及状况，步骤一：将数字万用表拨至电阻 R＊20kΩ 档，模拟万用表需要调零，数字万用表无须调零；步骤二：通过表笔接触接线螺钉 A_1、A_2，测量电磁线圈电阻，若为零，说明短路；若无穷大，则为开路；因电磁式继电器种类很多，其线圈阻值也不完全相同。

2）测主触点及常开（NO）、常闭（NC）辅助触点位置及状况，步骤一：把数字万用表调至蜂鸣档，两表笔分别测一组触点两端螺钉，若数字万用表未蜂鸣，则此组触点状态为“不通”，可能是常开触点；若数字万用表蜂鸣，则此组触点状态为“导通”，可能是常闭触点；步骤二：在触点两端螺钉被表笔“蜂鸣档”测量的状态下，按下继电器机械测试按键或模拟继电器线圈得电状态，若蜂鸣声响起则此组触点为常开触点，若蜂鸣声停止则此组触点为常闭触点。

4. 电磁式继电器的选择

（1）型号：典型电磁式继电器的标志组成及其含义如下：

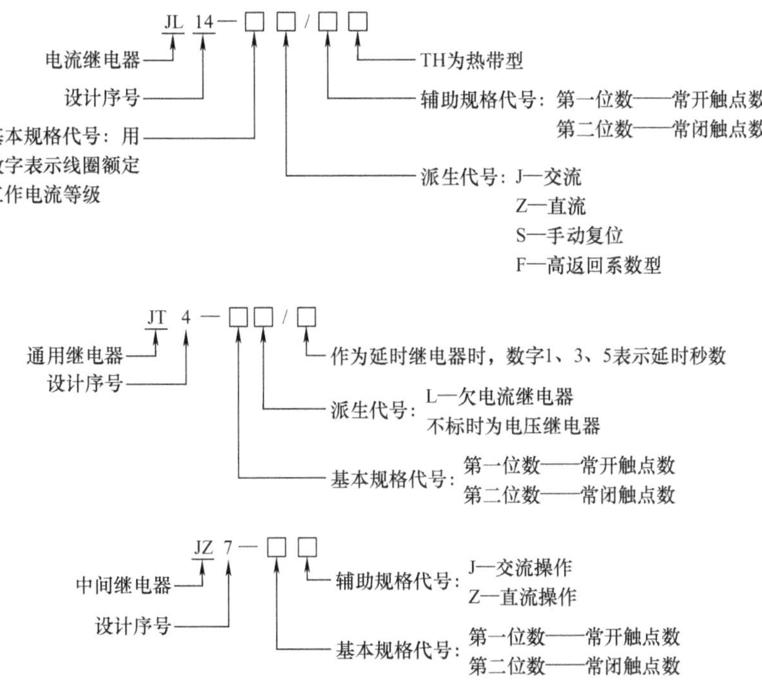

（2）主要技术参数：有额定工作电压、吸合电流、释放电流、触点切换电压和电流。额定工作电压是指继电器正常工作时线圈所需要的电压。根据继电器的型号不同，可以是交流电压，也可以是直流电压。

吸合电流指继电器能够产生吸合动作的最小电流。在正常使用时，给定的电流必须略大于吸合电流，对于线圈所加的工作电压，一般不要超过额定工作电压的 1.5 倍，否则会产生较大的电流而把线圈烧毁。

释放电流指继电器产生释放动作的最大电流。当继电器吸合状态的电流减小到一定程度时，继电器就会恢复到未通电的释放状态。这时的电流远远小于吸合电流。

触点切换电压和电流是指继电器允许加载的电压和电流。决定了继电器能控制电压和电流的大小，使用时不能超过此值，否则很容易损坏继电器的触点。

常用电磁式继电器有 JL14、JL18、JZ15、3TH80、3TH82 及 JZC2 等系列。其中 JL14 系列为交、直流电流继电器，JL18 系列为交、直流过电流继电器，JZ15 为中间继电器，3TH80、3TH82 与 JZC2 类似，为接触器式继电器。表 2-1-7、表 2-1-8 分别列出了 JL14、JZ7 系列继电器的技术数据。

表 2-1-7　JL14 系列交、直流电流继电器技术参数

<table>
<tr><th>电流种类</th><th>型　号</th><th>吸引线圈额定电流/A</th><th>吸合电流调整范围</th><th>触点组合形式</th><th>用　途</th></tr>
<tr><td rowspan="2">直流</td><td>JL14-□□Z
JL14-□□ZS</td><td rowspan="4">1、1.5、2.5、5、10、15、25、40、60、300、600、1200、1500</td><td>(70%～300%) I_N</td><td rowspan="2">3 常开，3 常闭
2 常开，1 常闭
1 常开，2 常闭
1 常开，1 常闭</td><td rowspan="4">在控制电路中过电流或欠电流保护用</td></tr>
<tr><td>JL14-□□ZO</td><td>(30%～65%) I_N 或释放电流在 (10%～20%) I_N 范围</td></tr>
<tr><td rowspan="2">交流</td><td>JL14-□□J
JL14-□□JS</td><td rowspan="2">(110%～400%) I_N</td><td>2 常开，2 常闭
1 常开，1 常闭</td></tr>
<tr><td>JL14-□□JG</td><td>1 常开，1 常闭</td></tr>
</table>

表 2-1-8　JZ7 系列中间继电器的技术参数

<table>
<tr><th rowspan="2">型　号</th><th rowspan="2">触点额定电压/V</th><th rowspan="2">触点额定电流/A</th><th colspan="2">触点对数</th><th rowspan="2">吸引线圈电压/V（交流 50Hz）</th><th rowspan="2">额定操作频率/(次/h)</th><th colspan="2">线圈消耗功率/(V·A)</th></tr>
<tr><th>常开</th><th>常闭</th><th>起动</th><th>吸持</th></tr>
<tr><td>JZ7-44</td><td>500</td><td>5</td><td>4</td><td>4</td><td rowspan="3">12、36、127、220、380</td><td rowspan="3">1200</td><td>75</td><td>12</td></tr>
<tr><td>JZ7-62</td><td>500</td><td>5</td><td>6</td><td>2</td><td>75</td><td>12</td></tr>
<tr><td>JZ7-80</td><td>500</td><td>5</td><td>8</td><td>0</td><td>75</td><td>12</td></tr>
</table>

（3）选型：继电器是组成各种控制系统的基础元器件，选用时应综合考虑继电器的适用性、功能特点、使用环境、工作制、额定工作电压及额定工作电流等因素，做到合理选择。具体应从以下几方面考虑：

1）类型和系列的选用。

2）使用环境的选用。

3）使用类别的选用。典型用途是控制交、直流电磁铁，例如交、直流接触器线圈。使用类别如 AC-11、DC-11。

4）额定工作电压、额定工作电流的选用。继电器线圈的电流种类和额定电压，应注意与系统要一致。

5）工作制的选用。工作制不同对继电器的过载能力要求也不同。

5. 电磁式继电器的故障排查

电磁式继电器的常见故障及检修方法与接触器类似，这里不再重复表述，参见接触器常见故障及其处理方法。

1.2.5　时间继电器

1. 认识时间继电器

时间继电器是电磁式继电器中的一种，在自动控制系统中，既需要有瞬时动作的继电器，也需要延时动作的继电器。时间继电器就是利用某种原理实现触点延时动作的自动电器，经常用于时间控制原则进行控制的场合。时间继电器的延时方式有以下两种。

（1）通电延时：接受输入信号后延迟一定的时间，输出信号才发生变化。当输入信号消失后，输出瞬时复原。

（2）断电延时：接受输入信号时，瞬时产生相应的输出信号。当输入信号消失后，延迟一定的时间，输出才复原。

时间继电器的种类主要有空气阻尼式、电磁阻尼式、电子式和电动式。

空气阻尼式时间继电器是利用空气阻尼原理获得延时的，其结构由电磁系统、延时机构和触点三部分组成。电磁机构为双正直动式，触点系统用 LX5 型微动开关，延时机构采用气囊式阻尼器。如图 2-1-16 所示为 JS7 系空气阻尼式时间继电器外形。

图 2-1-16　JS7 系空气阻尼式时间继电器外形

空气阻尼式时间继电器特点：延时范围较大（0.4 ~ 180s），结构简单、寿命长、价格低。但延时误差较大、无调节刻度指示、难以确定整定延时值。在对延时精度要求较高的场合，不宜使用这种时间继电器。

电子式时间继电器具有适用范围广、延时精度高、调节方便、寿命长等一系列的优点，被广泛地应用于自动控制系统中。常见通电延时时间继电器外形如图 2-1-17 所示。

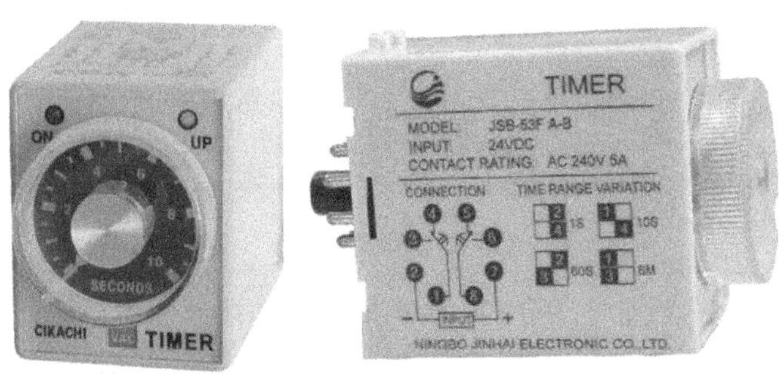

图 2-1-17　通电延时时间继电器

2. 时间继电器的结构

空气阻尼式时间继电器的电磁机构可以是直流的，也可以是交流的；既有通电延时型，也有断电延时型。只要改变电磁机构的安装方向，便可实现不同的延时方式：当衔铁位于铁心和延时机构之间时为通电延时，如图 2-1-18a 所示；当铁心位于衔铁和延时机构之间时为断电延时，如图 2-1-18b 所示。

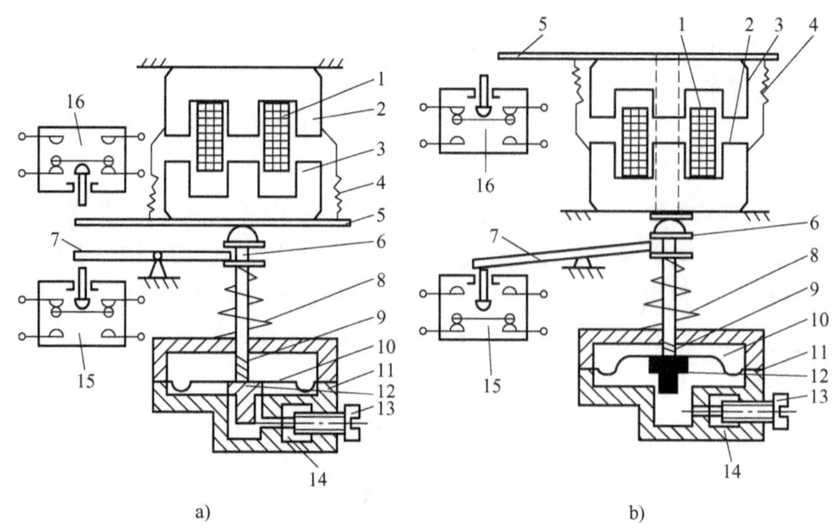

图 2-1-18　JS7－A 系列空气阻尼式时间继电器结构原理图

a）通电延时型　b）断电延时型

1—线圈　2—铁心　3—衔铁　4—反力弹簧　5—推板　6—活塞杆　7—杠杆　8—塔形弹簧　9—弱弹簧　10—橡皮膜　11—空气室壁　12—活塞　13—调节螺钉　14—进气孔　15、16—微动开关

3. 图形符号和测量

（1）电气符号：图形符号及文字符号如图 2-1-19 所示。

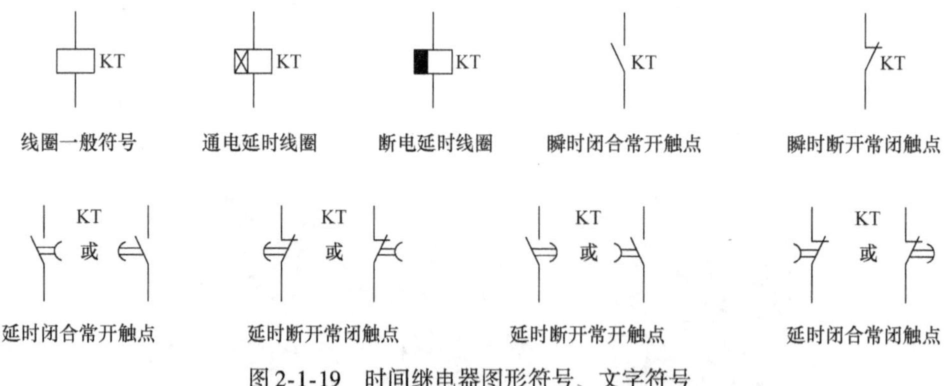

图 2-1-19　时间继电器图形符号、文字符号

（2）检测：主要包括触点常态检测、线圈的检测和线圈通电检测，以电子式时间继电器为例来说明。

1）触点的常态检测。指在控制线圈未通电的情况下检测触点的电阻，常开触点处于断开，电阻为无穷大，常闭触点处于闭合，电阻接近 0Ω。

2）对控制线圈的检测时，万用表选择适合档位，控制线圈的电阻具有一定阻值（继电器型号不同，阻值会不同）。

3）给控制线圈通电来检测触点。时间继电器的控制线圈施加额定电压后，根据时间继电器的类型检测触点状态有无变化，例如对于通电延时型时间继电器，通电经延时时间后，其延时常开触点是否闭合（电阻接近 0Ω）、延时常闭触点是否断开（电阻为无穷大）。

4. 时间继电器的选型

（1）型号：典型时间继电器的标志组成及其含义如下：

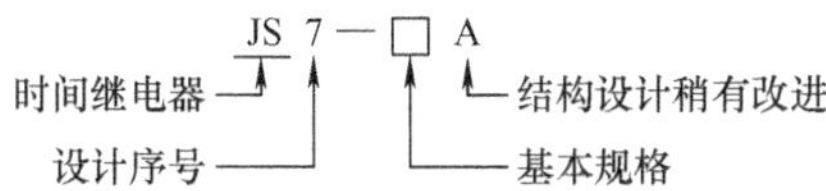

（2）主要技术参数：有额定工作电压、额定电流、额定控制容量、吸引线圈电压、延时范围、环境温度、延时误差和操作频率，见表 2-1-9。

表 2-1-9　JS7－A 系列空气阻尼式时间继电器的技术参数

型号	吸引线圈电压/V	触点额定电压/V	触点额定电流/A	延时范围/s	延时触点				瞬动触点	
					通电延时		断电延时		常开	常闭
					常开	常闭	常开	常闭		
JS7－1A	24、36、110、127、220、380、420	380	5	0.4～60 及 0.4～180	1	1	—	—	—	—
JS7－2A					1	1	—	—	1	1
JS7－3A					—	—	1	1	—	—
JS7－4A					—	—	1	1	1	1

注：“1”代表触点数量为 1 组或 1 对；“—”代表无此触点。

（3）选型：时间继电器形式多样，各具特点，选择时应从以下几方面考虑：

1）根据控制电路对延时触点的要求选择延时方式，即通电延时型或断电延时型。

2）根据延时范围和精度要求选择继电器类型。

3）根据使用场合、工作环境选择时间继电器的类型。如电源电压波动大的场合可选空气阻尼式或电动式时间继电器，电源频率不稳定的场合不宜选用电动式时间继电器；环境温度变化大的场合不宜选用空气阻尼式和电子式时间继电器。

5. 常见故障排查

时间继电器常见故障及其处理方法见表 2-1-10。

表 2-1-10　时间继电器常见故障及其处理方法

故障现象	产生原因	修理方法
延时触点不动作	1. 电磁铁线圈断线 2. 电源电压低于线圈额定电压很多 3. 电动式时间继电器的同步电动机线圈断线 4. 电动式时间继电器的棘爪无弹性，不能刹住棘齿 5. 电动式时间继电器游丝断裂	1. 更换线圈 2. 更换线圈或调高电源电压 3. 调换同步电动机 4. 调换棘爪 5. 调换游丝
延时时间缩短	1. 空气阻尼式时间继电器的气室装配不严，漏气 2. 空气阻尼式时间继电器的气室内橡皮薄膜损坏	1. 修理或调换气室 2. 调换橡皮薄膜
延时时间变长	1. 阻尼式时间继电器的气室内有灰尘，使气道阻塞 2. 电动式时间继电器的传动机构缺润滑油	1. 清除气室内灰尘，使气道畅通 2. 加入适量的润滑油

1.2.6 热继电器

1. 认识热继电器

电动机在运行过程中若过载时间长，过载电流大，电动机绕组的温升就会超过允许值，使电动机绕组绝缘老化，缩短电动机的使用寿命，严重时甚至会使电动机绕组烧毁。因此，电动机在长期运行中，需要对其过载提供保护装置。热继电器就是利用电流的热效应原理来实现电动机的过载保护。如图 2-1-20 所示为几种常用的热继电器。

a)

b)

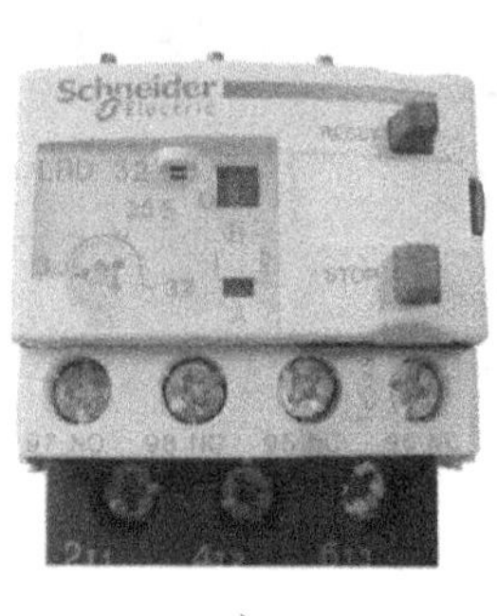

c)

图 2-1-20　几种常用热继电器

a）JR16 系列热继电器　b）JRS5 系列热继电器　c）LRD 系列热继电器

热继电器是利用电流通过元器件所产生的热效应原理而反时限动作的继电器，主要用于电动机的过载保护及其他电气设备发热状态的控制，有些型号的热继电器还具有断相及电流不平衡运行的保护。

所谓反时限保护特性，即过载电流大，动作时间短；过载电流小，动作时间长。当电动机的工作电流为额定电流时，热继电器应长期不动作。其保护特性见表 2-1-11。

表 2-1-11　热继电器的保护特性

项　　号	整定电流倍数	动作时间	试验条件
1	1.05	>2h	冷态
2	1.2	<2h	热态
3	1.6	<2min	热态
4	6	>5s	冷态

2. 热继电器的结构

主要由热元器件、双金属片和触点等三部分组成。双金属片是热继电器的感测元器件，由两种热膨胀系数不同的金属片用机械碾压而成。热膨胀系数大的称为主动层，小的称为被动层。如图 2-1-21 所示是热继电器的结构示意图。热元器件串联在电动机定子绕组中，电动机正常工作时，热元器件产生的热量虽然能使双金属片弯曲，但还不能使继电器动作。当电动机过载时，流过热元器件的电流增大，经过一定时间后，双金属片推动导板使继电器触点动作，切断电动机的控制线路。

电动机断相运行是电动机烧毁的主要原因之一，因此要求热继电器还应具备断相保护功

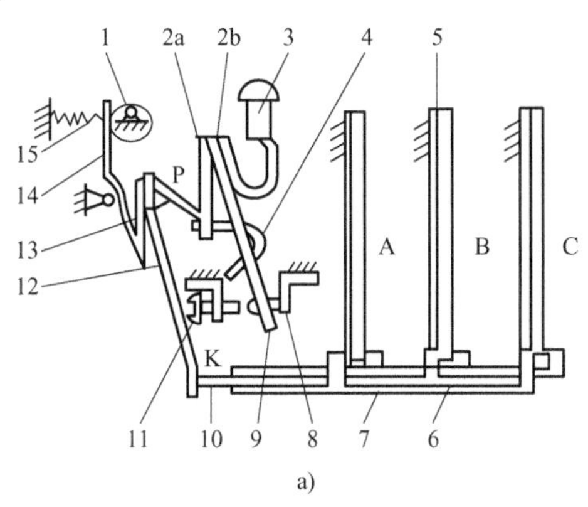

a)

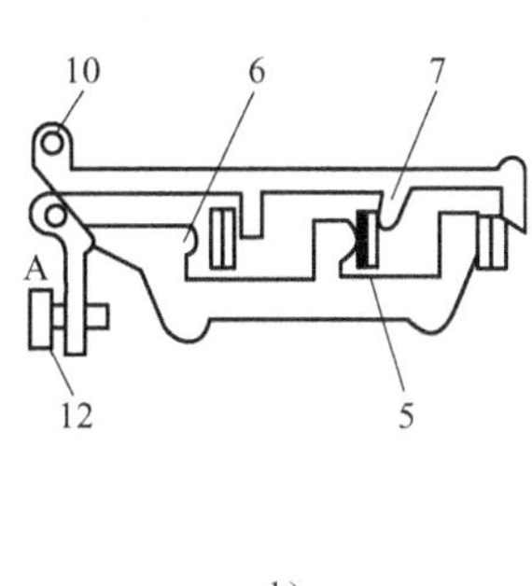

b)

图 2-1-21　JR16 系列热继电器结构示意

a）结构示意图　b）差动式断相保护示意图

1—电流调节凸轮　2—2a、2b 簧片　3—手动复位按钮　4—弓簧
5—双金属片　6—外导板　7—内导板　8—常闭静触点　9—动触点　10—杠杆
11—调节螺钉　12—补偿双金属片　13—推杆　14—连杆　15—压簧

能，如图 2-1-21b 所示，热继电器的导板采用差动机构，在断相工作时，其中两相电流增大，一相逐渐冷却，这样可使热继电器的动作时间缩短，从而更有效地保护电动机。

3. 图形符号和测量

（1）电气符号：热继电器的图形符号及文字符号如图 2-1-22 所示。

a)　　b)

图 2-1-22　热继电器图形、文字符号

a）热继电器的驱动器件　b）常闭触点

（2）检测：接线之前，应对热继电器进行必要的检测。步骤 1：测试热继电器热元器件（主触点），把数字万用表调至蜂鸣档，两表笔分别测一组主触点两端螺钉，若数字万用表未蜂鸣，则此组触点状态为“不通”，热继电器故障；若数字万用表蜂鸣，则断路器此组触点状态为“导通”，热继电器正常。步骤 2：测试热继电器常闭辅助触点（NC），同样使用数字万用表蜂鸣档，两表笔分别测一组常闭辅助触点（NC）两端螺钉，若数字万用表未蜂鸣，则此组触点状态为“不通”，常闭辅助触点（NC）故障；若数字万用表蜂鸣，则此组触点状态为“导通”，此时按动热继电器测试按键“STOP”，若万用表蜂鸣熄灭，则常闭辅助触点（NC）状态正常。

（3）常见热继电器触点的几点说明：

1）3 路主触点：上方的（3 路进线）L_1、L_2、L_3 一般分别接至交流接触器流出的三相相线，下方的（3 路出线）分别为 T_1、T_2、T_3，一般接电动机负载。

2）1 路辅助常闭触点：热继电器实物上印有 95、96 字样，它是热继电器的辅助常闭触点，一般用于控制电路中。

3）1 路辅助常开触点：热继电器实物上印有 98、97 字样，它是热继电器的辅助常开触点，一般用于控制电路中，一般此触点较少使用，常闭触点使用最普遍。

注意：热继电器没有交流线圈，L_1 与 T_1、L_2 与 T_2、L_3 与 T_3、是始终导通的，无论热继电器动作与否，动作后，95、96 常闭触点断开，按下热继电器右上方的红色复位按钮可以复位热继电器。

4. 热继电器的选择

（1）型号：典型热继电器的型号标志组成及其含义如下：

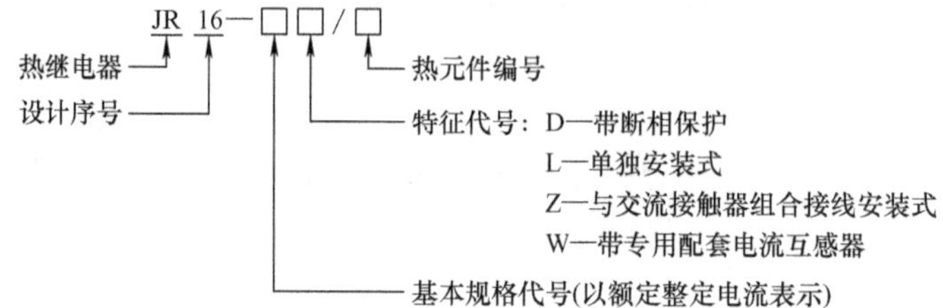

（2）主要技术参数：包括额定电压、额定电流、相数、热元器件编号及整定电流调节范围等。

热继电器的整定电流是指热继电器的热元器件允许长期通过又不致引起继电器动作的最大电流值。对于某一热元器件，可通过调节其电流调节旋钮，在一定范围内调节其整定电流。常用的热继电器有 JRS1、JR20、JR16、JR15、JR14 等系列。另外，JR20、JRS1 系列具有断相保护、温度补偿、整定电流值可调、手动脱扣、手动复位、动作后的信号指示灯功能。安装方式上除采用分立结构外，还增设了组合式结构，可通过导电杆与挂钩直接插接，可直接电气连接在 CJ20 接触器上。

JR16 系列热继电器的主要技术参数见表 2-1-12。

表 2-1-12　JR16 系列热继电器的主要技术参数

型　号	额定电流/A	热元器件规格	
		额定电流/A	电流调节范围/A
JR16 - 20/3 JR16 - 20/3D	20	0.35 0.5 0.72 1.1 1.6 2.4 3.5 5 7.2 11 16 22	0.25～0.35 0.325～0.5 0.455～0.72 0.685～1.1 1.05～1.6 1.55～2.4 2.25～3.5 3.55～5.0 6.85～11 10.05～16 22～145
JR16 - 60/3 JR16 - 60/3D	60 100	22 32 45 63	22～145 32～205 45～285 63～455

（续）

型　　号	额定电流/A	热元器件规格	
		额定电流/A	电流调节范围/A
JR16 - 150/3 JR16 - 150/3D	150	63 85 120 160	63 ~ 405 85 ~ 535 120 ~ 755 160 ~ 1005

(3) 选型：热继电器主要用于电动机的过载保护，使用中应考虑电动机的工作环境、起动情况、负载性质等因素，具体应按以下几个方面来选择。

1) 热继电器结构形式的选择：Y接法的电动机可选用两相或三相结构热继电器；△接法的电动机应选用带断相保护装置的三相结构热继电器。

2) 根据被保护电动机的实际起动时间选取 6 倍额定电流下具有相应可返回时间的热继电器。一般热继电器的可返回时间大约为 6 倍额定电流下动作时间的 50% ~ 70%。

3) 热元器件额定电流一般可按下式确定：

$$I_N = (0.95 \sim 1.05) I_{MN} \tag{2-1-5}$$

式中　I_N——热元器件额定电流；

I_{MN}——电动机的额定电流。

对于工作环境恶劣、起动频繁的电动机，则按式(2-1-6) 确定：

$$I_N = (1.15 \sim 1.5) I_{MN} \tag{2-1-6}$$

热元器件选好后，还需用电动机的额定电流来调整它的整定值。

4) 对于重复短时工作的电动机（如起重机电动机），由于电动机不断重复升温，热继电器双金属片的温升跟不上电动机绕组的温升，电动机将得不到可靠的过载保护。因此，不宜选用双金属片热继电器，而应选用过电流继电器或能反映绕组实际温度的温度继电器来进行保护。

5. 热继电器的故障的排查（见表 2-1-13）

表 2-1-13　热继电器的常见故障及其处理方法

故障现象	产生原因	修理方法
热继电器误动作或动作太快	1. 整定电流偏小 2. 操作频率过高 3. 连接导线太细	1. 调大整定电流 2. 调换热继电器或限定操作频率 3. 选用标准导线
热继电器不动作	1. 整定电流偏大 2. 热元器件烧断或脱焊 3. 导板脱出	1. 调小整定电流 2. 更换热元器件或热继电器 3. 重新放置导板并试验动作灵活性
热元器件烧断	1. 负载侧电流过大 2. 反复 3. 短时工作 4. 操作频率过高	1. 排除故障调换热继电器 2. 限定操作频率或调换合适的热继电器
主电路不通	1. 热元器件烧毁 2. 接线螺钉未压紧	1. 更换热元器件或热继电器 2. 旋紧接线螺钉
控制电路不通	1. 热继电器常闭触点接触不良或弹性消失 2. 手动复位的热继电器动作后，未手动复位	1. 检修常闭触点 2. 手动复位

1.2.7 速度继电器

1. 认识速度继电器

速度继电器是用来反映转速与转向变化的继电器。可以按照被控电动机转速的大小使控制电路接通或断开。速度继电器通常与接触器配合，实现对电动机的反接制动，如图 2-1-23 所示。

图 2-1-23 速度继电器外形

速度继电器的转轴和电动机的轴通过联轴器相连，当电动机转动时，速度继电器的转子随之转动，定子内的绕组便切割磁感线，产生感应电动势，而后产生感应电流，此电流与转子磁场作用产生转矩，使定子开始转动。电动机转速达到某一值时，产生的转矩能使定子转到一定角度使摆杆推动常闭触点动作；当电动机转速低于某一值或停转时，定子产生的转矩会减小或消失，触点在弹簧的作用下复位。

2. 速度继电器结构

有两组触点（每组各有一对常开触点和常闭触点），可分别控制电动机正、反转的反接制动。常用的速度继电器有 JY1 型和 JFZ0 型，一般速度继电器的动作速度为 120r/min，触点的复位速度值为 100r/min。在连续工作制中，能可靠地工作在 1000～3600r/min，允许操作频率每小时不超过 30 次。图 2-1-24 所示为速度继电器的结构示意图。

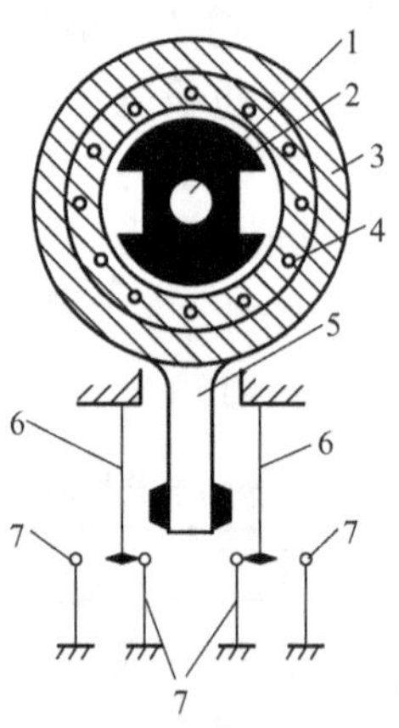

图 2-1-24 JY1 型速度继电器结构示

1—转轴 2—转子 3—定子 4—绕组 5—胶木摆杆 6—动触点 7—静触点

3. 图形符号和测量

（1）电气符号：速度继电器的图形符号及文字符号如图 2-1-25 所示。

（2）检测：检测时要打开后端接线盒，看到接线端子后再进行测量，步骤一：把数字万用表调至蜂鸣档，两表笔分别测一组触点两端螺钉，若数字万用表未蜂鸣，则此组触点状态为“不通”，该触点可能为常开（NO）；这时，用手转动转轴，若数字万用表蜂鸣，则断路器此组触点状态为“导通”，可以使用。步骤二：另一组触点两端被表笔“蜂鸣档”测量的状态下，若蜂鸣声响起则确认此组触点为常闭（NC），这时，再用手转动转轴，若蜂鸣声熄灭则确认此组触点为常闭（NC），可以使用。

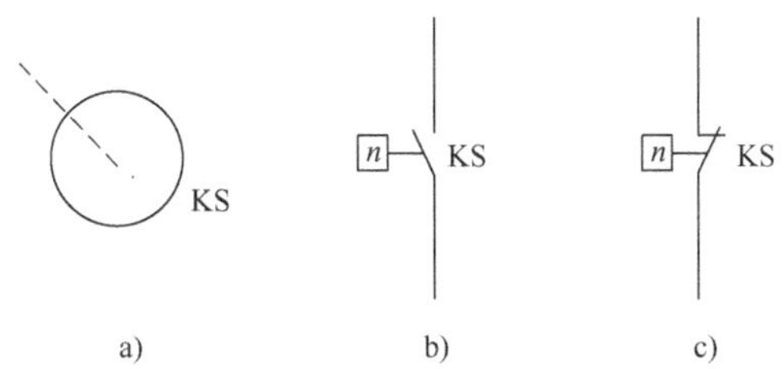

图 2-1-25　速度继电器图形、文字符号

a）转子　b）常开触点　c）常闭触点

4. 速度继电器的选择

（1）型号：典型速度继电器的标志组成及其含义如下：

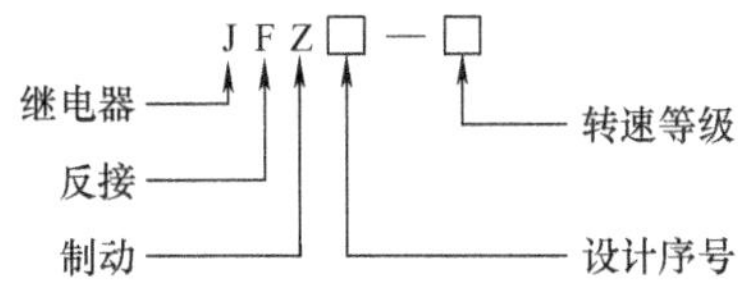

（2）主要技术参数：JY1、JFZ0 系列速度继电器的主要参数见表 2-1-14。

表 2-1-14　JY1、JFZ0 系列速度继电器的主要参数

型　　号	触点额定电压/V	触点额定电流/A	触点数量		额定工作转速/(r/min)	允许操作频率/次
			正转时动作	反转时动作		
JY1 JFZ0	380	2	1 常开 0 常闭	1 常开 0 常闭	100～3600 300～3600	<30

（3）选型：主要根据电动机的额定转速来选择。使用时，速度继电器的转轴应与电动机同轴连接；安装接线时，正反向的触点不能接错，否则不能起到反接制动时接通和断开反向电源的作用。

5. 常见故障的排查

速度继电器的常见故障及其处理方法见表 2-1-15。

表 2-1-15　速度继电器的常见故障及其处理方法

故障现象	产生原因	修理方法
制动时速度继电器失效，电动机不能制动	1. 速度继电器胶木摆杆断裂 2. 速度继电器常开触点接触不良 3. 弹性动触片断裂或失去弹性	1. 调换胶木摆杆 2. 清洗触点表面油污 3. 调换弹性动触片

1.2.8　按钮

1. 认识按钮

按钮是一种手动且可以自动复位的主令电器，其结构简单，控制方便，在低压控制电路中得到广泛应用。是一种以短时间接通或分断小电流电路的电器，不直接去控制主电路的通断，而在控制电路中发出“指令”去控制接触器、继电器等电器，从而控制主电路。如图 2-1-26 所示为LA19 系列按钮。

图 2-1-26　LA19 系列按钮

按钮适用于交流 50Hz 或 60Hz、电压至 380V，直流工作电压至 220V 的电路控制系统中。作为电磁起动器、接触器、继电器及其他电气线路的控制之用。

按钮按用途和结构的不同，分为起动按钮、停止按钮和复合按钮等。

按钮按使用场合、作用不同，通常将按钮帽做成红、绿、黑、黄、蓝、白、灰等颜色。国标 GB5226. 1—2008 对按钮帽颜色作了如下规定：

1）“停止”和“急停”按钮为红色；

2）“起动”按钮的颜色为绿色；

3）“点动”按钮为黑色；

4）“复位”按钮为蓝色（如保护继电器的复位按钮）。

2. 按钮的结构

由按钮帽、复位弹簧、桥式触点和外壳等组成，其结构如图 2-1-27 所示。触点采用桥式触点，触点额定电流在 5A 以下，分常开触点和常闭触点两种。在外力作用下，常闭触点先断开，然后常开触点再闭合；复位时，常开触点先断开，然后常闭触点再闭合。

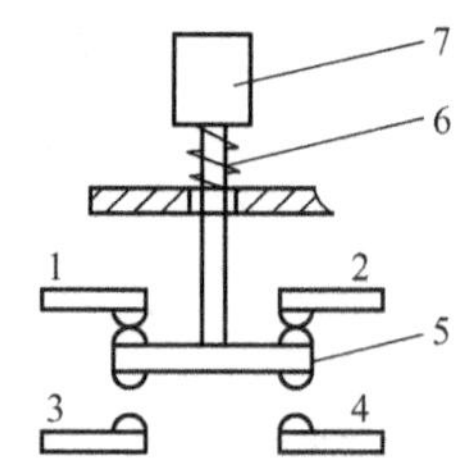

图 2-1-27　按钮结构示意图
1、2—常闭触点　3、4—常开触点
5—桥式触点　6—复位弹簧　7—按钮帽

3. 图形符号及检测

（1）电气符号：按钮的图形符号及文字符号如图 2-1-28 所示。

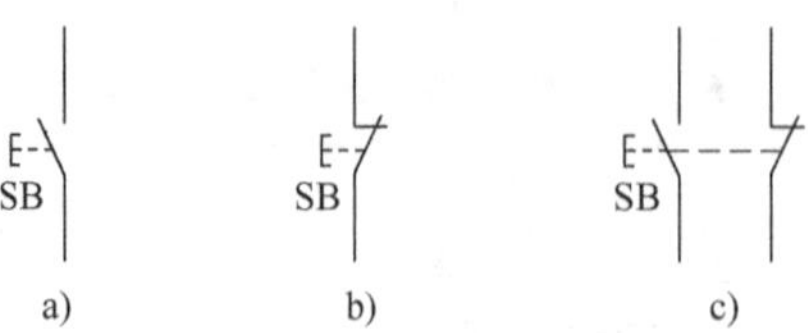

图 2-1-28　按钮图形、文字符号
a）常开触点　b）常闭触点　c）复合触点

（2）检测：接线之前，应对按钮进行必要的检测。步骤一：把数字万用表调至蜂鸣档，两表笔分别测一组触点两端螺钉，若数字万用表未蜂鸣，则此组触点状态为“不通”，该触点可能为常开（NO）；若数字万用表蜂鸣，则此组触点状态为“导通”，该触点可能为常闭（NC）；步骤二：在触点两端螺钉被表笔“蜂鸣档”测量的状态下，按下按钮，若蜂鸣声响起则确认此组触点为常开（NO），若蜂鸣声熄灭则确认此组触点为常闭（NC）。

4. 按钮的选择

（1）型号：按钮型号标志组成及其含义如下：

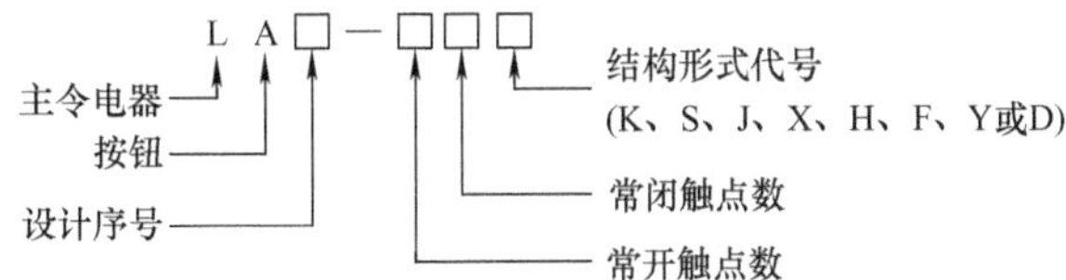

其中，结构形式代号的含义：K 为开启式、S 为防水式、J 为紧急式、X 为旋钮式、H 为保护式、F 为防腐式、Y 为钥匙式、D 为带灯按钮。

（2）主要技术参数：有额定绝缘电压 U_i、额定工作电压 U_N、额定工作电流 I_N，见表 2-1-16。

表 2-1-16　LA19 系列按钮的技术参数

型号规格	额定电压/V		约定发热电流/A	额定工作电流		信号灯		触点对数		结构形式
	交流	直流		交流	直流	电压/V	功率/W	常开	常闭	
LA19－11	380	220	5	380V/0.8A	220V/0.3A			1	1	一般式
LA19－11D	380	220	5			6	1	1	1	带指示灯式
LA19－11J	380	220	5	220V/1.4A	110V/0.6A			1	1	蘑菇式
LA19－11DJ	380	220	5			6	1	1	1	蘑菇带灯式

（3）选型：主要根据使用场合、用途、控制需要及工作状况等进行选择。

1）根据使用场合，选择控制按钮的种类，如开启式、防水式、防腐式等；

2）根据用途，选用合适的形式，如钥匙式、紧急式、带灯式等；

3）根据控制回路的需要，确定不同的按钮数，如单钮、双钮、三钮、多钮等；

4）根据工作状态指示和工作情况的要求，选择按钮及指示灯的颜色。

5. 常见故障的排查

按钮的常见故障及其处理方法见表 2-1-17。

表 2-1-17　按钮的常见故障及其处理方法

故障现象	产生原因	修理方法
按下起动按钮时有触电感觉	1. 按钮的防护金属外壳与连接导线接触 2. 按钮帽的缝隙间充满铁屑，使其与导电部分形成通路	1. 检查按钮内连接导线 2. 清理按钮及触点
按下起动按钮，不能接通电路，控制失灵	1. 接线头脱落 2. 触点磨损松动，接触不良 3. 动触点弹簧失效，使触点接触不良	1. 检查起动按钮连接线 2. 检修触点或调换按钮 3. 重绕弹簧或调换按钮
按下停止按钮，不能断开电路	1. 接线错误 2. 尘埃或机油、乳化液等流入按钮形成短路 3. 绝缘击穿短路	1. 更改接线 2. 清扫按钮并相应采取密封措施 3. 调换按钮

1.2.9 行程开关

1. 认识行程开关

行程开关是一种利用生产机械的某些运动部件的碰撞来发出控制指令的主令电器，用于控制生产机械的运动方向、行程大小和位置保护等。当行程开关用于位置保护时，又称限位开关。

行程开关的种类很多，常用的行程开关有按钮式、单轮旋转式、双轮旋转式行程开关，如图 2-1-29 所示。

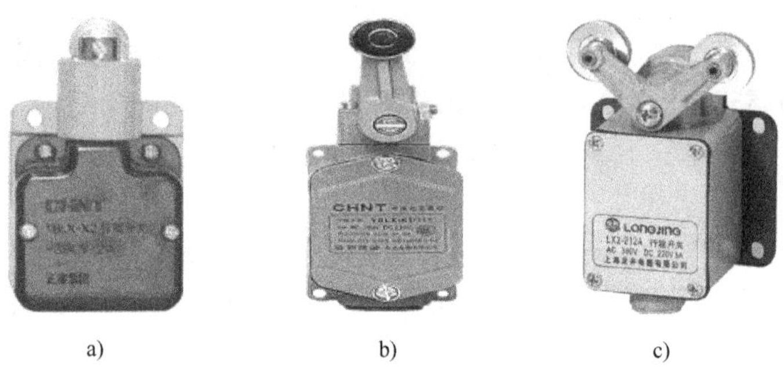

a) b) c)

图 2-1-29 几种行程开关

a）按钮式 b）单轮旋转式 c）双轮旋转式

2. 行程开关的结构

由操作头、触点系统和外壳组成，其结构如图 2-1-30 所示。操作头接受机械设备发出的动作指令或信号，并将其传递到触点系统，触点再将操作头传递来的动作指令或信号通过本身的结构功能变成电信号，输出到有关控制回路。

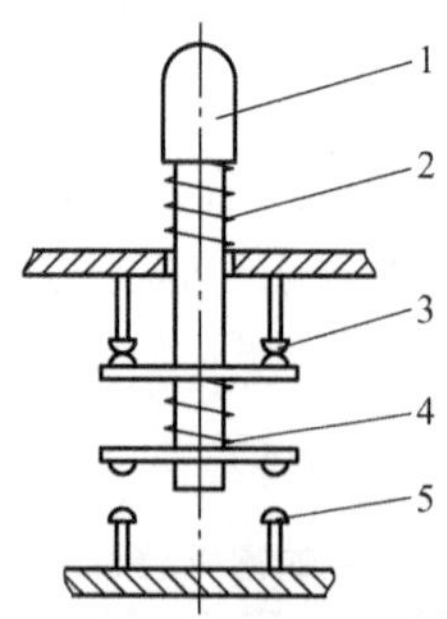

图 2-1-30 行程开关结构示意图

1—顶杆 2—弹簧 3—常闭触点 4—触点弹簧 5—常开触点

3. 图形符号及检测

（1）电气符号：行程开关的图形符号及文字符号如图 2-1-31 所示。

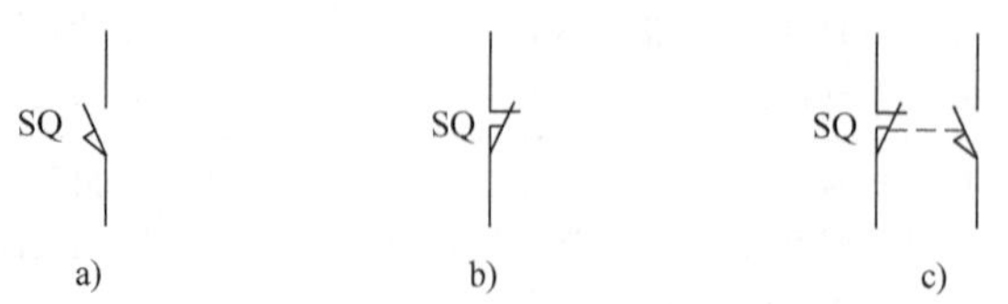

a) b) c)

图 2-1-31 行程开关图形、文字符号

a）常开触点 b）常闭触点 c）复合触点

（2）检测：接线之前，应对行程开关进行必要的检测。检测方式和按钮的检测方法相同，此处不重述。

4. 行程开关的选择

（1）型号：典型行程开关的型号标志组成及其含义如下：

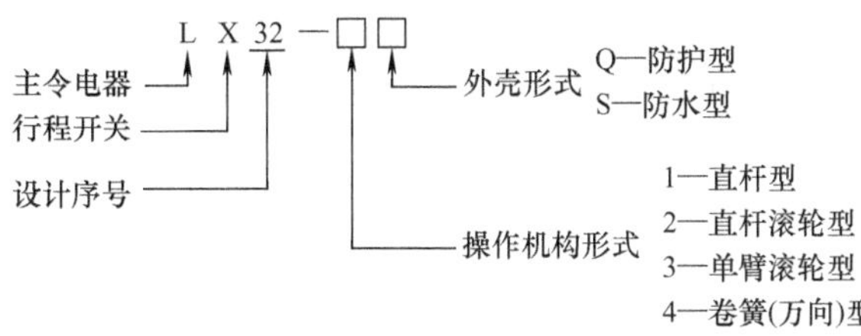

（2）主要技术参数：有额定电压、额定电流、触点数量、动作行程、触点转换时间、动作力等，见表 2-1-18。

表 2-1-18　LX19 系列行程开关的技术参数

型　　号	触点数量		额定电压/A		额定电流/A	触点转换时间/s	动作力/N	动作行程/mm 或角度
	常开	常闭	交流	直流				
LX19－001	1	1	380	220	5	≤0.4	≤9.8	1.5～3.5mm
LX19－111							≤7	≤30°
LX19－121							≤19.6	
LX19－131								
LX19－212、222、232								≤60°

（3）选型：目前，国内生产的行程开关品种规格很多，较为常用的有 LXW5、LX19、LXK3、LX32、LX33 等系列。新型 3SES3 系列行程开关的额定工作电压为 500V，额定电流为 10A，其机械、电气寿命比常见行程开关更长。LXW5 系列为微动开关。

行程开关在选用时，应根据不同的使用场合，满足额定电压、额定电流、复位方式和触点数量等方面的要求。

5. 常见故障的排查

行程开关的常见故障及其处理方法见表 2-1-19。

表 2-1-19　行程开关的常见故障及其处理方法

故障现象	产生原因	修理方法
按下行程开关，不能接通电路，控制失灵	1. 接线头脱落 2. 触点磨损松动，接触不良 3. 动触点弹簧失效，使触点接触不良	1. 检查行程开关连接线 2. 检修触点或调换行程开关 3. 重绕弹簧或调换行程开关
按下行程开关，不能断开电路	1. 接线错误 2. 尘埃或机油、乳化液等流入行程开关形成短路 3. 绝缘击穿短路	1. 更改接线 2. 清扫行程开关并相应采取密封措施 3. 调换行程开关

Chapter

第2章 电气识图及安装配线基础

2.1 电气识图基础

电气控制系统是由许多电气元件按照一定控制要求连接而成的。为了表达电气控制系统的结构、原理等设计意图，同时也为了便于电气系统的安装、调试、使用和维修，将电气控制系统中各电气元件及其连接用一定图形表达出来，这种图就是电气控制系统图。

电气控制系统图一般有3种：电气原理图、电器布置图、电气安装接线图。电气图渗透在生活的每一个角落，从家居的小家电到工程项目图，我们能接触到各种各样的电气图。下面以常见的CA6140型普通车床的电气控制系统图为例来学习电气控制系统图的画法和应注意的事项。

2.1.1 电气原理图

电气控制系统图中电气原理图应用最多，采用电气元件展开的形式绘制而成，具有结构简单、层次分明、适于研究和分析电路的工作原理等优点，包括所有电气元件的导电部件和接线端点，但并不按电气元件的实际位置来画，也不反映电气元件的形状、大小和安装方式。

所以无论在设计部门还是生产现场都得到了广泛应用。

根据CA6140型普通车床的控制要求，以及规范的表达方式，得到如图2-2-1所示的CA6140型普通车床的电气原理图。

1. 电气原理图的规范画法

（1）电气原理图一般分主电路和辅助电路两部分：主电路是从电源到电动机有较大电流通过的电路；辅助电路包括控制电路、照明电路、信号电路及保护电路等，由继电器和接触器线圈、继电器触点、接触器辅助触点、按钮、照明灯、控制变压器等电气元器件组成。

（2）电气原理图中，各电气元器件不画实际的外形图，而采用国家规定的统一标准的图形符号，文字符号也要符合国家规定。

（3）原理图中，各电气元件和部件在控制线路中的位置，应根据便于阅读的原则安排，同一电气元件的各部件根据需要可以不画在一起，但文字符号要相同。

（4）原理图中所有电器的触点，都应按没有通电和没有外力作用时的初始开闭状态画出。例如继电器、接触器的触点，按吸引线圈不通电时的状态画，控制器按手柄处于零位时的状态画，按钮、行程开关触点按不受外力作用时的状态画等。

（5）原理图中，无论是主电路还是辅助电路，各电气元件一般按动作顺序从上到下，

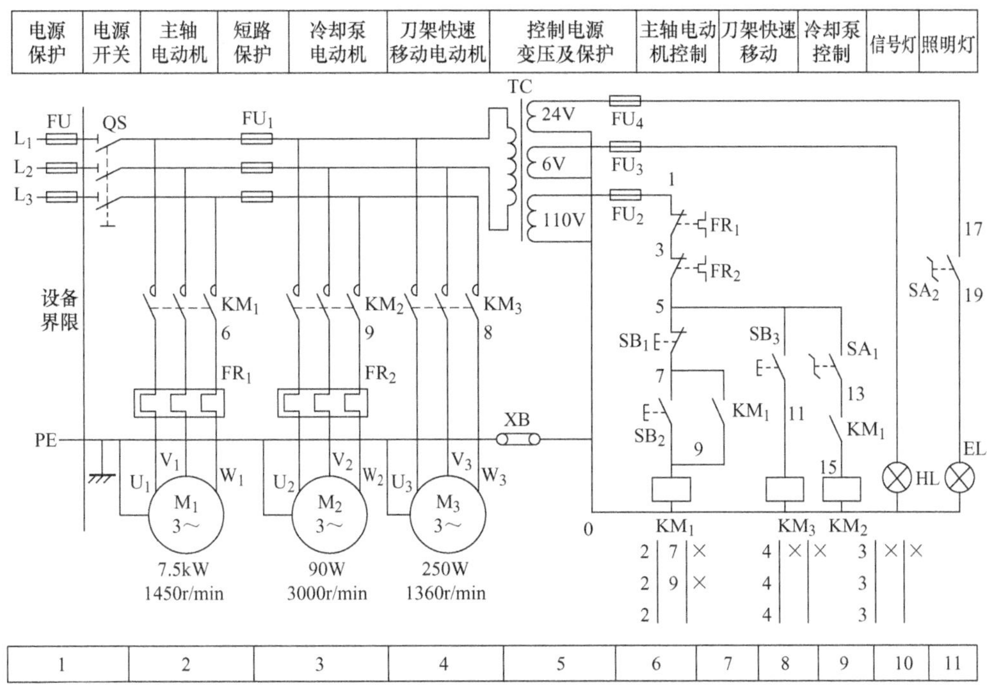

图 2-2-1　CA6140 型普通车床电气控制电路

从左到右依次排列，可水平布置或者垂直布置。

（6）原理图中，有直接联系的交叉导线连接点，要用黑圆点表示。无直接联系的交叉导线连接点不画黑圆点。

2. 图面区域的划分

在原理图上方使用的“电源保护……”等字样，表明对应区域下方元件或电路的功能，使读者能清楚地知道某个元器件或某部分电路的功能，便于理解全电路的工作原理。

图样下方的 1、2、3……数字是图区编号，是为了便于检索电气线路，方便阅读分析避免遗漏而设置的。

3. 符号位置的索引

用图号、页次和图区编号的组合索引法，索引代号的组成如下：

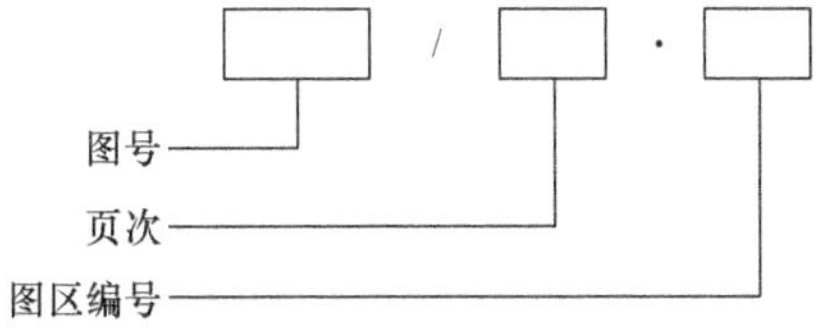

当某图号仅有一页图样时，只写图号和图区号；当某一元件相关的各符号元素出现在只有一张图样的不同图区时，索引代号只用图区号表示：

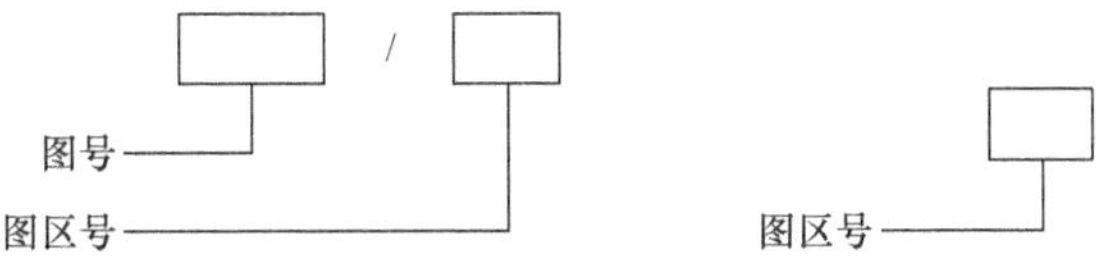

图 2-2-1 中，图区 2 中 KM_1 的“6”即为最简单的索引代号，它指出了接触器 KM_1 的线圈位置在图区 6。

图 2-2-1 中，接触器 KM_1、KM_2 和 KM_3 线圈下方表达的是相应触点的索引。

KM_1			KM_2			KM_3		
2	7	×	4	×	×	3	×	×
2	9	×	4			3		
2			4			3		

电气原理图中，接触器和继电器线圈与触点的从属关系需用附图表示。即在原理图中相应线圈的下方，给出触点的图形符号，并在其下面注明相应触点的索引代号，对未使用的触点用“ ×”表明，有时也可采用上述省去触点的表示法。

对接触器，上述表示法中各栏的含义见表 2-2-1。

表 2-2-1　各栏含义

左　　栏	中　　栏	右　　栏
主触点所在图区号	辅助常开触点所在图区号	辅助常闭触点所在图区号

对继电器，上述表示法中各栏的含义见表 2-2-2。

表 2-2-2　各栏含义

左　　栏	右　　栏
常开触点所在图区号	常闭触点所在图区号

2.1.2　电气元件布置图

电器布置图主要是用来表明电气设备上所有电气元件的实际位置，为电气控制设备的制造、安装、维修提供必要的资料。如图 2-2-2 所示为 CA6140 型普通车床的电气元件布置图。机床轮廓线用细实线或点画线表示，所有能见到的及需表示清楚的电气设备，均用粗实线绘制出简单的外形轮廓。

电器布置图是按电气控制系统的复杂程度集中绘制或单独绘制。必要时，还要表达出控制柜及控制板电气设备布置图、操纵台及悬挂操纵箱电气设备布置图等。

2.1.3　电气安装接线图

为了进行装置、设备或成套装置的布线或布缆，必须提供各个项目（包括元件、器件、组件、设备等）之间电气连接的详细信息，包括连接关系、线缆种类和敷设路线等。用电气图的方式表示的图称为接线图。如图 2-2-3 所示是 CA6140 型普通车床的电气安装接线图。

安装接线图是检验电路和维修电路不可缺少的技术文件，包括单元接线图、互连接线图和端子接线图。根据表达对象和用途不同，接线图有单元接线图、互连接线图和端子接线图等。国家标准 GB/T 6988. L—2008《电气技术用文件的编制中第 1 部分：规则》详细规定了安装接线图的编制规则，主要有：

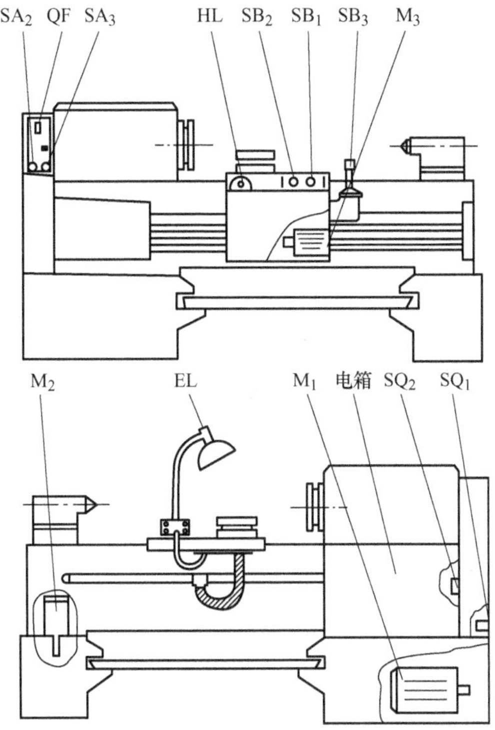

图 2-2-2　CA6140 车床电气元件布置图

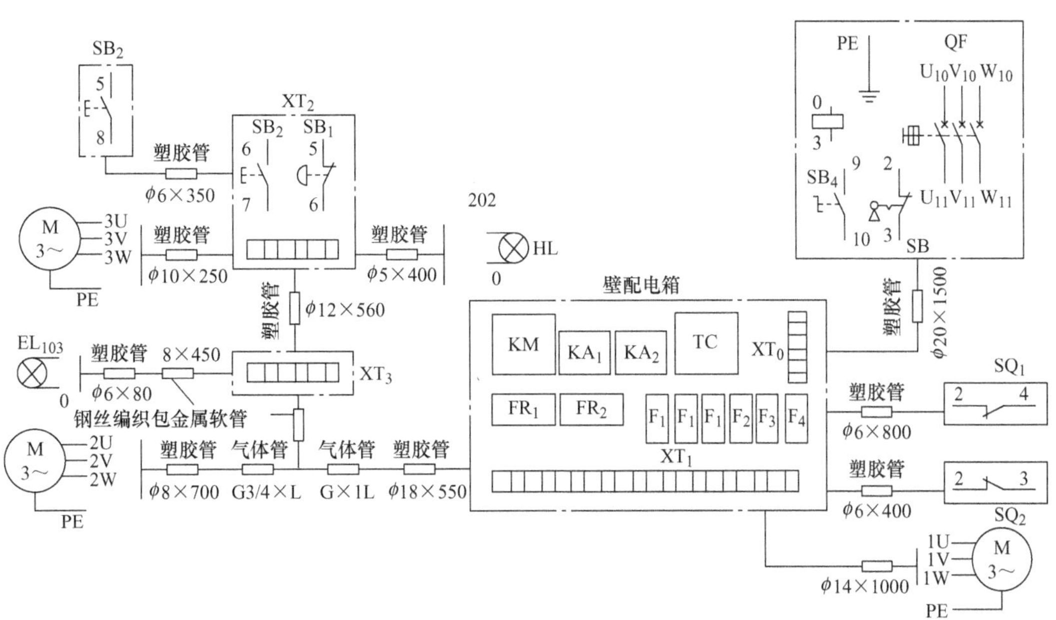

图 2-2-3　CA6140 型车床接线图

1）在接线图中，一般都应标出项目的相对位置、项目代号、端子间的电连接关系、端子号、等线号、等线类型、截面积等。

2）同一控制盘上的电气元器件可直接连接，而盘内元器件与外部元器件连接时必须绕接线端子板进行。

3）接线图中各电气元器件图形符号与文字符号均应以原理图为准，并保持一致。

4）互连接线图中的互连关系可用连续线、中断线或线束表示，连接导线应注明导线根数，导线截面积等。一般不表示导线实际走线途经，施工时由操作者根据实际情况选择最佳走线方式。

2.2 机床电路图识图

机床电气控制电路图中常见的有电气原理图、电气元件布置图、电气接线图等的识读。

2.2.1 电气原理图识读

电气原理图主要用来详细理解设备或其组成部分的工作原理，为测试和寻找故障提供信息，与框图、接线图等配合使用可进一步了解设备的电气性能及装配关系。

1. 电气原理图中的图线

（1）图线形式：在电气制图中，一般只使用4种形式的图线，实线、虚线、点画线和双点画线。

（2）图线宽度：在电气技术文件的编制中，图线的粗细可根据图形符号的大小选择，一般选用两种宽度的图线，并尽可能地采用细图线。有时为区分或突出符号，或避免混淆而特别需要，也可采用粗图线。在绘图中，如需两种或两种以上宽度的图线，则应按细图线宽度2的倍数依次递增选择。在制图软件CAD里面设定，只是考虑打印出来的效果，便于安装工人干活，对原理不构成任何的作用。

图线的宽度主要包括：0.25mm，0.35mm，0.5mm，0.7mm，1.0mm，1.4mm。

2. 箭头与指引线

（1）箭头：电气简图中的箭头符号有开口箭头和实心箭头两种形式。主要用于表示可变性、力和运动方向，以及指引线方向。

（2）指引线：指引线主要用于指示注释的对象，采用细实线绘制，其末端指向被注释处。

3. 电气原理图的布局方法

布局较灵活，原则上要求：布局合理、图面清晰、便于读图。

（1）水平布局：将元件和设备按行布置，使其连接线处于水平布置状态，如图2-2-4a所示；

（2）垂直布局：将元件和设备按列布置，使其连接线处于垂直布置状态，如图2-2-4b所示。

具体用水平还是竖直这个根据设计者个人作图特点，一般比较倾向于竖直，无论哪种方

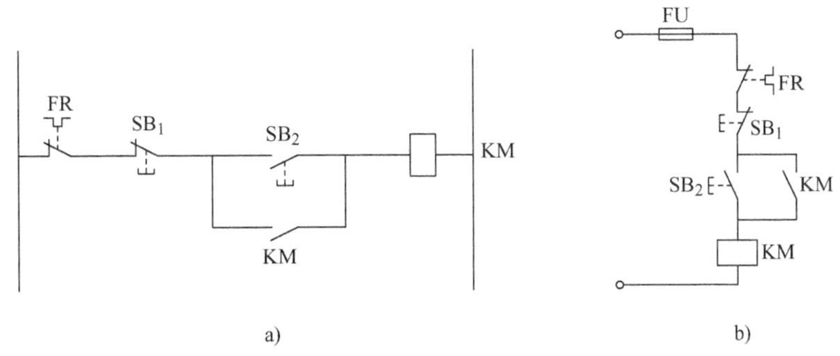

图 2-2-4　电器原理图的布局
a）水平布局　b）垂直布局

式都必须清晰，让安装或维修人员一目了然。

4. 电气原理图的基本表示方法

按照电气元件各组成部分相对位置分为集中表示法和分开表示法（展开表示法）。

集中表示法是把设备或成套装置中的一个项目各组成部分的图形符号在简图上绘制在一起的方法，如图 2-2-5a 所示；分开表示法是把一个项目中的某些图形符号在简图中分开布置，并用项目代号表示其相互关系的方法，如图 2-2-5b 所示。

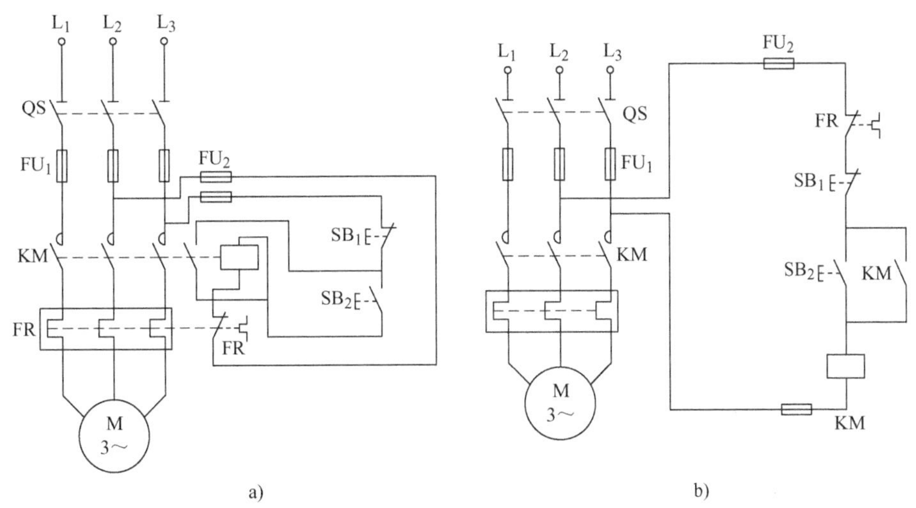

图 2-2-5　电气原理图表示方法
a）集中表示法　b）分开表示法

5. 电气元件的位置表示

为了准确寻找元件和设备在图上的位置，可采用表格或插图的方法表示。

（1）表格法：是在采用分开表示法的图中将表格分散绘制在项目的驱动部分下方，在表格中表明该项目其他部分位置，如图 2-2-6（部分电路）所示。

如图 2-2-6 所示，为表格法的两种形式。左侧 $K_1 \sim K_5$ 线圈下方的十字表格上部常开、常闭触点表示该器件所属的各种常开、常闭触点；十字表格下部数字对应表示该器件所属的

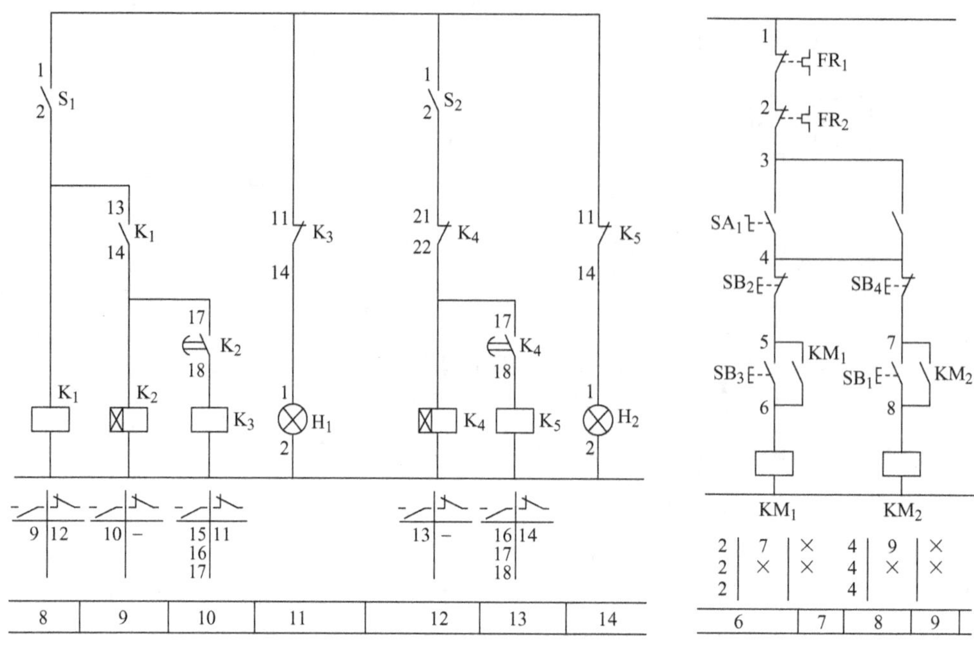

图 2-2-6　两种表格法

各种常开、常闭触点所在支路编号。右侧（部分电路）KM_1 和 KM_2 线圈下方的表格为两条竖杠三个隔间，隔间中的数字分别表示 KM_1 和 KM_2 的主触点、辅助常开触点、辅助常闭触点所在支路编号；×表示没有采用的触点。

（2）插图法：是在采用分开表示法的图中插入若干项目图形，每个项目图形绘制有该项目驱动元器件和触点端子位置号等。此种方式基本不用。

6. 电气原理图中连接线的表示方法

（1）连接线的一般表示方法：如图 2-2-7a 所示。

1）导线的一般符号可表示一根导线、导线组、电缆、总线等。

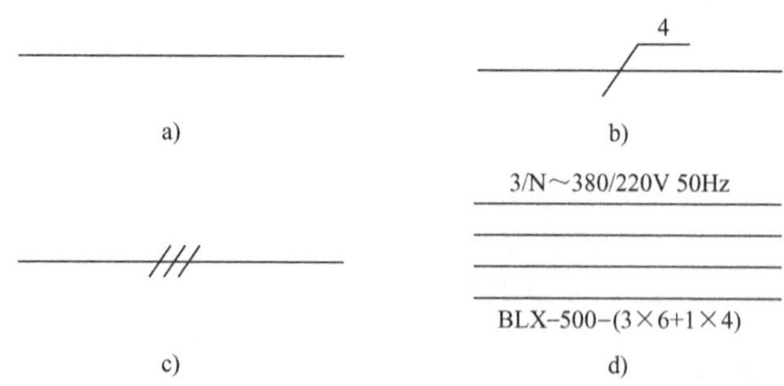

图 2-2-7　几种连接线的表示方法

a）导线一般符号　b）单线制（标数字）　c）单线制（标导线）　d）用符号标注导线特征

2）当用单线制表示一组导线时，需标出导线根数，可采用如图 2-2-7b 所示方法；若导线少于 4 根，可采用图 2-2-7c 所示方法，一撇表示一根导线。

3）导线特征的标注：导线特征通常采用符号标注，即在横线上面或下面标出需标注的内容，如电流种类、配电制式、频率和电压等。如图 2-2-7d 所示一组三相四线制线路，该线路额定线电压 380V，额定相电压 220V，频率为 50Hz，由 3 根 $6mm^2$ 和 1 根 $4mm^2$ 的铝芯橡皮导线组成。

（2）图线的粗细表示：为了突出或区分某些重要的电路，连接导线可采用不同宽度的图线表示。一般而言，需要突出或区分的某些重要电路采用粗图线表示，便于安装人员看图，对于线径的粗细也会对应标明。

2.2.2 机床电气元件布置图

电气元件布置图主要用来表示电气设备位置，是机电设备制造、安装和维修必不可少的技术文件。布置图根据设备的复杂程度或集中绘制在一张图上，或分别绘出；绘制布置图时，所有可见的和需要表达清楚的电气元件及设备按相同的比例，用粗实线绘出其简单的外形轮廓并标注项目代号；电气元件及设备代号必须与有关电路图和清单上所用的代号一致；绘制的布置图必须标注出全部定位尺寸。

2.2.3 机床电气接线图识读

1. 接线图

是在电路图、位置图等图的基础上绘制和编制出来的。主要用于电气设备及电气线路的安装接线、线路检查、维修和故障处理。在实际工作中，接线图常与电路原理图、位置图配合使用。

2. 互连接线图

应提供不同结构单元之间连接的所需信息。分为单线制连续线表示的互连接线图和中断线表示的互连接线图。

3. 端子接线图

提供一个结构单元与外部设备连接所需的信息。端子接线图一般不包括单元或设备的内部连接，但可提供有关的位置信息。对于较小的系统，经常将端子接线图与互连接线图合而为一。

图 2-2-8 中标明了机床主板接线端与外部电源进线、按钮板、照明灯、电动机之间的连接关系，也标注了穿线用包塑金属软管的直径和长度，连接导线的根数、截面及颜色等。

2.2.4 机床电气控制线路分析基础

1. 阅读设备说明书

由机械与电气两大部分组成。通过阅读设备说明书，可以了解以下内容：

（1）设备的构造，主要技术指标，机械、液压、气动部分的工作原理。

（2）电气传动方式，电动机、执行电器等数目、规格型号、安装位置、用途及控制要求。

（3）设备的使用方法，各操作手柄、开关、旋钮、指示装置等的布置以及在控制电路中的作用。

（4）与机械、液压、气动部分直接关联的电器（行程开关、电磁阀、电磁离合器、传感器等）的位置、工作状态及其与机械、液压部分的关系，在控制中的作用等。

2. 分析电气控制电路图

电气控制原理图分析的一般方法与步骤包括：

（1）主电路分析：通过主电路分析，确定电动机和执行电器的起动、转向控制、调速、制动等控制方式。

（2）控制电路分析：根据主电路分析得出的电动机和执行电器的控制方式，在控制电路中逐一找出对应的控制环节电路，“化整为零”。然后对这些“零碎”的局部控制电路逐一进行分析。

（3）辅助电路分析：辅助电路包括设备的工作状态显示、电源显示、参数测定、照明和故障报警等部分，与控制电路有着密不可分的关系，所以在分析辅助电路时，要与控制电路对照进行。

（4）联锁与保护环节分析：统观全局，检查整个控制电路，看是否有遗漏。特别要从整体角度去理解各控制环节之间的联系，以达到全面理解的目的。

（5）分析电路图注意事项：

1）根据电气原理图，对机床电气控制原理加以分析研究，将控制原理读通读透，尤其是每种机床的电路特点要加以掌握。有些机床电气控制不只是单纯的机械和电气相互控制关系，而是由电气—机械（或液压）—液压（或机械）—电气循环控制，为电气故障检修带来较大难度。

2）对于电气安装接线图的掌握也是电气检修的重要组成部分。单纯掌握电气工作原理，而不清楚线路走向、电气元器件的安装位置、操作方式等，就不可能顺利地完成检修工作。因为有些电气线路和控制开关不是装在机床的外部，而是装在机床内部，例如CD6145B型车床的位置开关SQ_5在主传动电动机防护罩内，SQ_2脚踏制动开关在前床腿内安装，不易发现，在平时就应将情况摸清。

3）有些机床生产厂家随机带来的图样与机床实际线路在个别地方不相吻合，还有的图样不够清晰等，需要在平时发现改正。检修前对电气安装接线图的实地对照检查，实际上也是一个学习和掌握新知识、新技能的过程，因为各种机床使用的电气元器件不尽相同，尤其是电器产品不断更新换代。所以，对新电气元器件的了解和掌握，以及平时熟悉电气安装接线图对检修工作是大有好处的。

4）在检修中，检修人员应具备由实物到图和由图到实物的分析能力，因为在检修过程中分析故障会经常对电路中的某一个点或某一条线来加以分析判别与故障现象的关系，这些能力是靠平时经常锻炼才能掌握的。所以，对电路图的掌握是检修工作至关重要的一环。

2.3 电气控制线路原理图绘制

2.3.1 绘制原理图的原则与要求

原理图一般分为主电路、控制电路、信号电路、照明电路及保护电路等，下面介绍绘制原则与要求。

（1）主电路（动力电路）。指从电源到电动机大电流通过的电路，其中电源电路用水平线绘制，受电动力设备（电动机）及其保护电器支路，应垂直于电源电路画出。

（2）控制电路、照明电路、信号电路及保护电路等。应垂直地绘于两条水平电源线之间，耗能元器件（如线圈、电磁铁、信号灯等）的一端应直接连接在接地的水平电源线上，控制触点连接在上方水平线与耗能元器件之间。所有电器触点，都按没有通电和没有外力作用时的开闭状态画出。对于继电器、接触器的触点，按吸引线圈不通电状态画，控制器按手柄处于零位时的状态画，按钮、行程开关触点按不受外力作用时的状态画。

（3）无论主电路还是辅助电路，各元件一般应按动作顺序从上到下，从左到右依次排列。

（4）原理图中，各电气元件和部件在控制线路中的位置，应根据便于阅读的原则安排。同一电气元件的各个部件可以不画在一起。

（5）原理图中有直接电联系的交叉导线连接点，用实心圆点表示；可拆接或测试点用空心圆点表示；无直接电联系的交叉点则不画圆点。

（6）对非电气控制和人工操作的电器，必须在原理图上用相应的图形符号表示其操作方式及工作状态。由同一机构操作的所有触点，应用机械连杆符号表示其连动关系，各个触点的运动方向和状态，必须与操作件的动作方向和位置协调一致。

（7）对与电气控制有关的机、液、气等装置，应用符号绘出简图，以表示其关系。

如图 2-2-8 所示是某机床电气原理图，供参考。

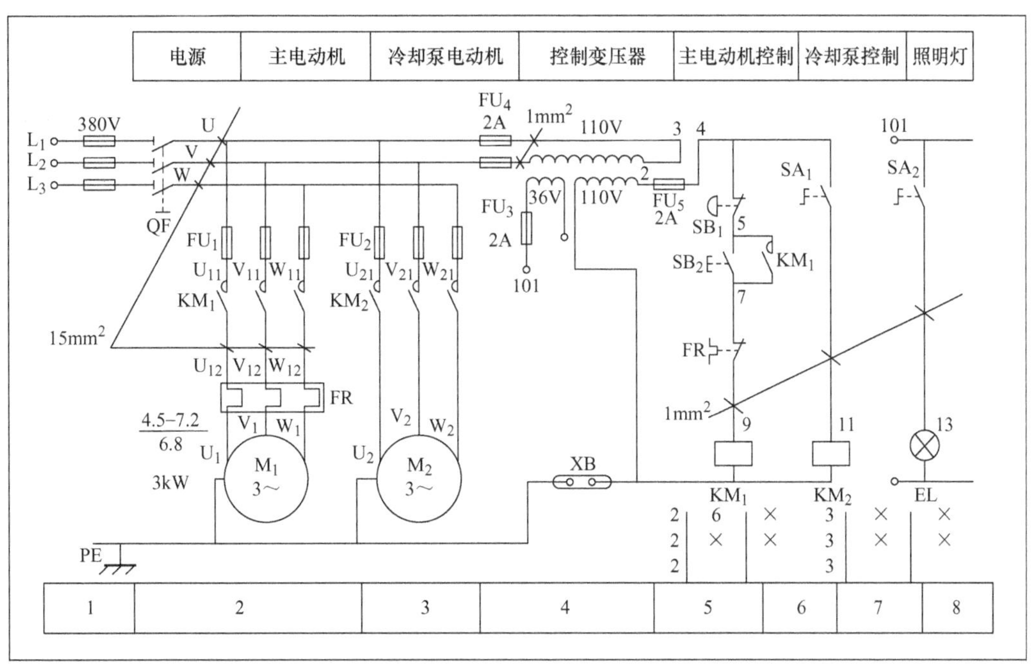

图 2-2-8　某机床电气原理图

2. 3. 2　电气原理图图面区域的划分

为了便于确定原理图的内容和组成部分在图中的位置，常在图样上分区。竖边方面用大写拉丁字母编号，横边用阿拉伯数字编号。

图幅分区后，相当于在图上建立了一个坐标。具体使用时，对水平布置的电路，一般只需标明行的标记；对垂直布置的电路，一般只需标明列的标记；如图 2-2-8 所示。

2.3.3 继电器、接触器触点位置的索引

电气原理图中，在继电器、接触器线圈的下方注有该继电器、接触器相应触点所在图中位置的索引代号，索引代号用图面区域号表示，如图 2-2-8 所示。

2.3.4 技术数据的标注

电气元件的数据和型号一般用小号字体标注在电器代号的下面，如图 2-2-8 所示，其中热继电器动作电流和整定值的标注、导线截面积的标注等。

2.3.5 电气元件布置图的绘制

电气元件布置图是用来表明电气原理图中各元件的实际安装位置，可视电气控制系统复杂程度采取集中绘制或单独绘制。

电气元件的布置应注意以下几方面：

1）体积大和较重的电气元件应安装在电器安装板的下方，而发热元件应安装在电器安装板的上面。

2）强电、弱电应分开，弱电应屏蔽，防止外界干扰。

3）需要经常维护、检修、调整的电气元件安装位置不宜过高或过低。

4）电气元件的布置应考虑整齐、美观、对称。外形尺寸与结构类似的电器安装在一起，以利安装和配线。

5）电气元件布置不宜过密，应留有一定间距。如用走线槽，应加大各排电器间距，以利布线和维修。

2.3.6 电气元件安装接线图的绘制

安装接线图主要用于电器的安装接线、线路检查、线路维修和故障处理，通常安装接线图与电气原理图和元件布置图一起使用。

电气接线图的绘制原则如下：

1）各电气元件均按实际安装位置绘出，元件所占图面按实际尺寸以统一比例绘制。

2）一个元件中所有的带电部件均画在一起，并用点画线框起来，即采用集中表示法。

3）各电气元件的图形符号和文字符号必须与电气原理图一致，并符合国家标准。

4）各电气元件上凡是需接线的部件端子都应绘出，并予以编号，各接线端子的编号必须与电气原理图上的导线编号相一致。

5）绘制安装接线图时，走向相同的相邻导线可以绘成一股线。

2.4 电气控制系统的设计

2.4.1 电气控制设计的基本原则、基本内容和设计程序

设计工作的首要问题是必须树立正确的设计思想，树立工程实践的观点，这是高质量完

成设计任务的根本保证。

1. 电气控制设计的基本原则

在设计过程中，通常应遵循以下几个原则：

(1) 最大限度满足机械设备和工艺对电气控制系统的要求。

(2) 在满足控制要求的前提下，设计方案力求简单、经济和实用，不宜盲目追求自动化和高指标。

(3) 把电气系统的安全性和可靠性放在首位，确保使用安全、可靠。

(4) 妥善处理机械与电气的关系，要从工艺要求、制造成本、机械电气结构的复杂性和使用维护等方面综合考虑。

2. 电气控制设计的基本内容

包括原理设计与工艺设计两个基本部分。

(1) 原理设计包括：拟定电气控制设计任务书；选择拖动方案、控制方式和电动机；设计并绘制电气原理图和选择电气元件并制订元件目录表；对原理图各连接点进行编号。

(2) 工艺设计包括以下6点：

1) 根据电气原理图（包括元件表），绘制电气控制系统的总装配图及总接线图；

2) 电气元件布置图的设计与绘制；

3) 电气组件和元件接线图的绘制；

4) 电气箱及非标准零件图的设计；

5) 各类元件及材料清单的汇总；

6) 编写设计说明书和使用维护说明书。

3. 电气控制设计的一般程序

一般先进行原理设计再进行工艺设计，详细的设计程序同前述设计内容的排序相同。

设计任务书是整个系统设计的依据，同时又是今后设备竣工验收的依据。基本内容为

(1) 给出机械及传动结构简图、工艺过程、负载特性、动作要求、控制方式、调速要求及工作条件。

(2) 给出电气保护、控制精度、生产效率、自动化程度、稳定性及抗干扰要求。

(3) 给出设备布局、安装、照明、显示和报警方式等要求。

(4) 目标成本与经费限额、验收标准及方式等。

2.4.2 电力拖动方案确定原则和电动机的选择

1. 电力拖动方案确定原则

(1) 对于一般无特殊调速指标要求的机械设备，应优先采用笼型异步电动机。

(2) 对于要求电气调速的机械设备，应根据调速技术要求，如调速范围、调速平滑性、调速极数和机械特性硬度来选择电力拖动方案。

1) 若调速 $D=2\sim3$（其中 $D=n_{max}/n_{min}$），额定负载下，调速极数≤2~4，一般采用可变极数的双速或多速笼型异步电动机。

2) 若 $D=3\sim10$，且要求平滑调速时，在容量不大的情况下，应采用带转差电磁离合器的笼型异步电动机拖动方案。

3）若调速 $D=10\sim100$，可采用晶闸管直流或交流调速拖动方案。

电力拖动系统设计时，电动机的调速性质应与负载特性相适应。

2. 电动机的选择

机械设备的运动部分大多数由电动机驱动，因此正确地选择电动机具有重要的意义。

电动机的选择既包括电动机结构形式的确定、电动机容量的选择、电动机转速的选择等内容，将在第 4 章介绍。

2.4.3 电气原理图的设计

1. 电气原理图设计的基本方法

电气原理图的设计是在拖动方案及控制方式确定之后进行的。在具体设计时，应熟练掌握下面两种方法。

（1）经验设计：若控制系统较简单，可采用经验设计法，也就是利用学过的基本电路的知识，按照主电路→控制电路→辅助电路→联锁与保护→总体检查→反复修改与完善的步骤进行。

（2）逻辑设计：参照在控制要求中由机械液压系统设计人员给出的执行元器件及主令电器工作状态表，找出执行元器件线圈同主令电器触点间的关系，将主令电器的触点作为逻辑自变量，执行元器件线圈作为逻辑应变量，写出有关逻辑代数式；当无法写出全部逻辑式时，只能凭经验逐个增设中间继电器，将其触点也当作逻辑自变量，直到能写出全部逻辑式为止，另一方面，还要写出中间继电器自身的逻辑式；最后，根据逻辑式做出对应电路。当前，较复杂的系统应采用可编程序控制器（PLC）控制。

2. 电气原理图设计的注意事项

为了避免设计出来的实际线路出现不正确、不合理、不经济等现象，因此在设计过程中，应注意以下六点：

1）避免“临界竞争和冒险现象”的产生，图 2-2-9 所示为典型竞争电路；图 2-2-10 所示为改进电路。

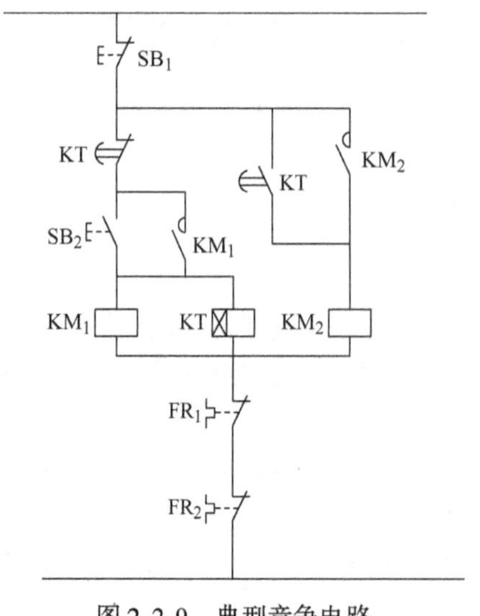

图 2-2-9　典型竞争电路

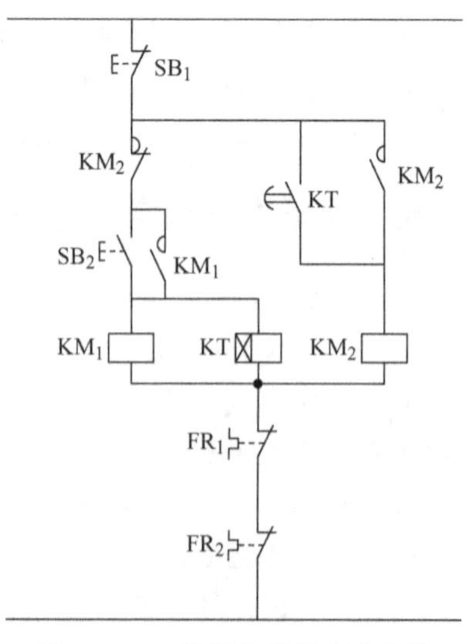

图 2-2-10　竞争电路的改进电路

2）尽量减少电气元器件触点数量，图 2-2-11 所示，节省了一个 KM_1 常开触点，通过两个线圈共用同个触点来实现。

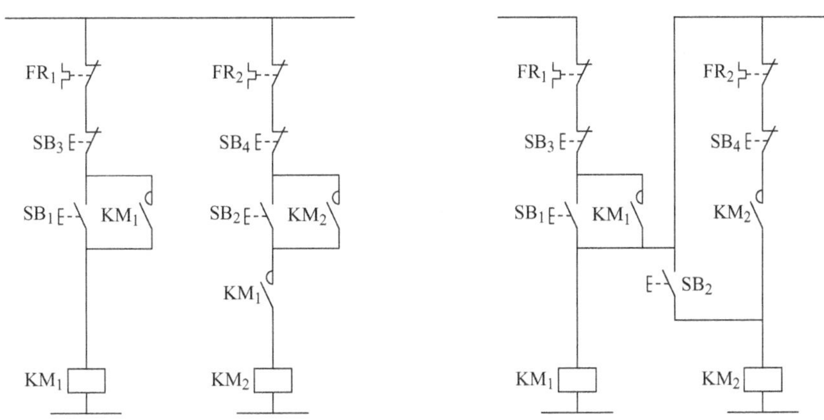

图 2-2-11　减少电气元件触点数量的方法举例

3）合理安排电气元器件触点位置。

4）尽量减少电气线路的电源种类，要尽量采用同一类电源。电压等级应符合标准等级，交流一般为 380V、220V、127V、110V、36V、24V、6.3V，直流为 12V、24V 和 48V。

5）尽量减少电气元器件的品种、规格、数量和触点。同一用途的电气元器件，尽可能选用同一型号规格。

6）尽可能减少通电电器数量。例如，时间继电器在完成延时控制功能以后就应断电，以利节能和延长寿命。

2.5　电气控制线路装配工艺

电气装配工艺包括安装工艺和（按原理图或接线图的）配线工艺。

2.5.1　电气安装的工艺要求

1. 控制柜的配置

这里所指的控制柜是为各工位供电的小型配电柜，柜体上按相关国家标准，设置各种标识符号、标记。

1）配电柜底面离地高低不少于 80mm，配电柜整体尺寸（包括支撑部位）不大于 350mm×200mm×500mm（长×宽×高）。配电柜体用 1.5mm 厚的冷轧钢板制作，柜体在表面涂覆前，应按国家和行业有关标准要求，进行除油、除锈、酸洗磷化等表面前处理工作，保证涂覆材料在柜体上的附着力达到标准的规定值。柜体内外表面涂覆采用喷塑工艺，要求涂覆层厚度均匀、附着牢固、色度一致。

2）配电柜内必须安装接地排，接地排的端子数不少于 6 个，可以接 $6mm^2$ 的接地线。指示灯和空气开关安装在柜体顶部，操作部分外露。配电柜采用下端进线，预留一个敲落孔，柜体可以通过螺钉固定在地面上，固定螺钉不能外露。

3）按照设计的配电柜系统图安装插座，一般为三相 4 芯插座，插座额定电流为 16A，插座接线为三根相线和中线；单相 5 芯插座，额定电流为 10A。插座安装在柜门和柜体的背板上，两面各安装两个单相插座和两个三相插座，单相插座安装在上面，二者应保持至少 50mm 的距离，两面的安装位置要一致。在插座的正上方，需按图样中的标号设置标号。

2. 控制柜的布线工艺总体要求

（1）线槽：保证主干线槽横平竖直；布放过线槽时保证线槽间接缝要对齐，尽量避免布放斜向线槽；线槽要布局合理、美观，布放按“目”字排列；选用型号合适的线槽，可根据元器件的数量而定。

（2）模块布置：同类型模块要布放在一起，左右、上下要排列整齐；不同模块间布放要留有一定的间隔，以减少其相互间干扰，同时也是对各模块单元的划分；不同种类的模块如高度或宽度不同，布放时在不影响其功能的前提下取两种模块的中线对齐。模块布放安装时，应尽量将高度相同的部件放到一排，一是为了美观，二是为了布放线槽和接线时方便。

（3）接线端子排：一般排放在控制柜或控制台的最下方，如有接地铜条则接地铜条安装在最下方；每排接线端子应有上下两条过线槽（通常指信号线和控制线）；接完线之后要将空接线端子排上的螺钉拧紧，以免在运输过程中丢失，接线端子在安装时应留有 10% ~ 15% 的余量。

（4）线号：同一线径的线，采用同线径的管状绝缘端子；线号管文字方向遵循从左到右，从上到下的规则；在一个控制柜中所有线号管文字方向一致，即所有水平、垂直套管上文字的方向一致，这样既方便查线，看起来又比较规整。所有线接完之后要将同一单元内所有线号管对齐。

（5）线缆：包括信号线、短接线和电源线。

1）信号线。线缆走向要横平竖直，两端必须将冷压端子压上；线缆转向时要圆滑一些。这样可以避免线缆外皮及内部铜芯的损伤。前门板上设备的接线全部采用软线（BVR 或 RV 型）连接，可防止将线折断；不在线槽内的线用缠绕管将其缠起来，保证外面只能看到标号、接头部分；信号线和电缆线应尽量避免重叠，以免产生干扰。

2）短接线。同等间距的短接线长度应保持一致，同一路短接线高度、弧度应一致；如短接线接在接线端子上，需将冷压端子压上。

3）电源线。电源直流输出及模块上标注有电源正极“ + ”时采用红色线缆，标注“ - ”或“GND”时用黑色线缆，信号线用其他颜色的线缆，如蓝色、黄色。交流电源接线时“L”用红色或棕色线，“N”用蓝色或黑色线，接地线“PE”用黄绿色线。

3. 电气箱内或电气板上的安装工艺

对于定型产品一般必须按电气元件布置图、接线图和工艺的技术要求去安装电器，要符合国家或企业的标准化要求。对于只有电气原理图的安装项目或现场安装工程项目，决定电器的安装、布局的过程，其实也就是电气工艺设计和施工作业同时进行的过程，因而布局安排是否合理，在很大程度上影响着整个电路的工艺水平及安全性和可靠性。布局安排应注意以下几点：

1）仔细检查所用器件是否良好，规格型号等是否合乎图样要求。

2）刀开关应垂直安装，合闸后，手柄向上指，分闸后手柄向下指，不允许平装或倒装；受电端在开关的上方，负荷侧在开关的下方，保证分闸后闸刀不带电；自动开关也应垂直安装；组合开关安装应使手柄旋转在水平位置为分断状态。

3）RL 系列熔断器的受电端应为其底座的中心端。RT、RM 等系列熔断器应垂直安装，其上端为受电端。

4）带电磁吸引线圈的时间继电器应垂直安装。保证使继电器断电后，动铁心释放后的运动方向符合重力垂直向下的方向。

5）各元件安装位置要合理，间距适当，便于维修查线和更换元件；要整齐、匀称、平整，使整体布局科学、美观、合理，为配线工艺提供良好的基础条件。

6）元件的安装紧固要松紧适度，保证既不松动，也不因过紧而损坏元件。

7）安装器件要使用合适的工具，禁止用不适当的工具安装或敲打式的安装。

2.5.2　板前配线的工艺要求

板前配线是指在电器板正面明线敷设，完成整个电路连接的一种配线方法。优点是便于维护维修和查找故障，要求讲究整齐美观，配线速度稍慢，是一种基本的配线方式。配线时应注意以下几点：

1）要把导线抻直拉平，去除小弯。

2）配线尽可能短，用线要少，要以最简单的形式完成电路连接。在具备同样控制功能条件下配线“以简为优”，杜绝繁琐配线。

3）排线要求横平竖直，整齐美观；变换走向应垂直变向，杜绝行线歪斜。

4）主、控线路的空间平面层次，不宜多于 3 层。同一类导线，要尽量同层密排或间隔均匀。除过短的行线外，一般要紧贴敷设面走线。

5）同一平面层次的导线应高低一致，前后一致，避免交叉。

6）对于较复杂的线路，宜先配控制回路，后配主回路。

7）线端剥皮的长短要适当，并且保证不伤芯线。

8）压线必须可靠，不松动，既不能压到绝缘皮上，又不能裸露导体过多。

9）器件的接线端子，应该直压线的必须用直压法；该做圈压线的必须围圈压线，并要避免反圈压线；避免“一点压三线”。

10）盘外电器与盘内电器的连接导线，必须经过接线端子板压线。

11）主、控回路的线端均应穿套线号管，便于装配和维修。以上几点工艺要求，有些是相互制约或相互矛盾的，如“配线尽可能短”与“避免交叉”等。需要反复实践操作，积累经验掌握工艺要领。

2.5.3　槽板配线的工艺要求

槽板配线是采用塑料线槽板做行线通道，除器件接线端子处一段引线暴露外，其余行线隐藏于槽板内的一种配线方法。优点是配线工艺相对简单，配线速度较快，适合于某些定型产品批量生产。缺点是线材和槽板消耗较多。

槽板配线作业中除了在剥线、压线、端子使用等方面与板前配线有相同的工艺要求外，还应注意以下几点：

1）根据行线多少和导线截面，估算和确定槽板的规格型号。配线后，导线应占有槽板内空间容积的 70% 左右。

2）规划槽板的走向，按合理尺寸裁割槽板。

3）槽板换向应拐直角弯，衔接方式宜用横、竖各 45°角对插方式。

4）槽板与器件之间的间隔要适当，以方便压线和换件。

5）槽板安装要紧固可靠，避免敲打而引起破裂。

6）所有行线的两端应无遗漏，套装与原理图一致编号的线号管。这一点比板前配线方式要求更为严格。

7）为避免槽板内的行线过短而拉紧，应留有少量裕度。同时，尽量减少交叉。

8）穿出槽板的行线，要尽量保持横平竖直、间隔均匀、高低一致、避免交叉。

2.6 线型线径的选取规则

2.6.1 导线的选用

导线选择的原则：在长期工作制条件下，电线、电缆按发热技术优势所允许的电流应大于或等于线路的计算电流。

要正确选用导线，首先要确定线路的负荷大小，即线路当中的电流大小，然后再根据负荷大小确定导线的截面积。在工程应用中有一些简便易行的方法可以快速估算导线截面积的大小，比如下面的口诀："十下五，百上二，二五三五四三界，柒拾玖五两倍半，铜线升级算"。意思是 $10mm^2$ 以下的铝线，平方毫米数乘以 5 就是其载流量，如果是铜线，就升一个档，比如 $2.5mm^2$ 的铜线，就按 $4mm^2$ 计算。$100mm^2$ 以上的都是截面积乘以 2，$25mm^2$ 以下的乘以 4，$35mm^2$ 以上的乘以 3，$70mm^2$ 和 $95mm^2$ 都乘以 2.5。

如果室内 $6mm^2$ 以下的铜线，每平方毫米电流不超过 10A 是安全的，从这个角度讲，可以选择 $1.5mm^2$ 的铜线或 $2.5mm^2$ 的铝线。10m 内，导线电流密度 $6A/mm^2$ 比较合适；10～50m，$3A/mm^2$；50～200m，$2A/mm^2$；500m 以上要小于 $1A/mm^2$。如果不是很远的情况下，可以选择 $4mm^2$ 铜线或者 $6mm^2$ 铝线，如果距离 150m 供电，则要采用 $4mm^2$ 的铜线。

总之，导线的阻抗与其长度成正比，与其线径成反比。使用电源时，应特别注意输入与输出导线的线材与线径问题，以防止电流过大使导线过热而造成事故。

2.6.2 导线颜色的选用

根据国家标准，导线的颜色一般按照下列规律选择：

AC 380V	黑色（装置或设备中）/黄、绿、红色（建筑供配电）
AC 220V/110V	红色（装置或设备中）
DC 24V	+棕色，－蓝色
零线	红色（装置或设备中）/淡蓝色（建筑供配电）
地线	黄绿色

注：有混淆时，国标允许选择指定颜色外的其他颜色，具体参照最新相关国家标准。

为了便于检查接线，实训过程中主回路三相分别采用红、绿（蓝）、黄三种颜色，控制回路可根据不同的分支采用不同颜色的方式，例如电动机正反转控制正转、反转控制回路分别采用黄色、绿色导线等。

2.6.3　线径的选用

选用导线首先要保证导线的截面能够承载正常的工作电流，同时要考虑到周围环境温度的影响，留足余量。

工程中，装置或设备一般采用 BVR 铜（铝）芯聚氯乙烯绝缘软线，建筑供配电一般采用 BV 铜（铝）芯聚氯乙烯绝缘硬线并配合穿管走线，导线的粗细根据负载额定电流进行选取，此处只介绍估算法选取导线线径原则。

估算法虽然误差稍大，但在无特殊设计要求的场合下，做一般选线是能满足实际工作需要的。10mm^2 及以下的铝绝缘导线载流量按 5A/mm^2 估计；16mm^2 和 25mm^2 的铝绝缘导线载流量按 4A/mm^2 估计；35mm^2 和 50mm^2 的铝绝缘导线载流量按 3A/mm^2 估计（穿管敷设可将载流量乘以 0.8；高温环境可将载流量乘以 0.9；若用铜导线，可将铝线的载流量乘以 1.3。

2.6.4　电线电缆规格表示

电线电缆规格采用芯数、标称截面和电压等级表示。

1. 单芯分支电缆规格表示法

同一回路电缆根数 *（1 * 标称截面），0.6/1kV，如：4 *（1 * 185）+1 * 95 0.6/1kV。

2. 多芯绞合型分支电缆规格表示法

同一回路电缆根数 * 标称截面，0.6/1kV，如：4 * 185 +1 * 95 0.6/1kV。

常用电线电缆规格型号说明见表 2-2-3。

表 2-2-3　电线电缆规格型号说明

型　号	名　称	用　途
BX（BLX） BXF（BLXF） BXR	铜（铝）芯橡皮绝缘线 铜（铝）芯氯丁橡皮绝缘线 铜芯橡皮绝缘软线	适用于交流 500V 及以下或直流 1000V 及以下的电气设备及照明装置之用
BV（BLV） BVV（BLVV） BVVB（BLVVB） BVR BV－105	铜（铝）芯聚氯乙烯绝缘线 铜（铝）芯聚氯乙烯绝缘聚氯乙烯护套圆形电线 铜（铝）芯聚氯乙烯绝缘聚氯乙烯护套平形电线 铜（铝）芯聚氯乙烯绝缘软线 铜芯耐热 105℃聚氯乙烯绝缘软线	适用于各种交流、直流电器装置，电工仪表、仪器，电信设备，动力及照明线路固定敷设之用
RV RVB RVS RV－105 RXS RX	铜芯聚氯乙烯绝缘软线 铜芯聚氯乙烯绝缘平行软线 铜芯聚氯乙烯绝缘绞型软线 铜芯耐热 105℃聚氯乙烯绝缘连接软电线 铜芯橡皮绝缘棉纱编织绞型软电线 铜芯橡皮绝缘棉纱编织圆形软电线	适用于各种交流、直流电器、电工仪表、家用电器、小型电动工具、动力及照明装置的连接
BBX BBLX	铜芯橡皮绝缘玻璃丝编织电线 铝芯橡皮绝缘玻璃丝编织电线	适用于电压分别有 500V 及 250V 两种，用于室内外明装固定敷设或穿管敷设

注：B(B)—第一个字母表示布线，第二个字母表示玻璃丝编制；V(V)—第一个字母表示聚氯乙烯(塑料)绝缘，第二个字母表示聚氯乙烯护套；L(L)—铝，无 L 则表示铜；F(F)—复合型；R—软线；S—双绞；X—绝缘橡胶。

Chapter

第3章 故障检测与调试基础

3.1 电气故障检修一般步骤

3.1.1 电气故障调查

电气设备出现故障，首先应向电气设备操作者详细了解发生故障前的情况，使维修人员能更准确地判断故障可能发生的部位，以便迅速排除故障。

1）故障发生在开动前、开动后，还是运行中；是运行中自动停止，还是出现异常情况后由操作者停下来。

2）发生故障时，电气设备处于什么工作状态，按了哪个按钮，扳动了哪个开关。

3）故障发生前后有何异常现象（声光、气味等）。

4）以前有无类似故障发生，是如何处理的。

5）在听取故障介绍时，要正确地分析判断是机械故障还是液压故障，是电气故障还是综合故障。

3.1.2 电路分析

根据调查情况，参照电气控制电路图及有关技术说明书，结合故障现象进行电路分析判断，初步估计可能产生故障的部位，是主电路还是控制电路，是交流电路还是直流电路，确定故障性质，逐步缩小故障范围，以便迅速查出故障点加以排除。

检查控制线路步骤及主要要求如下：

1）按电气原理图从电源端开始，逐段核对，有无漏接、错接之处。检查导线接点压接是否牢固。接触应良好，以免带负载运行时产生闪弧现象。

2）用万用表检查线路的通断情况。

3）用绝缘电阻表检查线路的绝缘电阻其值应大于1MΩ。

3.1.3 断电检查

检查前首先将电气设备电源断开，在确保安全的情况下，根据不同性质的故障及可能产生故障的部位，有所侧重地进行检查。

3.1.4 通电检查

如果断电检查仍不能找到故障原因，可对电气设备进行通电检查。断开电动机电源，只向控制电路供电，操作按钮或开关，检查控制电路上的接触器、继电器等动作是否正常。如动作正常，说明故障在主电路；如果动作不正常，说明故障在控制电路。然后进一步找出原因，确定故障点，并进行排除。

3.2　简单故障检修方法

3.2.1　试电笔法

测电笔（又称电笔）是电工常用工具之一，用来判别物体是否带电。测电范围是 60～500V 之间，分钢笔式和螺钉旋具式。由氖管（俗称氖泡）、电阻、弹簧等组成，使用时，带电体通过电笔、人体与大地之间形成一个电位差，产生电场，电笔中的氖管在电场作用下就会发光。使用电笔时必须正确握持，拇指和中指握住电笔绝缘处，食指压住笔端金属帽上，如图 2-3-1a、b 所示。测电笔在使用前须确认良好（在确有电源处试测）方可使用。使用时，应逐渐靠近被测体，直至氖管发光才能与被测物体直接接触。

图 2-3-1　试电笔的正确使用方法

a）正确握法　b）错误握法

数显测电笔是试电笔的一种，属于电工电子类工具，用来测试电线中是否带电。数显测电笔笔体带 LED 显示屏，可以直观读取测试电压数字。测相线时，照明电路，相线与地之间电压 220V 左右，人体电阻一般很小，通常只有几百到几千欧姆，而测电笔内部的电阻通常有几兆欧左右，通过测电笔的电流（也就是通过人体的电流）很小，通常不到 1mA，这样小的电流通过人体时，对人没有伤害，但通过测电笔的氖泡时，会使氖泡发光。

低压验电笔是电工常用的一种辅助安全用具。用于检查 500V 以下导体或各种用电设备的外壳是否带电。一支普通的低压验电笔，可随身携带，只要掌握验电笔的原理，结合熟知的电工原理，灵活运用技巧很多。

下面以口诀形式给出常见的判断及测量方法：

1. 判断交流电与直流电口诀

“电笔判断交直流，交流明亮直流暗，交流氖管通身亮，直流氖管亮一端。”

首先说明一点，使用低压验电笔之前，必须在已确认的带电体上检测；在未确认验电笔正常之前，不得使用。判别交、直流电时，最好在“两电”之间作比较，这样就很明显。测交流电时氖管两端同时发亮，测直流电时氖管里只有一端极发亮。

2. 判断直流电正负极口诀

“电笔判断正负极，观察氖管要心细，前端明亮是负极，后端明亮为正极。”

氖管的前端指验电笔笔尖一端，氖管后端指手握的一端，前端明亮为负极，反之为正极。测试时注意：当电源电压为 110V 及以上时：若人与大地绝缘，一只手摸电源任一极，另一只手持测电笔，电笔金属头触及被测电源另一极，氖管前端极发亮，所测触的电源是负极；若是氖管的后端极发亮，所测触的电源是正极，这是根据直流单向流动和电子由负极向正极流动的原理。

3. 判断直流电源有无接地，正负极接地的区别口诀

“变电所直流系统，电笔触及不发亮；若发亮靠近笔尖端，正极有接地故障；若发亮靠近手指端，接地故障在负极。”

发电厂和变电所的直流系统，是对地绝缘的，人站在地上，用验电笔去触及正极或负极，氖管不亮，如果发亮，则说明直流系统有接地现象；如果发亮在靠近笔尖的一端，则正极接地；如果发亮在靠近手指的一端，则负极接地。

4. 判断同相与异相口诀

“判断两线相同异，两手各持一支笔，两脚与地相绝缘，两笔各触一要线，用眼观看一支笔，不亮为同相亮为异。”

此项测试时，切记两脚与地必须绝缘。因为我国大部分是380/220V供电，且变压器普遍采用中性点直接接地，所以做测试时，人体与大地之间一定要绝缘，避免构成回路，以免误判断；测试时，两笔亮与不亮显示一样，故只看一支即可。

试电笔是电气工程故障检修最常见的工具，用试电笔笔尖接触待测部分，用手握住试电笔后端金属部分，切记禁止手碰到笔尖部分。对控制电路检修时，按下起动按钮，用试电笔从电源侧开始，依次测量，且注意观察试电笔的亮度，方法如图2-3-2所示。

3.2.2 电阻测量法

首先断开电源，然后按下起动按钮，用万用表分阶或者分段测量电阻，如图2-3-3所示。

1. 分阶测量法

依次测量常开按钮动作时电路中各串入电器接线点的电阻是否正常来查找故障点。

2. 分段测量法

依次测量常开按钮动作时电路中各电器或重点电器两接线点的电阻判断电路是否正常。

万用表的正确使用方法请参考本书第一部分的有关介绍。

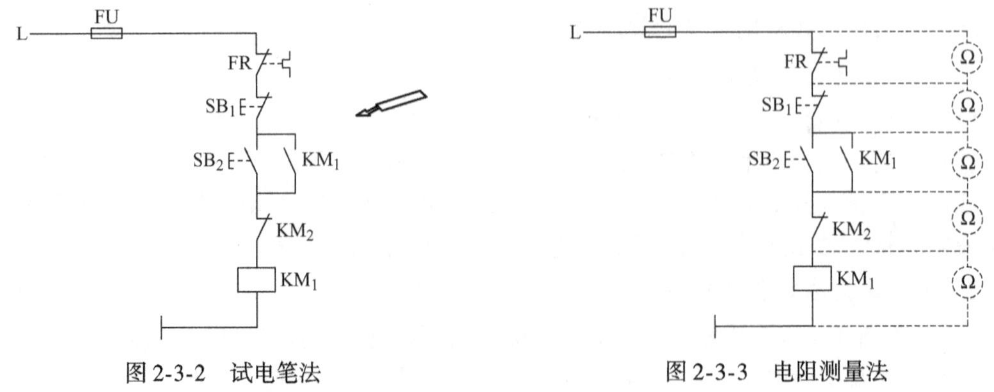

图2-3-2　试电笔法　　图2-3-3　电阻测量法

3.2.3 电压测量法

电压测量法是根据电器的供电方式，测量各点的电压值与电流值并与正常值比较。按下起动按钮，用万用表测量电压，方法如图 2-3-4 所示。可以采用的方法如下：

1. 分阶测量法

依次测量常开按钮动作时电路中各串入电器接线点的电压判断电路是否正常。

2. 分段测量法

依次测量常开按钮动作时电路中各电器或重点电器两接线点的电压判断电路是否正常。控制回路中各电器元器件触点闭合时，电器连接导线在通电时其电压降接近于零；而用电器、各类电阻、线圈，其电压降等于或接近于外加电压。

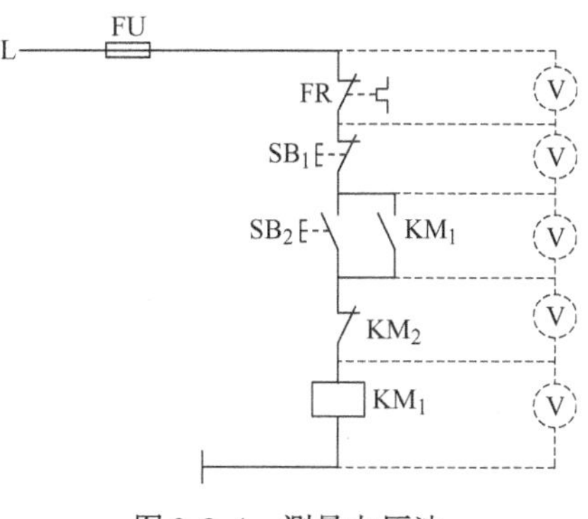

图 2-3-4 测量电压法

3. 点测法

测量电路中各元器件的接线点与零线的电压是否正常来判定电路故障。电气控制回路电压为 220V 且零线接地的电路中可采用点测法来检查电路的故障。

对于同学们自行完成的实训台考核项目通电时测试控制线路步骤及主要要求如下：

1）通电测试前，必须征得教师同意，并由教师接通电源，同时在现场监护；

2）在通电测试时，一人监护，一人操作；

3）出现故障后，学生应独立进行检修。若需带电进行检查时，教师必须在现场监护；

4）通电测试完毕后必须切断电源，如果需要拆线时应注意先拆除电源线。

3.2.4 短路法

短路法是利用一根绝缘导线，将所怀疑断路的部位短接。在短接过程中，若电路被接通，则说明该处断路。可分为局部短接法和长短接法，方法如图 2-3-5 所示。局部短接法是指相邻数字间，如 2、3；也可指 1、3。长短接法是指 1、4；1、5 等。

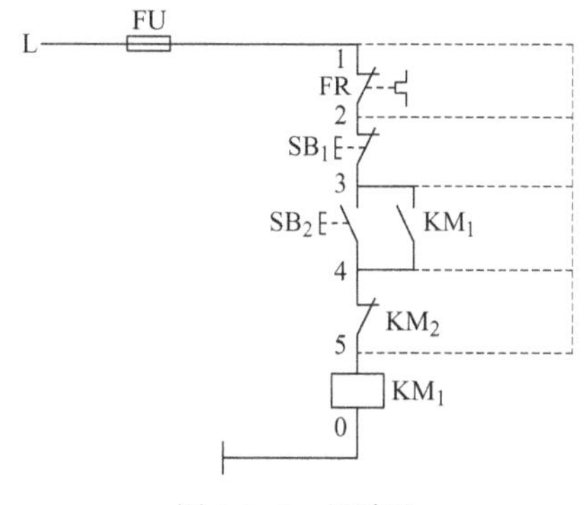

图 2-3-5 短路法

3.3 电气设备维修方法与实践

3.3.1 电气设备维修的基本原则

1. 先动口再动手

前面提到，对于故障设备应先询问设备操作人员产生故障的前后经过及故障现象。对于生疏的设备，还应熟悉电路原理，拆卸前要充分熟悉每个电气部件的功能、位置、连接方式以及与周围其他器件的关系，在没有组装图的情况下，应一边拆卸，一边画草图，并记上标记。

2. 先外后内

应先检查设备有无明显裂痕、缺损，了解其维修、使用年限等。然后再对机内进行检查。拆前应先排除周边的故障因素，确认为机内故障后才能拆卸，否则，盲目拆卸，可能将设备越修越坏。

3. 先机械后电气

只有在确定机械零件无故障后，再进行电气方面的检查。检查电路故障时，应利用检测仪器寻找故障部位，确认无接触不良故障后，再有针对性地查看线路与机械的运作关系，以免误判。

4. 先静态后动态

在设备未通电时，判断电气设备的按钮、接触器、热保护继电器以及熔丝的好坏，从而判断故障的所在。通电试验，听其声、测参数、判断故障，最后进行维修。如在电动机缺相时，测量三相电压值无法判别时，就应该听其声，单独测每相对地电压，方可判断哪一相缺损。

5. 先清洁后维修

对污染较重的电气设备，先对其按钮、接触点、接线点进行清洁，检查外部控制键是否失灵。许多故障都是由脏污及导电粉尘引起的，一经清洁故障往往会排除。

6. 先电源后设备

电源部分的故障率在整个故障设备中占的比例很高，所以先检修电源往往可以事半功倍。

7. 先普遍后特殊

因装配备件质量或其他设备故障而引起的故障，一般占常见故障的50%左右。电气设备的特殊故障多为软故障，要靠经验和仪表来测量和维修。

8. 先外围后内部

先不要急于更换损坏的电气部件，在确认外围设备电路正常时再考虑更换损坏的电气部件。

9. 先直流后交流

检修时必须先检查直流回路静态工作点，再检查交流回路动态工作点。

10. 先故障后调试

对于调试和故障并存的电气设备，应先排除故障，再进行调试，调试必须在电气线路正常的前提下进行。

3.3.2 检查方法与操作实践

1. 直观法

是根据电器故障的外部表现，通过看、闻、听等手段，检查、判断故障的方法。

（1）检查步骤：

1）调查情况。向岗位操作人员询问情况，包括故障外部表现、大致部位、发生故障时的环境情况。如有无异常气体、明火、热源靠近电器；有无腐蚀性气体侵入；有无漏水；是否有人近期修理过，修理的内容等。

初步检查：根据调查的情况，看有关电器的外部有无损坏；接线有无松动；绝缘有无烧焦；螺旋熔断器的熔断指示是否跳出；熔断器的熔断指示灯是否发亮；晶体管时间继电器的输入输出指示灯是否正常；电器有无进水、油垢；开关的位置是否正确等。

2）试车。通过初步检查，确认不会使故障进一步扩大和造成人身、设备事故后，可进一步试车检查，试车中要注意各接线点和触点有无严重跳火、异常气味、异常声响等现象，一经发现应立即停车，切断电源。注意检查电器的温升及电器的动作程序是符合电气设备原理图的要求，从而发现故障部位。

（2）检查方法：

1）观察火花。电器的触点在闭合、分断电器或导线线头松动时会产生火花，因此可以根据火花的有无、大小等现象来检查电器故障。例如，正常紧固的导线与螺钉间发生火花时，说明线头松动或接触不良。电器的触点在闭合、分断电路时跳火说明电路通，不跳火说明电路不通。控制电动机的接触器主触点两相有火花、一相无火花时，表明无火花的一相触点接触不良或这一相电路断路；三相中两相的火花比正常大，另一相比正常小，可初步判断为电动机相间短路或接地；三相火花都比正常大，可能是电动机过载或机械部分卡住。在辅助电路中，接触器线圈电路通电后，衔铁不吸合，要分清是电路断路，还是接触器机械部分卡住造成的。可按一下起动按钮，根据按钮常开触点闭合或断开时有轻微的火花，说明电路通路，故障在接触器的机械部分；如触点间无火花，说明电路是断路。

2）动作程序。电器的动作顺序应符合电气说明书和图样的要求。如某一电路上电器动作过早或过晚或不动作，说明该电路或电器有故障。

另外，还可以根据电器发出的声音、温度、压力、气味等分析判断故障。运用直观法，不但可以确定简单的故障，还可以把复杂的故障缩小到较小的范围。

2. 对比、置换元器件、逐步开路（或接入）法

（1）对比法：把检测的数据与图样资料及平时记录的正常参数相比较来判断故障。对平时无资料又无记录的电器，可与同型号的完好电器相比较。

电路中的电气元件属于同样控制性质或多个元件共同控制同一设备时，可以利用其他相似的或同一电源的元件动作情况来判断故障。例如，异步电动机正反转控制电路，若正转接触器 KM_1 不吸合，可操作电动机反转控制回路，看接触器 KM_2 是否吸合，如吸合则证明 KM_1 电路本身有故障。

（2）置换元器件法：某些电路的故障原因不易确定或检查时间过长时，为了保证电气设备的利用率，可置换同一性能良好的元器件实验。以证实故障是否由此电器引起。

运用置换元件法检查时应注意，当把原电器拆下后，要认真检查是否已经损坏，只有确定是由于该电器本身因素造成损坏时，才能换上新电器，以免新换元件再次损坏。

（3）逐步开路（或接入）法：多支路并联且控制复杂的电路短路或接地时，一般有明显的外部表现，如冒烟、有火花等。电动机内部或带有护罩的电路短路、接地时，除熔断器熔断外，不易发现其他外部现象。这种情况下可采用逐步开路（或接入）法检查。

1）逐步开路法。遇到难以检查的短路或接地故障，可重新更换熔体，把多支路并联电路，一路一路逐步或重点地从电路中断开，然后通电试验，若熔断器不再熔断，故障就在刚刚断开的这条电路上。然后再把这条支路分成几段，逐段地接入电路。当接入某段电路时熔断器又熔断，故障就在这段电路及某电气元件上。这种方法简单，但容易把损坏不严重的电

器元件彻底烧毁。

2）逐步接入法。电路出现短路或接地故障时，换上新熔断器逐步或重点地将各支路一条一条的接入电源，重新试验。当接到某段时熔断器又熔断，故障就在刚刚接入的这条电路及其所包含的电器元件上。

3. 强迫闭合法

在排除电器故障时，经过直观检查后没有找到故障点而手下也没有适当的仪表进行测量，可用一根绝缘棒将有关继电器、接触器、电磁铁等用外力强行按下，使其常开触点闭合，然后观察电器部分或机械部分出现的各种现象，如电动机从不转到转动，设备相应的部分从不动到正常运行等。

例如：在异步电动机控制电路中，若电动机不能起动可用绝缘良好的螺钉旋具迅速按一下接触器的触点支架传动杆随即松开，可能有如下几种情况出现：

1）电动机起动，接触器不再释放，说明起动按钮接触不良。

2）强迫闭合时，电动机不转但有嗡嗡的声音，松开时看到 3 个触点都有火花，且亮度均匀。其原因是电动机过载，可检查电动机的轴能否盘动。

3）强迫闭合时，电动机转动，松开后电动机停转，同时接触器也随之跳开，一般是辅助电路中的熔断器 FU 熔断、停止按钮接触不良或接触器辅助触点接触不良。

4）强迫闭合时电动机不转，有嗡嗡的声，松开时接触器的主触点只有两触点有火花。说明电动机主电路一相断路，或接触器主触点接触不良。

此检查法只适用于小功率、电动机和控制柜在同一地点、对电动机的起停及对工艺系统无影响的设备检修工作。检修中可根据实际情况将电路的负载拆除，对电路的控制回路进行检查和调试，在确认控制回路、负载、动力回路均正常后再进行系统调试。

4. 短接法

设备电路或电器的故障大致归纳为短路、过载、断路、接地、接线错误、电器的电磁或机械部分故障等六类。诸类故障中出现较多的为断路故障。它包括导线的断路、虚连、松动、触点接触不良、虚焊、假焊、熔断器熔断等。对这类故障除用电阻法、电压法检查外（电压法和电阻法这两种方法适用于开关、电器分布距离较大的电气设备，前面文章已有讲述，在这里就不重复了），还有一种更为简单可靠的方法，就是短接法。用一根绝缘良好的导线，将所有怀疑的断路部位短接起来，如短接到某处，电路工作恢复正常，说明该处断路。

以上几种检查方法，都是建立在对电路较为熟悉的基础上，实际工作中要活学活用，确保设备和人身安全，遵守安全操作规程。

3.3.3 低压电器设备维修注意事项

1）对于连续烧坏的元器件应查明原因后再行更换。

2）对大功率电器控制回路检修后的调试，应先对控制回路进行调试，确认控制回路正常后再对整机调试。

3）不违反设备电器控制的原则，试车时手不得离开电源开关，保护电器的整定电流应略小于额定电流。

4）测量时，注意测量仪表的档位选择。

5）电压测量时应考虑到导线的压降。

3.4　常用低压电器的故障检修及其要领

凡有触点动作的低压电器主要由触点系统、电磁系统、灭弧装置三部分组成，也是检修中的重点。

3.4.1　触点的故障检修

触点的故障一般有触点过热、熔焊等。触点过热的主要原因是触点压力不够、表面氧化或不清洁和容量不够；触点熔焊的主要原因是触点在闭合时产生较大电弧，及触点严重跳动所致。检查触点表面氧化情况和有无污垢。触点有污垢，用汽油清洗干净。银触点的氧化层不仅有良好的导电性能，而且在使用中还会还原成金属银，所以可不做修理。铜质触点如有氧化层，可用油光锉锉平或用小刀轻轻地刮去其表面的氧化层。

观察触点表面有无灼伤烧毛，铜触点烧毛可用油光锉或小刀整修毛。整修触点表面不必过分光滑，不允许用砂布来整修，以免残留砂粒在触点闭合时嵌在触点上造成接触不良。但银触点烧毛可不必整修。

触点如有熔焊，应更换触点。若因触点容量不够而造成，更换时应选容量大一级的电器。

检查触点有无松动，如有应加以紧固，以防触点跳动。检查触点有无机械损伤使弹簧变形，造成触点压力不够。若有，应调整压力，使触点接触良好。

触点压力的经验测量方法如下：初压力的测量，在支架和动触点之间放置一张比触点略宽些（大约 0.1mm 的纸条），纸条在弹簧作用下被压紧，这时用一手拉纸条，当纸条可拉出而且有力感时，可认为初压力比较合适。终压力的测量，将纸条夹在动、静触点之间，当触点在电器通电吸合后，用同样方法拉纸条。当纸条可拉出，可认为终压力比较合适。对于大容量的电器，如 100A 以上，当用同样方法拉纸条，如纸条拉出时有撕裂现象可认为初、终压力比较合适。

以上触点压力的测量方法在多次修理试验中效果不错，都能正常进行，如测量压力值不能经过调整弹簧恢复时，必须更换弹簧或触点。

3.4.2　电磁系统的故障检修

由于动、静铁心的端面接触不良或铁心歪斜、短路环损坏、电压太低等，都会使衔铁噪声大，甚至线圈过热或烧毁。

1. 衔铁噪声大

修理时、应拆下线圈，检查动、静铁心之间的接触面是否平整，有无油污。若不平整应锉平或磨平；如有油污要用汽油进行清洗。若动铁心歪斜或松动，应加以校正或紧固。检查短路环有无断裂，如断裂应按原尺寸用铜板制好换上，或将粗铜丝敲打成方截面，按原尺寸做好装上。

2. 电磁线圈断电后衔铁不立即释放

产生这种故障的主要原因有：运动部分被卡住；铁心气隙大小，剩磁太大；弹簧疲劳变形，弹力不够和铁心接触面有油污。可通过拆卸后整修，使铁心中柱端面与底端面间留有0.02~0.03mm的气隙，或更换弹簧。

3. 线圈故障检修

线圈的主要故障是由于所通过的电流过大，线圈过热以致烧毁。

这类故障通常是由于线圈绝缘损坏、电源电压过低，动、静铁心接触不紧密等引起，都能使线圈电流过大，线圈过热以致烧毁。

线圈若因短路烧毁，均应重绕，可以从烧坏的线圈中测得导线线径和匝数，也可从铭牌或手册上查出线圈的线径和匝数。按铁心中柱截面制作线模，线圈绕好后先放在105~110℃的烘箱中3h，冷却至60~70℃浸沥青漆，也可以用其他绝缘漆。滴尽余漆后在温度为110~120℃的烘箱中烘干，冷却至常温后即可使用。

如果线圈短路的匝数不多。短路点又在接近线圈的甩头处，其余部分完好，应立即切断电源，以免线圈被烧毁。

若线圈通电后无振动力学噪声，要检查线圈引出线连接处有无脱落，用万用表检查线圈是否断线或烧毁；通电后如有振动和噪声，应检查活动部分是否被卡住，静、动铁心之间是否有异物，电源电压是否过低。要区别对待，及时处理。

3.4.3 灭火装置的检修

取下灭弧罩，检查灭弧栅片的完整性并清除表面的烟痕和金属细末，外壳应完整无损。灭弧罩如有碎裂隙，应及时更换。特别说明一点原来带有灭弧罩的电器决不允许在不带灭弧罩时使用，以防短路。

常用低压电器种类很多，以上是几种有代表性的又是最常用的电气故障的一些方法及其要领，触类旁通，对其他电器的检修具有一定的共性。

3.5 主回路方面易出现的故障

3.5.1 接触器的故障

触点断相，由于某相触点接触不好或者接线端子上螺钉松动，使电动机缺相运行，此时电动机虽能转动，但发出“嗡嗡”声。应立即停车检修。

触点熔焊，接“停止”按钮，电动机不停转，并且有可能发出嗡嗡声。此类故障是二相或三相触点由于过载电流大而引起熔焊现象，应立即断电，检查负载后更换接触器。

通电衔铁不吸合。如果经检查通电无振动和噪声，则说明衔铁运动部分没有卡住，只是线圈断路的故障。可拆下线圈按原数据重新绕制后浸漆烘干。

3.5.2 热继电器的故障

热元器件烧断，若电动机不能起动或起动时有嗡嗡声，可能是热继电器的热元器件中的熔丝烧断。此类故障的原因是热继电器的动作频率太高，或负极侧发生过载。排除故障后，更换合适的热继电器、注意更换后重新调整整定值。

热继电器“误”动作。这种故障原因有：整定值偏小，以致未过载就动作；电动机起动时间过长，使热继电器在起动过程中动作；操作频率过高，使热元器件经常受到冲击。重新调整整定值或更换适合的热继电器解决。

热继电器“不”动作。这种故障通常是电流整定值偏大，以致过载很久仍不动作，应根据负载工作电流调整整定电流。

热继电器使用日久，应该定期校验其动作可靠性。当热继电器动作脱扣时，应待双金属片冷却后再复位。按复位按钮用力不可过猛，否则会损坏操作机构。

3.5.3　预防措施

1）接触器的动静触点接触不良。

主要原因：接触器选择不当，触点的灭弧能力小，使动、静触点粘在一起，三相触点动作不同步，造成缺相运行。

预防措施：选择比较适合的接触器。

2）使用环境恶劣，如潮湿、振动、有腐蚀性气体和散热条件差等，造成触点损坏或接线氧化，接触不良而造成缺相运行。

预防措施：选择满足环境要求的电气元器件，防护措施要得当，强制改善周围环境，定期更换元器件。

3）不定期检查，接触器触点磨损严重，表面凸凹不平，使接触压力不足而造成缺相运行。

预防措施：根据实际情况，确定合理的检查维护周期，进行严谨的维护工作。

4）热继电器选择不当，使热继电器的双金属片烧断，造成缺相运行。

预防措施：选择合适的热继电器，尽量避免过负荷现象。

5）安装不当，造成导线断线或导线受外力损伤而断相。

预防措施：在导线和电缆的施工过程中，要严格执行“规范”严细认真，文明施工。

6）电器元器件质量不合格，容量达不到标称的容量，造成触点损坏、粘死等不正常的现象。

预防措施：选择适合的元器件，安装前应进行认真的检查。

7）电动机本身质量不好，线圈绕组焊接不良或脱焊，引线与线圈接触不良。

预防措施：选择质量较好的电动机。

3.6　单相运行的分析和维护

3.6.1　常见单相运行故障

造成电动机单相运行的原因如下：

1）环境恶劣或某种原因造成一相电源断相。

2）保险非正常性熔断。

3）起动设备及导线、触点烧伤或损坏、松动，接触不良，选择不当等造成电源断一相。

4）电动机定子绕组一相断路。

5）新电动机本身故障。

6）起动设备本身故障。

只要在施工时认真安装，在正常运行及维护检修过程中严格按标准执行，一定可以避免由于电动机单相运行所造成的不必要的经济损失。

3.6.2 预防措施

1. 熔断器熔断

（1）故障熔断：主要是由于电动机主回路单相接地或相间短路而造成熔断器熔断。

预防措施：选择适应周围环境条件的电动机和正确安装的低压电器及线路，并要定期加以检查，加强日常维护保养工作，及时排除各种隐患。

（2）非故障性熔断：主要是熔体容量选择不当，容量偏小，在起动电动机时，受起动电流的冲击，熔断器发生熔断。

熔断器非故障性熔断是可以避免的，不要片面认为在能躲过电动机起动电流的情况下，熔体的容量尽量选择小一些，这样才能够保护电动机。我们要明确熔断器只能保护电动机的单相接地和相间短路事故，而不能作为电动机的过负荷保护。

2. 正确选择熔体的容量

一般熔体额定电流选择的公式为：额定电流 $=K\times$ 电动机的额定电流。

1）耐热容量较大的熔断器（有填料式的）K 值可选择 1.5 ~ 2.5。

2）耐热容量较小的熔断器 K 值可选择 4 ~ 6。

对于电动机所带的负荷不同，K 值也相应不同，如电动机直接带动风机，那么 K 值可选择大一些，如电动机的负荷不大，K 值可选择小一些，具体情况视电动机所带的负荷来决定。

此外，熔断器的熔体和熔座之间必须接触良好，否则会引起接触处发热，使熔体受外热而造成非故障性熔断。

3. 正确合理安装电动机

1）对于铜、铝连接尽可能使用铜铝过渡接头，如没有铜铝接头，可在铜接头处挂锡进行连接。

2）对于容量较大的插入式熔断器，在接线处可加垫薄铜片（0.2mm），这样效果会更好一些。

3）检查、调整熔体和熔座间的接触压力。

4）接线时避免损伤熔丝，紧固要适中，接线处要加垫弹簧垫圈。

3.7 实训台接线检查及故障排查

（1）安装接线前，给实训台上电，用万用表交流电压档测量三相交流电输出是否缺相，检测后关断电源。

（2）接线后实训台断电状态下合上主断路器，用万用表蜂鸣档分别测试主回路，控制回路是否正确。

1）主回路部分：万用表蜂鸣档测量三相交流电每一端到相应接触器主触点进线端是否

为“通”，用接触器主触点出线端到相应热继电器出线端是否为“通”，测试三相电输入端以及热继电器出线端相间是否短路，以上可检查主回路接线是否正确及保护器件是否缺相。

2）控制电路部分：查线规则类似于主回路，注意测量控制回路负载是否接入。方法：实训台断电状态下按动起动按钮测量控制回路电源侧是否短路，或者设备断电状态下用万用表电阻档测试控制回路电源端电阻，按下起动按钮后测得阻值应大致为控制回路负载（一般为接触器线圈）阻值。

（3）断电查线后，上电之前必须经由指导教师确认，为了避免缺相造成电动机过载，试车前要暂时拆下电动机电源线，设备上电，按起动按钮看接触器是否吸合，并用万用表测量输出电动机侧端子电压是否缺相，断电接电动机动力线，观察电动机接线符合原理要求后，重新上电测试。

注意：如果上电验证现象不符合控制要求或者没有现象，应上电测电压，或者断电测通断排查故障，诊断出故障后如需改线一定要在断电下进行，之后再上电测试直到电动机运行符合控制要求。

3.8　设备电气控制线路装调

以车床为例，设备电气控制线路装调如下：

（1）阅读电路图，明确线路所用电器元器件及作用，熟悉线路工作原理。

（2）清点电气元件并进行检验。

（3）按照安装接线图安装电器元器件，并贴上醒目的文字符号，工艺要求如下：

1）断路器、熔断器受电端应安装在控制板的外侧，并使熔断器的受电端为底座中心端。

2）电气元件的安装位置应整齐、均匀，间距合理，便于元器件的更换。

3）紧固元件时要用力均匀，紧固程度适当。尤其对熔断器和接触器等。

（4）按照电气安装接线图的走线方法进行板前明线布线和套编码套管，工艺要求如下：

1）布线通道尽可能少，同路并行导线按主、控电路分类集中，单层密排，紧贴安装面布线。

2）同一平面的导线高低应一致，不能交叉。

3）布线应横平竖直，分布均匀，变换走向时应垂直。

4）布线时严禁损伤线芯和导线绝缘。

5）布线顺序一般以接触器为中心，由里向外，由低至高，先控制电路，后主回路，以不妨碍后续布线为原则。

6）在每根剥去绝缘层导线的两端套上编码套管，所有从一个接线端子到另一个接线端子的导线必须连续，中间无接头。

7）导线与接线端子连接时，不得压绝缘层，也不能露铜过长。

8）同一个元件、同一回路的不同触点的导线间距离应保持一致。

9）一个元件接线端子上的连接导线不得多于两根，每节接线端子板上的连接导线一般只允许连接一根。

（5）连接电动机和按钮金属外壳的保护接地线。

（6）连接电源、电动机、按钮开关等配电盘外部的导线。

（7）安装完毕的控制线路板，必须经过认真检查后，才允许通电试车，要求如下：

1）按照电气原理图从电源端开始，逐段核对有无漏接、错接。检查导线接点压接是否牢固，接触应良好。

2）用万用表检查线路的通断情况，对控制电路的检查，可将表笔搭在供电端，读数应为无穷大。按下起动按钮，读数应为接触器线圈的电阻值，然后断开控制电路再检查主电路有无开路和短路现象。

3）用工具检查线路的绝缘电阻应大于1MΩ。

（8）为了保证设备和人身安全，对于新购入的电动机（或长期未使用）起动前应作以下检查：

1）检查电动机铭牌所示电压、频率与使用的电源是否一致，接法是否正确，电源的容量与电动机的容量及起动方法是否合适。

2）使用的电线规格是否合适，电动机进、出线与线路连接是否牢固，接线有无错误，端子有无松动或脱落。

3）开关的接触器容量是否合适，触点的接触是否良好。

4）熔断器和热继电器的额定电流与电动机的容量是否匹配，热继电器是否复位。

5）检查轴承是否缺油，油质是否符合标准，加油时应达到规定的油位。

6）检查传动装置，传动带不得过紧或过松，连接要可靠，无裂伤迹象，联轴器螺钉及销子应完整、紧固。

7）检查电动机外壳有无裂纹，接地是否可靠，地脚螺钉、端盖螺栓不得松动。

8）起动器的开关或手柄位置是否正确。

9）检查旋转装置的防护罩等安全措施是否完好。

10）通风系统是否完好。

11）检查电动机的内部有无杂物。

12）电动机绕组相间和绕组对地绝缘是否良好，测量绝缘电阻应符合规定要求。

（9）通电试车前，必须征得教师或专业技术人员同意，并由教师或专业技术人员接通三相电源，同时在现场监护；出现故障后，学生应断电进行检查，如需带电检查，教师或专业技术人员必须在现场监护。

（10）电动机起动后的检查：

1）电动机起动后电流是否正常。

2）电动机的旋转方向有无错误。

3）有无异常振动和响声。

4）有无异味及冒烟现象。

5）电流的大小与负载是否相当，有无过载现象。

6）起动装置的动作是否正常。

（11）注意事项：

1）电动机及按钮的金属外壳必须可靠接地。

2）接至电动机的导线必须穿在导线通道内加以保护。

3）电源进线应接在螺旋式熔断器的下接线座上，出线应接在上接线座上。

4）按钮内接线时不能用力过猛，以防螺钉打滑。

Chapter

第4章 工程实践中的电动机控制

电动机是把电能转换成机械能的装置。主要由定子与转子组成，工作原理是磁场对电流受力的作用，使电动机转动。电动机能提供的功率范围很大，从毫瓦级到千瓦级。电动机已经应用在现代社会生活中的各个方面：机床、水泵，需要电动机带动；电力机车、电梯，需要电动机牵引；家庭生活中的电扇、冰箱、洗衣机，甚至各种电动玩具都离不开电动机。

电动机按使用电源不同分为直流电动机和交流电动机，我们常见的电动机大部分是交流电动机，交流电动机按其原理不同，又分为同步电动机和异步电动机（电动机定子磁场转速与转子旋转转速不保持同步速）。大容量低转速的动力机常用同步电动机。本章主要讲述交流异步电动机的一些知识。

交流异步电动机（又称感应电动机）。它使用方便、运行可靠、价格低廉、结构牢固，但功率因数较低，调速也较困难。按所需交流电源相数的不同，交流电动机又可分为单相和三相两大类，目前使用最广泛的是三相异步电动机。在没有三相电源的场合及一些功率较小的场合中广泛使用单相异步电动机。

4.1 单相电动机

4.1.1 起动原理

当单相正弦电流通过定子绕组时，电动机就会产生一个交变磁场，这个磁场的强弱和方向随时间作正弦规律变化，但在空间方位上是固定的，所以又称这个磁场是交变脉动磁场。这个交变脉动磁场可分解为两个以相同转速、旋转方向互为相反的旋转磁场。当用外力使电动机向某一方向旋转时（如顺时针方向旋转），转子与顺时针旋转方向的旋转磁场间的切割磁力线运动变小，转子与逆时针旋转方向的旋转磁场间的切割磁力线运动变大。这样平衡就打破了，转子所产生的总的电磁转矩将不再是零，转子将顺着推动方向旋转起来。

4.1.2 单相电动机的接线方法

单相电动机里面有两组线圈，一组是运转线圈（主线圈），一组是起动线圈（副线圈），大多电动机的起动线圈并不是只起动后就不用了，而是一直工作在电路中。起动线圈电阻比运转线圈电阻大些，起动线圈串入电容器，再与运转线圈并联，接到220V电压上。并联的两对线圈接线头的头尾决定了电动机的正反转。

220V单相双电容电动机有一个起动电容和一个运行电容，容量较大的是起动电容，容量较小的是运行电容，如图2-4-1所示。电动机起动后离心开关将起动电容从电路中断开。

如果缺少起动电容，电动机起动困难或无法起动（常表现为空载起动正常，加载后无法起动）；如果缺少运行电容，电动机可以起动，但输出功率变小（常表现为带负载能力降低）。一般起动电容是串接在单相电动机的起动绕组上，与工作绕组并联。

电动机静止时离心开关是接通的，给电后起动电容参与起动工作，当转子转速达到额定值的70%～80%时离心开关便会自动跳开，起动电容完成任务，并被断开。起动绕组不参与运行工作，而电动机以运行绕组继续动作。

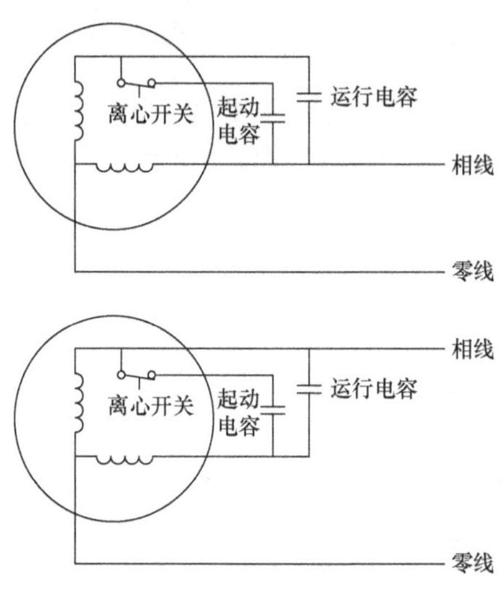

图2-4-1　单相电动机接法

4.2　三相异步电动机

三相异步电动机根据其转子结构的不同又可分笼型和绕线转子两大类，其中笼型应用最为广泛。三相异步电动机是普通电动机，它的基本结构是由定子和转子两大部分组成，在定子和转子之间存在着气隙。

4.2.1　异步电动机铭牌

一般电动机的铭牌上有名称、型号、功率、电压、电流、频率、接法、工作方式、绝缘等级、产品编号、重量、生产厂家和出厂日期等栏。三相异步电动机的铭牌数据有：

额定功率 P_N：指电动机在额定运行时转轴上输出的机械功率，单位是kW；

额定电压 U_N：指额定运行时电网加在定子绕组上的线电压，单位是V或kV；

额定电流 I_N：指电动机在额定电压下，输出额定功率时，定子绕组中的线电流，单位是A；

额定转速 n_N：指额定运行时电动机的转速，单位是转/分（r/min）；

额定频率 f_N：指电动机所接电源的频率，单位是Hz。我国的工频频率为50 Hz；

绝缘等级：绝缘等级决定了电动机的允许温升，有时也不标明绝缘等级而直接标明允许温升；

接法：用Y、△表示。表示在额定运行时，定子绕组应采用的连接方式；

转子绕组开路电压：指定子为额定电压，转子绕组开路时的转子线电压，单位是 V；

转子绕组额定电流：指定子为额定电压，转子绕组短路时的转子线电流，单位是 A。

电动机的铭牌上若电压写 380V，接法写△联结，表示定子绕组的额定电压为 380V，应接成△联结；若电压写 380V/220V，接法写 Y/△联结，表明电源线电压为 380V 时，应接成 Y联结，电源线电压为 220V 时，应接成△联结。如果写有两个电流值，表示定子绕组在两种接法时的输入电流。

4.2.2　三相异步电动机的工作特点和原理

三相异步电动机是一种交流旋转电动机，由于它具有体积小、重量轻、结构简单、运行可靠、制造方便、价格低廉、效率高而又坚固耐用等一系列优点，因此在生产中得到了极其广泛的应用。缺点是起动、调速性能较差。

异步电动机是靠定子绕组建立的旋转磁场在转子绕组中产生感应电势与电流，产生电磁转矩而进行能量转换，也被称为感应电动机。

1. 基本工作原理

如图 2-4-2 所示，绘出了三相异步电动机工作原理的示意图。当三相异步电动机接到三相电源上，定子绕组中便有对称的三相交流电流（相序为 U、V、W）通过，产生一个旋转的磁场（转速 $n_1 = 60f_1/P$）。由于起动瞬间转子是静止的，因此该旋转磁场与转子导体之间有相对运动，转子导体切割旋转磁场产生感应电势。由于转子绕组闭合，转子绕组中便有电流通过，该电流与旋转磁场作用，产生电磁力 F，形成电磁转矩。当电磁力矩大于转子所受的阻力矩的时候，转子就沿着电磁转矩方向旋转起来。电动机把由定子输入的电能转变成机械能从轴上输出。由图 2-4-2 可知，异步电动机的转向与电磁转矩和旋转磁场的转向一致。

由于异步电动机的旋转方向始终与旋转磁场的转向一致，而旋转磁场的方向又取决于三相电流的相序，因此要改变转向，只需改变电流的相序即可，即任意对调电动机的两根电源线，便可使电动机反转。

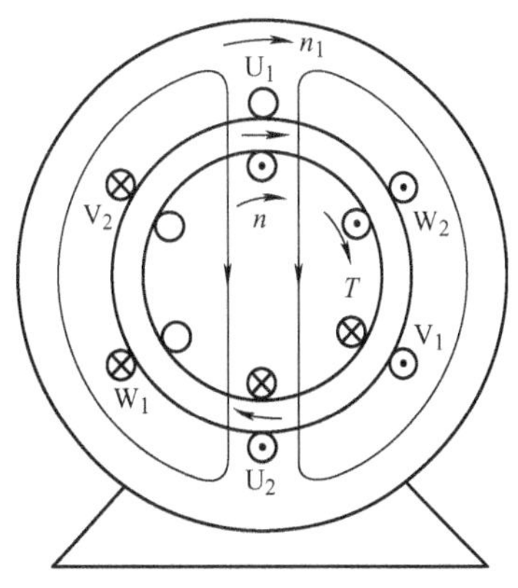

图 2-4-2　电动机工作原理示意图

异步电动机的转速恒小于旋转磁场的转速 n_1。因为如果当转子的转速等于旋转磁场的转速 n_1 的时候，转子导体与旋转磁场之间就不再有相对运动，转子导体就不再切割旋转磁场的磁通，转子绕组中的电流及其所受的电磁力均消失。由此可见，$n < n_1$ 是异步电动机工作的必要条件。异步电动机的转速与旋转磁场的转速不同，这是异步电动机得名的原因。

2. 变频调速原理

磁极对数 P 保持一定的情况下，频率 f_1 跟磁场转速 n_1 成正比关系，磁场转速 n_1 跟电动机转速 n（负载固定的情况下）也成正比例，所以调整频率 f_1 可实现调速，这就是变频调速和变频器调速的原理。

4.2.3 三相异步电动机的选择

1. 三相异步电动机的图形符号及接线

(1) 电气符号：三相异步电动机的图形符号及文字符号如图 2-4-3 所示。

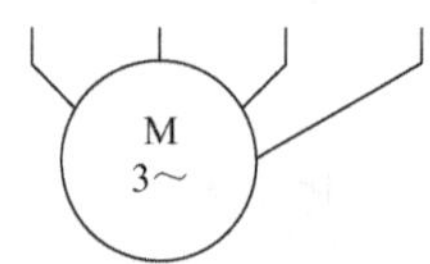

图 2-4-3 三相异步电动机图形、文字符号

(2) 三相异步电动机定子绕组的接线方法：如图 2-4-4 所示。

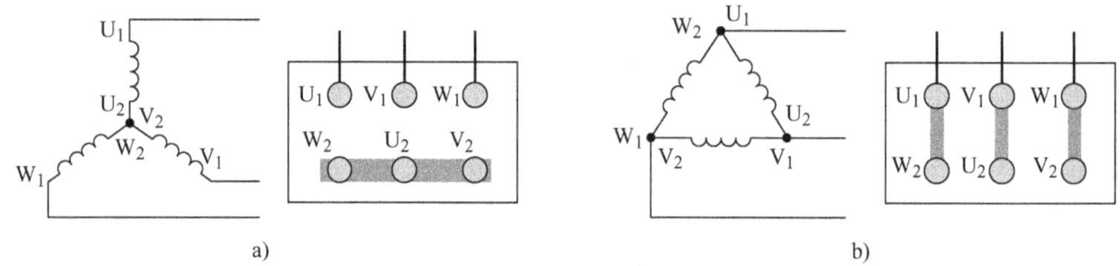

图 2-4-4 三相异步电动机定子绕组的两种接法

a) 丫接法 b) △接法

(3) 三相异步电动机外形：如图 2-4-5 所示。

图 2-4-5 三相异步电动机外形

2. 电动机的选择

(1) 电力拖动方案确定原则：依机械设备对调速的要求来考虑电力拖动方案，前面有介绍。

调速性质是指在整个调速范围内转矩和功率与转速的关系，有恒功率和恒转矩输出两种。以车床为例，其主运动需要恒功率传动，进给运动则要求恒转矩传动。若采用双速笼型异步电动机，当定子绕组由三角形改成双星形联结时，转速由低速升为高速，而功率却增加很少，适用于恒功率传动。但当定子绕组由低速的星形联结改成双星形联结后，转速和功率都增加一倍，而电动机输出转矩却保持不变，适用于恒转矩传动。

(2) 电动机的选择：

1) 电动机结构形式的确定：一般来说，应采用通用系列的普通电动机，只有在特殊场合才采用某些特殊结构的电动机，以便于安装。

在通常的环境条件下，应尽量选用防护式（开启式）电动机。对易产生悬浮飞扬的铁屑或废料、切削液、工业用水等有损于绝缘的介质能侵入电动机的场合，应采用封闭式为宜。煤油冷却切削刀具或加工易燃合金的机械设备应选用防爆式电动机。

2）电动机容量的选择：正确地选择电动机容量具有重要意义。电动机容量选得过大是浪费，且功率因数降低；选得过小，会使电动机因过载运行而降低使用寿命。

电动机容量选择的依据是机械设备的负载功率。若机械设备总体设计中确定的机械传动功率为 P_1，则所需电动机的功率 P 为

$$P=P_1/\eta \tag{2-4-1}$$

式中，η 为机械传动效率，一般取为 0.6～0.85。

工厂中许多设备的实际载荷是经常变化的，每个负载的工作时间也不尽相同，并且 P_1 往往是工程估算得出的，η 也是一个经验数据，所以在实际确定时，大多采用调查统计类比法。这种方法是对机械设备的主拖动电动机进行实测、分析，找出电动机容量与机械设备主要数据的关系，据此作为选择电动机容量的依据。

一般来说，对常见的机床设备有（以下经验公式中功率 P 的单位为 kW）：

① 卧式车床

$$P=36.5D^{1.54} \tag{2-4-2}$$

式中　D——工件最大直径，单位为 m。

② 立式车床

$$P=20D^{0.88} \tag{2-4-3}$$

式中　D——工件最大直径，单位为 m。

③ 摇臂钻床

$$P=0.0646D^{1.19} \tag{2-4-4}$$

式中　D——最大钻孔直径，单位为 mm。

④ 外圆磨床

$$P=0.1KB \tag{2-4-5}$$

式中　B——砂轮宽度；

　　K——系数，当砂轮主轴采用滚动轴承时，K 取 0.8～1.1，采用滑动轴承时取 1.0～1.3。

⑤ 卧式铣镗床

$$P=0.004D^{1.7} \tag{2-4-6}$$

式中　D——镗杆直径，单位为 mm。

⑥ 龙门铣床

$$P=0.006B^{1.15} \tag{2-4-7}$$

式中　B——工作台宽度，单位为 mm。

机床进给运动电动机的容量，车床、钻床约为主电动机的 0.03～0.05，铣床则为 0.2～0.25。所以电动机容量（功率）的选择一般要考虑：电动机的起动转矩应大于负载转矩；电动机在运行时的温升不超过其容许值；电动机应具有一定的过载能力等。

3）电动机转速的选择：笼型异步电动机的同步转速有 3000r/min、1500r/min、750r/min 和 600r/min 等几种。一般情况下选用同步转速为 1500r/min 的电动机。此转速下的电动机适应性强，功率因数和效率也较高。对于一定容量，转速选得越低，则电动机的体积就越大，价格也越高，功率因数和效率也越低。但选得太高，又增加了机械部分的复杂程度。

4.3 三相异步电动机的起动

电动机起动方式包括：全压直接起动、自耦减压起动、Y/△起动、软起动器等。

4.3.1 三相异步电动机的全压直接起动

在电网容量和负载两方面都允许全压直接起动的情况下，可以考虑采用全压直接起动。优点是操纵控制方便，维护简单，而且比较经济。主要用于小功率电动机的起动，从节约电能的角度考虑，大于11kW的电动机不宜用此方法。

4.3.2 三相异步电动机减压起动控制

三相笼型异步电动机采用全压起动，控制电路简单，但当电动机容量较大时，不允许采用全压直接起动，应采用减压起动。

所谓减压起动是利用起动设备将电压适当降低后加到电动机的定子绕组上，待电动机起动运转后，再使电压恢复到额定值正常运行，适用于空载或轻载下起动。

三相笼型异步电动机常用的减压起动方法有：定子绕组串电阻或者电抗器减压起动、Y-△减压起动、自耦变压器减压起动、延边三角形减压起动等。下面讨论几种常用的减压起动控制电路。

1. 定子绕组串电阻减压起动

电动机起动时在定子绕组中串接电阻，使定子绕组的电压降低，限制了起动电流。在电动机转速接近额定转速时，再将串接电阻短接，使电动机在额定电压下正常运转。如图2-4-6所示，按下起动按钮 SB_2 后，电动机M先串电阻 R 减压起动，经一定延时（由时间继电器

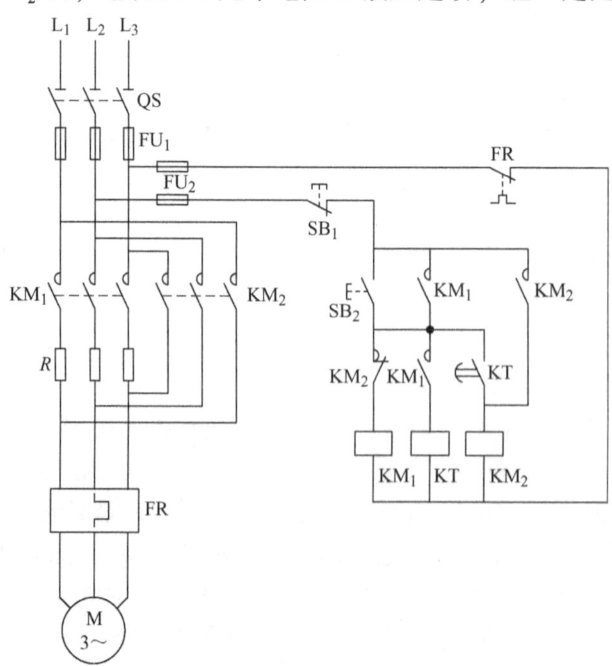

图2-4-6 定子绕组串电阻减压起动电路图

KT 确定）后，全压运行。且在全压运行期间，时间继电器 KT 和接触器 KM_1 线圈均断电，不仅节省电能，而且增加了电器的使用寿命。这种减压起动的方法由于电阻上有热能损耗，如用电抗器则体积、成本又较大，因此该方法较少使用。

线路工作原理如下：

合上电源开关 QS→按下 SB_2→KM_1 线圈得电→KM_1 自锁触点闭合；主触点闭合；常开触点闭合→电动机串联电阻 R 后起动→KT 线圈得电→延时→KM_2 线圈得电→KM_2 自锁触点闭合；主触点闭合（短接电阻 R）；常闭触点断开→电动机 M 全压运行→KM_1、KT 线圈断电释放。

2. Y/△减压起动

对于正常运行的定子绕组为三角形接法的笼型异步电动机来说，如果在起动时将定子绕组接成星形，待起动完毕后再接成三角形，就可以降低起动电流，减轻对电网的冲击。这样的起动方式称为星/三角减压起动，或简称为星/三角起动（Y/△起动）。采用星/三角起动时，起动电流只是原来按三角形接法直接起动时的 1/3。如果直接起动时的起动电流以（6 ~ 7）I_e 计，则在星/三角起动时，起动电流才 2 ~ 2.3 倍。即采用星/三角起动时，起动转矩也降为三角形接法直接起动时的 1/3。适用于无载或者轻载起动的场合，并且同任何别的减压起动器相比较，其结构最简单，价格也最便宜。当负载较轻时，星/三角起动方式可以让电动机在星形接法下运行，此时，额定转矩与负载可以匹配，可提高电动机的效率，并节约电力消耗。

对于正常运行时定子绕组接成三角形的三相笼型电动机，可采用 Y/△减压起动方法达到限制起动电流的目的。起动时，先将电动机的定子绕组接成星形，使电动机每相绕组承受的电压为电源的相电压；当转速上升到接近额定转速时，再将定子绕组的接线方式改接成三角形，电动机就进入全电压正常运行状态。

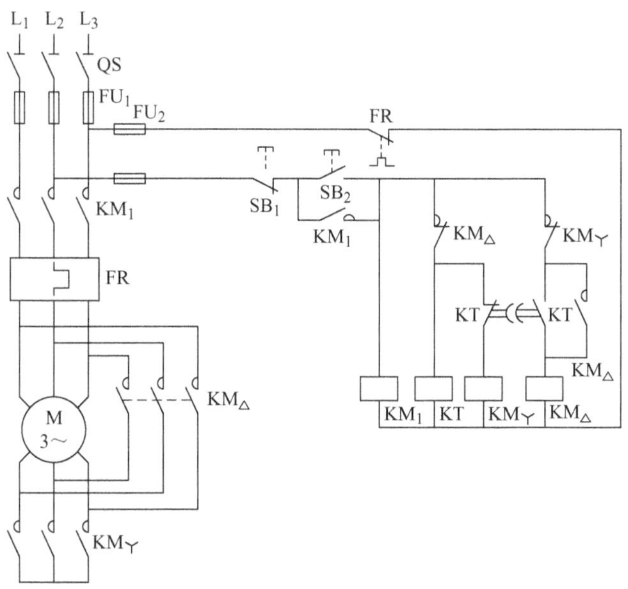

图 2-4-7　电动机Y/△减压起动电路图

如图 2-4-7 所示，线路工作原理如下：

合上电源开关 QS→按下 SB_2→KM_1 线圈得电→KM_1 自锁触点闭合；主触点闭合；KM_Y 线圈得电，主触点闭合→电动机 M 星形起动→KT 线圈得电→延时→KM_Y线圈断电；$KM_\triangle$线圈得电；KM_1 线圈仍得电→电动机 M 接成三角形运行。

3. 自耦变压器减压起动

自耦减压起动：利用自耦变压器的多抽头减压，既能适应不同负载起动的需要，又能得到更大的起动转矩，是一种经常被用来起动较大容量电动机的减压起动方式。优点是起动转矩较大，当其绕组抽头在 80% 处时，起动转矩可达直接起动时的 64%。并且可以通过抽头调节起动转矩。至今仍被广泛应用。

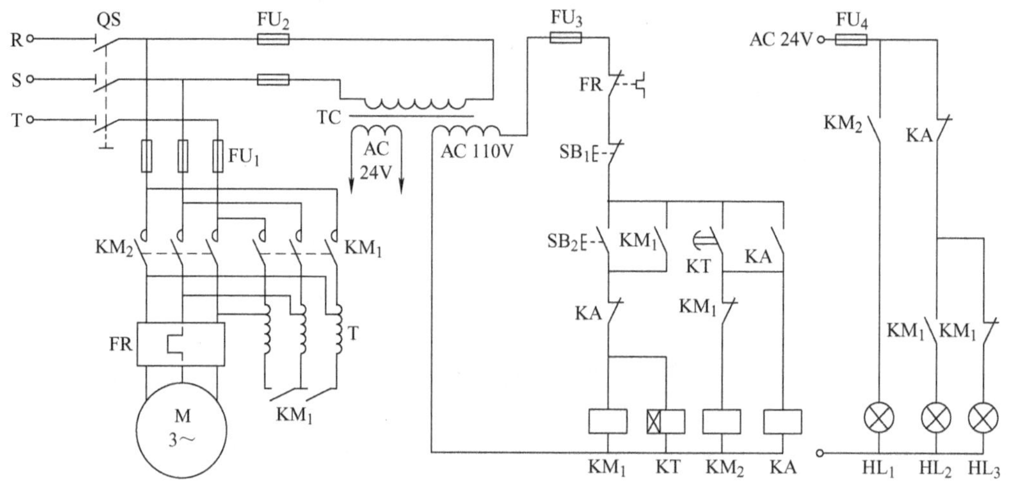

图 2-4-8 自耦变压器减压起动电路图

如图 2-4-8 所示，线路工作原理如下：

减压原理：起动时电动机定子绕组接自耦变压器的二次侧，运行时电动机定子绕组接三相交流电源，并将自耦变压器从电网切除。

主电路：起动时，KM_1 主触点闭合，自耦变压器投入起动；运行时，KM_2 主触点闭合，电动机接三相交流电源，KM_1 主触点断开，自耦变压器被切除。

控制电路：起动过程分析：

按动 SB_2→KM_1 线圈通电自锁→电动机 M 自耦补偿起动→KT 线圈通电延时→KA 线圈通电自锁→KM_1、KT 线圈断电→KM_2 线圈通电→电动机 M 全压运行。

4. 延边三角形减压起动

对于有些起动转矩要求比较高的情况下，设备用延边三角形减压起动，主要因为星/角减压起动时每相绕组均接成星形，每相绕组电压均为额定电压的 1/3，起动转矩也为额定转矩的 1/3。而延边三角形接法刚好弥补其这一缺点。

(1) 延边绕组示意，如图 2-4-9 所示。

说明：绕组连接 6 (7)、4 (8)、5 (9) 构成延边三角形接法，绕组连接 1 (6)、2 (4)、3 (5) 为三角形接法。

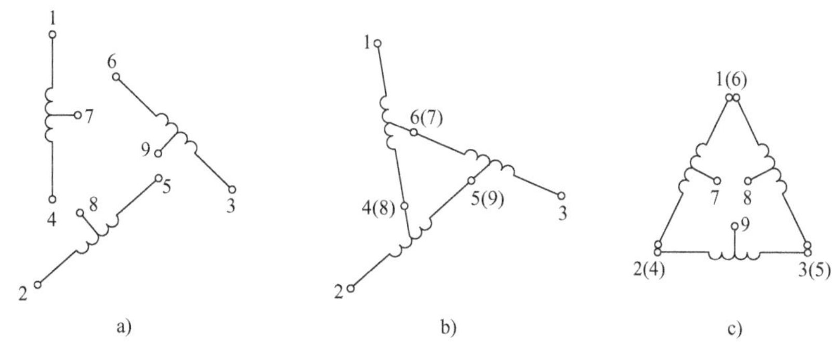

图 2-4-9　延边绕组示意图

a）原始状态　b）起动时　c）正常运转

（2）延边三角形减压起动控制电路，如图 2-4-10 所示。

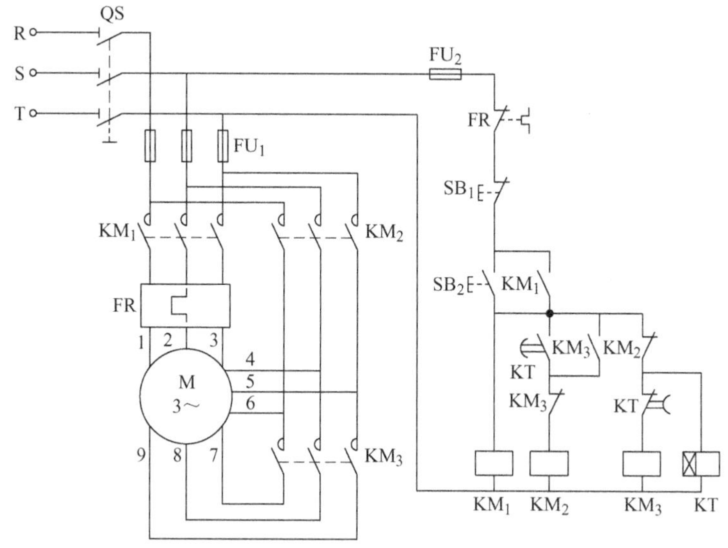

图 2-4-10　延边三角形减压起动控制电路图

主电路分析：

KM_1、KM_3 使接点 1、2、3 接三相电源，6 与 7、4 与 8、5 与 9 对应端接在一起构成延边三角形接法，用于减压起动。

KM_1、KM_2 使接点 1 与 6、2 与 4、3 与 5 接在一起，构成三角形接法，用于全压运行。

控制电路请自行分析。

4.3.3　软起动器

使电动机输入电压从零以预设函数关系逐渐上升，直至起动结束，赋予电动机全电压，即为软起动，在软起动过程中，电动机起动转矩逐渐增加，转速也逐渐增加。

软起动器的主要构成是串接于电源与被控电动机之间的三相反并联晶闸管及其电子控制电路。运用不同的方法，控制三相反并联晶闸管的导通角，使被控电动机的输入电压按不同的要求而变化，从而实现不同的功能。

优点：无电流冲击、既可软起也可软停、起动参数可调、减少对机械的冲击及水锤效应，避免了传统起动方法中存在减压比不可调、接触器切换、可靠性差、存在二次冲击、只能控制起动的缺陷。

大多数软起动器在晶闸管两侧有旁路接触器触点，其作用是在软起动结束时，旁路接触器闭合，使软起动器退出运行，直至停车时再次投入，这样既延长了软起动器的寿命，又使电网避免了谐波污染，还可减少软起动器中的晶闸管发热损耗。

4.4 三相异步电动机调速方法

电动机的调速方法很多，能适应不同生产机械速度变化的要求。一般电动机调速时其输出功率会随转速而变化。从能量消耗的角度看，调速分为低速和高速两种。

1）通过改变调速装置的能量消耗，调节输出功率以调节电动机的转速，而输入功率保持不变。

2）控制电动机输入功率以调节电动机的转速。

3）双速电动机通过采用不同变极方法来实现调速控制，变极方法如图 2-4-11 所示。

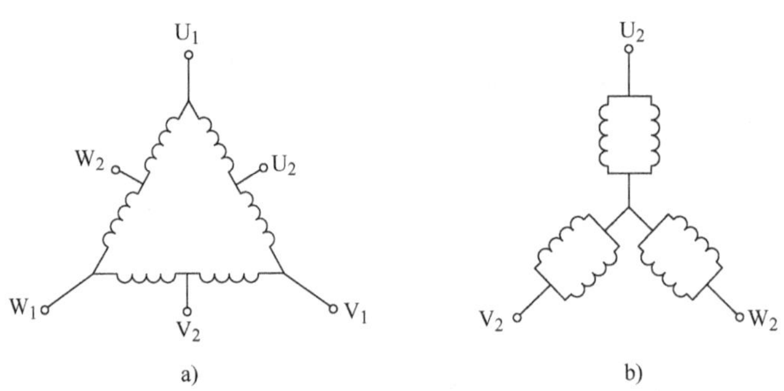

图 2-4-11　双速电动机的变极方法

a）低速　b）高速

U_1、V_1、W_1 端接电源，U_2、V_2、W_2 端开路，电动机为△接法（低速）；U_1、V_1、W_1 端短接，U_2、V_2、W_2 端接电源为丫丫接法（高速）。

注意：变极时，调换相序，以保证变极调速以后，电动机转动方向不变。

4）双速电动机控制线路如图 2-4-12 所示。

5）主电路如图 2-4-12a 所示，KM_1 主触点构成△联结的低速接法。KM_2、KM_3 用于将 U_1、V_1、W_1 端短接，并在 U_2、V_2、W_2 端通入三相交流电源，构成丫丫联结的高速接法。

6）控制电路如图 2-4-12 所示电路中，按钮 SB_1 实现低速起动和运行。按钮 SB_2 使 KM_2、KM_3 线圈通电自锁，用于实现丫丫高速起动和运行。如图 2-4-12b 电路在高速运行时，先低速起动，后高速（丫丫）运行，以减少起动电流。

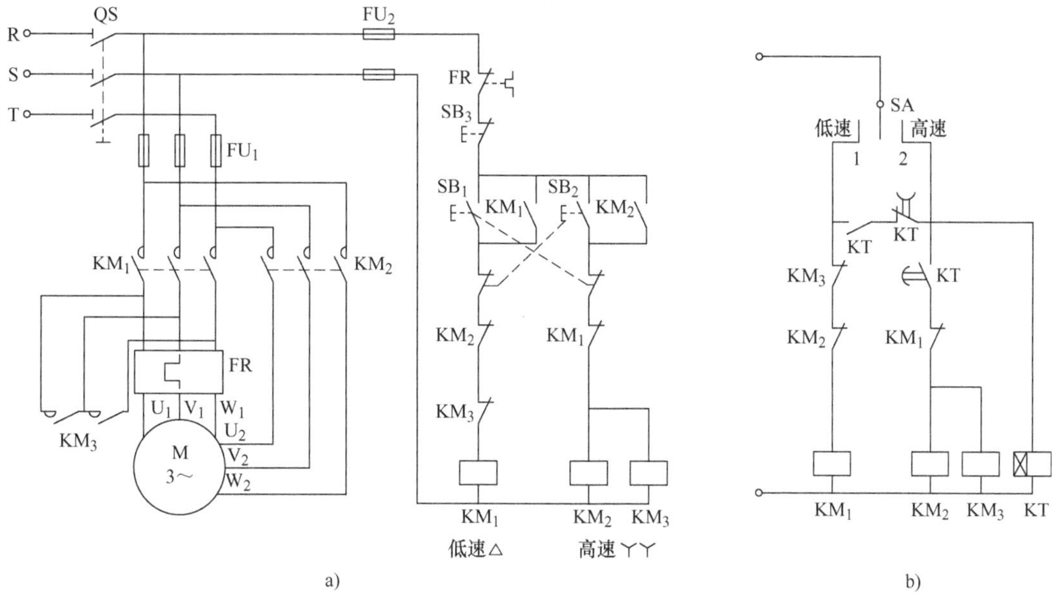

图 2-4-12　双速电动机控制电路图

4.5　三相异步电动机制动方法

4.5.1　三相异步电动机制动方法的分类

对于大功率电动机拖动系统，由于系统的惯性矩比较大，停车速度比较缓慢，采用电气控制方法，使其快速停止转动称之为“制动控制”。交流电动机的制动方法主要有以下三种：

1. 机械制动

采用机械装置使电动机断开电源后迅速停转的制动方法。如电磁抱闸、摩擦片制动。

2. 反接制动

在电动机切断正常运转电源的同时改变电动机定子绕组的电源相序，使之有反转趋势而产生较大的制动力矩。

3. 能耗制动

电动机切断交流电源的同时给定子绕组的任意两相加一直流电源，以产生静止磁场，依靠转子的惯性转动切割该静止磁场产生制动力矩。

4.5.2　三相异步电动机电气制动控制

电气制动多用于电动机的快速停车。常用方法有能耗制动和反接制动。

1. 能耗制动

在电动机失电停转时，将电动机转子上的动能转换成电能，并在转子电路中快速消耗掉的制动方式，称为“能耗制动控制”。制动时，在切除交流电源的同时，给三相定子绕组通入直流电流。

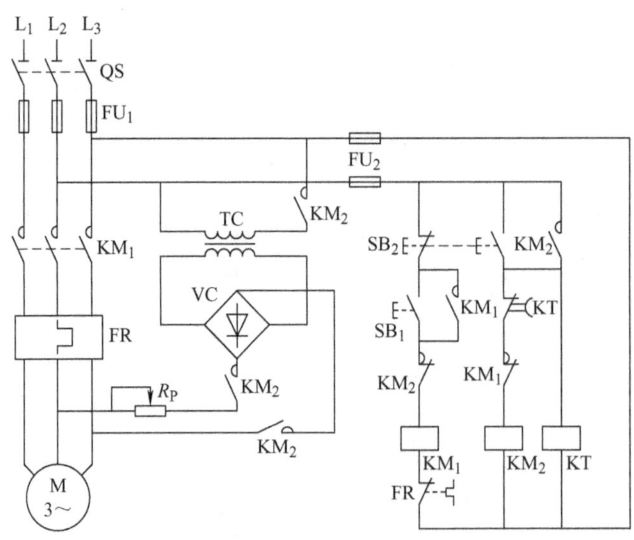

图 2-4-13　电动机能耗制动电路图

如图 2-4-13 所示，线路工作过程如下：合上电源开关 QS。

（1）起动过程：按下起动按钮 SB_1→KM_1 线圈得电并自锁→KM_1 常闭辅助触点断开联锁；KM_1 主触点闭合→电动机 M 起动运行。

（2）制动过程：按下停止按钮 SB_2→KM_1 线圈断电→KM_1 主触点断开；KM_2 线圈得电→电动机断电，惯性运转；KM_2 主触点闭合→电动机能耗制动。同时，KT 线圈得电→KT 常闭触点延时断开→KM_2 线圈断电→KM_2 主触点断开→切断电动机直流电源，制动结束。

2. 反接制动

当电动机顺时针旋转时，快速将电动机定子绕组的任意两相相序调换，从而产生一个逆

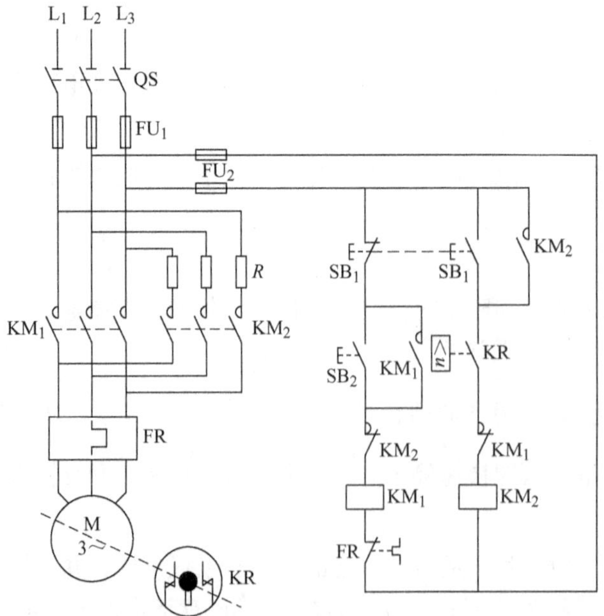

图 2-4-14　电动机的反接制动电路图

时针的电磁转矩，使电动机快速停止转动的制动方式，称为“反接制动控制”。反接制动实质是改变异步电动机定子绕组中的三相电源相序，产生与转子转动方向相反的转矩，迫使电动机迅速停转。

如图 2-4-14 所示，线路工作原理如下：合上电源开关 QS。

（1）起动过程：按下起动按钮 SB_2→KM_1 线圈得电→KM_1 自锁触点闭合；互锁触点断开；主触点闭合；→电动机 M 正转运行，KR 常开触点闭合。

（2）制动过程：按下制动按钮 SB_1→KM_1 线圈断电→KM_1 主触点释放→电动机 M 断电。同时，KM_2 线圈得电→KM_2 自锁触点闭合；互锁触点断开；主触点闭合，串入电阻 R 反接制动，当电动机转速 $n \approx 0$ 时，KR 复位→KM_2 断电，制动结束。

4.6 步进电动机

步进电动机是将电脉冲信号转变为角位移或线位移的开环控制电动机，是现代数字程序控制系统中的主要执行元器件，应用极为广泛。在非超载的情况下，电动机的转速、停止的位置只取决于脉冲信号的频率和脉冲数，而不受负载变化的影响，当步进驱动器接收到一个脉冲信号，就驱动步进电动机按设定的方向转动一个固定的角度，称为“步距角”，其旋转是以固定的角度一步一步运行的。通过控制脉冲个数来控制角位移量，从而实现准确定位；同时通过控制脉冲频率来控制电动机转动的速度和加速度，从而实现调速。

4.6.1 步进电动机的分类

1. 按结构形式

分为反应式步进电动机（Variable Reluctance，VR）、永磁式步进电动机 Permanent Magnet，PM）、混合式步进电动机（Hybrid Stepping，HS）、单相步进电动机、平面步进电动机等多种类型，在我国主要采用反应式步进电动机。

反应式：定子上有绕组、转子由软磁材料组成。结构简单、成本低、步距角小。可达 1.2°，但动态性能差、效率低、发热大，可靠性难保证。

永磁式：永磁式步进电动机的转子用永磁材料制成，转子的极数与定子的极数相同。其特点是动态性能好、输出力矩大，但这种电动机精度差，步距角大（一般为 7.5°或 15°）。

混合式：混合式步进电动机综合了反应式和永磁式的优点，其定子上有多相绕组、转子上采用永磁材料，转子和定子上均有多个小齿以提高步距精度。其特点是输出力矩大、动态性能好，步距角小，但结构复杂、成本相对较高。

2. 按控制方式

步进电动机的运行性能与控制方式有密切的关系，步进电动机控制系统从其控制方式来看，可分开环控制系统、闭环控制系统、半闭环控制系统。其中半闭环控制系统在实际应用中一般归类于开环或闭环系统中。

3. 按定子上绕组

分为两相、三相和五相等系列。最受欢迎的是两相混合式步进电动机，约占 97% 以上的市场份额，其原因是性价比高，配上细分驱动器后效果良好。该种电动机的基本步距角为

1.8°/步，配上半步驱动器后，步距角减少为0.9°，配上细分驱动器后其步距角可细分达256倍（0.007°/微步）。由于摩擦力和制造精度等原因，实际控制精度略低。同一步进电动机可配不同细分的驱动器以改变精度和效果。

4. 按电流的极性

分为单极性和双极性步进电动机。

5. 按运动的形式

分为旋转、直线、平面步进电动机。

4.6.2 步进电动机的特点

1）步进电动机的输出转角与输入的脉冲个数成严格的比例关系，无累积误差，控制输入步进电动机的脉冲个数就能控制位移量。

2）步进电动机的转速与输入脉冲频率成正比，通过控制脉冲频率可以在很宽的范围内调节步进电动机的转速。

3）当停止送入脉冲时，只要维持绕组内电流不变，电动机轴可以保持在某固定位置上，不需要机械制动装置。

4）改变绕组的通电顺序即可改变电动机的转向。

5）步进电动机存在齿间相邻误差，但是不会产生累积误差。

4.6.3 步进驱动的原理

步进电动机是一种将电脉冲转化为角位移的执行机构。当步进驱动器接收到一个脉冲信号，就驱动步进电动机按设定的方向转动一个固定的角度。

1. 组成

步进驱动控制装置、步进电动机、减速机构，如图2-4-15所示。

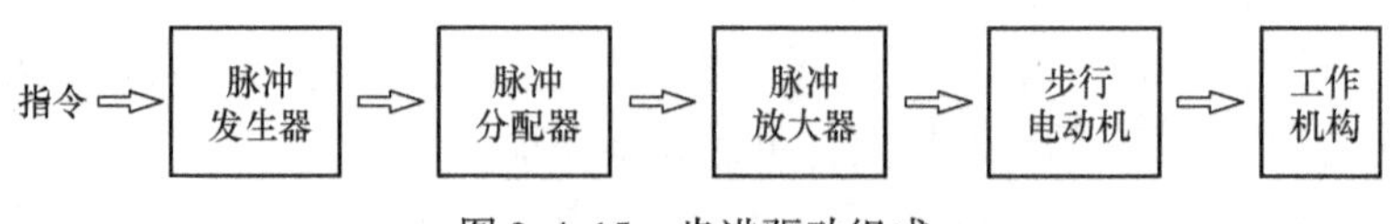

图2-4-15 步进驱动组成

2. 作用

（1）数控装置：根据控制要求发出指令脉冲，指令脉冲的个数代表移动距离；脉冲频率代表移动速度。每发出一个脉冲，电动机旋转一个特定的角度，即步距角。

（2）环形分配：根据指令方向，依次产生步进电动机的各相的通电步骤，分为硬件环分、软件环两种。

（3）放大电路：放大环形分配的各相指令，产生步进电动机各相的驱动电流。

3. 三相三拍原理

三相是指步进电动机有三相定子绕组，三拍是指每三次转换为一个循环三相步进电动机，定子有六个磁极，分为三对，每个磁极上装有控制绕组。一对磁极通电后，对应产生N/S极磁场；转子为带齿的铁心（反应式）或磁钢（混合式）。当定子三相依次通电时，三对磁极依次产生气隙磁场，吸引转子一步步转动。

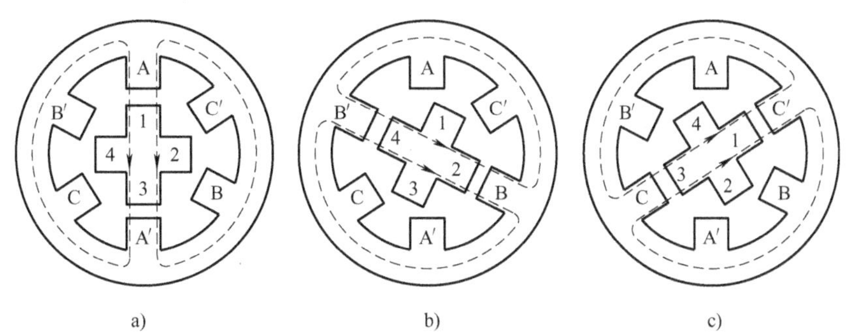

图 2-4-16　三相三拍原理示意图

a）A 相通　b）B 相通电　c）C 相通电

如图 2-4-16 所示，三相三拍的通电次序为：A－B－C－A。

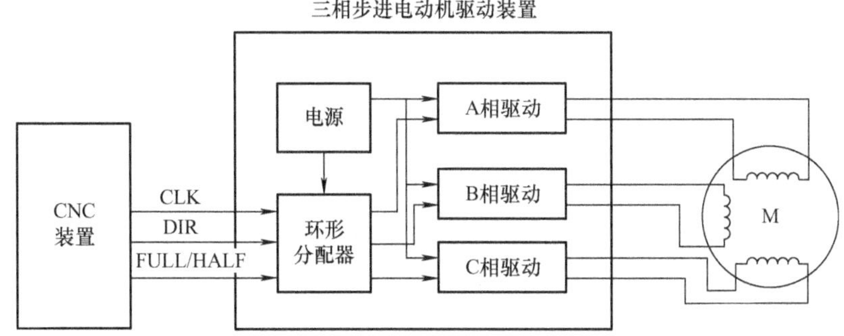

图 2-4-17　三相硬件环形分配器的驱动控制

如图 2-4-17 所示，CLK 为指令脉冲，DIR 为旋转方向，FULL/HALF 为整步/半步控制。

4.7　交流伺服电动机

4.7.1　伺服电动机的分类

按伺服电动机的应用场合分，伺服电动机分为直流电动机和交流电动机，直流伺服电动机又分为有刷和无刷两种。伺服电动机还可按工作方式分为 360°连续旋转，线性和固定角度电动机等。通常，伺服电动机都包含了三根电线，电源、控制和地。伺服电动机的外观大小根据应用场景的不同而不同。

1. 直流伺服电动机

通常，这类电动机在绕组和电枢绕组上有一个独立的直流电源，通过控制电枢电流或励磁电流来实现电动机控制。基于不同的使用场合，励磁控制和电枢控制各有优势。直流伺服电动机由于具有低电枢感应电抗，因此可实现精确和快速的起动或停止功能。多用于能通过微控制器或计算机控制的装备上。

2. 交流伺服电动机

包含编码器，与控制器一起提供闭环控制和反馈。通常，交流伺服电动机的工作电压更高，因此扭矩也更大，精度也更高，同时能完全按照应用场合的要求进行控制。交流伺服电动机主要运用于机器人、自动化装备和 CNC 等机械设备上。

3. 角度可调伺服电动机

这是一种常见的伺服电动机，比如 180°伺服电动机，90°伺服电动机等。这类电动机通过在齿轮机构上设置限位装置，从而实现最大角度的限定。多见于遥控汽车、遥控船模、遥控飞机、模型机器人等产品上。

4. 360°伺服电动机

此类电动机外观与固定角度电动机差不多，区别在于它没有固定角度，可以 360°连续旋转。控制信号智能控制旋转的方向和速度，而不能设置固定的位置，也就是说 360°伺服电动机不能设置角度。这种电动机多用于移动机器人的驱动电动机。

5. 直线伺服电动机

直线伺服电动机类似于角度可调伺服电动机，有一个额外的齿轮来使输出轴实现往复运动。这类电动机不太常见，只在一些高端模型上偶有见到。

4.7.2 伺服电动机的特点

1. 有刷伺服电动机

成本低、结构简单、起动转矩大、调速范围宽、控制容易，需要维护，但维护方便，主要是更换炭刷，会产生电磁干扰，对环境有要求。因此用于对成本敏感的普通工业和民用场合。

2. 无刷伺服电动机

体积小、重量轻、出力大、响应快、速度高、惯量小、转动平滑、力矩稳定。控制复杂，容易实现智能化，其电子换相方式灵活，可以方波换相或正弦波换相。电动机免维护、效率很高、运行温度低、电磁辐射很小、长寿命，可用于各种环境。

3. 交流伺服电动机

也是无刷电动机，分为同步和异步电动机，目前运动控制中一般都用同步电动机，它的功率范围大，可以做到很大的功率。由于其大惯性，最高转动速度低，且随着功率增大而快速降低，因而适合做低速平稳运行的应用。

4.7.3 伺服电动机的工作原理

伺服系统（Servo Mechanism）是使物体的位置、方位、状态等输出被控量能够跟随输入目标（或给定值）任意变化的自动控制系统。伺服主要靠脉冲来定位，基本上伺服电动机接收到 1 个脉冲，就会旋转 1 个脉冲对应的角度，从而实现位移，因为伺服电动机本身具备发出脉冲的功能，所以伺服电动机每旋转一个角度，都会发出对应数量的脉冲，从而和伺服电动机接受的脉冲形成呼应，或者叫闭环。如此一来，系统就会知道发了多少脉冲给伺服电动机，同时又收了多少脉冲回来，这样，就能够很精确地控制电动机的转动，从而实现精确的定位，可以达到 0.001mm。

1. 直流伺服电动机分为有刷和无刷电动机

有刷电动机成本低、结构简单、起动转矩大、调速范围宽、控制容易，需要维护，但维护不方便（换炭刷），会产生电磁干扰，对环境有要求。因此可以用于对成本敏感的普通工业和民用场合。

交流伺服电动机也是无刷电动机，分为同步和异步电动机，目前运动控制中一般都用同步电动机，其内部的转子是永磁铁，驱动器控制 U/V/W 三相电形成电磁场，转子在此磁场的作用下转动，同时电动机自带的编码器反馈信号给驱动器，驱动器根据反馈值与目标值进行比较，调整转子转动的角度。伺服电动机的精度决定于编码器的精度（线数）。

交流伺服电动机的工作原理与分相式单相异步电动机相似，但伺服电动机内部转子是永磁铁。

2. 交流伺服电动机和无刷直流伺服电动机在功能上的区别

交流伺服电动机在功能上要好一些，因为是正弦波控制，转矩脉动小。直流伺服电动机是梯形波。但比较简单、便宜。

3. 永磁交流伺服系统优点

电动机无电刷和换向器，工作可靠，维护和保养简单；定子绕组散热快；惯量小，易提高系统的快速性；适应于高速大力矩工作状态；相同功率下，体积和重量较小。因此广泛地应用于机床、机械设备、搬运机构、印刷设备、装配机器人、加工机械、高速卷绕机、纺织机械等场合，满足了传动领域的发展需求。

伺服电动机一般作为精度要求高而且带有编码器反馈的进给电动机，可选择内部风冷；异步电动机一般用于精度不是很高的普通电动机或机床辅助电动机，排屑，回油泵等没有编码器反馈，不过两者都可进行变频器的调速，驱动部分在第 2 篇第 7 章讲解。

4.7.4　伺服电动机与步进电动机的性能比较

步进电动机作为一种开环控制的系统，和现代数字控制技术有着本质的联系。目前国内的数字控制系统中，步进电动机的应用十分广泛。随着全数字式交流伺服系统的出现，交流伺服电动机也越来越多地应用于数字控制系统中。为了适应数字控制的发展趋势，运动控制系统中大多采用步进电动机或全数字式交流伺服电动机作为执行电动机。虽然两者在控制方式上相似（脉冲串和方向信号），但在使用性能和应用场合上存在着较大的差异。

1. 控制精度不同

两相混合式步进电动机步距角一般为 1.8°、0.9°，五相混合式步进电动机步距角一般为 0.72°、0.36°。也有一些高性能的步进电动机通过细分后步距角更小。而交流伺服电动机的控制精度由电动机轴后端的旋转编码器保证。对于带标准 2000 线编码器的电动机而言，由于驱动器内部采用了四倍频技术，其脉冲当量为 360°/8000 = 0.045°。对于带 17 位编码器的电动机而言，驱动器每接收 131072 个脉冲电动机转一圈，即其脉冲当量为 360°/131072 = 0.0027466°，是步距角为 1.8°的步进电动机的脉冲当量的 1/655。

2. 低频特性不同

步进电动机在低速时易出现低频振动现象。振动频率与负载情况和驱动器性能有关，一般认为振动频率为电动机空载起跳频率的一半。这种由步进电动机的工作原理所决定的低频振动现象对于机器的正常运转非常不利。当步进电动机工作在低速时，一般应采用阻尼技术来克服低频振动现象，比如在电动机上加阻尼器，或驱动器上采用细分技术等。交流伺服电动机运转非常平稳，即使在低速时也不会出现振动现象。交流伺服系统具有共振抑制功能，可涵盖机械的刚性不足，并且系统内部具有频率解析机能（快速傅里叶变换，FFT），可检测出机械的共振点，便于系统调整。

3. 矩频特性不同

步进电动机的输出力矩随转速升高而下降，且在较高转速时会急剧下降，所以其最高工作转速一般在 300～600r/min。交流伺服电动机为恒力矩输出，即在其额定转速（2000r/min 或 3000r/min）以内，都能输出额定转矩，在额定转速以上为恒功率输出。

4. 过载能力不同

步进电动机一般不具有过载能力。交流伺服电动机具有较强的过载能力，包括速度过载和转矩过载能力。其最大转矩为额定转矩的 2～3 倍，可用于克服惯性负载在起动瞬间的惯性力矩。步进电动机因为没有这种过载能力，在选型时为了克服这种惯性力矩，往往需要选取较大转矩的电动机，而机器在正常工作期间又不需要那么大的转矩，便出现了力矩浪费的现象。

5. 运行性能不同

步进电动机的控制为开环控制，起动频率过高或负载过大易出现丢步或堵转的现象，停止时转速过高易出现过冲的现象，所以为保证其控制精度，应处理好升、降速问题。交流伺服驱动系统为闭环控制，驱动器可直接对电动机编码器反馈信号进行采样，内部构成位置环和速度环，一般不会出现步进电动机的丢步或过冲的现象，控制性能更为可靠。

6. 速度响应性能不同

步进电动机从静止加速到工作转速（一般为每分钟几百转）需要 200～400ms。交流伺服系统的加速性能较好，一般从静止加速到其额定转速 3000r/min 仅需几毫秒，可用于要求快速起停的控制场合。

综上所述，交流伺服系统在许多性能方面都优于步进电动机。但在一些要求不高的场合也经常用步进电动机来做执行电动机。所以，在控制系统的设计过程中要综合考虑控制要求、成本等多方面的因素，选用适当的控制电动机。

Chapter

第5章

照明与计量

5.1 家庭照明电路组成部分的功能

5.1.1 家庭照明元器件

1. 开关

电灯开关是家居常用开关，多为单控开关和双控开关，也有一些其他种类开关。单控开关相对简单，一个开关控制一个或一组用电器，而与其他线路上的用电器无关。而双控开关能在两个不同位置控制同一个用电器，在某些场所（如步行楼梯间内，酒店等）特别实用。

（1）单控开关：开关面板上只有一个按钮，该按钮背后只有两个接线柱是一组常开触点。它分为两类。

1）单开单控开关：开关面板上只有一个单控开关，工作模式是控制一盏灯的开和关。如图 2-5-1a 所示。

2）双开单控开关：开关面板上有两个单控开关，工作模式是同一地点控制两盏灯的开和关。如图 2-5-1b 所示。

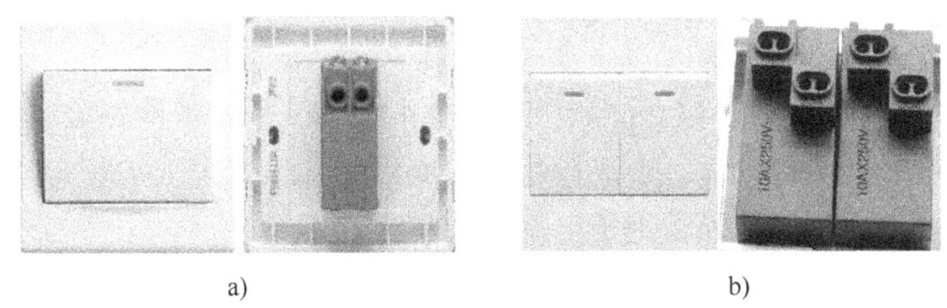

a)　　b)

图 2-5-1　单控开关外形

a）单开单控开关外形　b）双开单控开关外形

（2）双控开关：一个开关同时带常开、常闭两个触点，一般背后有三个接线柱。也分为两类。

1）单开双控：开关面板上只有一个双控开关，用两个单开双控开关可以组成两个地方随意控制一盏灯的开和关。如图 2-5-2a 所示。

2）双开双控：开关面板上有两个双控开关，可以组成两个地方随意控制两盏灯的开关。如图 2-5-2b 所示。

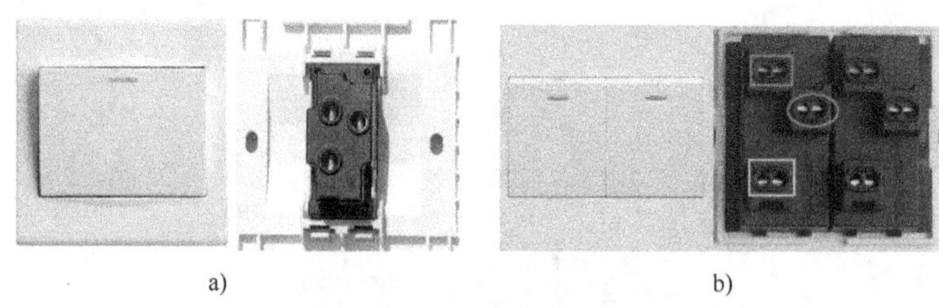

a)　　　　b)

图 2-5-2　双控开关外形

a）单开双控开关外形　b）双开单控开关外形

（3）其他种类开关：

1）声（光）控延时开关：利用振动传感器，通过对振动信号进行转换后，同样利用电荷放大电路对其进行放大来进行触发并接通电路来使照明灯工作。用光敏电阻来判断白天和黑夜。

当在黑暗的状态下（或用盒子罩住开关）发出声响，可击掌或跺一下脚，灯泡亮，经过一段延时后，灯泡自行熄灭。

2）触摸延时开关：通过压电传感器来接收信号，通过电荷放大器电路对信号进行放大并触发晶体管（或其他器件）来接通电路，使照明灯工作。用电容的充放电来实现延时功能。

接通电源后，用手触摸一下开关中间的圆，灯泡亮，经过一段延时后，灯泡自行熄灭。

3）红外线感应开关：主要元器件是一片新型热释电红外探测模块 HN911L 和一只 V－MOS 管，遥测移动人体发出的微热红外信号，送入 HN911L，在输出端得到放大的电信号使 V－MOS 管导通从而接通电源，同时用电容的充放电来实现延时功能。

接通电源后，将掌心按在菲涅耳透镜（圆球）上，灯泡亮，移开手掌，灯泡经过一段延时后熄灭；在黑暗状态下，当人从开关前走过时灯泡便会亮。

2. 刀开关/漏电断路器

1）刀开关：用来隔离电源或手动接通与断开交直流电路，也可用于不频繁的接通与分断额定电流以下的负载。

2）漏电断路器：用来解决漏电问题（相线流出多少电流，中性线就要回来多少电流），一旦有电流缺失，比如人体触电，电流通过人体流到地上的时候，一般超过 30mA，漏电保护器就会工作，切断电源，从而杜绝了电流对人体伤害。

3. 熔断器

在照明电路里主要是指熔丝，它是一种安装在电路中的短路保护器，广泛用于配电系统和控制系统，主要进行短路保护或严重过载保护。具体内容可以参考本篇第 1 章。

4. 电灯

是照明电光源，一般分为白炽灯、气体放电灯和其他电光源三大类。普通白炽灯即一般常用的白炽灯泡，特点：显色性好（显色指数 $R_a = 100$）、开灯即亮、可连续调光、结构简单、价格低廉，但寿命短、光效低。

5. 插座

是我们接触频繁的电路终端，插座电路用漏电保护开关，最大限度上保证了人体安全。插座线路都分几路走线，一旦一路有问题，其他电路上的插座可以正常工作。安装插座时应尽量靠墙边，插座有两孔插座和三孔插座之分，按照施工规范的要求，必须是左零右相上地（三孔）。

6. 单相电能表

（1）认识单相电能表：由电压线圈、电流线圈、转盘、转轴、制动磁铁、齿轮、计度器等组成。单相电能表一般是民用，接 220V 的设备，用来测量电路消耗了多少电能。

电能表是利用电压和电流线圈在铝盘上产生的涡流与交变磁通相互作用产生电磁力，使铝盘转动，同时引入制动力矩，使铝盘转速与负载功率成正比，通过轴向齿轮传动，由计度器计算出转盘转数而测定出电能。单相电能表外形如图 2-5-3 所示。

（2）单相电能表的接线，如图 2-5-4 所示。

图 2-5-3　单相电能表外形

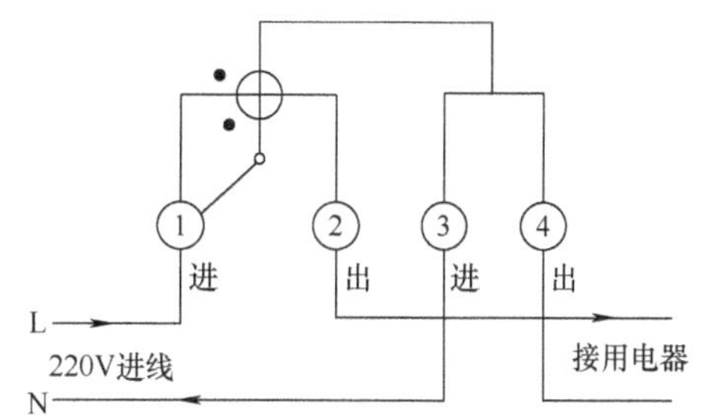

图 2-5-4　单相电能表接线图

单相电能表接线一般为：按号码接线柱 1、3 为电源进线，2、4 为接出线；电能表接线之前要仔细观察电能表铭牌上的接线图，如果接错，会造成电路一些器件的损毁，并造成安全事故。还可以用万用表的电阻档来判断电能表的接线。电能表的电流线圈串在负荷电路中，它的导线粗、匝数少、电阻近似为零；而电压线圈并在输入电压上，导线细、匝数多、电阻值很大。

（3）单相电能表经电流互感器的接线：在电路负载比较小的情况下，可以将电能表直接接入电路中，如果电能表计量的负荷很大，超过了电能表的额定电流，就要配用电流互感器。配用电流互感器的电能表的接线如图 2-5-5 所示。此时，电能表的电流线圈与电流互感器的二次侧相连，电流互感器的一次侧绕组串在负载电路中。这样，电能表的电压线圈将无法从它邻近的电流接线端上得到电压。因此，电压线圈的进线端必须单引出一根线，接到电流互感器一次回路的进线端上去。要特别注意，电流互感器两个线圈的同名端和电能表的两个同名端的接法不可搞错，否则可能引起电能表倒转。

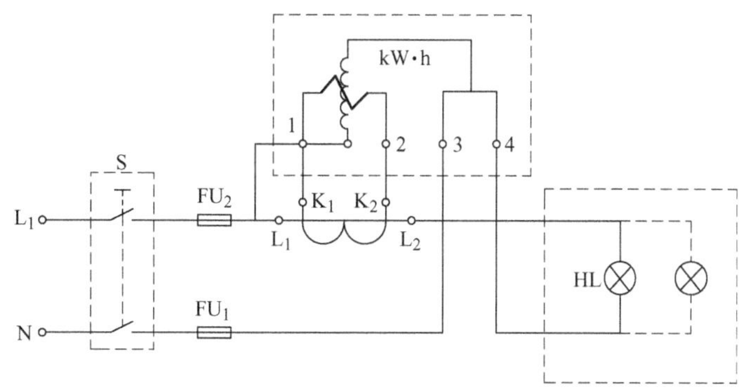

图 2-5-5　单相电能表经电流互感器的接线图

5.1.2 电线

照明电路里的两根电线，一根叫相线，一般为红色；另一根则叫零线，一般为蓝色；此外还有地线，一般为黄绿色。

相线和零线的区别在于其对地的电压不同：相线的对地电压等于220V；零线的对地的电压等于零（它本身跟大地相连接）。

家庭电路的地线又叫做保护零线，为了防止电路中的导线或者设备发生漏电时对人体造成的伤害；当电路中的导线或者设备发生漏电时，由于地线的电阻不大于4Ω，而人体的电阻差不多是2000Ω，此时的漏电电流就会通过地线导入大地，而不流经人体，这样就避免了漏电电流可能对人体造成的伤害。

关于电线的装配、线径、载流量等知识参照本篇的第2章。

室内配线的工序：首先熟悉设计施工图，做好预留预埋工作（其主要内容有：电源引入方式的预备预埋位置；电源引入配电箱的路径；垂直引上、引下以及水平穿越梁、柱、墙等的位置和预埋保护管）。

1）按设计施工图确定灯具、插座、开关、配电箱及电气设备的准确位置，并沿建筑物确定导线敷设的路径。

2）在土建粉刷前，将配线中所有的固定点打好眼孔，将预埋件埋齐，并检查有无遗漏和错位。

3）装设绝缘支承物、线夹或线管及开关箱、盒。

4）敷设导线。

5）连接导线。

6）将导线出线端与电气元件及设备连接。

同时，检验工程是否符合设计和安装工艺要求。

5.1.3 设计的总体思路

家庭电路设计最重要的是安全，无论什么时候都需要把安全放在第一位。家庭电路设计可分为2类：强电（220V电器用电）和弱电（电话、电脑、有线电视等数据线），我国工频电压是220V。如果需要110V，可以选用220V转110V的专用插座，在我国电器市场里，一般的弱电电器都带有变压器，无须安装专门的转换插座。

首先要了解住宅的额定功率，以便选择合适大小的电表，现在家电功率都比较大，所以还是大点好。推荐10A及以上的，在住宅的墙壁留的电源插座需要有足够的数量，最好是在每面墙都有1~2只插座；另外还需要考虑插座的兼容性问题，有方的、有圆的，最好选用国标和美标通用型的；另外为了防止小孩子玩耍时触电，最好选用防触电型的插座。在设计好管线走向后应及时把图样保存，以备日后修理时使用。

布置室内照明应满足一定的要求：保证照度均匀，尽量减少眩光和暗影，力求经济合理，满足局部的要求。

1. 卧室

布3支线路。包括电源线、照明线、空调线。床头柜的上方预留电源线口，采用5孔插线板带开关为宜，可以减少床头灯没开关的麻烦。在电线盒旁另加装一个开关。写字台或电脑台上方应安装电源线。照明灯光采用单头和灯管，采用单联开关。为了使用起来方便，卧室照明采用双控开关更适宜，一个开关安装在卧室门外侧，另一个开关安装在床头柜上侧或床边较易操作部位。

2. 厨房

布2支线路。包括2电源线和2照明线。切菜的地方可以安个小灯，以免光线不足，造成事故。微波炉、电饭煲、消毒碗柜和电冰箱等的电源插座也要预留。

3. 阳台

布2支线路。包括电源线、照明线。

4. 卫生间

布2支线路。电源线和照明线，电热水器和洗衣机的电源插座要预留。

5. 客厅

布4支线路。包括电源线、照明线、电视线、网线和电话线。在沙发的边沿处预留电话线口。在户门内侧预留对讲器或门铃线口。饮水机、空调、电视机等设备预留电源口，客厅至少应留5个电源线口。

照明电路设计要规划好房间电器布局，从布局来安排元器件的位置，然后设计一些电器的电路，让一些电路元器件有足够的预留空间，最后进行电线及电器元器件用量的大概估算，以及电路设计的简单预算。

5.2 家用照明电路的安装方法

照明电路的组成包括电源的引入、单相电能表、漏电保护器、熔断器、插座、灯头、开关、照明灯具和各类电线及配件辅料。本节主要讲述安装方法。

5.2.1 照明开关和插座的安装

1）照明开关是控制灯具的电气元件，起控制照明电灯亮与灭的作用（即接通或断开照明线路）。开关有明装和安装之分，现家庭一般是暗装开关。

2）根据电源电压的不同，插座可分为三相四孔插座和单相三孔或二孔插座。家庭一般都是单相插座，实验室一般要安装三相插座。根据安装形式不同，插座又可分为明装式和暗装式，现家庭一般都是暗装插座。单相两孔插座有横装和竖装两种。横装时，接线原则是左零右相；竖装时，接线原则是上相下零；单相三孔插座的接线原则是左零右相上接地，大功率电器如空调、冰箱、热水器等一定要接牢地线。在接线时可根据插座后面的标识区分，L端接相线，N端接零线，PE端接地线。

注意：根据标准规定，相线是红色线，零线（中性线）是蓝色线，接地线是黄绿双色线。

3）安装照明开关和插座时，首先钻孔，然后按照开关和插座的尺寸安装线盒，接着按接线要求，将盒内甩出的导线与开关、插座的面板连接好，将开关或插座推入盒内对正盒眼，用螺钉固定。固定时要使面板端正，并与墙面平齐。

5.2.2　灯座的安装

安装灯座（灯头）时，插口灯座上的两个接线端子，可任意连接零线和来自开关的相线；但是螺口灯座上的接线端子，必须把零线连接在连通螺纹圈的接线端子上，把来自开关的相线连接在连通中心铜簧片的接线端子上。

5.2.3　剩余电流断路器和熔断器的安装

1. 漏电断路器的接线

电源进线必须接在漏电断路器的正上方，即外壳上标有“电源”或“进线”；出线均接在下方，即标有“负载”或“出线”。如果把进线、出线接反，将会导致保护器动作后烧毁线圈或影响保护器的接通、分断能力。

2. 漏电断路器的安装

1）漏电断路器应安装在进户线截面较小的配电盘上或照明配电箱内。安装在电能表之后，熔断器之前。

2）所有照明线路导线（包括中性线在内），均必须通过漏电断路器，且中性线必须与地绝缘。

3）应垂直安装，倾斜度不得超过5°。

4）安装漏电断路器后，不能拆除单相闸刀开关或熔断器等。维修设备时有一明显的断开点，起短路或过负荷保护作用。

3. 熔断器的安装

使用时串联在被保护的电路中，当电路发生短路故障，通过熔断器的电流达到或超过某一规定值时，熔断器以其自身产生的热量使熔体熔断，从而自动分断电路，起到保护作用。熔断器的安装要点：

1）安装熔断器时必须在断电情况下操作。

2）安装位置及相互间距应便于更换熔件。

3）应垂直安装，并应能防止电弧飞溅。

4）螺旋式熔断器在接线时，考虑更换熔断管时的安全，下接线端应接电源，而连螺口的上接线端应接负载。

5）瓷插式熔断器安装熔丝时，熔丝应顺着螺钉旋紧方向绕过去，同时注意不要划伤熔丝，也不要把熔丝绷紧，以免减小熔丝截面尺寸或拉断熔丝。

6）有熔断指示的熔管，其指示器方向应装在便于观察侧。

7）更换熔体时应切断电源，并应换上相同额定电流的熔体，不能随意加大熔体。

8）熔断器应安装在线路的各相线上，在三相四线制的中性线上严禁安装熔断器；单相二线制的中性线上应安装熔断器。

5.2.4　单相电能表的安装

电能表的安装要点如下：

1）电能表应安装在箱体内或涂有防潮漆的木制底盘、塑料底盘上。

2）为确保电能表的精度，安装时表的位置必须与地面保持垂直，其垂直方向的偏移不大于1°。表箱的下沿离地高度应在1.7～2m之间，暗式表箱下沿离地1.5m左右。

3）单相电能表一般应装在配电盘的左边或上方，而开关应装在右边或下方。与上、下进线间的距离大约为80mm，与其他仪表左右距离大约为60mm。

4）电能表的安装部位，一般应在走廊、门厅、屋檐下，切忌安装在厨房、厕所等潮湿或有腐蚀性气体的地方。现住宅多采用集表箱安装在走廊。

5）电能表的进线出线应使用铜芯绝缘线，线芯截面不得小于1.5mm。接线要牢固，但不可焊接，裸露的线头部分，不可露出接线盒。

6）由供电部门直接收取电费的电能表，一般由其指定部门验表，然后由验表部门在表头盒上封铅封或塑料封，安装完后，再由供电局直接在接线桩头盖上或计量柜门封上铅封或塑料封。未经允许，不得拆掉铅封。

5.2.5 照明电路安装要求

1. 照明电路安装的技术要求

1）灯具安装的高度，室外一般不低于3m，室内一般不低于2.5m。

2）照明电路应有短路保护。照明灯具的相线必须经开关控制，螺口灯头中心触点应接相线，螺口部分与零线连接。不准将电线直接焊在灯泡的接点上使用。绝缘损坏的螺口灯头不得使用。

3）室内照明开关一般安装在门边便于操作的位置，拉线开关一般应离地2～3m，暗装翘板开关一般离地1.3m，与门框的距离一般为0.15～0.20m。

4）明装插座的安装高度一般应离地1.3～1.5m。暗装插座一般应离地0.3m，同一场所暗装的插座高度应一致，其高度相差一般不应大于5mm，多个插座成排安装时，其高度差应不大于2mm。

5）照明装置的接线必须牢固，接触良好，接线时，相线和零线要严格区别，将零线接灯头上，相线须经过开关再接到灯头。

6）应采用保护接地（接零）的灯具金属外壳，要与保护接地（接零）干线连接完好。

7）灯具安装应牢固，灯具质量超过3kg时，必须固定在预埋的吊钩或螺栓上。软线吊灯的重量限于1kg以下，超过时应加装吊链。固定灯具需用接线盒及木台等配件。

8）照明灯具须用安全电压时，应采用双圈变压器或安全隔离变压器，严禁使用自耦（单圈）变压器。安全电压额定值的等级为42V、36V、24V、12V、6V。

9）灯架及管内不允许有接头。

10）导线在引入灯具处应有绝缘保护，以免磨损导线的绝缘，也不应使其承受额外的拉力；导线的分支及连接处应便于检查。

2. 照明电路安装的具体要求

1）布局：根据照明电路图，确定各元器件安装的位置，要求符合要求，布局合理，结构紧凑，控制方便，美观大方。

2）固定器件：将选择好的器件固定在网板上，排列各个器件时必须整齐。固定的时候，先对角固定，再两边固定。要求元器件固定可靠，牢固。

3）布线：先处理好导线，将导线拉直，消除弯、折，布线要横平竖直，整齐，转弯成直角，并做到高低一致或前后一致，少交叉，应尽量避免导线接头。多根导线并拢平行走。而且在走线的时候牢牢地记着“左零右火”的原则（即左边接零线，右边接相线）。

4）接线：由上至下，先串后并；接线正确，牢固，各接点不能松动，敷线平直整齐，无漏铜、反圈、压胶，每个接线端子上连接的导线根数一般不超过两根，绝缘性能好，外形美观，进出线应合理汇集在端子排上。

5）检查线路：用肉眼观看电路，看有没有接出多余线头。参照安装图检查每条线是否严格按要求来接，有没有接错位，注意电能表有无接反，漏电保护器、熔断器、开关、插座等元器件的接线是否正确。

6）通电：送电由电源端开始向负载依次顺序送电，先合上漏电保护器开关，然后合上控制白炽灯的开关，白炽灯正常发亮；合上控制荧光灯开关，荧光灯正常发亮；插座可以正常工作。

7）故障排除：操作各功能开关时，若不符合要求，应立即停电，判断照明电路故障，可以用万用表欧姆档检查线路，要注意人身安全和万用表档位。

5.3 室内线路与电气照明实例

5.3.1 室内配线的实例

1. 绝缘子配线的要求

1）在建筑物的侧面或斜面配线时，必须将导线绑扎在绝缘子的上方。

2）导线在同一平面内如有曲折时，绝缘子必须装设在导线曲折角的内侧。

3）导线在不同的平面上曲折时，在凸角的两面上应装设两个绝缘子。

4）导线分支时，必须在分支点处设置绝缘子，用以支撑导线；导线互相交叉时，应在距建筑物近的导线上套瓷管保护。

2. 线管配线的方法

把绝缘导线穿在管内配线称为线管配线。线管配线有明配和暗配两种，明配是把线管敷设在墙上以及其他明露处，要配置得横平竖直，要求管距短，弯头小；暗配是将线管置于墙等建筑物内部，线管较长。

3. 线管配线的要求

1）穿管导线的绝缘强度应不低于500V；规定导线最小截面积，铜芯线为$1mm^2$，铝芯线为$2.5mm^2$。

2）管内导线不得超过10根，不同电压或进入不同电能表的导线不得穿在同一根线管内，但一台电动机内包括控制和信号回路的所有导线及同一台设备的多台电动机线路，允许穿在同一根线管内。

3）除直流回路导线和接地导线外，不得在钢管内穿单根导线。

4）线管转弯时，应采用弯曲线管的方法，不宜采用制成品的月亮弯，以免造成管口连接处过多。

5）线管线路应尽可能少转角或弯曲，因转角越多，穿线越困难。

6）在混凝土内暗线敷设的线管，必须使用壁厚为 3mm 的电线管。当电线管的外径超过混凝土厚度的 1/3 时，不准将电线管埋在混凝土内，以免影响混凝土的强度。

5.3.2　照明线路的安装

1. 线管与接线盒的连接（见图 2-5-6）

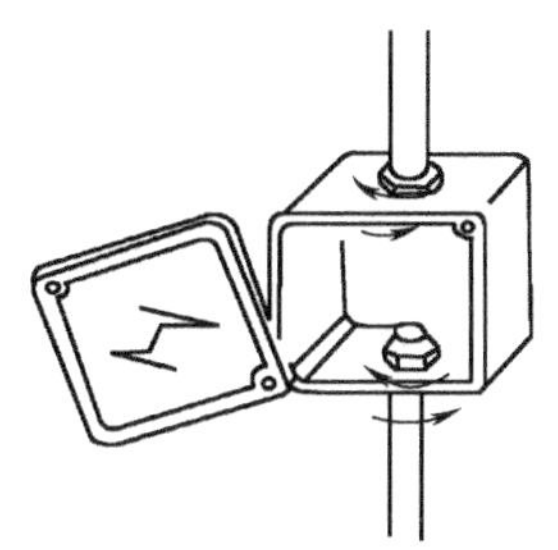

图 2-5-6　线管与接线盒的连接

2. 照明线路的安装（见图 2-5-7 和图 2-5-8）

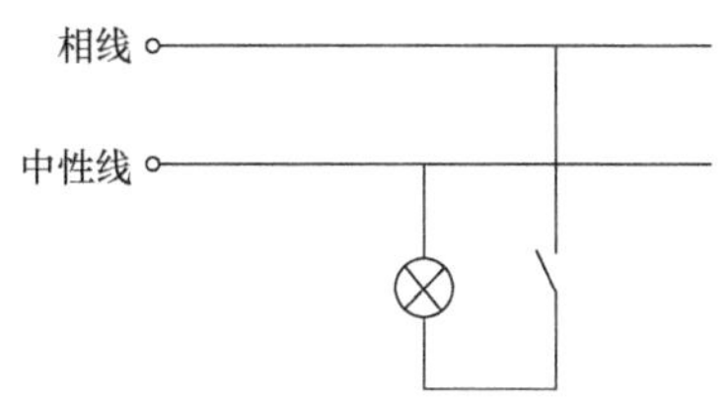

图 2-5-7　单联开关控制白炽灯接线图

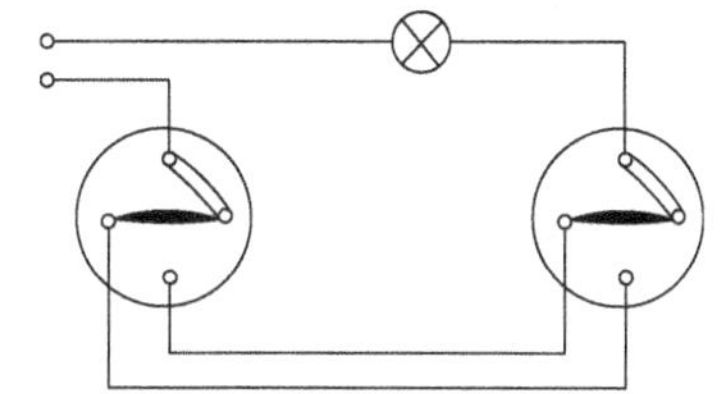

图 2-5-8　双联开关控制白炽灯接线图

5.4　工厂/工业照明与计量

5.4.1　照明方式和照明种类

1. 照明方式

分为一般照明、分区一般照明、局部照明和混合照明。其适用原则应符合下列规定：

1）当不适合装设局部照明或采用混合照明不合理时，宜采用一般照明。

2）当某一工作区需要高于一般照明照度时，可采用分区一般照明。

3）对于照度要求较高，工作位置密度不大，且单独装设一般照明不合理的场所，宜采用混合照明。

4）在一个工作场所内不应只装设局部照明。

2. 照明种类

分为正常照明、应急照明、值班照明、警卫照明和障碍照明。其中应急照明包括备用照明、安全照明和疏散照明，其适用原则应符合下列规定：

1）当正常照明因故障熄灭后，对需要确保正常工作或活动继续进行的场所，应装设备用照明。

2）当正常照明因故障熄灭后，对需要确保处于危险之中的人员安全的场所，应装设安全照明。

3）当正常照明因故障熄灭后，对需要确保人员安全疏散的出口和通道，应装设疏散照明。

4）值班照明宜利用正常照明中能单独控制的一部分或利用应急照明的一部分或全部。

5）警卫照明应根据需要，在警卫范围内装设。

6）障碍照明的装设，应严格执行所在地区航空或交通部门的有关规定。

3. 光源

照明光源宜采用荧光灯、白炽灯、高强气体放电灯（高压钠灯、金属卤化物灯、荧光高压汞灯）等。当悬挂高度在4m及以下时，宜采用荧光灯；当悬挂高度在4m以上时，宜采用高强气体放电灯；当不宜采用高强气体放电灯时，也可采用白炽灯。

在下列工作场所的照明光源，可选用白炽灯：

1）局部照明的场所。

2）防止电磁波干扰的场所。

3）因光源频闪效应影响视觉效果的场所。

4）经常开闭灯的场所。

5）照度不高，且照明时间较短的场所。

5.4.2 三相电能表

1. 认识三相电能表

用于测量三相交流电路中电源输出（或负载消耗）的电能的电能表。工作原理与单相电能表完全相同，只是在结构上采用多组驱动部件和固定在转轴上的多个铝盘的方式，以实现对三相电能的测量。如图2-5-9所示。

2. 三相电能表的接线方法

根据被测电能的性质，三相电能表可分为有功电能表和无功电能表；由于三相电路的接线形式不同，又有三相三线制和三相四线制之分。

若线路上负载电流未超过电能表的量程，可直接接在线路上；若负载电流超过电能表量程，须用电流互感器将电流变小，再进行接线。

三相四线电能表接线时，打开接线槽盖可以看到内面有接线端子连接图。应参照接线，每个接线柱有不止一个紧固螺钉，接线时应将导线头充分固定在它们下面。

图2-5-9 三相电能表外形图

5.4.3 电流互感器

电流互感器的基本结构原理如图2-5-10所示。它的结构特点是：一次绕组匝数很少，有些电流互感器还没有一次绕组，利用穿过其铁心的一次电路作为一次绕组（相当于匝数为 1)，且一次绕组相当粗；二次绕组匝数很多，导体较细。工作时，一次绕组串接在一次电路中，而二次绕组则与仪表、继电器等的电流线圈相串联，形成一个闭合回路。由于电流线圈的阻抗很小，因此电流互感器工作时二次回路接近于短路状态。

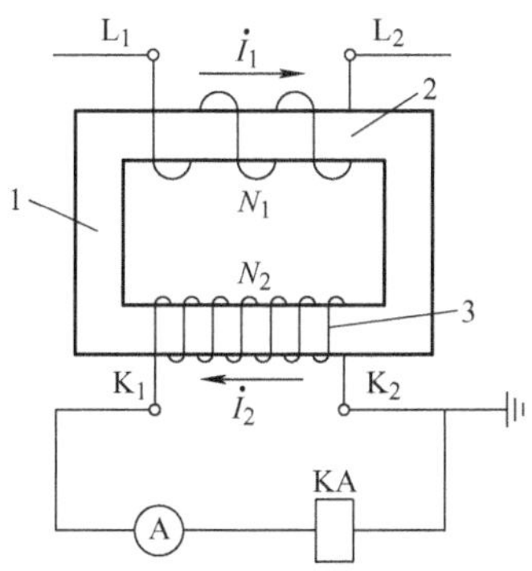

图 2-5-10　电流互感器基本结构

1—铁心　2—一次绕组　3—二次绕组

电流互感器的一次电流 I_1 和二次电流 I_2 之间有下列关系：

$$I_1 \approx (N_2/N_1) I_2 \approx K_i I_2$$

式中，N_1、N_2 为电流互感器一次和二次绕组匝数；K_i 为电流互感器的变流比，一般表示为额定的一次和二次电流之比，即 $K_i = I_{1N}/I_{2N}$，例如我们常用的 K_i 为 5A/5A。

5.4.4　三只电流互感器接法

1. 互感器星形接法

如图 2-5-11 所示，此电路为电流互感器三相星形接法，接线中的三个电流表反映各相的电流，一般广泛用在负荷不平衡的三相四线系统中，也可用在负荷可能不平衡的三相三线系统中，做三相电流、电能测量及过电流继电器之用。

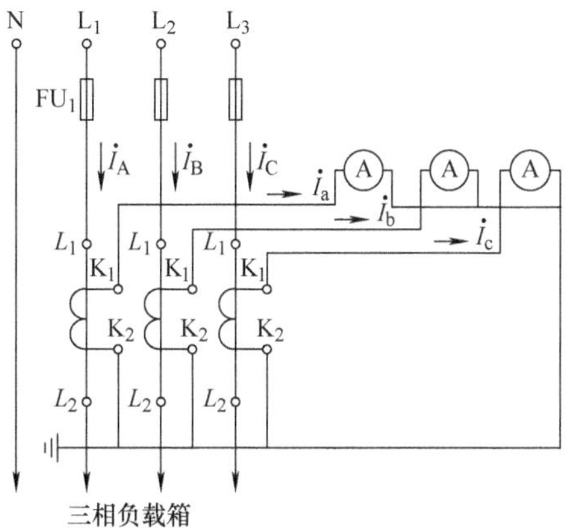

图 2-5-11　三只电流互感器接成星形电路

2. 互感器三角形接法

如图 2-5-12 所示，为电流互感器三相三角形接法，与星形接法不同，接线中的三个电流表反映的是两相之间的线电流，它与相电流相位相差 30°。根据上述特点，此电路主要用于消除差动电路中因变压器两侧电流相位不同而引起的不平衡电流。

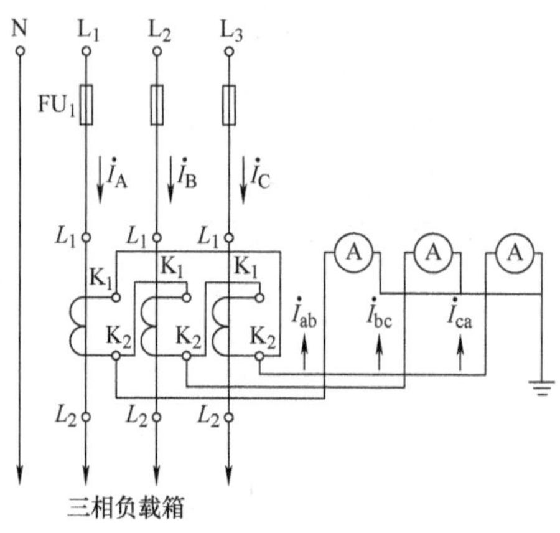

图 2-5-12　电流互感器三相三角形接法

5.4.5　三相功率因数表

在交流电路中，电源提供的电功率可分为两种：有功功率 P，无功功率 Q，两者之和为视在功率 S。有功功率 P 与视在功率 S 的比值，称为功率因数，用"$\cos\phi$"表示。其表达式为 $\cos\phi = P/S$。

当电源容量（即视在功率）一定时，功率因数高说明电路中用电设备的有功功率成分大，电源输出的功率利用率就高，反之，功率因数低，说明电源功率不能充分利用，同时增加了电压损失和功率损耗，这就需要采用各种办法来提高电力系统的功率因数。

三相功率因数表用来监视三相负载功率因数大小，其测量电路如图 2-5-13 所示。

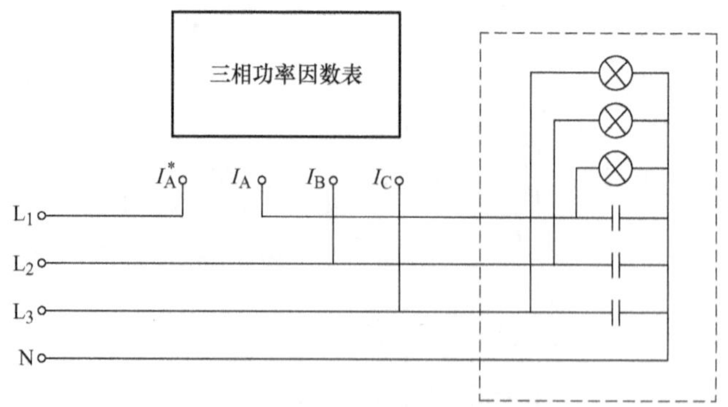

图 2-5-13　三相功率因数表的测量电路

5.4.6　有功电能表的接线

1. 三相四线有功电能表的接线

电路如图 2-5-14 所示。接通电源后，充当负载的灯泡亮（或电动机转），观察电能表的圆盘，可看到它自左向右均速转动。改变负载的大小，观察电度表转盘的转动速度情况。改变负载时应先断开电源。

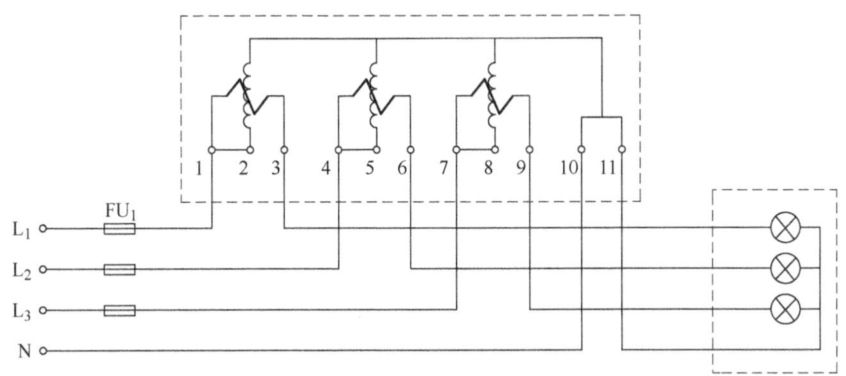

图 2-5-14　三相四线有功电能表的接线电路

2. 三相四线有功电能表经电流互感器的接线

电路如图 2-5-15 所示。电源起动后，充当负载的灯泡亮（或电动机转），观察电能表的圆盘，可看到它自左向右均速转动。改变负载的大小，观察电能表转盘的转动速度情况。改变负载时应先断开电源。

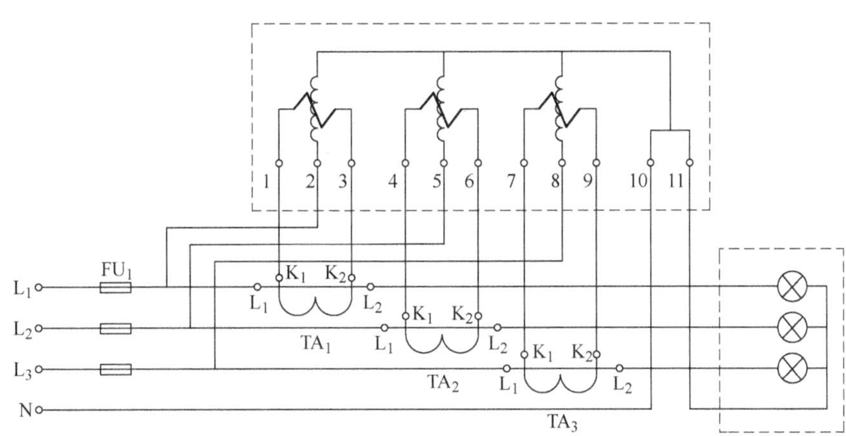

图 2-5-15　三相四线有功电能表经电流互感器的接线电路

3. 安装与接线

1）根据原理图，画出元件布置图，并选择合适的元件进行安装。

2）L_1、L_2、L_3、N 接到“三相电源输出”的 L_1、L_2、L_3 和 N 上。

3）根据原理图和元件布置图，画出元件接线图。

4）按照元件接线图进行接线。接线时动力电路用黑色导线，控制回路用红色导线，接地保护导线 PE 用黄绿双色线，要求走线横平竖直、整齐、合理、触点不得松动。

5）安装照明电路必须遵循的总的原则：相线必须进开关；开关、灯具要串联；照明电路间要并联。

Chapter

第6章 可编程序控制器(PLC)

在工业自动化控制领域，由于生产上对电气控制系统的要求越来越高，原有的继电器-接触器控制系统由于系统修改困难和维护不方便等缺点已经很难满足使用者的要求，为了更好地实现工业自动化控制的要求，自 20 世纪 60 年代微型计算机发展以来，人们迅速创造并应用了可编程序控制器（PLC），至今已成为工业自动化控制领域中重要的一员。

6.1 PLC 基础

6.1.1 PLC 简介

1. 认识 PLC

1987 年国际电工委员会（IEC）在其标准中将 PLC 定义为：是一种数字运算操作的电子系统，专为在工业环境应用而设计。它采用一类可编程序的存储器，用于内部存储程序、执行逻辑运算、顺序控制、定时、计数与算术操作等面向使用者的指令，并通过数字或模拟式输入/输出控制各种类型的机械或生产过程。可编程序控制器及其有关外部设备，都按易于与工业控制系统连成一个整体、易于扩充其功能的原则设计。

根据 IEC 标准，PLC 可以被看做一种工业计算机，使用者可以通过编写自己的控制程序来改变其控制功能，PLC 不仅能完成使用者需要的各种自动化控制任务，还能与其他设备进行通信联网。由于 PLC 具有可靠性高、抗干扰能力强、编程简单、使用方便、灵活性强、体积小和重量轻等优点，其应用推广得到了迅猛发展，被用于石油化工、机械制造、汽车装配制造等各个行业的自动控制系统中。设计、安装、调试和维护 PLC 控制系统已经成为电气技术人员和工科学生的基本技能之一。

2. PLC 的分类

PLC 形式和功能多种多样并各有区别，一般按以下原则对其进行分类。

（1）按 PLC 的 I/O 点数，可分为小型、中型和大型 3 类：

1）小型 PLC 的 I/O 点数一般小于 256 点，处理器一般为 8 位或 16 位，如德国西门子公司的 S7－200 PLC。

2）中型 PLC 的 I/O 点数一般在 256～2048 点之间，如德国西门子公司的 S7－300 PLC。

3）大型 PLC 的 I/O 点数一般大于 2048 点，处理器一般为 16 位或者 32 位，如德国西门子公司的 S7－400 PLC。

（2）按 PLC 的结构形式，可分为模块式和整体式两类：

1）模块式是指将PLC系统分为若干个功能单一的模块，使用时将这些功能模块插在机架上，各模块之间功能不同，外形尺寸统一，使用者可根据需要灵活配置，大中型PLC一般为模块式结构，如德国西门子公司的S7－300 PLC和S7－400 PLC。

2）整体式结构是将PLC电源、CPU、存储器和输入/输出接口等集合在一个基本单元内，再通过扩展电缆与扩展单元相连。整体式PLC体积较小、成本低廉并且安装方便，小型PLC一般均为整体式结构，如德国西门子公司的S7－200 PLC。

（3）按PLC的功能，可将PLC分为低档、中档和高档3类：

1）低档PLC具有计数、定时和逻辑运算等基本功能，输入/输出模块数量比较少，主要用于单机控制系统，如德国西门子公司的S7－200 PLC。

2）中档PLC除具有低档PLC的功能外，还具有较强的控制功能和运算功能，输入/输出模块的数量和种类也比较多，适用于复杂控制系统，如德国西门子公司的S7－300 PLC。

3）高档PLC除具有中档PLC的功能外，还增加了矩阵运算以及其他特殊功能函数运算等更强大的控制功能和运算能力。此外，高档PLC输入/输出模块数量很多并且种类全面，还具有更强的通信联网功能，可用于大规模控制任务，如德国西门子公司的S7－400 PLC。

3. 西门子SIMATIC S7－200 SMART

（1）西门子SIMATIC控制器：西门子SIMATIC控制器系列是一个完整的产品组合，包括从最基本的智能逻辑控制器以及S7系列高性能可编程序控制器，再到基于PC的自动化控制系统。

（2）S7－200 SMART：全新的S7－200 SMART带来两种不同类型的CPU模块——标准型和经济型，全方位满足不同行业、不同客户、不同设备的各种需求。标准型作为可扩展CPU模块，可满足对I/O规模有较大需求，逻辑控制较为复杂的应用；而经济型CPU模块直接通过单机本体满足相对简单的控制需求。

（3）与西门子其他产品区别：

1）和S7－1200一样，S7－200 SMART的CPU内可安装一块有多种型号的信号板，使配置更为灵活。信号板可以扩展模拟量、数字量，以及通信等，使用信号板可以不占用控制柜的空间，使设计更人性化。

2）S7－200 SMART的CPU保留了S7－200的RS－485接口，增加了一个以太网接口，还可以用信号板扩展一个RS－485/RS－232接口。S7－1200没有集成的RS－485接口。使用一个普通的网线就可以实现程序的上传下载，同时可以支持与触摸屏、其他的CPU模块以及计算机之间的通信连接。

3）S7－200 SMART和S7－200 PLC都支持扩展卡功能，S7－200的扩展卡必须是西门子专用的扩展卡，来实现配有存放程序和数据的存储以及数据记录的功能。而S7－200 SMART PLC所使用的存储卡为市场上通用的micro SD卡，可实现程序的更新和固件的升级。

4）S7－200 SMART晶体管输出的CPU模块有3路100kHz的高速脉冲输出，集成了S7－200的位置控制模块EM253的功能。S7－200的CPU只有两路高速脉冲输出。

5）与S7－200 SMART配套的触摸屏SMART LINE 700IE有价格优势，它们之间可以用以太网或RS－485接口通信。

6）S7－200 SMART PLC相对于S7－200 PLC来说I/O点数更丰富，单体I/O点数可达60点。而应用CPU 226的S7－200 PLC只能提供40点。

（4）S7－200 SMART PLC CPU ST20 的特点：

1）I/O 点数为 12 输入/8 输出，最多可以扩展 6 个模块。

2）具有 12KB 的程序存储器容量，8KB 的数据存储器。

3）支持 4 路高速脉冲输入，4 路单相脉冲频率可以达到 200kHz，2 路双相正交脉冲信号输入，输入脉冲频率最大为 100kHz；支持 2 路高速脉冲输出，输出频率最大为 100kHz。

6.1.2 PLC 的基本结构和工作原理

1. PLC 的基本结构

主要由 CPU、存储器、输入/输出模块、电源和编程器等组成，如图 2-6-1 所示。

（1）CPU：中央处理单元，PLC 工作的核心，工作时，CPU 通过循环扫描方式接收现场输入元件传送的数据，并存入输入/输出映像区，同时，CPU 逐条读取存储器中的用户程序指令，经分析后产生相应指令的控制信号，去控制相关外部负载。此外，CPU 还可以诊断电源、内部运行状态和程序错误等。

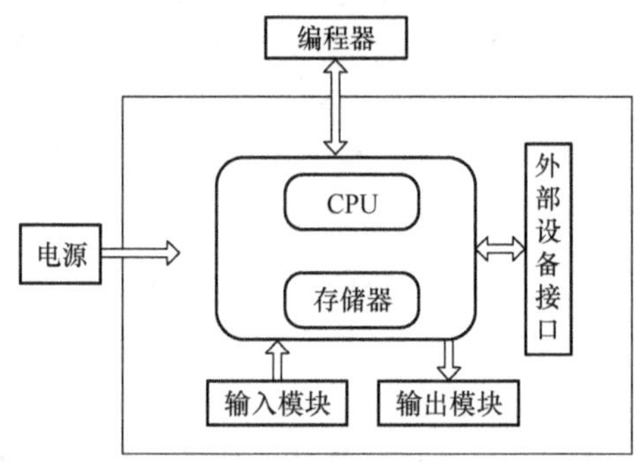

图 2-6-1 PLC 的基本结构

（2）存储器：PLC 系统中重要的组成部分，主要用于存储程序及数据，也可以使用 RAM（Random Access Memory）或 EEPROM（Electrical Erasable Programmable Read Only Memory）等专用内存卡扩充，不同品牌、不同型号的 PLC 存储器扩充能力各不相同，存储器容量的大小关系到程序容量的大小和内部器件的多少，是反映 PLC 性能的重要指标之一。

（3）输入/输出模块：PLC 通过输入模块读取现场输入元件的数据，并通过内部总线将数据送进存储器，经由 CPU 处理驱动程序指令，然后通过输出模块控制相应输出元件。输入模块的信号范围涵盖 ±10mV ~ ±10V，与选用的输入元件的种类有关，输出模块则用来驱动指示灯、电磁线圈和报警器等执行元件。

（4）电源：PLC 中的电源有两种形式，一种是电源与 CPU 模块分开；另一种是电源与 CPU 模块集成在一起。电源主要为 PLC 提供工作电源，为交流时，电源通常为 AC 220V 或 AC 110V；为直流时，电源通常为 DC 24V。

（5）编程器：用于编程、监控以及控制 PLC 系统的运行，是 PLC 进行编程、监测和控制时必不可少的重要部分。它有手持编程器和图形编程器两种，手持编程器一般使用专用编程电缆与 PLC 相连或者直接插在 PLC 编程接口上，一般用来给小型 PLC 编程，只能直接输入和编辑语句表（STL）指令；图形编辑器可直接输入和编辑梯形图（LAD）指令，既可以在线编程也可以离线编程。此外，PLC 生产厂家还向使用者提供编程软件和编程硬件，使用者可以在 PC 上对 PLC 进行编程，STEP7 编程软件是西门子公司提供的用于 S7－200 和 S7－300/400 系列 PLC 的编程软件。

（6）外部设备接口：PLC 集成多种外部设备接口，可以与计算机、触摸屏、PLC 设备或者其他设备通信联网。

2. PLC 的工作原理

PLC 以循环扫描的工作方式来执行梯形图程序，整个扫描过程包括三大阶段，即输入采样阶段、程序执行阶段和输出刷新阶段。

（1）输入采样阶段：PLC 逐个扫描每个输入元件的状态，并将所有输入元件的状态保存到输入映像区。

（2）程序执行阶段：没有跳转指令时，CPU 按从上到下、从左到右的顺序扫描执行程序；执行指令时，刷新相应的输出映像区；程序出现死循环或者错误时，发出报警。若出现不可恢复的确定性故障，CPU 自动停止执行程序，切断负载，发出故障信号。

（3）输出刷新阶段：阶段 2 中的输出状态经输出接口驱动外部负载，并返回阶段 1。

输入采样阶段、程序执行阶段和输出刷新阶段又被称为 PLC 扫描周期，完成扫描周期所需的时间称为 PLC 反应时间。PLC 工作时，每次程序执行后与下一次程序执行前，输入与输出状态都会被刷新一次。

6.1.3　PLC 的内部存储器及寻址方式

1. 内部存储器

（1）输入继电器（I）：位于输入过程映像寄存器区，对应一个物理的外部输入端子，接收外部输入开关（数字）信号，对应内部常开和常闭触点，在程序中可以无限次使用。

（2）输出继电器（Q）：位于输出过程映像寄存器区，对应一个物理的外部输出端子，它分为有触点、无触点输出，控制外部负载的开关（数字）信号。

（3）位存储器（中间继电器）（M）：位于 PLC 存储器的位存储器区，没有对应的物理的外部输入端子和输出端子。

（4）特殊继电器（SM）：具有特殊功能或用来存储系统的状态变量、有关的控制参数和信息。

（5）全局变量存储器（V）：存储可以被所有程序访问的全局变量的值。

（6）局部变量存储器（L）：存储只和特定程序关联的局部变量的值，常用于带参数子程序调用。

（7）顺序控制继电器（S）：用于顺序控制或步进控制，也可用于一般的中间继电器。

（8）定时器（T）：是累计时间增量的内部器件。

（9）计数器（C）：用于累计输入脉冲的个数。

（10）模拟量输入寄存器（AI）、模拟量输出寄存器（AQ）：AI/AQ 中，数字量的长度是一个字（16 位），且从偶数字节开始编址。AI 只能进行读操作，AQ 只能进行写操作。

（11）高速计数器（HC）：用来累计比主机扫描速率更快的高速脉冲，其当前值是一个只读的双字长整数（32 位）。

2. PLC 寻址方式

（1）位寻址：格式为：I［字节地址］.［位地址］。如 I3.2 表示数字量输入映像区第 3 个字节的第 2 位。

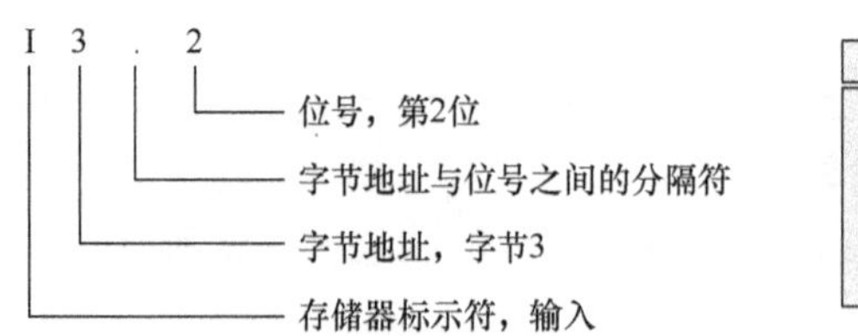

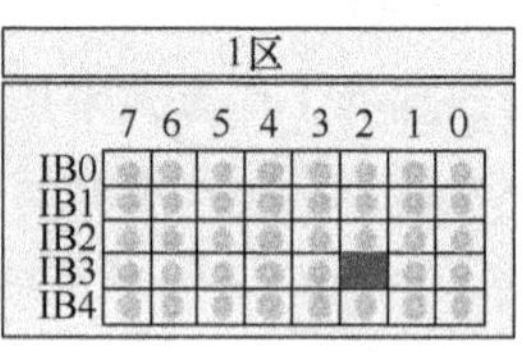

（2）字节（B）寻址：格式为：IB［起始字节地址］。

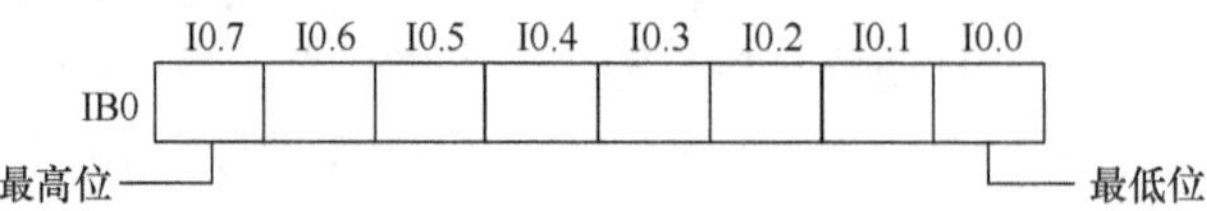

（3）字（W）寻址：格式为：IW［起始字节地址］。一个字包含两个字节，这两个字节的地址必须连续，其中低位字节是高 8 位，高位字节是低 8 位。

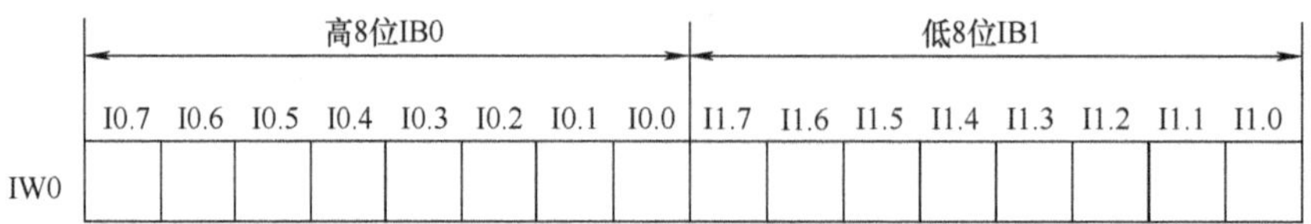

（4）双字（DW）寻址：格式为：ID［起始字节地址］。一个双字含 4 个字节，这 4 个字节的地址必须连续，最低位字节在一个双字中是最高 8 位。

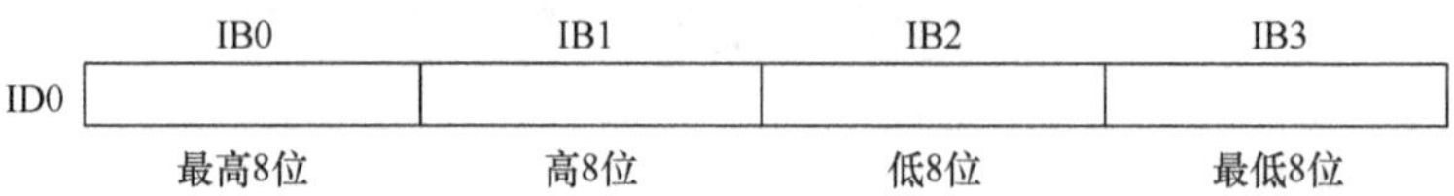

6.1.4 PLC 的外部接线图及程序语言

1. PLC 的接线图

S7－200 PLC 的接线图如图 2-6-2 所示。

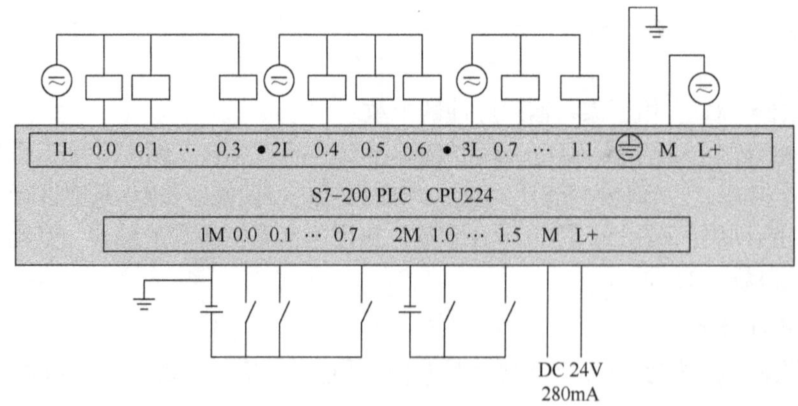

图 2-6-2 PLC 外部接线示意

2. PLC 常用程序语言

（1）语句表：语句表（STL）语言类似于计算机的汇编语言。用指令助记符创建用户程序，属于面向机器硬件的语言，STEP7－Micro/Win32 的语句表如图 2-6-3 所示。

网络 1

```
LD    I0.0
O     I0.5
A     I0.1
LD    I0.6
A     I0.7
OLD
A     I0.2
A     I0.3
A     I0.4
=     Q10.0
```

图 2-6-3　语句表示例

（2）梯形图：是最常用、最直观的编程语言。从继电器控制系统原理图的基础上演变而来，如图 2-6-4 所示。

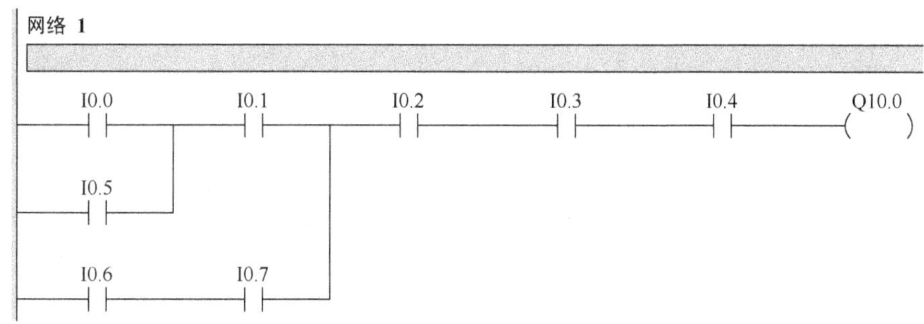

图 2-6-4　梯形图示例

（3）功能块图：功能块图（FBD）的图形结构与数字电子电路的结构极为相似，如图 2-6-5 所示。

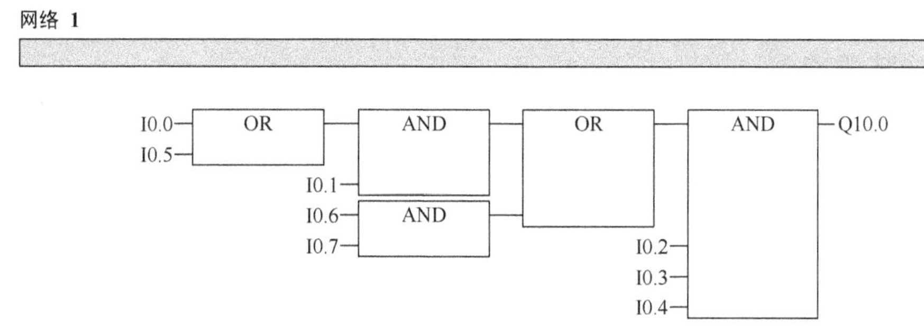

图 2-6-5　功能块图示例

6.2 PLC 的基本指令

6.2.1 位操作指令

位操作类指令主要是位操作及运算指令，同时也包含与位操作密切相关的定时器和计数器指令等。位操作指令是 PLC 常用的基本指令，梯形图指令有触点和线圈两大类，触点又分常开触点和常闭触点两种形式；语句表指令有与、或及输出等逻辑关系，位操作指令能够实现基本的位逻辑运算和控制。

6.2.2 定时器指令

定时器是对内部时钟累计时间增量计时的。每个定时器均有一个 16 位的当前值寄存器用以存放当前值（16 位符号整数）；一个 16 位的预置值寄存器用以存放时间的设定值；还有一位状态位，反映其触点的状态。

1. 定时精度和定时范围

定时器的工作原理：使能输入有效后，当前值 PT 对 PLC 内部的时基脉冲增 1 计数，当计数值大于或等于定时器的预置值后，状态位置 1。其中，最小计时单位为时基脉冲的宽度，又为定时精度；从定时器输入有效，到状态位输出有效，经过的时间为定时时间，即：定时时间 = 预置值 × 时基。当前值寄存器为 16 位，最大计数值为 32767。可见时基越大，定时时间越长，但精度越差。

2. 定时器的刷新方式

（1）1ms 定时器：每隔 1ms 刷新一次与扫描周期和程序处理无关，即采用中断刷新方式。因此当扫描周期较长时，在一个周期内可能被多次刷新，其当前值在一个扫描周期内不一定保持一致。

（2）10ms 定时器：由系统在每个扫描周期开始自动刷新。由于每个扫描周期内只刷新一次，故每次程序处理期间，其当前值为常数。

（3）100ms 定时器：在该定时器指令执行时刷新。下一条执行的指令，即可使用刷新后的结果，非常符合正常的思路，使用方便可靠。但应当注意，如果该定时器的指令不是每个周期都执行，定时器就不能及时刷新，可能导致出错。

6.2.3 计数器指令

计数器利用输入脉冲上升沿累计脉冲个数。计数器当前值大于或等于预置值时，状态位置 1。S7 - 200 系列 PLC 有三类计数器：CTU（加计数器），CTUD（加/减计数器），CTD（减计数器）。

1. 加计数器（CTU）指令

当 CU 端有上升沿输入时，计数器当前值加 1。当计数器当前值大于或等于设定值（PV）时，该计数器的状态位置 1，即其常开触点闭合。计数器仍计数，但不影响计数器的状态位，直至计数达到最大值（32767）。当复位输入端 R 的状态为 1 时，计数器复位，即当前值清零，状态位也清零。

2. 加/减计数器（CTUD）指令

当 CU 端（CD 端）有上升沿输入时，计数器当前值加 1（减 1）。当计数器当前值大于或等于设定值时，状态位置 1，即其常开触点闭合。当 R = 1 时，计数器复位，即当前值清零，状态位也清零。加/减计数器计数范围：－32768～32767。

3. 减计数器（CTD）指令

当复位 LD 有效时，LD = 1，计数器把设定值（PV）装入当前值存储器，计数器状态位复位（置 0）。当 LD = 0，即计数脉冲有效时，开始计数，CD 端每来一个输入脉冲上升沿，减计数器的当前值从设定值开始递减计数，当前值等于 0 时，计数器状态位置位（置 1），停止计数。

6.2.4　比较指令

比较指令是将两个操作数按指定的条件比较，在梯形图中用带参数和运算符的触点表示比较指令，比较条件成立时，触点就闭合，否则断开。指令格式见表 2-6-1。

表 2-6-1　比较指令格式

STL	LAD	说明
LD□ × × IN1 IN2	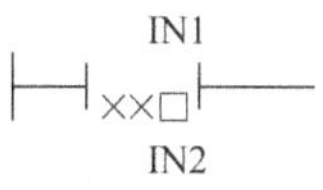 IN1 ××□ IN2	比较触点接起始母线
LD N A□ × × IN1 IN2	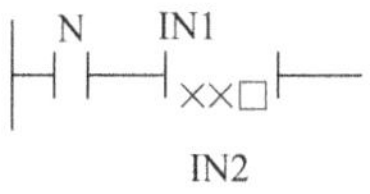 N IN1 ××□ IN2	比较触点的“与”
LD N O□ × × IN1 IN2	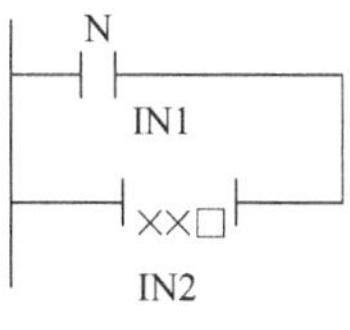 N IN1 ××□ IN2	比较触点的“或”

注：“××”表示比较运算符：= =表示等于；〈表示小于；〉表示大于；〈 =表示小于等于；〉 =表示大于等于；〈〉表示不等于。“□”表示操作数 IN1、IN2 的数据类型及范围。

比较指令分类为：字节比较 LDB、AB、OB；整数比较 LDW、AW、OW；双字整数比较 LDD 、AD、OD；实数比较 LDR、AR、OR。

6.3　PLC 程序控制应用实例

6.3.1　电动机顺序起动控制程序

有三台电动机 M1、M2、M3，按下起动按钮后，M1 起动，延时 5s 后 M2 起动，再延时 16s 后 M3 起动。

1. PLC 接线（见图 2-6-6）

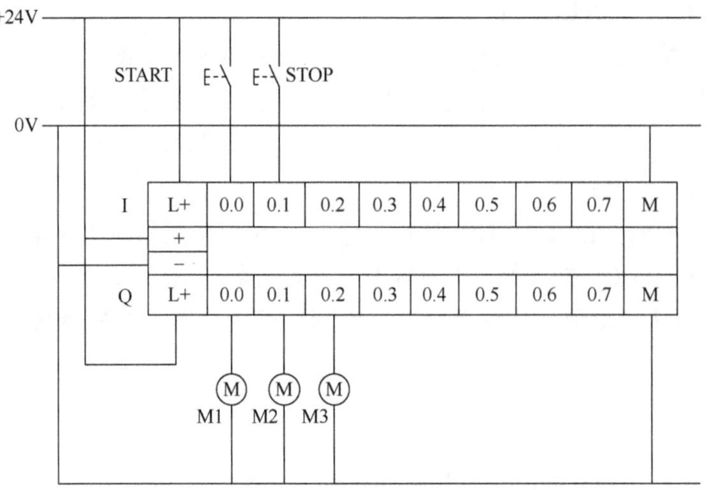

图 2-6-6　PLC 接线图

2. 定义符号地址（见表 2-6-2）

表 2-6-2　定义符号地址

	符　　号	地　　址	数据类型
1	START	I　0.0	BOOL
2	STOP	I　0.1	BOOL
3	M1	Q　0.0	BOOL
4	M2	Q　0.1	BOOL
5	M3	Q　0.2	BOOL

3. 梯形图程序（见图 2-6-7）

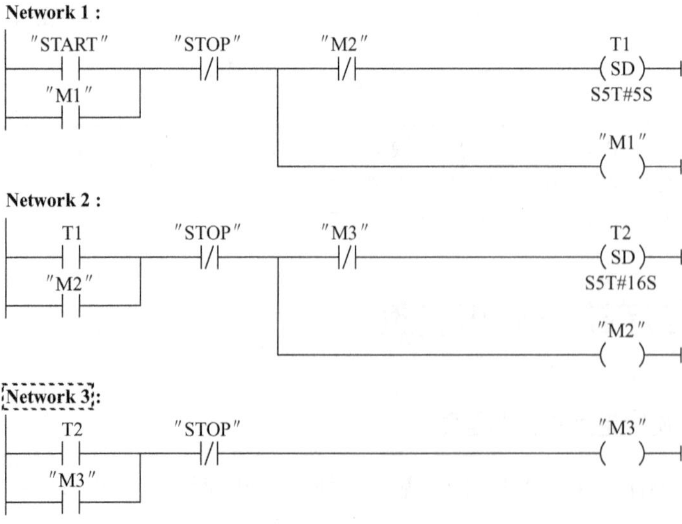

图 2-6-7　梯形图程序

4. 语句表

网络1

```
LD      START: I0.0
O       M1: Q0.0
AN      STOP_ : I0.1
LPS
AN      M2: Q0.1
TONR    T1, 500
LPP
=       M1: Q0.0
```

网络2

```
LD      T1
O       M2: Q0.1
AN      STOP_ : I0.1
LPS
AN      M3: Q0.2
TONR    T2, 1600
LPP
=       M2: Q0.1
```

网络3

```
LD      T2
O       M3: Q0.2
AN      STOP_ : I0.1
=       M3: Q0.2
```

6.3.2　分段传送带的电动机控制程序

为了节省能源的损耗，可使用PLC来起动和停止分段传送带的驱动电动机，使那些只载有物体的传送带运转，没有载物的传送带停止运行。金属板正在传送带上输送，其位置由相应的传感器检测。传感器安放在两段传送带相邻近的地方，一旦金属板进入传感器的检测范围，PLC便发出相应的输出信号，使后一段传送带的电动机投入工作；当金属板被送出检测范围时，PLC内部定时器立即开始计时，在达到预定的延时时间后，前一段传送带电动机便停止运行，如图2-6-8所示。

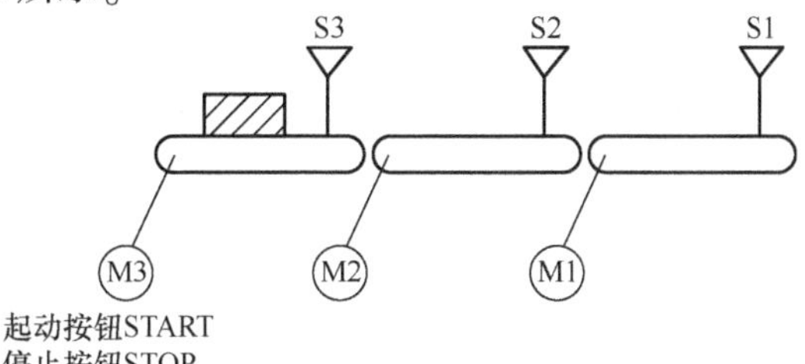

图2-6-8　分段传送带工作示意图

1. PLC 接线（见图 2-6-9）

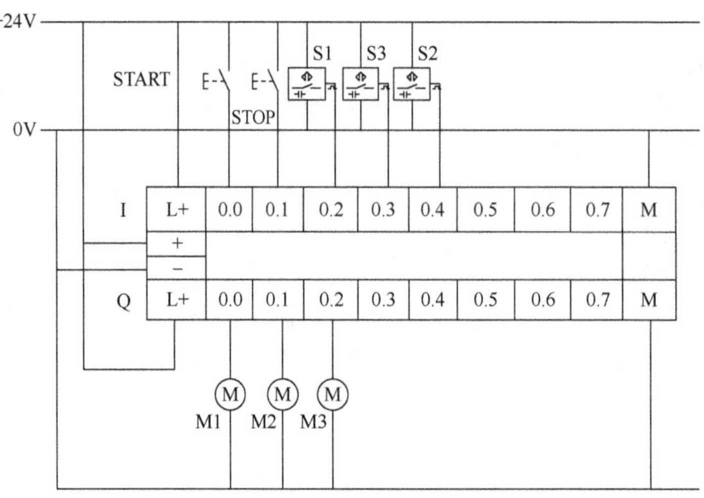

图 2-6-9　PLC 接线图

2. 定义符号地址（见表 2-6-3）

表 2-6-3　定义符号地址

	符　号	地　址	数据类型
1	M1	Q　0.0	BOOL
2	M2	Q　0.1	BOOL
3	M3	Q　0.2	BOOL
4	START	I　0.0	BOOL
5	STOP	I　0.1	BOOL
6	S1	I　0.2	BOOL
7	S2	I　0.3	BOOL
8	S3	I　0.4	BOOL

3. 梯形图程序（见图 2-6-10）

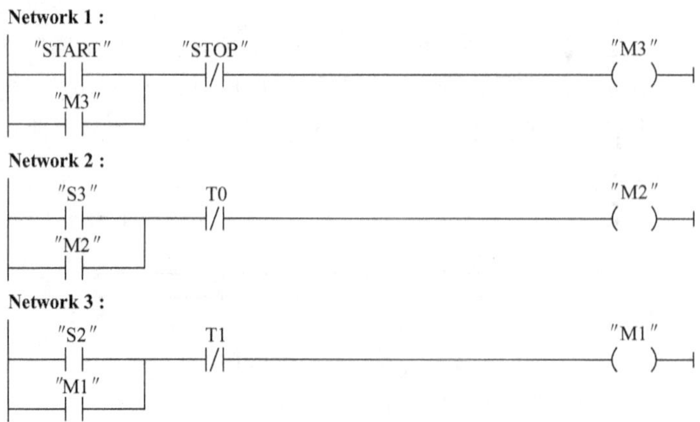

图 2-6-10　梯形图程序

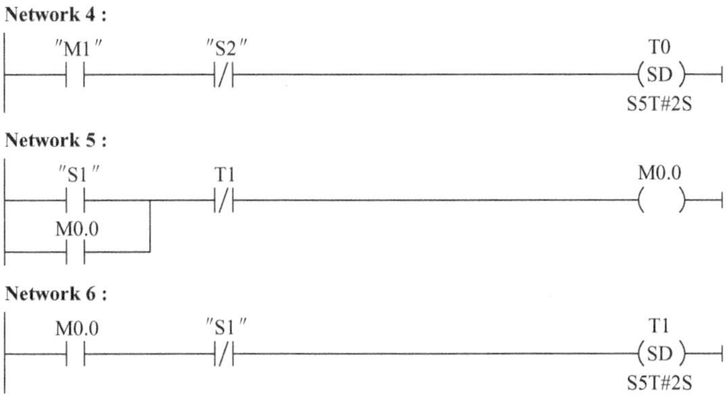

Network 4：
"M1"　"S2"　T0　(SD)　S5T#2S

Network 5：
"S1"　T1　M0.0　(　)
M0.0

Network 6：
M0.0　"S1"　T1　(SD)　S5T#2S

图 2-6-10　梯形图程序（续）

4. 语句表

网络 1

```
LD      START：I0.0
O       M3：Q0.2
AN      STOP_ ：I0.1
=       M3：Q0.2
```

网络 2

```
LD      S3：I0.4
O       M2：Q0.1
AN      T0
=       M2：Q0.1
```

网络 3

```
LD      S2：I0.3
O       M1：Q0.0
AN      T1
=       M1：Q0.0
```

网络 4

```
LD      M1：Q0.0
AN      S2：I0.3
TONR    T0，2000
```

网络 5

```
LD      S1：I0.2
O       M0.0
AN      T1
=       M0.0
```

网络 6

```
LD      M0.0
AN      S1：I0.2
TONR    T1，200
```

6.4 变频器基础

6.4.1 变频器基本知识

1. 认识变频器

变频器是现代电动机控制领域技术含量较高，控制功能较全、控制效果较好的控制装置，通过改变电网的频率来调节电动机的转速和转矩。变频调速具有调速范围宽、平滑性好、效率高、有良好的静态性能和动态性能等优点，从而得到广泛应用。

2. 变频器的分类

按原理分，可分为交-交型、交-直-交型；按用途分，可分为专用型、通用型。

3. 变频器的原理

将正常工频的交流电源引入变频调速器后，其“整流器”和“滤波器”将这一工频交流电源转变为直流电输入“变频器”，“变频器”实际上是一个逆变装置，它的实际作用与“整流器”刚好相反并且可调节，这样，输入的直流电经过逆变之后变成交流输出至电动机并由逆变装置的可调部分实施对输出交流电频率的确定和调整，从而设定和改变电动机转速。简单地说，变频调速器的基本工作原理就是一个从交流到直流，再变为交流输出的过程，即“交-直-交”的过程，如图2-6-11所示。

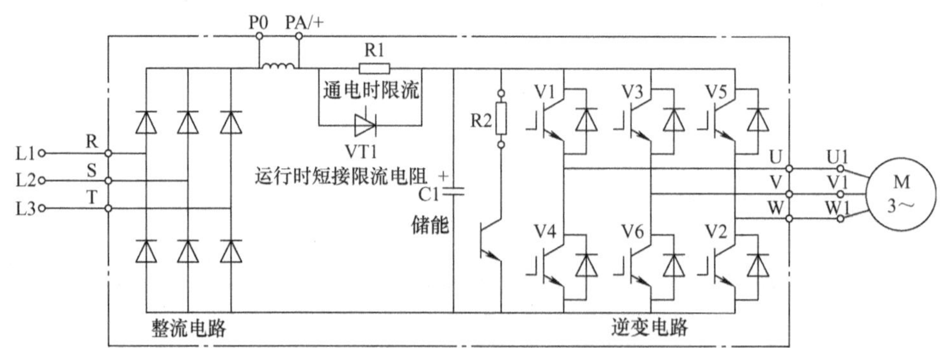

图2-6-11 变频器工作原理

4. 变频器的作用

主要是调整电动机的功率，实现电动机的变速运行，以达到省电的目的；还可以降低电力线路电压波动，采用变频器后，能在零频零压时逐步起动，从而最大程度地消除电压下降。

（1）变频器的优点：原有恒速运行的异步电动机的调速控制；实现软起动和软停车；实现频繁的起动和停止；无须接触器即可实现正、反转控制；方便地实现电气制动；实现高频电动机的高速运行；可进行恶劣环境下电动机的调速运行；一台变频器可对多台电动机进行速度控制；变频起动电动机时，电源容量可以减小。

（2）变频器的缺点：变频器本身是一个干扰源，使用变频器会产生干扰电波，影响到同一电网及周围的敏感元器件。

5. 变频器的附件

（1）输入侧——输入交流电抗器、输入滤波器。

（2）直流侧——直流电抗器、制动单元（也称制动斩波器）及制动电阻。

（3）输出侧——输出滤波器（ABB 变频器为 du/dt 滤波器），包括输出交流电抗器及正弦波滤波器。

（4）I/O 扩展板——各种输入输出 I/O 扩展。

（5）脉冲编码器板——用于编码器反馈。

（6）通信适配器——各种通信模块。

6. 变频器的负载类型

风机、水泵负载，恒转矩负载以及恒功率负载三种。

7. 变频器的选型原则

（1）确认传动系统的负载特性（负载类型）。

（2）实际电动机电流值（功率），选型时需考虑负载的实际电流及过载要求。

（3）使用的电源电压。

（4）选用变频器时需考虑是否标配有操作面板。

（5）根据变频器与电动机间连接电缆的长度，考虑是否加装输出电抗器。

（6）根据使用环境情况，选择相应的 IP 等级产品。

（7）根据需要选择相应的附件（包括通信、I/O 模块等），在选用输入电抗器及输入滤波器时需考虑是否已有内置；在选用制动单元时需考虑制动斩波器是否已内置，如果没有内置需配置。

8. 变频器的相关概念

（1）电磁兼容性：按我国颁布的电磁兼容性国家标准规定，设备或系统在其电磁环境中能正常工作且不对该环境中的任何事物构成不能承受的电磁干扰。

（2）变频器的应用场合：风机泵类应用、一般应用、重载应用。

（3）变频器的应用场合使用环境：住宅、商业和轻工业属第一类环境，即民用环境；第二类环境，即工业环境。

（4）IP 防护等级：指对水、对粉尘的防护能力。

6.4.2　变频器的使用

1. 变频器在自动化设备中的接线

在自动化设备或一般生产线中由变频器来控制电动机，而变频器是由 PLC 实现控制。接线示意图如图 2-6-12 所示。

2. 变频器的基本功能

（1）变频器的主要结构和特性：以 ABB 变频器为例，它有一个继电器输出，一个模拟量输入，5 个带隔离的数字输入并可切换为 NPN/PNP 接线，接线端子如图 2-6-13 所示。

（2）输入配置：一个模拟输入 AI：0（2）~10V，0（4）~20mA；配置如图 2-6-14 所示。

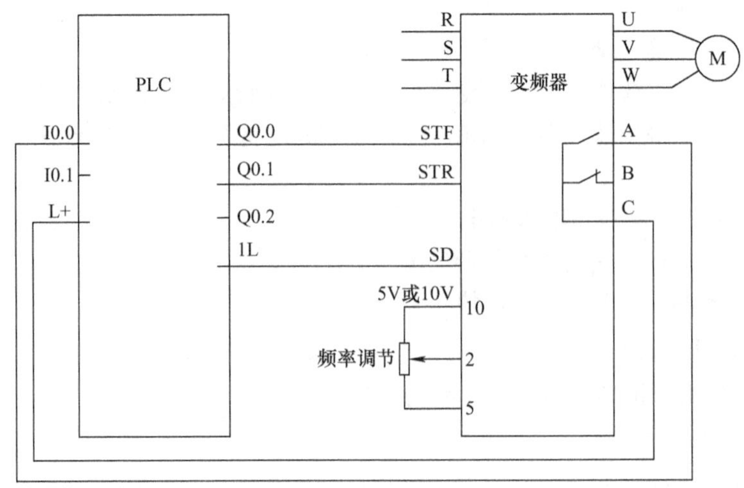

图 2-6-12　变频器在自动化设备中的接线示意图

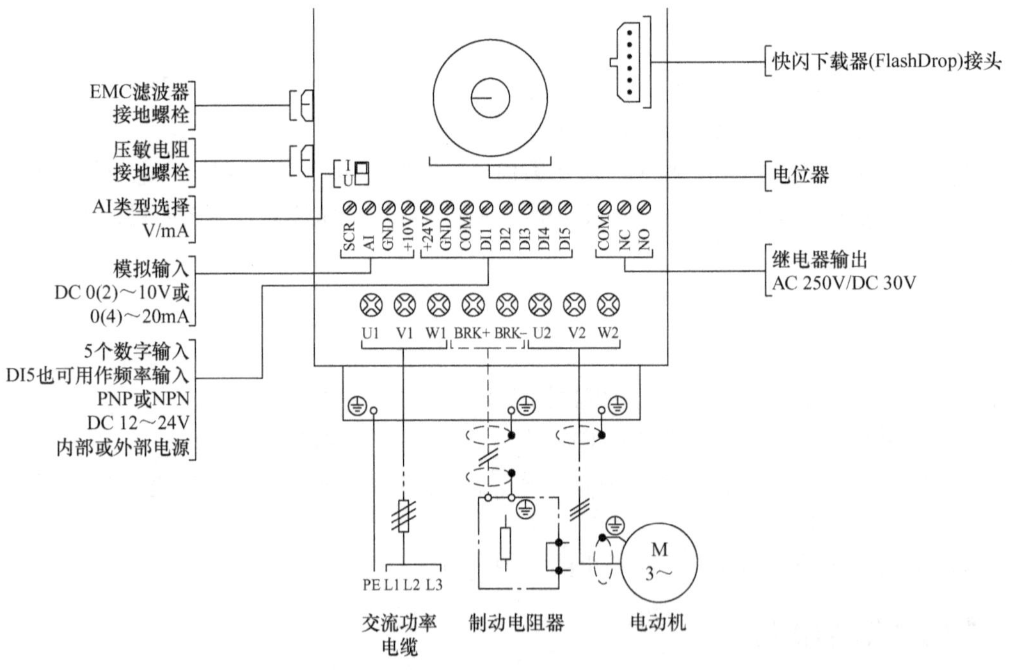

图 2-6-13　ABB 变频器接线端子示意图

开关 S1 用来选择模拟输入 AI 的输入信号是电压信号［0（2）~10V］还是电流信号［0（4）~20mA］。开关 S1 的默认设置是电流位置。其中，开关 S1 上为 I［0（4）~20mA］，AI 的默认设置下为 U［0（2）~10V］。

（3）控制盘：控制盘是手动输入变频器参数值的基本工具。变频器和控制盘一起使用的方法，参见相关手册。

（4）ABB 变频器的常规使用方法及步骤：表 2-6-4 列出了常规任务，模式一栏给出了可以执行该任务的模式，执行方法查阅手册，见表 2-6-4。

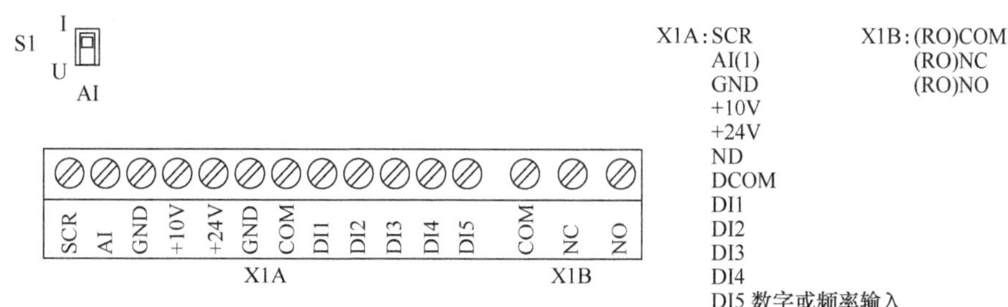

图 2-6-14　变频器输入配置

表 2-6-4　ABB 变频器的常规任务及模式

任　　务	模　　式
如何在本地模式和远程模式之间切换	所有模式
如何起动和停止变频器	所有模式
如何改变电动机的旋转方向	所有模式
如何设置频率给定值	所有模式
如何浏览并设置频率给定值	给定值模式
如何浏览监控信号	输出模式
如何改变参数值	短/完整菜单模式
如何选择需要监控的信号	短/完整菜单模式
如何浏览并已修改参数的参数值	已修改参数模式
如何对故障和报警进行复位	输出模式和故障模式

1）起动、停止和在本地控制模式与远程控制模式之间切换。可以进行起动、停止操作，在任何模式下都可以进行本地控制模式与远程控制模式之间的切换。为了能起动或者停止变频器，变频器必须处于本地控制模式，见表 2-6-5。

表 2-6-5　操作模式说明

动　　作	显　　示
• 要在远程控制模式（显示器左上角显示 REM）和本地控制模式（显示器左上角显示 LOC）之间切换，按下 (LOC/REM) 键 注意：利用参数 1606LOCAL LOCK 可以禁止变频器进入本地控制模式 按下该键之后，在回到前一显示界面之前，显示屏上会简短地显示“LOC”或“rE”信息 仅在变频器首次通电时，变频器处于远程控制模式，并且是通过变频器的 I/O 端口进行控制。为了切换到本地控制模式并使用控制盘对变频器进行控制，请按下 (LOC/REM) 键。变频器的动作与用户按下该键的时间有关： • 如果按下该键之后立即松开（显示屏上快闪“LOC”），变频器将停止。用电位器来设置本地控制的给定值	LOC　49.1 Hz OUTPUT　FWD LOC　LoC FWD

（续）

动　作	显　示
• 如果按下该键 2s（在显示器上显示从“LOC”变为“LOCr”），变频器按照按下该键之前的工况运行。变频器复制当前的运行/停止状态和给定值的远程控制值，并将这些值作为本地控制设置的初值 • 要在本地模式下停止变频器，请按下 ⃝ 键 • 要在本地模式下起动变频器，请按下 ⃝ 键	FWD 或 REV 文本在显示屏下部的状态行慢闪 FWD 或 REV 文本在显示屏下部的状态行快闪。在变频器达到设定点之后，停止闪烁

2）改变电动机转向。可以在任何模式下改变电动机的转向，见表 2-6-6。

表 2-6-6　改变电动机方向操作

动　作	显　示
如果变频器处于远程控制模式下（显示屏左上角显示 REM 字样），通过按下 LOC/REM 键可以切换到本地控制模式。在回到前一显示屏界面之前，显示屏会简短显示“LOC”或“rE”	LOC 49.1 Hz OUTPUT FWD
要将电动机的方向从正转（显示屏下方显示 FWD）切换到反向（显示屏下方显示 REV），按下 ⃝ 键，反之亦然 注意：参数 1003 必须设置为 3（REQUEST）	LOC 49.1 Hz OUTPUT FWD

3）其他。关于设置频率给定值、输出模式、给定值模式以及变频器的应用宏操作大家可以参考手册来获取。

6.5　触摸屏基础

触摸屏系统一般包括触摸检测装置和触摸控制器。其中，触摸屏控制器（卡）的主要作用是从触摸点检测装置上接收触摸信息，可以将它置换成触点坐标，利用 CPU 发来的命令并执行操作；触摸检测装置一般安装在显示器的前端，主要作用是检测用户的触摸位置，并传送给触摸屏控制卡。

6.5.1　工业触摸屏

工业触摸屏具有很强的灵活性，可以按照设计要求更换或增加功能模块，扩展性强，可以满足复杂的工艺控制过程，甚至可以直接通过网络系统和 PLC 通信，大大方便了控制数据的处理与传输，减少了维护量。

1. 触摸显示模块

电阻式触摸屏的屏体部分是一块与显示器表面相匹配的多层复合薄膜，由一层玻璃或有机玻璃作为基层，表面涂有一层透明的导电层控制工程网，上面再盖有一层外表面硬化处理、光滑防刮的塑料层，它的内表面也涂有一层透明导电层，在两层导电层之间有许多细小（小于 0.001in[⊖]）的透明隔离点把它们隔开绝缘。

用手指接触屏幕时，平时互相绝缘的上下导电层在触摸点的位置上就会在同一个接触点，因其中一面导电层接通 Y 轴方向的 5V 均匀电压场，使得侦测层的电压由零变为非零，这种接通状态被控制器侦测到后，进行 A/D 转换，并将得到的电压值与 5V 相比即可得到触摸点的 Y 轴坐标，依据 Y 轴坐标，我们可以得出 X 轴坐标，这就是所有电阻技术触摸屏共同的最基本原理。电阻类触摸屏的关键在于材料科技。电阻屏根据引出线数多少，分为四线、五线、六线等多线电阻触摸屏。电阻式触摸屏在强化玻璃表面分别涂上两层 OTI（Oil Treatment International AG）透明氧化金属导电层，最外面的一层 OTI 涂层作为导电体，第二层 OTI 则经过精密的网络附上横竖两个方向的 +5 ~ 0V 的电压场，两层 OTI 之间以细小的透明隔离点隔开。如果用手指接触触摸屏时，上下两层的 OTI 就会出现一个触点，计算机同时检测电压及电流，计算出触摸的位置，反应速度为 10 ~ 20ms。

2. 逻辑控制与通信模块

逻辑控制模块包含 24V 直流输入（18 ~ 32V）电源，SDRAM（Synchronous Dynamic Random Access Memory，同步动态随机存取内存）及 CF（Compact Flash，袖珍闪存）卡，10/100BaseT 以太网端口，可用于文件传送、打印及与可编程序控制器通信的 232 串行端口，可用于连接鼠标、键盘或打印机的 USB 端口。内部电路板上内嵌了 CPU 处理芯片，负责显示屏的输入、输出以及通信数据的处理工作。通信模块负责特定的网络传输，以提高数据传输速率。

6.5.2　MCGS 触摸屏

MCGS（Monitor and Control Generated System，监视与控制通用系统）是北京昆仑通态公司研发的一套基于 Windows 平台的，用于快速构造和生成上位机监控系统的组态软件系统，主要完成现场数据的采集与监测、前端数据的处理与控制。

具有功能完善、操作简便、可视性好、可维护性强的突出特点。通过与其他相关的硬件设备结合，可以快速、方便地开发各种用于现场采集、数据处理和控制的设备。用户只需要通过简单的模块化组态就可构造自己的应用系统，如可以灵活组态各种智能仪表、数据采集模块，无纸记录仪、无人值守的现场采集站、人机界面等专用设备。

1. MCGS 嵌入版组态软件的主要功能

MCGS 嵌入版组态软件具有与通用组态软件一样强大的功能，并且操作简单，易学易用。

（1）简单灵活的可视化操作界面：采用全中文、可视化的开发界面，符合中国人的使用习惯和要求。

（2）实时性强、有良好的并行处理性能：是真正的 32 位系统，以线程为单位对任务进行分时并行处理。

⊖　1in = 0.0254m。

(3) 丰富、生动的多媒体画面：以图像、图符、报表、曲线等多种形式，为操作员及时提供相关信息。

(4) 完善的安全机制：提供了良好的安全机制，可以为多个不同级别用户设定不同的操作权限。

(5) 强大的网络功能：具有强大的网络通信功能。

(6) 多样化的报警功能：提供多种不同的报警方式，具有丰富的报警类型，方便用户进行报警设置。

(7) 支持多种硬件设备。

2. MCGS 嵌入版组态软件的组成

MCGS 嵌入版生成的用户应用系统，由主控窗口、设备窗口、用户窗口、实时数据库和运行策略 5 个部分构成。

(1) 主控窗口：构造了应用系统的主框架，用于对整个工程相关的参数进行配置，可设置封面窗口、运行工程的权限、启动画面、内存画面、磁盘预留空间等。

(2) 设备窗口：是应用系统与外部设备联系的媒介，专门用来放置不同类型和功能的设备构件，实现对外部设备的操作和控制。设备窗口通过设备构件把外部设备的数据采集进来，送入实时数据库，或把实时数据库中的数据输出到外部设备。

(3) 用户窗口：实现了应用系统数据和流程的“可视化”。工程里所有可视化的界面都是在用户窗口里面构建的。用户窗口中可以放置 3 种不同类型的图形对象：图元、图符和动画构件。通过在用户窗口内放置不同的图形对象，用户可以构造各种复杂的图形界面，用不同的方式实现数据和流程的“可视化”。

(4) 实时数据库：是应用系统的核心。实时数据库相当于一个数据处理中心，同时也起到公共数据交换区的作用。从外部设备采集来的实时数据送入实时数据库，系统其他部分操作的数据也来自于实时数据库。

(5) 运行策略：是对应用系统运行流程实现有效控制的手段。运行策略本身是系统提供的一个框架，其里面放置由策略条件构件和策略构件组成的“策略行”，通过对运行策略的定义，使系统能够按照设定的顺序和条件操作任务，实现对外部设备工作过程的精确控制。

3. MCGS 组态软件的框架和工作流程

实时数据库是整个软件的核心，从外部硬件采集的数据送到实时数据库，再由窗口来调用，通过用户窗口更改数据库的值，再由设备窗口输出到外部硬件。用户窗口中的动画构件关联实时数据库中的数据对象，动画构件按照数据对象的值进行相应的变化，从而达到“动”起来的效果，如图 2-6-15 所示。

4. MCGS 和 PLC 设备的通信

在 MCGS 系统中，由设备窗口负责建立系统与外部硬件设备的连接，使得 MCGS 能从外部设备读取数据并控制外部设备的工作状态，实现对应工业过程的实时监控。因此，通过 MCGS 和 PLC 设备的连接，实现对 PLC 中的数据进行读写，并把从 PLC 读来的数据与监控界面中的动画建立起连接。

1) 打开 MCGS 组态环境，新建一个 MCGS 工程后，在用户编辑窗口中将会出现如图 2-6-16

所示的工作台窗口。

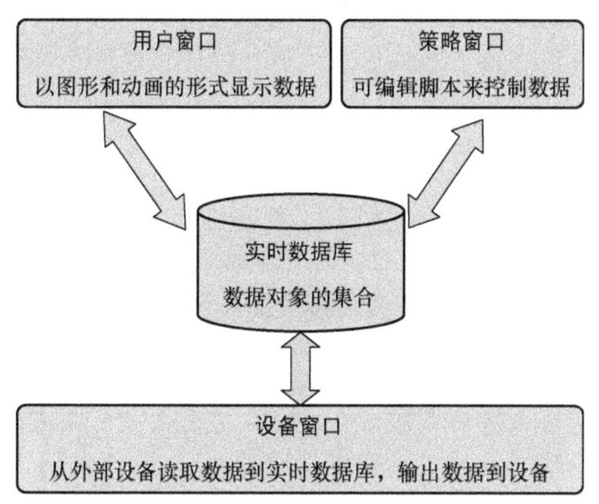

图 2-6-15　MCGS 软件工作原理

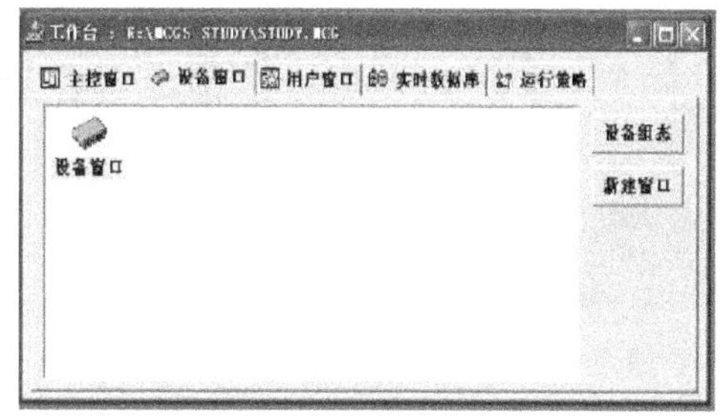

图 2-6-16　MCGS 工作台窗口

单击工具栏上的工具箱按钮将弹出设备工具箱窗口，其中在 MCGS 中 PLC 设备是作为子设备挂在串口父设备下的，因此在向设备组态窗口中添加 PLC 设备前，必须先添加一个串口父设备，当直接用串口进行本地通信时，添加“串口通信父设备”，双击其中的串口通信父设备，在设备组态窗口中添加一个串口通信设备。这样，就可以向设备组态窗口中添加所需的 PLC 设备了。如果所需设备没有出现在设备工具箱中，再按下“设备管理”按钮，在弹出的设备管理对话框中选定所需的设备，然后双击将其添加到设备工具箱中，如图 2-6-17 所示。

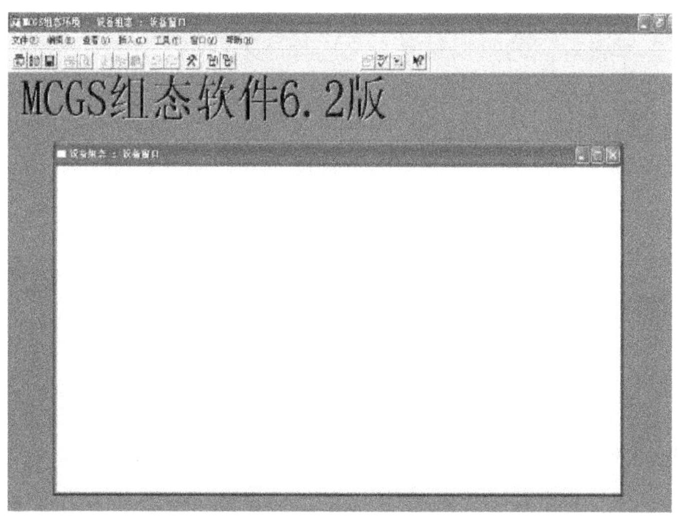

图 2-6-17　设备组态窗口

2）前面已经建立了与 PLC 系统的连接，接下来要对 PLC 中的数据进行读写操作，需要在 PLC 设备的设备属性设置对话框中对其通道属性进行设置，并建立起通道与 MCGS 实时数据库中的数据连接，如图 2-6-18 所示。

接下来建立一个对 PLC 输出寄存器对行读操作的通道，单击“增加通道”按钮，弹出如图 2-6-19 所示的增加通道对话框。

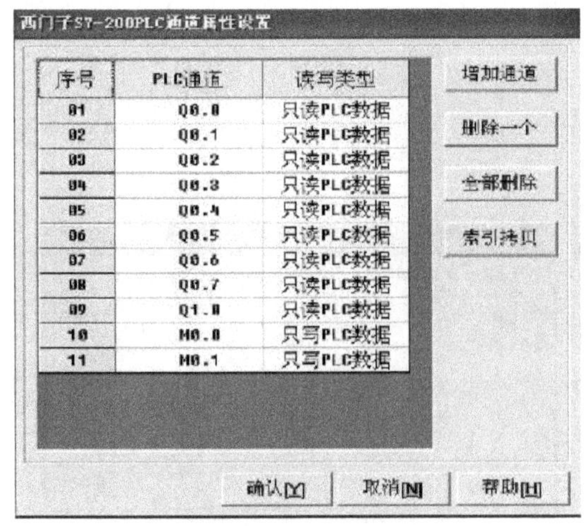

图 2-6-18　设备属性设置

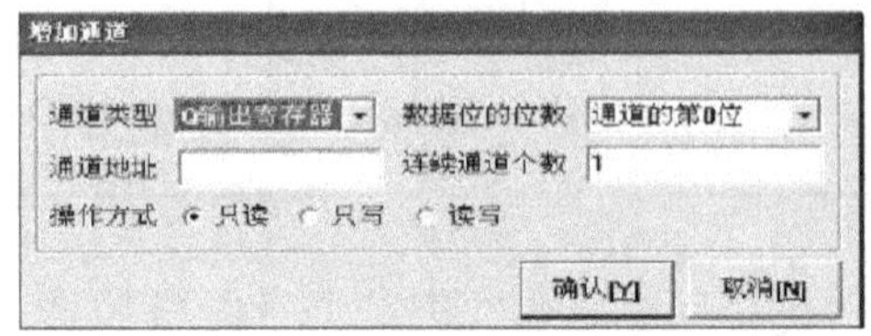

图 2-6-19　增加通道对话框

此时所建立的 I0.0 已出现在 PLC 通道属性设备对话框中，以此类推可建立其他的通道，单击“确认”按钮回到设备属性设置对话框，在设备属性设置对话框单击“通道连接”选项，设备属性设置对话框变成如图 2-6-20 所示。选中通道 1，双击“对应数据对象”栏，在其中输入在实时数据库中建立的与之对应的数据名，单击“确认”按钮就完成了 MCGS 中的数据对象与 PLC 内部寄存器间的连接，具体的数据读写将由主控窗口根据具体的操作情况自动完成。当在实时数据库中建立了所需的数据对象，并在 PLC 设备属性设置对话框中把它们与对应的设备通道连接起来后，只需要在预设值动画构件的动画组态属性设置对话框中选中相应的动画连接复选框，然后将对应的数据对象与之连接起来即可。比如：PLC 系统中有一个指示灯，它是由 I0.0 控制的，如果监视其状态，首先要在监控界面中画一个指示灯构件，然后双击，会出现如图 2-6-21 所示的动画组态属性设置对话框，选中其中的“可见度”复选框，然后单击“可见度”选项，动画组态属性设置对话框转为可见度动画设置，在表达式文本框中输入所需的表达式，然后单击“确认”按钮，完成数据对象的连接。

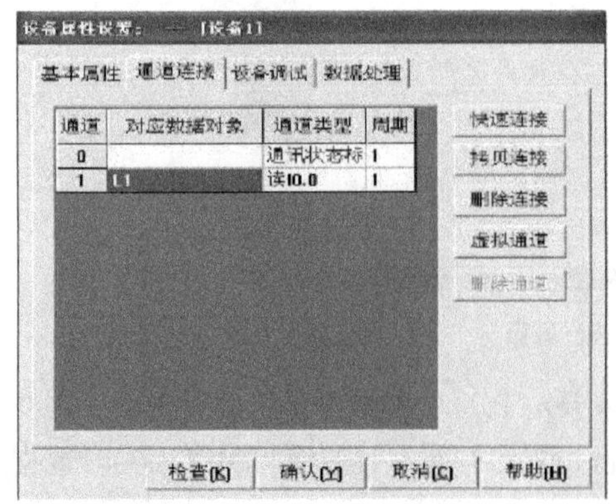

图 2-6-20　设备属性设置对话框

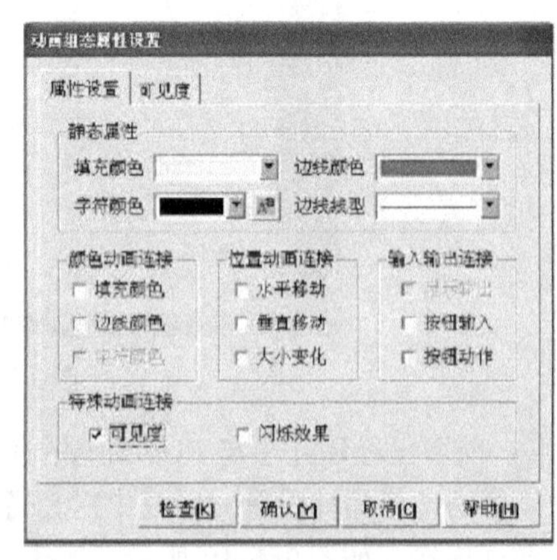

图 2-6-21　动画组态属性设置对话框

6.6　典型自动化设备控制实训

6.6.1　PLC 与触摸屏控制电动机正反转

1. 电气原理

电气接线图如图 2-6-22 所示。热继电器常闭触点可用一个开关来代替。

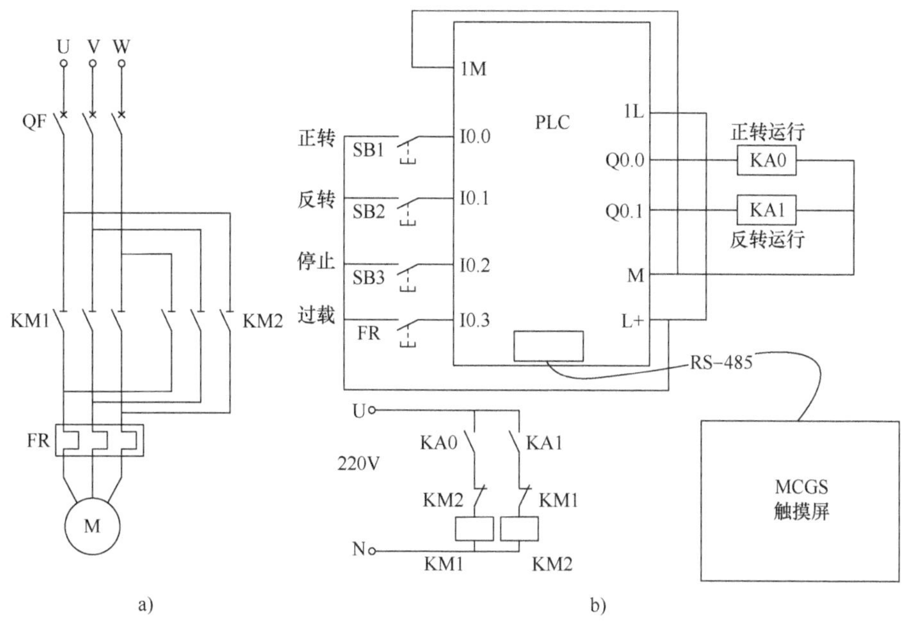

图 2-6-22　PLC 控制电动机的接线图

a) 主电路　b) 控制电路

2. 操作步骤

1) 按照图 2-6-22 进行安装布线，进行检查后合上断路器。打开西门子编程软件，把控制电动机正反转程序下载到 PLC 中。

2) 使电路在电气上保持畅通。

3) 单击触摸屏主界面上面的“接触器”按钮，如图 2-6-23 所示。

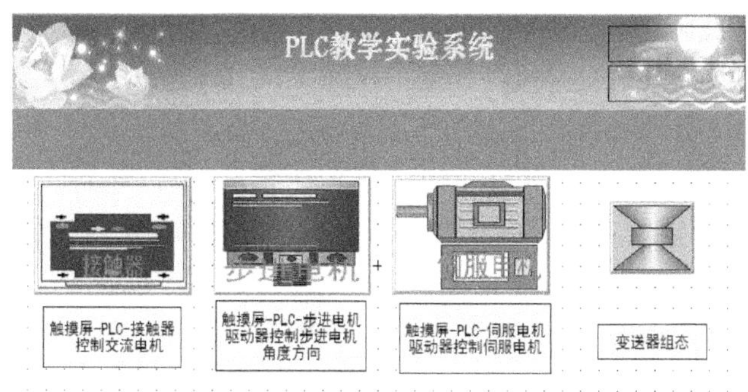

图 2-6-23　触摸屏控制系统选择界面

4）弹出如图2-6-24对话框界面，这就是触摸屏MCGS的监控操作界面。分别单击“正转”“反转”“停车”按钮，观察实训现象。注意：正确的换向操作方法是先停车后换向，如果正转/反转时没按“停车”按钮，再按“反转/正转”按钮，则系统会自动停车，同时停车灯闪烁。

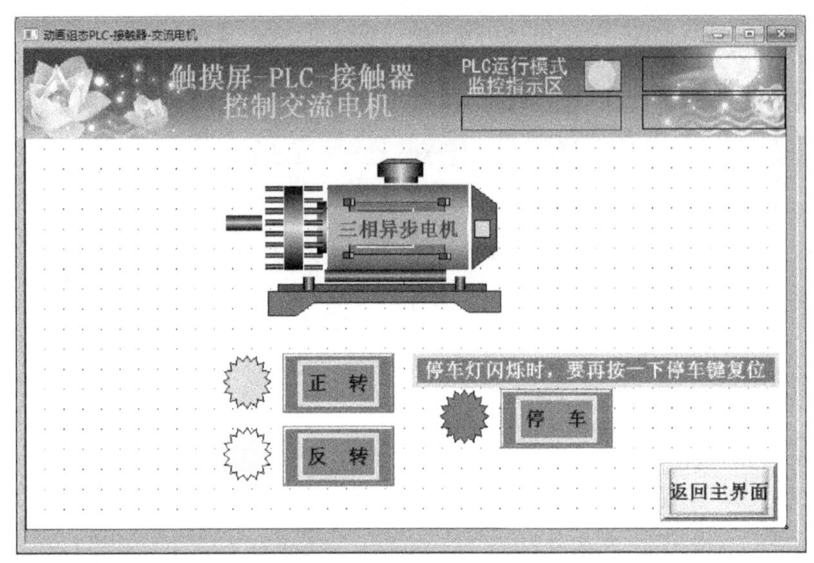

图2-6-24 控制电动机正反转操作界面

5）分析PLC程序，加深对项目所用指令的理解，并单击“返回主界面”按钮，返回主界面。

6.6.2 PLC、触摸屏与驱动器控制步进电动机

1. 步进电动机驱动

使用PLC模拟量输出或PWM（脉宽调制）功能（需要晶体管输出类型的PLC，继电器类型的输出不能使用此功能，使用模拟量输出即可），在PLC程序中在线监控下能实时改变电动机角度。前面已经对步进电动机进行了讲述，在这里学习一下步进电动机的驱动。

步进电动机不能直接接到工频交流或直流电源上工作，而必须使用专用的步进电动机驱动器，它由脉冲发生控制单元、功率驱动单元、保护单元等组成。驱动单元与步进电动机直接耦合，也可理解成步进电动机微机控制器的功率接口。

（1）TX-3H504D型驱动器：主要用于驱动57型或者低压低速86型三相混合式电动机，技术参数见表2-6-7。其运行步数（细分数）达到28类，最大步数6万，通过拨位开关的第1~5位来设定步数。具有单双脉冲方式，自测试功能，相位记忆功能，自动半电流功能。本驱动器可以输出的最大电流为5.2A（有效值），通过拨位开关的第7~10位来设定所需要的输出电流（可以设定16档电流，设定分辨率0.3A）。本驱动器为直流供电，下限值DC 24V，上限值DC 36V，典型值DC 24V或32V，使用开关电源供电，其供电功率不小于100W。

表 2-6-7　57BYG 型步进电动机技术参数

电动机型号	类型	线电流（有效值）/A	驱动电压/V	最大静转矩 /N·m	转动惯量 /kg·cm^2	最大空载起动转速 /（r/min）	配套驱动器
57BYG350L	三相混合式	2.8	DC 24～40	0.8	0.22	280	MS－3H057M TX－3H504D
57BYG350A		4.5		0.8	0.25	360	
57BYG350B		5.2		1.2	0.46	360	

（2）对接线端子进行说明：如图 2-6-25 所示，步进脉冲信号 CP 是最重要的一路信号，因为步进电动机驱动器的原理就是要把控制系统发出的脉冲信号转化为步进电动机的角位移，或者说：驱动器每接收一个脉冲信号 CP，就驱动步进电动机旋转一步距角，CP 的频率和步进电动机的转速成正比，CP 的脉冲个数决定了步进电动机旋转的角度。这样，控制系统通过脉冲信号 CP 就可以达到电动机调速和定位的目的。

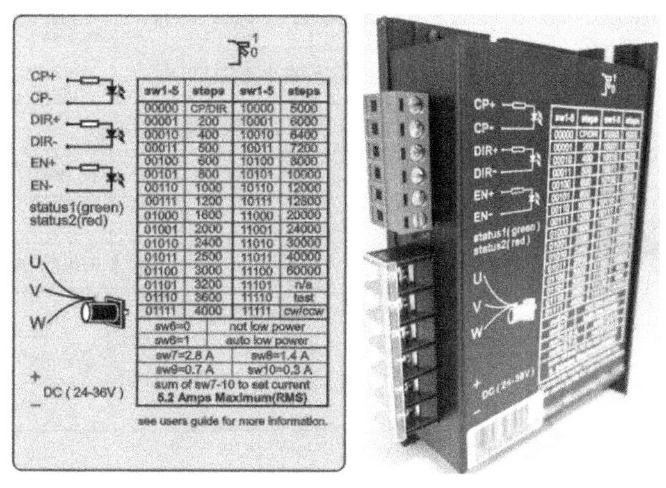

图 2-6-25　TX－3H504D 三相混合式步进驱动器

方向电平信号 CP 决定电动机的旋转方向。比如说，此信号为高电平时，电动机为顺时针旋转；此信号为低电平时，电动机则为逆时针旋转。此种换向方式，称之为单脉冲方式。另外，还有一种双脉冲换向方式：驱动器接收两路脉冲信号（标注为 CW 和 CCW），当其中一路（如 CW）有脉冲信号时，电动机正向运行，当另一路（如 CCW）有脉冲信号时，电动机反向运行，具体使用何种方式由拨位开关设定。

使能信号 EN 在不连接时默认为有效状态，这时驱动器正常工作。当此信号回路导通时，驱动器停止工作，这时电动机处于无力矩状态，此信号为选用信号。

（3）接线方式：为了使控制系统和驱动器能够正常地通信，避免相互干扰，驱动器内部采用光耦器件对输入信号进行隔离，三路信号的内部接口电路相同，常用的连接方式：①共阳方式：把 CP＋、DIR＋接在一起作为共阳端接外部系统的 5V，把脉冲信号接入 CP－端，方向信号接入 DIR－端；②共阴方式：把 CP－、DIR－接在一起作为共阳端接外部系统的 GND，把脉冲信号接入 CP－端，方向信号接入 DIR－端。我们使用的是共阴方式。

（4）电压幅值：不管是电压信号还是电流信号，最终转化为光耦器件的输入电流以达到信号传输的目的，如果电压信号的幅值超出以上要求的范围须在外部另加限流电阻 R，否则，驱动器有烧毁的可能。保证给驱动器内部光耦提供7～18mA 的驱动电流，如图2-6-26 所示。接线时已经在后面默认串联了 2kΩ 电阻，见表2-6-8。

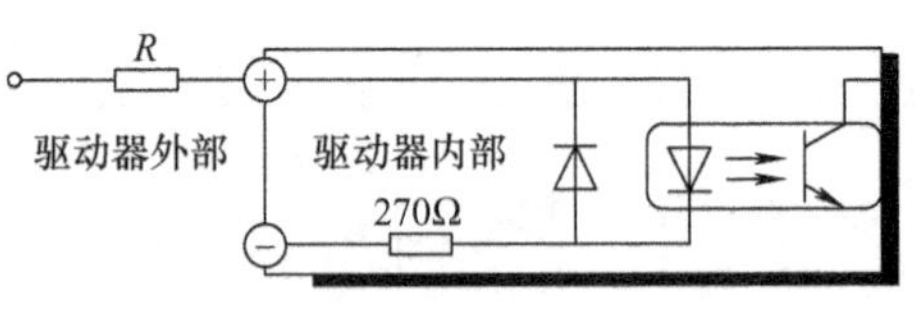

图 2-6-26　驱动器电压幅值

表 2-6-8　外接限流电阻

信号幅值/V	外接限流电阻 R/kΩ
5	不加
12	1.0
24	2.0

2. 操作步骤

（1）接线：见表2-6-9，表中的 L+、M 指的是 PLC 本身的传感器输出电源。

表 2-6-9　输入输出连线

PLC 输入端接线（使用 SB 扩展板或扩展模块时才接线）		
序　　号	PLC（输入）	SB 扩展板或扩展模块
1	1M 接 M	
2	I0.0	SB 扩展板的 DQf.0（Q7.0）
继电器类型输出 PLC 输出端接线		
序号	PLC 接口（输出）	步进电动机接口
1	1L 接 L+	
2	SB 扩展板的 DQf.0（Q7.0）	CP+
3	Q0.1	DIR+
4	M	CP-、DIR-短接
晶体管类型输出 PLC 输出端接线		
序号	PLC 接口（输出）	步进电动机接口
1	Q0.0	CP+
2	Q0.1	DIR+
3	M	CP-、DIR-短接

继电器类型输出标识为 AC/DC/RLY（S7-200），SR××（S7-200 SMART）；晶体管类型输出标识为 DC/DC/DC（S7-200），ST××（S7-200 SMART）；使用了继电器输出的 PLC 主机，由于继电器类型输出的 Q 点的最大输出频率为 1Hz，所以单纯的继电器输出类型的 PLC 不能做电动机驱动类的实训，解决方案是：

1）加晶体管类型的数字量模块或加晶体管类型的数字量信号扩展板：这样可以使用 PLC 编程定时器（最小时间间隔是 1ms，对应最大频率输出是 1kHz），在晶体管类型的扩展板或扩展模块上输出高频脉冲，配合 PLC 本机上的 I 点高速脉冲计数器功能便可以实现精确控制脉冲个数和脉冲频率，达到调速和角度控制的目的。加 SB（DT04）接线，DQf.0（Q7.0）接到 PLC 本机的 I0.0，再接到 CP+。

2）更换成晶体管类型输出的 PLC：这样编程软件就可以使用内部的 PWM 或 PTO 功能组态来控制电动机调速和角度控制。

（2）编写及下载程序到 PLC 中。

（3）单击触摸屏主界面上的“步进电动机”按钮，进入到操作控制画面。

（4）弹出如图 2-6-27 所示对话框，按照步进电动机驱动器设置说明完成步进电动机驱动器的设置，在输入窗内输入角度，比如 180°，单击起动按钮，观察步进电动机旋转角度。

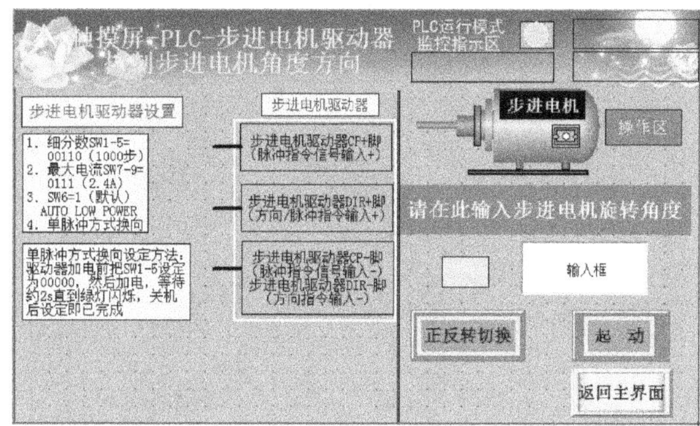

图 2-6-27　步进电动机驱动器设置界面

（5）输入想要设置的角度，单击“起动”按钮，步进电动机正转运行。单击“正反转切换”按钮可实现正反转的切换。

6.6.3　PLC、触摸屏与驱动器控制伺服电动机

1. 伺服电动机驱动

使用 PLC 模拟量输出或 PWM（脉宽调制）功能（需要晶体管输出类型的 PLC，继电器类型的输出不能使用此功能，使用模拟量输出即可），在 PLC 程序中在线监控下能实时改变电动机角度。同样，我们在这里学习一下伺服电动机的驱动。

目前主流的伺服驱动器均采用数字信号处理器（DSP）作为控制核心，可以实现比较复杂的控制算法，实现数字化、网络化和智能化。功率器件普遍采用以智能功率模块（IPM）为核心设计的驱动电路，IPM 内部集成了驱动电路，同时具有过电压、过电流、过热、欠电压等故障检测保护电路，在主回路中还加入软起动电路，以减小起动过程对驱动器的冲击。功率驱动单元首先通过三相全桥整流电路对输入的三相电或者市电进行整流，得到相应的直流电。经过整流的三相电或市电，再通过三相正弦 PWM 电压型逆变器变频来驱动三相永磁式同步交流伺服电动机。功率驱动单元的整个过程简单说就是 AC－DC－AC 的过程。整流单元（AC－DC）主要的拓扑电路是三相全桥不控整流电路。驱动器外形如图 2-6-28 所示。

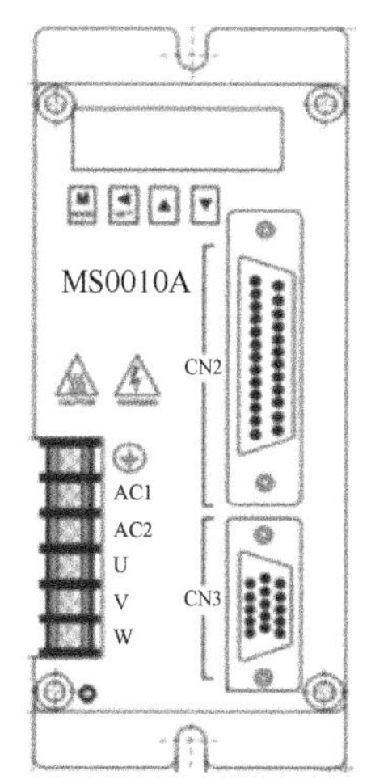

图 2-6-28　驱动器外形

驱动器接线端子如图 2-6-29 所示。

2. 操作步骤

（1）接线：见表 2-6-10，表中的 L+、M 指的是 PLC 本身的传感器输出电源。

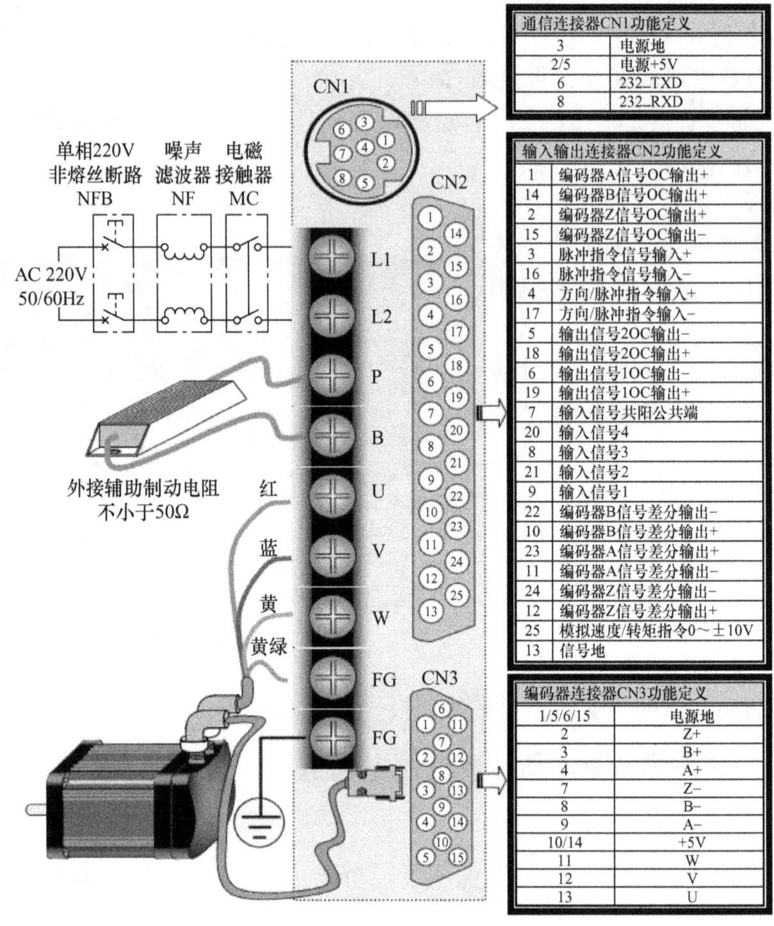

图 2-6-29　伺服电动机驱动器接线端子

表 2-6-10　输入输出连线

PLC 输入端接线（使用 SB 扩展板或扩展模块时才接线）		
序号	PLC（输入）	SB 扩展板或扩展模块
1	1M 接 M	
2	I0.0	SB 扩展板的 DQf.0（Q7.0）
继电器类型输出 PLC 输出端接线		
序号	PLC 接口（输出）	伺服驱动器接口
1	1L 接 L+	
2	SB 扩展板的 DQf.0（Q7.0）	3 脉冲指令信号输入+
3	Q0.1	4 方向/脉冲指令输入+
4	M	16、17 短接
晶体管类型输出 PLC 输出端接线		
序号	PLC 接口（输出）	伺服驱动器接口
1	Q0.0	3 脉冲指令信号输入+
2	Q0.1	4 方向/脉冲指令输入+
3	M	16、17 短接

继电器类型输出标识为 AC/DC/RLY（S7－200），SR××（S7－200 SMART）；晶体管类型输出标识为 DC/DC/DC（S7－200），ST××（S7－200 SMART）；对于使用了继电器输出的 PLC 主机，由于继电器类型输出的 Q 点的最大输出频率为 1Hz，所以单纯的继电器输出类型的 PLC 不能做电动机驱动类的实训，解决方案是：

1）加晶体管类型的数字量模块或加晶体管类型的数字量信号扩展板：这样可以使用 PLC 编程定时器（最小时间间隔是 1ms，对应最大频率输出是 1kHz），在晶体管类型的扩展板或扩展模块上输出高频脉冲，配合 PLC 本机上的 I 点上的高速脉冲计数器功能就可以实现精确控制脉冲个数和脉冲频率了，达到调速和角度控制的目的。加 SB（DT04）接线：DQf. 0（Q7. 0）接到 PLC 本机的 I0. 0，再接到 CP+。

2）更换成晶体管类型输出的 PLC：这样编程软件就可以使用内部的 PWM 或 PTO 功能组态来控制电动机调速和角度控制。

（2）编写程序并下载到 PLC 中。

（3）点击触摸屏主界面上的“伺服电动机”按钮，进入到操作控制画面。

（4）弹出如图 2-6-30 所示对话框，按照伺服电动机驱动器设置说明完成电动机驱动器的设置，在输入窗内输入角度，比如 180°，单击起动按钮，观察电动机旋转角度。

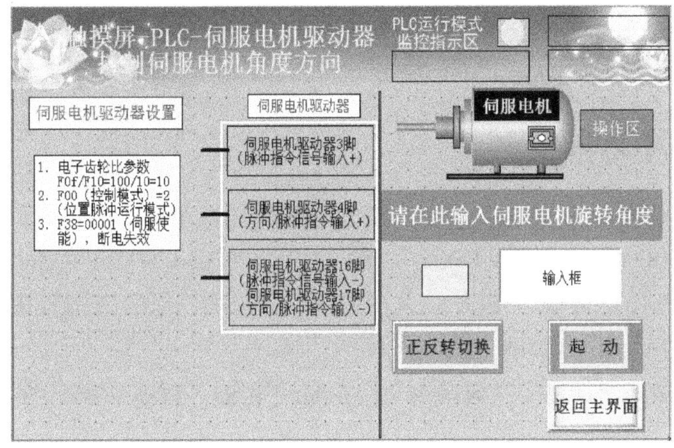

图 2-6-30　伺服电动机驱动器设置界面

（5）输入需要的角度，单击“起动”按钮，电动机正转相应的角度，单击“正反转切换”按钮，可实现正向/反向的切换。

6.7　S7－200 SMART PLC 之间的以太网网络通信

6.7.1　主要软硬件配置

装有编程软件（STEP7－Micro/Win SMART）的计算机一台；S7－200 SMART PLC（以 CR40 为例）主机两台；一根网线；如图 2-6-31 所示。

6.7.2　I/O 配置

两台 PLC 通过以太网口实现互相通信，功能为主站 A 的 I0. 0、I0. 1 分别控制从站 B 的

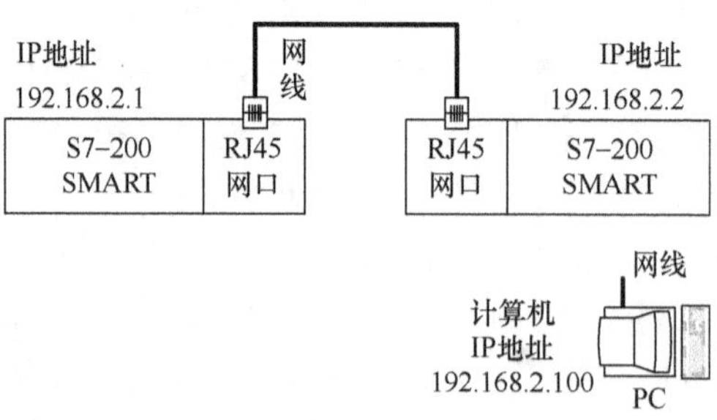

图 2-6-31　S7－200 SMART 之间的以太网通信网络硬件配置

Q0.0、Q0.1；从站 B 的 I0.0、I0.1 分别控制主站 A 的 Q0.0、Q0.1；见表 2-6-11。

表 2-6-11　以太网通信 I/O 配置

主站 A	从站 B
I0.0 控制	Q0.0 显示
I0.1 控制	Q0.1 显示
Q0.0 显示	I0.0 控制
Q0.1 显示	I0.1 控制

6.7.3　PUT/GET 操作步骤

PLC 上电，测试完成效果为：主站 A I0.0 控制从站 B Q0.0，I0.1 控制 Q0.1；从站 B I0.0控制主站 A Q0.0，I0.1 控制 Q0.1（在 STEP7－Micro/WIN SMART V2.0 环境下采用 Get/Put 向导完成 PLC 之间 GET/PUT 以太网通信，详见西门子官方指导说明）。

1. *启动* STEP7－Micro/WIN SMART

在“工具”菜单的“向导”区域单击“Get/Put”按钮，启动 PUT/GET 向导，如图 2-6-32 所示。

图 2-6-32　启动 PUT/GET 向导

2. *添加* PUT/GET *操作*

在弹出的“Get/Put”向导界面中添加操作步骤名称并添加注释，如图 2-6-33 所示。

a. 点击“添加”按钮，添加 PUT/GET 操作。

b. 为每个操作创建名称并添加注释。

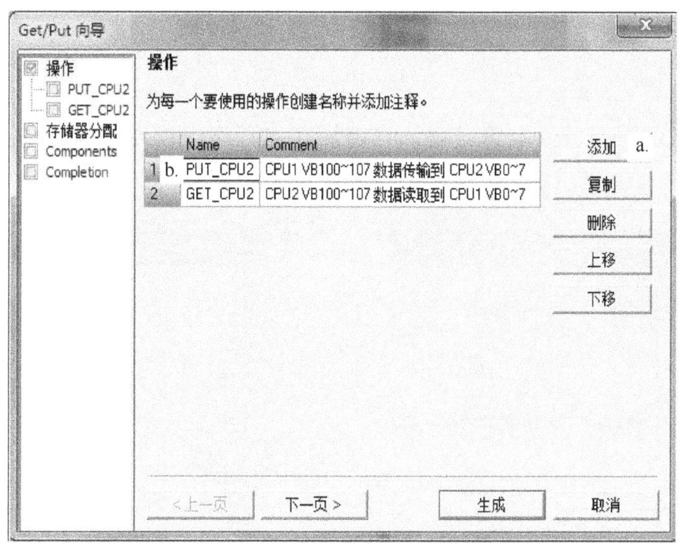

图 2-6-33 添加 PUT/GET 操作

3. 定义 PUT/GET 操作（见图 2-6-34 和图 2-6-35）

a. 选择操作类型，“Put” 或 “Get”。

b. 通信数据长度。

c. 定义远程 CPU 的 IP 地址。

d. 本地 CPU 的通信区域和起始地址。

e. 远程 CPU 的通信区域和起始地址。

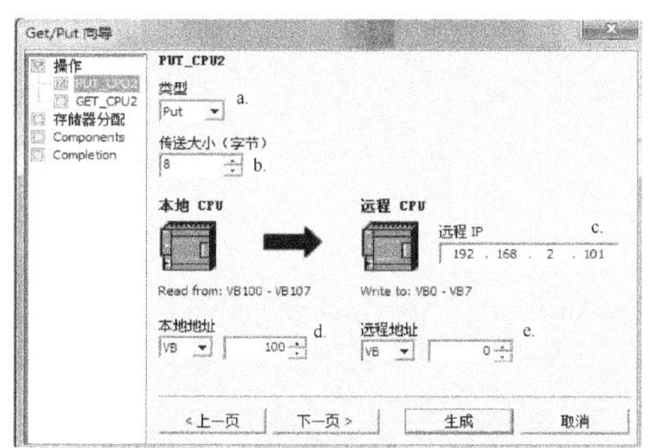

图 2-6-34 定义 PUT 操作

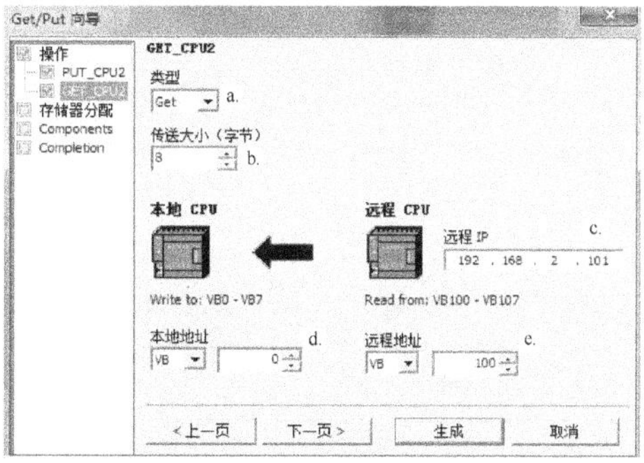

图 2-6-35 定义 GET 操作

f. 选择操作类型，“Put” 或 “Get”。

g. 通信数据长度。

h. 定义远程 CPU 的 IP 地址。

i. 地 CPU 的通信区域和起始地址。

j. 远程 CPU 的通信区域和起始地址。

4. 定义 PUT/GET 向导存储器地址分配（见图 2-6-36）

单击“建议”按钮向导会自动分配存储器地址。需要确保程序中已经占用的地址、

PUT/GET 向导中使用的通信区域不能与存储器分配的地址重复，否则将导致程序不能正常工作。

5. 单击“生成”按钮

自动生成网络读写指令以及符号表。只需用在主程序中调用向导所生成的网络读写指令即可，如图 2-6-37 所示。

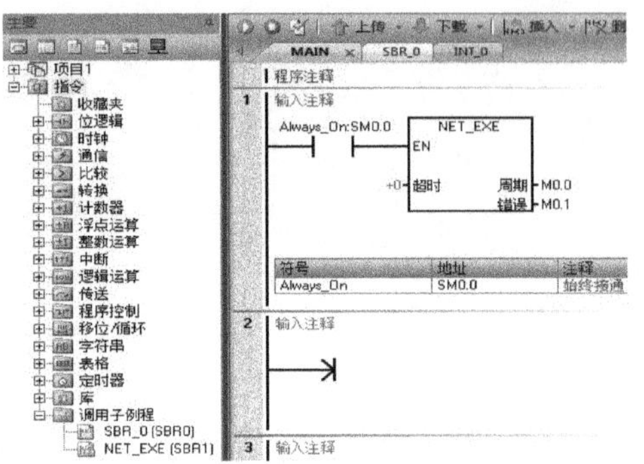

图 2-6-36　分配存储器地址

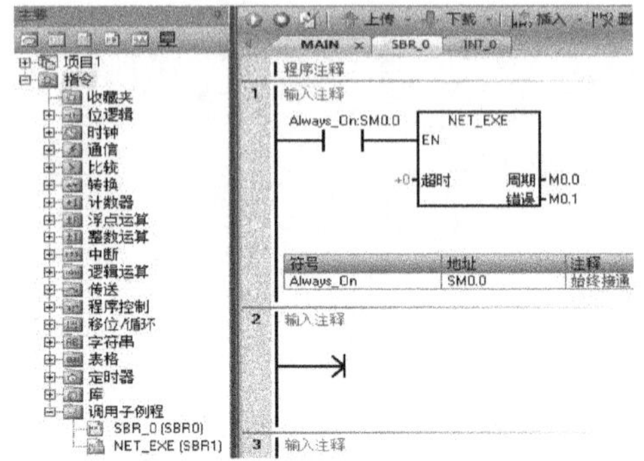

图 2-6-37　主程序中调用向导生成的网络读写指令

Chapter

第7章

实训项目

7.1 基础工程认知实训

7.1.1 常用低压电气元件的识别检测

1. 实训任务

(1) 基本任务

1) 对照本书电气工程实训中常见低压电气元件讲解和实训台认识常用低压电气元件实物。

2) 到实训台对电气元件进行识别，掌握元件原理，选型常识，元件测试方法。

3) 在实际测试元件操作中判断主、辅触点通断状况，测量线圈阻值大小并记录。

4) 测试所有元件是否正常，元件本身是否存在故障。

(2) 扩展任务：用实训台挂板上的元件组成简单的实训电路进行测量。

2. 实训目标

(1) 掌握数字万用表检测电气元件方法。

(2) 加深对控制类电气元件工作原理认识，熟记元件主/辅助触点位置及分配。

(3) 测试所有元件是否正常，元件本身是否存在故障；比较同一类元件测试过程中存在的差异。

(4) 熟练掌握各个常见电气元件在实际电路中的应用。

(5) 断电，用通断检测法检测电气元件。

(6) 通电，用电压检测法检测电气元件。

3. 设备及器材

电工实训技能考核装置及常见电气元件。

4. 任务分析

(1) 基本任务分析：能够正确使用数字万用表，并利用数字万用表对常见的各个低压电气元件进行测量，判断其是否存在故障，如有故障参照第1章讲解来解决，对不能解决的故障要对元件更换。

(2) 扩展任务分析：了解常用低压电气元件的选用标准后，根据电气元件在电路中的不同作用将几个常见的电气元件组成简单电路图，在老师的指导下上电，能直观感受到元件的动作。

7.1.2 安装配线工艺

1. 实训任务

(1) 按照工程技术领域的安装布线工艺要求进行布线。

(2) 安装电气原理路图中电气元件，安装要符合元件布局工艺要求。

(3) 依据配线的工艺要求进行实训项目的接线。

2. 实训目标

(1) 掌握参照国家标准对电路图中主回路和控制回路导线颜色的选用。

(2) 掌握线路导线线径选用的标准。保证导线的截面能够承载正常的工作电流，同时要考虑到由于周围环境温度的影响，要留足余量。

(3) 掌握实训项目所涉及的元件布局工艺要求。

(4) 熟悉并学会按照电气原理图进行配线的工艺要求。

3. 设备及器材

电工实训技能考核装置及常见电气元件。

4. 任务分析

对于只有电气原理图的安装项目或现场安装工程项目，决定电气元件的安装、布局的过程，其实也就是电气工艺设计和施工作业同时进行的过程，因而布局安排是否合理，在很大程度上影响着整个电路的工艺水平及安全性、可靠性。当然，允许有不同的布局安排方案。实训时应注意以下几点：

(1) 仔细检查所用电气元件是否良好，规格型号等是否合乎电气原理图要求。

(2) 各电气元件安装位置要合理，间距适当，便于维修查线和更换；同类型元件或模块要布放在一起，左右、上下要排列整齐。使整体布局科学、美观、合理，为配线工艺提供良好的基础条件。

(3) 不同模块间布放要留有一定的间隔，以减少其相互间干扰，同时也是对各模块单元的划分；不同种类的模块如高度或宽度不同，布放时在不影响其功能的前提下取两种模块的中线对齐。模块布放安装时，应尽量将高度相同的元件放到一排，一是为了美观，二是为了布放线。

(4) 元件的安装紧固要松紧适度，保证既不松动，也不因过紧而损坏元件。

实训配线的过程中应注意到以下几点：

1) 根据行线多少和导线截面，估算和确定线槽的规格型号，线槽元件之间的间隔要适当，以方便压线和换件，线槽安装要紧固可靠，避免敲打而引起破裂。

2) 线端剥皮的长短要适当，并且保证不伤线芯。

3) 压线必须可靠，不松动。既不因压线过长而压到绝缘皮上，又不裸露导体过多。

4) 一个接（压）线端子上最多接两根导线，要避免“一点压三线”或“一点压多线”。

5) 所有行线的两端，应无一遗漏地、正确地套装与原理图一致编号的线号。

6) 应避免线槽内的行线过短而拉紧，应留有少量裕度。线槽内的行线应尽量减少交叉。

7）布线要走行线槽，穿出线槽的行线，要尽量保持横平竖直，间隔均匀，高低一致，避免交叉。

7.2　基本技能实训

7.2.1　三相异步电动机点动及自锁

1. 实训任务

（1）基本任务：

1）对三相异步电动机正转进行点动控制。

2）用交流接触器辅助触点自锁方式实现三相异步电动机正方向的连续运转。

3）三相异步电动机的接法采用丫形接法。

（2）扩展任务：

1）电动机点动和连续运行时用不同指示灯显示工作状态。

2）电动机单方向运行的两地控制。

3）用一个转换开关或一个复合按钮实现电动机的点动和连续运行转换。

2. 实训目标

（1）掌握三相异步电动机点动和连续运行电气原理图的分析。

（2）掌握三相异步电动机点动和连续运行电路安装接线。

（3）掌握三相异步电动机点动和连续运行电路在断电时调试及通电运行的全过程。

（4）掌握自锁的含义，理解点动与连续运行的区别。

（5）熟悉三相异步电动机点动和连续运行在实际工程中的应用。

3. 设备及器材

（1）设备：电工实训技能考核装置。

（2）主要器材：三相异步电动机、三相断路器、熔断器、交流接触器、热继电器、按钮、指示灯等。

4. 任务分析

（1）基本任务分析：点动正转控制线路是用按钮、接触器来控制电动机运转的最简单的控制线路。所谓点动控制是指：按下起动按钮，电动机就旋转；松开按钮，电动机就失电停转。这种控制方法常用于电动葫芦的起重电动机控制和车床拖板箱快速移动的电动机控制。

在点动控制的电路中，要使电动机转动，就必须按住按钮不放，而在实际生产中，有些电动机需要长时间连续地运行，使用点动控制是不现实的，这就需要具有接触器自锁的控制电路了。

相对于点动控制的自锁触点必须是常开触点且与起动按钮并联。因电动机是连续工作，必须加装热继电器以实现过载保护。它与点动控制电路的不同之处在于控制电路中增加了一个停止按钮，在起动按钮的两端并联了一对接触器的常开触点，增加了过载保护装置（热继电器）。当按下起动按钮时，接触器线圈首先通电，接触器主触点闭合，这样主回路接通，电动机起动旋转，接下来，当松开按钮时，电动机不会停转，是因为接触器线圈可以通过辅助触点继续维持通电，保证主触点仍处在接通状态，电动机就不会失电停转。这种松开按钮仍然自行保持线圈通电的控制电路叫作具有自锁（或自保）的接触器控制电路，简称自锁控制电路。与起动按钮并联的接触器常开触点称自锁触点。

自锁控制具有以下保护功能：

1）欠电压保护。是指电路电压低于电动机应加的额定电压。其后果是电动机转矩要降低，转速随之下降，会影响电动机的正常运行，欠电压严重时会损坏电动机，发生事故。在具有接触器自锁的控制电路中，当电动机运转时，电源电压降低到一定值时（一般低到85%额定电压以下），由于接触器线圈磁通减弱，电磁吸力克服不了反作用弹簧的压力，动铁心因而释放，从而使接触器主触点分开，自动切断主电路，电动机停转，达到欠电压保护的作用。

2）失电压保护。当生产设备运行时，由于其他设备发生故障，引起瞬时断电，而使生产机械停转。当故障排除后，恢复供电时，由于电动机的重新起动，很可能引起设备与人身事故的发生。采用具有接触器自锁的控制电路时，即使电源恢复供电，由于自锁触点仍然保持断开，接触器线圈不会通电，所以电动机不会自行起动，从而避免了可能出现的事故。这种保护称为失电压保护或零电压保护。

3）过载保护。具有自锁的控制电路虽然有短路保护、欠电压保护和失电压保护的作用，但实际使用中还不够完善。因为电动机在运行过程中，若长期负载过大或操作频繁，或三相电路断掉一相运行等原因，都可能使电动机的电流超过它的额定值，有时熔断器在这种情况下尚不会熔断，这将会引起电动机绕组过热，损坏电动机绝缘，因此，应对电动机设置过载保护，通常由三相热继电器来完成过载保护。

（2）扩展任务分析：在生产实际中，有的生产机械除需要正常运行外，在进行调试工作时还需要进行点动控制，即在工作状态与点动状态间进行选择，这时就需要改进电路，比如增加一个主令电气元件来实现这一功能，以复合按钮为例来说明，复合按钮一般有一对常开触点和一对常闭触点，在设计控制电路时，把复合按钮的一对常闭触点串联到接触器自锁触点的电路上，把复合按钮的常开触点与原电路的起动按钮触点并联，当按下复合按钮时，常开触点接通，而复合按钮常闭触点断开，进而使自锁电路断开，失去自锁功能，电动机不能连续运转，电路实现点动功能，当按原来的起动按钮，自锁电路又发挥作用，这样电动机就可以在点动和连续运行间转换。

电动机点动或连续运行控制时采用不同指示灯显示其工作状态；单方向运行的电动机实现两地控制以及用一个转换开关实现电动机的点动和连续运行转换的控制电路的设计，请自行分析，并完成项目的上述扩展任务。

5. 基本任务参考实例

（1）电气原理图：依据上述对三相异步电动机点动及自锁控制电路的基本任务分析，可以设计并画出电路图。如图 2-7-1 和图 2-7-2 所示。

（2）操作流程：

1）点动控制电路。合上低压断路器 QF→按下起动按钮 SB_1→接触器 KM 的线圈得电→衔铁吸合，同时带动接触器 KM 的 3 对主触点闭合→电动机 M 起动运转。

当电动机需要停转时，只要松开起动按钮 SB_1，使接触器 KM 的线圈失电，衔铁在复位

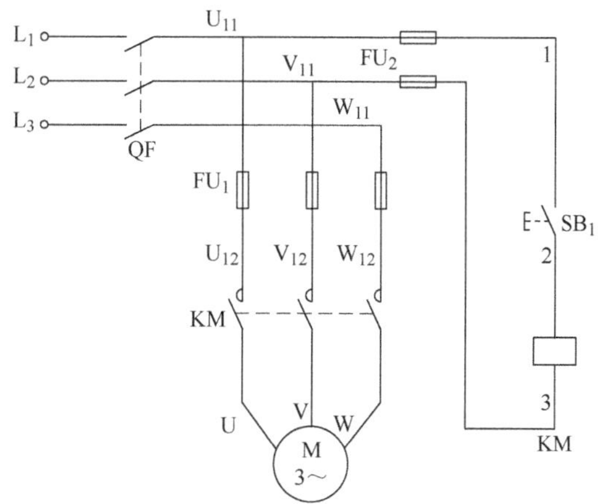

图 2-7-1　三相电动机的接触器点动控制电路图

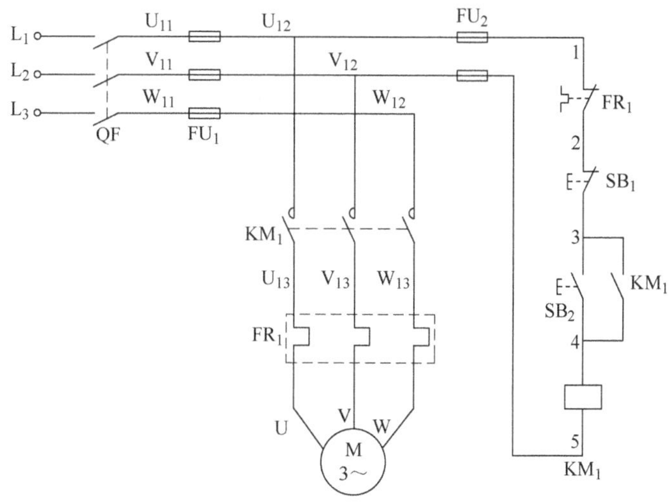

图 2-7-2　三相电动机的自锁控制电路图

弹簧作用下复位，带动接触器 KM 的三对主触点恢复断开，电动机 M 失电停转。

2）自锁控制电路。按下起动按钮 SB_1→接触器 KM_1 线圈通电→主触点闭合→松开按钮，接触器 KM_1 线圈可以通过辅助触点继续维持通电→电动机 M 连续旋转。

其中，与 SB_1 并联的接触器常开触点因保证主触点 KM_1 处于接通状态，电动机 M 不会失电停转，是一对自锁触点。

（3）安装与接线：

1）根据原理图，画出元件布置图，并选择合适的元件进行安装。

2）根据原理图和元件布置图，画出元件接线图。

3）按照元件接线图进行接线。接线时动力电路用黑色导线，控制回路用红色导线，接地保护导线 PE 用黄绿双色线，要求走线横平竖直、整齐、合理、接点不得松动。

4）电动机接线：用专用的实验导线连接电动机。三相笼型异步电动机的接法一般有两种，分别是Y形接法和△形接法。

① 电动机为Y形接法时，将电动机的 Z、X、Y 短接，A、B、C 分别接到端子排的 U、V、W。

② 电动机为△形接法时，可分别将 A 与 Z、B 与 X、C 与 Y 短接，A、B、C 分别接到端子排的 U、V、W。

③ 电动机用于Y/△起动控制线路时，电动机的每个端子对应连接到接触器的输出端。

(4) 检测与调试：接线完毕，利用线路短接法自行检查主/辅电路，经检查无误后，按下列步骤进行操作：

1) 起动电源控制屏。合上电源总开关，按下“起动”按钮，接通控制屏三相电源输出。

2) 合上低压断路器 QF，接通三相交流电源。

3) 按下起动按钮 SB_2，电动机应起动并连续转动。

4) 按下停止按钮 SB_1，电动机停止转动。

5) 操作完毕，按下控制面板上的“停止”按钮，再断开电源总开关。

(5) 常见故障：在试运行中发现电路异常现象，应立即停电后做认真详细检查，常见故障如下：

1) 合上低压断路器 QF 后，烧断熔丝或断路器跳闸。故障原因：KM_1 的线圈和 SB_1 同时被短接；主电路可能有短路（QF 到 KM_1 主触点这一段）。

2) 合上低压断路器 QF 后，电动机马上运转。故障原因：SB_2 起动按钮被短接；SB_2 动合触点错接成动断触点。

3) 合上低压断路器 QF 后，按 SB_2 时，烧熔丝或断路器跳闸。故障原因：KM_1 的线圈被短接；主电路可能有短路（KM_1 主触点以下部分）。

4) 合上低压断路器 QF 后，按 SB_2、KM_1 不动作，电动机也不转动。故障原因：SB_2 不能闭合；FR 的辅助动断触点断开或错接成动合触点；KM_1 线圈未接上，或线圈坏，未形成回路；接线有误。

5) 合上低压断路器 QF 后，按下 SB_2，若 KM_1 接触器能吸合，但电动机不转动。故障原因：电动机星形（Y形）联结的中性点未接好；电源缺相（有嗡嗡声）；接线错误。

6) 合上低压断路器 QF 后，若按 SB_2，电动机只能点动运转的故障原因：KM_1 的自锁触点未接好；KM_1 的自锁触点损坏。

7.2.2 三相异步电动机正反转控制电路

1. 实训任务

(1) 基本任务：

1) 用交流接触器辅助触点互锁方式对三相异步电动机进行正转、反转、停车控制。

2) 正/反转有自锁、互锁功能。

3) 电路有过载保护。

(2) 扩展任务：

1) 对电动机工作状态实现指示功能：当三相异步电动机正转起动、反转起动、电动机停止时由不同指示灯来显示，起动为绿色，停止为红色。

2) 电动机工作时不需要停止，可直接切换正/反转功能。

当按下正转起动按钮后，电动机开始正方向运行，需要电动机反方向运行时只要按下反转起动按钮即可，如再需要正方向运行，直接按下正转起动按钮。需要电动机停止，按下停止按钮。采用两种方法来实现。

2. 实训目标

（1）加深对接触器辅助触点互锁控制电动机正反转电路的工作原理的认识。

（2）掌握接触器辅助触点互锁的正反转控制电路的安装接线与调试运行。

（3）熟悉三相异步电动机正反转在实际工程中的应用。

3. 设备及器材

（1）设备：电工实训技能考核装置。

（2）主要器材：三相异步电动机、三相断路器、熔断器、交流接触器、热继电器、按钮、指示灯等。

4. 任务分析

（1）基本任务分析：按照实训项目的基本要求，设计电路时采用两个交流接触器：即正转用的接触器和反转用的接触器，它们分别由正转按钮和反转按钮来控制。在主电路中应该考虑这两个接触器的主触点所接通的电源相序不同，如果正转用的接触器按 $L_1-L_2-L_3$ 相序接线，那么反转用的接触器则对调两相的相序，按 $L_3-L_2-L_1$ 相序接线。相应的控制电路有两条：一条是由按钮和正转接触器线圈等组成的正转控制电路；另一条是由按钮和反转接触器线圈等组成的反转控制电路，电动机转动过程中由按钮来停止。

必须考虑，正/反转交流接触器主触点绝不允许同时闭合，否则将造成两相电源（L_1 相和 L_3 相）短路事故。如何保证一个接触器得电动作时，另一个接触器不能得电动作，避免造成电源的相间短路，需要将正转控制电路中串接反转接触器的常闭辅助触点。这样，当正转接触器得电动作时，串接在反转控制电路中的正转接触器常闭触点分断，切断了反转控制电路，保证了正转接触器主触点闭合时，反转接触器的主触点不能闭合。同样，当反转接触器得电动作时，其反转接触器的常闭触点分断，切断了正转控制电路，从而可靠地避免了两相电源短路事故的发生。

像上述这种在一个接触器得电动作时，通过其常闭辅助触点使另一个接触器不能得电动作的作用叫互锁（或联锁）。实现互锁作用的常闭辅助触点称为互锁触点（或联锁触点）。

（2）扩展任务分析：从以上分析可见，接触器辅助触点互锁正反转控制电路的优点是工作安全可靠，缺点是操作不便。因电动机从正转变为反转时，必须先按下停止按钮后，才能按反转起动按钮，否则由于接触器的互锁作用，不能实现反转。为了克服此线路的不足，可采用按钮互锁或双重互锁的正反转控制电路来实现。

其他扩展任务自行分析。

5. 基本任务参考实例

（1）电气原理图：采用接触器辅助触点互锁控制来实现三相异步电动机正反转功能，如图 2-7-3 所示。

（2）操作流程：先合上低压断路器 QF，然后进行正、反转控制。

1）正转控制：按下 SB_2→KM_1 线圈得电→KM_1 主触点闭合、KM_1 自锁触点闭合自锁、KM_1 互锁触点分断对 KM_2 互锁→电动机 M 起动连续正转。

2）反转控制：先按下 SB_1→KM_1 线圈失电→KM_1 主触点断开、KM_1 自锁触点断开自锁、KM_1 互锁触点闭合。

再按下 SB_3→KM_2 线圈得电→KM_2 主触点闭合、KM_2 自锁触点闭合自锁、KM_2 互锁触点分断对 KM_1 互锁→电动机 M 起动连续反转。

3）停止时，按下停止按钮 SB_1→控制电路失电→KM_2 主触点分断→电动机 M 失电停转。

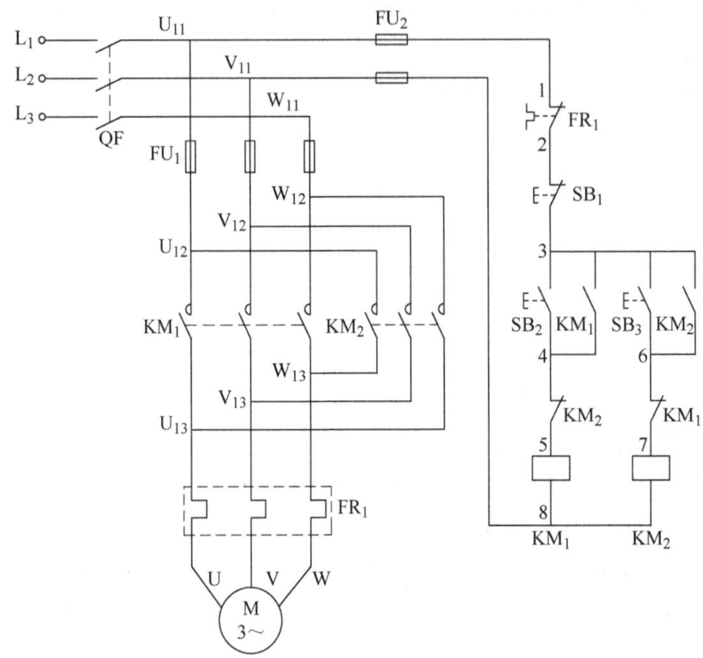

图 2-7-3　接触器辅助触点互锁控制三相异步电动机正反转电气原理图

（3）安装与接线：

1）根据参考原理图，画出元件布置图，并选择合适的元件进行安装。

2）根据参考原理图和元件布置图，画出元件接线图。

3）按照元件接线图进行接线。接线时动力电路用黑色导线，控制回路用红色导线，接地保护导线 PE 用黄绿双色线，要求走线横平竖直、整齐、合理、接点不得松动。

4）电动机接线：三相笼形异步电动机的接法一般有两种，分别是Y形接法和△形接法。本项目电动机采用Y形接法，将电动机的 Z、X、Y 短接，A、B、C 分别接到热继电器主触点的输出端。

（4）检测与调试：接线完毕，利用线路短接法自行检查主/辅电路，经检查无误后，按下列步骤进行操作：

1）起动装置电源控制屏。合上电源总开关，按下“起动”按钮，接通控制屏三相电源，电压表、指示灯显示正常。

2）合上线路低压断路器 QF，接通项目线路三相交流电源。

3）按下 SB_2，观察并记录电动机 M 的转向、各触点的吸断情况。

4）按下 SB_1，观察并记录电动机 M 的转向、各触点的吸断情况。

5）按下 SB_3，观察并记录电动机 M 的转向、各触点的吸断情况。

6）操作完毕，按下控制面板上的“停止”按钮，断开线路断路器和装置电源总开关。

（5）常见故障：

1）分别按下 SB_2、SB_3，电动机 M 的转动方向一致。电路存在两个接触器主触点三相相序中有两相未更换。

2）当按下 SB_2 或者 SB_3 时，电动机 M 能够转动，但手离开按钮电动机便停止。控制电路存在接触器自锁触点没连线或连接错误。

3）电动机 M 正常转动过程中，按下 SB_1 时，电动机 M 不停止。存在停止按钮常闭触点没有连入控制电路里或将其与一起动按钮串联后并联在自锁触点内而形成。

4）当线路断路器送电后，没有按下任何按钮，电动机已经转动。存在一个起动按钮辅助触点选择错误，将线接在常闭触点上。

5）上电后，当按下 SB_2 或者 SB_3 时，出现一个交流接触器发出频繁的“嗒、嗒、嗒”声音，而电动机 M 不转动。故障原因是本来应该连接另一个接触器辅助常闭触点形成互锁却将这对控制点接到自身辅助常闭触点上。

6）上电后，当按下 SB_2 或者 SB_3 时，电动机能够转动，但出现转动较慢且发出异常声音，如长时间工作会出现电动机机壳温度升高甚至电动机烧毁。故障原因是主电路控制线缺失或某处接线端子连接不牢固现象。

7.2.3　时间继电器控制的 Y/△控制

1. 实训任务

（1）基本任务：

1）电路图能实现大功率三相异步电动机由星形到三角形的减压控制。转换过程中通过时间继电器的通电延时来完成。

2）通过交流接触器之间的电气互锁避免交流接触器同时通电吸合而造成严重的电源短路事故。

3）电路有过载保护。

（2）扩展任务：

1）对电动机Y/△减压转换工作状态实现指示功能。

2）用按钮和接触器实现三相异步电动机的Y/△减压起动控制功能。

2. 实训目标

1）掌握三相电动机减压起动的一般方法；掌握时间继电器的功能。

2）掌握电动机Y/△减压起动的原理。

3）熟悉三相异步电动机Y/△减压起动在实际工程中的应用。

3. 设备及器材

（1）设备：电工实训技能考核装置。

（2）主要器材：三相异步电动机、三相断路器、熔断器、交流接触器、热继电器、时间继电器、按钮、指示灯等。

4. 任务分析

（1）基本任务分析：按照实训项目的基本要求，设计电路时采用时间继电器自动控制

Y/△减压线路。该线路由三个接触器、一个热继电器、一个时间继电器和两个按钮组成。时间继电器通电延时触点作为控制Y形减压起动时间和完成Y/△自动转换使用，其中有两个交流接触器与时间继电器同时吸合，使三相电动机接线方式为Y形，设定时间结束后，时间继电器延时触点断开，其中一个交流接触器与第三个接触器使三相电动机接线方式为△形，这样就完成了三相异步电动机的Y/△转换。

（2）扩展任务分析：从以上分析可见，控制电路有三个交流接触器，在大功率三相异步电动机是星形起动时有两个交流接触器线圈吸合，等电动机转换到三角形接法时，其中一个接触器线圈断开，第三个接触器线圈吸合，为了辨别三相电动机的工作状态用不同颜色指示灯来显示。

用按钮和接触器控制的Y/△减压起动电路同样也使用了三个接触器、一个热继电器和三个按钮，不同的是没有时间继电器，为了便于理解，将各电气元件分别定义为断路器 QF；星形起动接触器为 KM 和 KM_1；三角形起动接触器为 KM 和 KM_2；起动按钮为 SB_2；停止按钮为 SB_1；复合按钮为 SB_4；大功率三相异步电动机为 M。

线路的工作原理分析如下：先合上电源开关 QF。

1）电动机Y形接法减压起动：按下 SB_2→KM 线圈得电→KM 主触点闭合、KM 自锁触点闭合自锁；同时，KM_1 线圈通电、KM_1 主触点闭合、KM_1 联锁触点分断 KM_2 联锁→电动机 M 接成Y形减压起动。

2）电动机△形接法全压运行：当电动机转速上升并接近额定值时，按下 SB_4→SB_4 常闭触点先分断→KM_1 线圈失电→KM_1 主触点分断，解除Y形联结；KM_1 联锁触点恢复闭合。同时，SB_4 常开触点后闭合→KM_2 线圈得电→KM_2 主触点闭合、KM_2 自锁触点闭合自锁、KM_2 联锁触点分断对 KM_1 联锁→电动机 M 接成△形全压运行。停止时按下 SB_1 即可实现。

5. 基本任务参考实例

（1）电气原理图：通过时间继电器自动控制大功率三相异步电动机Y/△减压线路，如图 2-7-4 所示。时间继电器作为控制Y形减压起动时间和完成Y/△自动换接用。

（2）操作流程：先合上电源开关 QF，然后进行如下动作：按下 SB_2→KM_1 线圈得电、KT_1 线圈得电→KM_1 主触点闭合、KM_1 常开触点闭合、KM_1 联锁触点分断对 KM_2 联锁→KM 线圈得电→KM 主触点闭合、KM 自锁触点闭合自锁→电动机 M 接成Y减压起动→当 M 转速上升到一定值时，KT_1 延时结束→KT_1 常闭触点分断→KM_1 线圈失电→KM_1 常开触点分断、KM_1 主触点分断，解除Y联结、KM_1 联锁触点闭合→KM_2 线圈得电→KM_2 主触点闭合、KM_2 联锁触点分断→对 KM_1 联锁、KT_1 线圈失电→KT_1 常闭触点瞬时闭合→电动机 M 接成△形全压运行，停止时按下 SB_1 即可。

该线路接触器 KM_1 得电后，通过 KM_1 的常开辅助触点使接触器 KM 得电动作，这样 KM_1 的主触点是在无负载的条件下进行闭合的，故可延长接触器 KM_1 主触点的使用寿命。

（3）安装与接线

1）根据电气原理图，画出元件布置图，并选择合适的元件进行安装。

2）根据电气原理图和元件布置图，画出元件接线图。

3）按照元件接线图进行接线。接线时动力电路用黑色导线，控制回路用红色导线，接地保护导线 PE 用黄绿双色线，要求走线横平竖直、整齐、合理、接点不得松动。

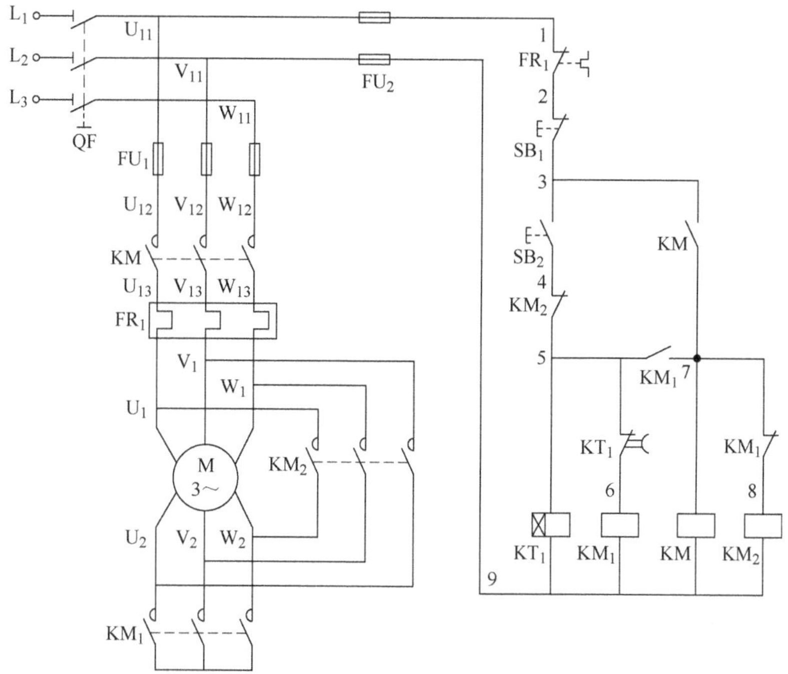

图 2-7-4 用时间继电器实现三相电动机的Y/△控制电气原理图

4）电动机接线：用专用的实验导线连接电动机。电动机用于Y/△起动控制线路时，电动机的每个端子按照电气原理图对应连接到与其功能相对应的交流接触器的输出端。

（4）检测与调试：接线完毕，利用线路短接法自行检查主/辅电路，经检查无误后，按下列步骤进行操作：

1）起动电源控制屏。合上电源总开关，按下“起动”按钮，接通控制屏三相电源输出。

2）合上低压断路器 QF，接通三相交流电源。

3）按下 SB_2，观察电动机运行状况、接触器及时间继电器的触点。

4）按下 SB_1，观察电动机及接触器运行状况。

5）实验完毕，按下控制面板上的“停止”按钮，再断开电源总开关。

（5）常见故障：接线时一定要注意主电路上的交流接触器的接线，如有错误很容易造成短路。

1）按下 SB_2 后，在时间继电器常闭触点断开时，电动机 M 停止。电路存在控制三角形接法的两个接触器主触点输出端相序接错的故障。

2）当按下 SB_2 时，电动机 M 瞬间全压起动。控制电路存在时间继电器设置时间过短的故障。

3）当按下 SB_2 时，电动机 M 很长时间处于星形起动状态。控制电路存在时间继电器设置时间过长的故障，一般设定值在 5 ~ 15s 之间，在实际的工程领域中还会根据具体情况设定不同的时间。

4）当线路断路器送电后，没有按下任何按钮电动机已经转动。存在一个起动按钮辅助触点选择错误，将线接在常闭触点上的故障。

5）上电后，当按下 SB_2 时，电动机 M 转动，但当手离开时，电动机 M 停止。故障原因是自锁触点没接线或接线错误。

6）上电后，当按下 SB_2 时，电动机能够转动，但出现转动较慢且发出异常声音，如长时间工作会出现电动机机壳温度升高甚至电动机烧毁。故障原因是主电路控制线缺失或某处接线端子连接不牢固现象。由于 KT_1 和 KM_1 辅助触点接错也会造成电路不能正常运行。

7.2.4 三相异步电动机有变压器全波整流单向起动能耗制动

1. 实训任务

（1）基本任务：

1）对 10kW 及以上三相异步电动机进行能耗制动的控制。

2）单向起动时采用全波整流方式。

3）用通电延时时间继电器实现能耗制动。

（2）扩展任务：

1）三相异步电动机无变压器半波整流单向起动能耗制动。电路采用无变压器的单管半波整流电路提供直流电源，采用时间继电器对制动时间进行控制。

2）三相异步电动机正反转能耗制动。电路采用无变压器的单管半波整流电路提供直流电源，采用时间继电器对制动时间进行控制，电动机实现正反转能耗制动。

2. 实训目标

（1）加深对有变压器全波整流控制电动机单向运转能耗制动电路工作原理的认识。

（2）掌握采用通电延时时间继电器控制电动机能耗制动电路的安装接线与调试运行。

（3）熟悉三相异步电动机能耗制动在实际工程中的应用。

3. 设备及器材

（1）设备：电工实训技能考核装置。

（2）主要器材：三相异步电动机、三相断路器、熔断器、交流接触器、热继电器、时间继电器、按钮、二极管、变压器等。

4. 任务分析

（1）基本任务分析：能耗制动是指当电动机切断交流电源后，立即在定子绕组的任意两相中通入直流电，迫使电动机迅速停转的方法。

能耗制动的优点是制动准确、平稳，且能量消耗较小。缺点是需要附加直流电源装置，设备费用较高，制动力较弱，在低速时制动力矩小。因此能耗制动一般要求制动准确、平稳的场合。能耗制动时产生的制动力矩大小，与通入定子绕组中的直流电流大小、电动机的转速及转子电路中的电阻有关。电流越大，产生的静止磁场就越强，而转速越高，转子切割磁力线的速度就越大。但对笼型异步电动机，增大制动力矩只能通过增大通入电动机的直流电流来实现，而通入的直流电流不能太大，过大会烧坏定子绕组。

有关三相异步电动机采用变压器全波整流单向起动能耗制动的电路图分析后面会有讲解。

（2）扩展任务分析：先来看扩展任务①：如图 2-7-5 所示，电路采用无变压器的单管半波整流电路提供直流电源，采用时间继电器对制动时间进行控制。KM_1 为运行接触器，

KM_2 为制动接触器，KM_2 的一对主触点接至电动机定子绕组一相，并由另一相绕组、KM_2 的另一对主触点、再经整流二极管 VD 和限流电阻 R 接至零线，构成工作回路。该控制线路适用于 10kW 以下电动机，且对制动要求不高的场合。这种线路简单，附加设备较少，体积小，采用一只二极管半波整流器作为直流电源。

工作时先合上电源开关 QF，然后进行单向起动运转和能耗制动停转。

接下来，再看扩展任务②：如何实现电动机正反转能耗制动控制电路呢？如图 2-7-6 所示，按下正转起动按钮，正转接触器线圈得电使电动机起动正向运转。当按下停止按钮后，正转接触器线圈失电；能耗制动接触器线圈得电，其主触点闭合使电动机接入直流电进行能耗制动；同时时间继电器线圈得电，接下来时间继电器常闭触点延时后分断，能耗制动接触器线圈失电，其主触点分断使电动机切断直流电源停转，能耗制动结束。反向起动运转及反向能耗制动停转，自行分析。

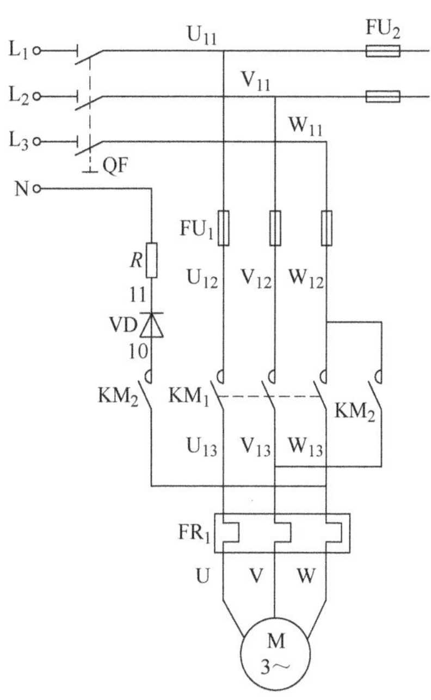

图 2-7-5　电动机无变压器半波整流单向起动能耗制动主电路

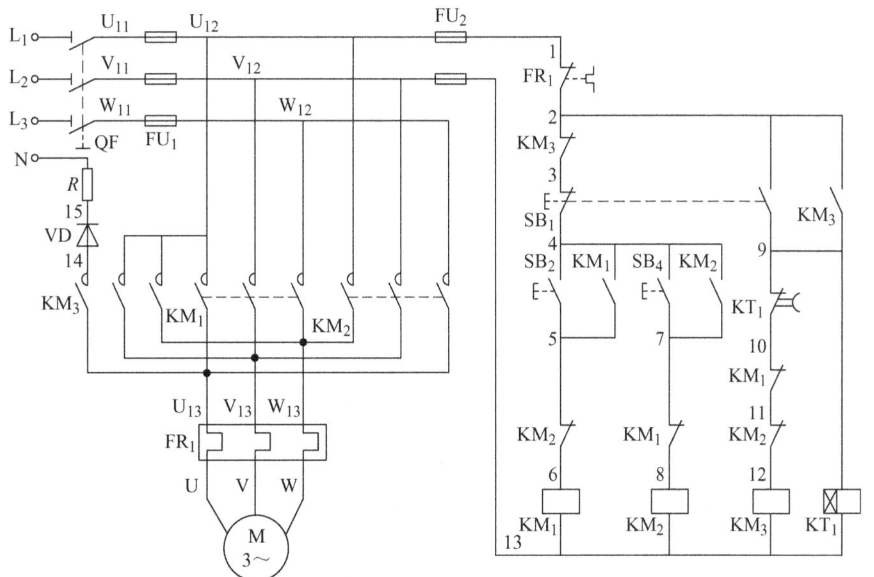

图 2-7-6　电动机无变压器半波整流正反转能耗制动控制电路

5. 基本任务参考实例

（1）电气原理图：对于 10kW 以上容量较大的电动机，通常采用有变压器的全波整流能耗制动自动控制线路。如图 2-7-7 所示，两个交流接触器中，KM_1 为单向运行接触器，KM_2

为能耗制动接触器，KT_1 为控制能耗制动时间的通电延时时间继电器，BR 为桥式整流电路。正常运行时，接触器 KM_1 的主触点闭合接通三相电源，电动机起动运行，KM_2、KT_1 不工作。停车制动时 KM_1 不工作，KM_2、KT_1 工作，由变压器和整流元器件构成的整流装置提供直流电源，KM_2 将直流电源经电阻 R 接入电动机定子绕组的 V、W 相。

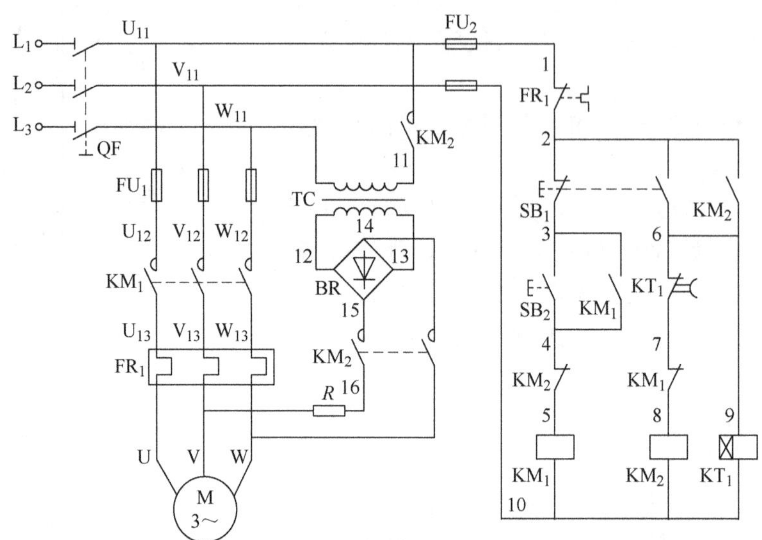

图 2-7-7　有变压器全波整流控制电动机单向起动能耗制动原理图

（2）操作流程：先合上电源开关 QF，然后进行单向起动运转和能耗制动停转。

1）单向起动运转：按下 SB_2→KM_1 线圈得电→KM_1 主触点闭合、KM_1 自锁触点闭合自锁、KM_1 联锁触点分断对 KM_2 联锁→电动机 M 起动运转。

2）能耗制动停转：按下 SB_1→SB_1 常闭触点先分断、SB_1 常开触点后闭合→KM_1 线圈失电→KM_1 主触点分断、KM_1 联锁触点闭合、KM_1 自锁触点断开、KM_2 线圈通电、KM_2 自锁触点闭合、KM_2 联锁触点分断对 KM_1 联锁→电动机 M 接入由变压器和整流元器件构成的直流电整流装置能耗制动→KT_1 线圈得电→KT_1 常闭触点延时后分断→KM_2 线圈失电→KM_2 主触点分断、KM_2 联锁触点恢复闭合、KM_2 自锁触点分断、KT_1 线圈失电→电动机 M 切断直流电源，能耗制动结束。

时间继电器 KT_1 的延时时间可调整在 4s 左右。

（3）安装与接线

1）根据原理图，画出元件布置图，并选择合适的元件进行安装。

2）根据原理图和元件布置图，画出元件接线图。

3）按照元件接线图进行接线。接线时动力电路用黑色导线，控制回路用红色导线，接地保护导线 PE 用黄绿双色线，要求走线横平竖直、整齐、合理、接点不得松动。

4）电动机接线为Y形接法：用专用的实验导线将电动机的 Z、X、Y 短接，A、B、C 分别接到端子排的 U、V、W 端。

（4）检测与调试：接线完毕，利用线路短接法自行检查主/辅电路，经检查无误后，按下列步骤进行操作：

1）起动装置电源控制屏。合上电源总开关，按下“起动”按钮，接通控制屏三相电源，电压表、指示灯显示正常。

2）合上线路低压断路器 QF，接通项目线路三相交流电源。

3）按下 SB_2，观察并记录电动机 M 的转向、各触点的吸断情况。

4）按下 SB_1，观察并记录电动机 M 的转向、各触点的吸断情况。

5）操作完毕，按下控制面板上的“停止”按钮，断开线路断路器和装置电源总开关。

（5）常见故障

1）起到能耗制动作用的交流接触器 KM_2 的主触点一定按照电路图准确接线。

2）桥式整流电路引出的 4 个端点一定按照电路图准确接线。

3）控制电动机单向运行的交流接触器辅助触点在该电路图中有两处，一处是与 SB_2 并联起到自锁作用的常开触点，另一处是串联到 KM_2 控制电路中起到联锁作用的常闭触点，切不可混淆。

4）控制电动机能耗制动的交流接触器辅助触点在该电路图中也有两处，一处是与复合按钮 SB_1 的常开触点并联起到自锁作用的常开触点，另一处是串联到 KM_1 控制电路中起到联锁作用的常闭触点，绝对不能混淆。

5）控制能耗制动时间的通电延时时间继电器 KT_1 接入电路中的辅助触点为常闭触点延时后断开，设置的延时时间不宜过长。

上电后，如电路不能正常实现功能而出现其他故障时可参考前面项目的常见故障分析。

7.2.5　双联开关控制一盏灯及电路计量

1. 实训任务

（1）基本任务：

1）用双联开关或者两个单开双控开关实现对一盏灯的控制。

2）用单相电能表对照明电路计量。

（2）扩展任务：

1）用开关对多盏灯（多种用电器）实现两地或多地控制。

2）用声控开关、触摸延时开关、人体感应开关等开关实现对照明电路的控制。

3）用单相电能表实现对家庭用电器电路的计量。

2. 实训目标

（1）熟悉家庭照明电路的组成及其安装规范。

（2）掌握用双联开关控制一盏灯电路的安装接线与调试运行。

（3）掌握用单相电能表对家庭电路的计量。

3. 设备及器材

（1）设备：电工实训技能考核装置。

（2）主要器材：漏电保护开关、熔断器、单相电能表、一联双控大跷板开关、二联双控大跷板开关、荧光灯管、辉光启动器及座、镇流器、节能灯、86 明盒、声光控延时开关等。

4. 任务分析

通过对本篇第 5 章照明和计量的学习，大家对家庭电路中的主要知识有所了解，实训项目中基本任务参考实例以及电气原理图、操作流程、安装与接线、检测与调试和常见故障请同学们自行分析。

5. 常见照明（荧光灯）故障检修

（1）荧光灯灯管连续闪烁，周期性地时暗时亮。一般是启动器中氖管使用日久老化的结果，只要更换一只同规格的新启动器即可排除。

（2）荧光灯点亮时镇流器有较响的嗡嗡声。一般是镇流器中硅钢片未插紧所造成。把硅钢片插紧些，或把镇流器装在墙上，用泡沫塑料之类软东西垫在镇流器下面，均可减少嗡嗡声。也可能是镇流器过载或其内部短路；镇流器受热过度；辉光启动器不好引起开启时辉光杂音。

（3）灯管两端发红而不能跳亮，拿下启动器能正常发光。是启动器中小电容器被击穿造成，有时也可能是双金属片与静触片粘在一起不能复原。换一只新启动器即可；或者小心地把小电容器拆下，启动器可照常使用，不过在启动时对无线电接收机的干扰较大。

（4）电源接通，启动器中氖灯长时间发亮而灯管不能正常发亮，或灯管需要长时间才能跳亮。是由于天气太冷、灯管老化或电压太低造成的。排除这种故障的最好方法是在启动器管串联一只晶体二极管，可加强起跳能力，延长灯管使用寿命（其晶体二极管反向耐压要大于 300 V，整流电流要大于 500mA，任何型号的都可以）。

（5）接通电源，启动器氖灯和灯管两端均不发红。若各元器件都是好的，这种故障就是断路或接触不良（特别是灯管两端灯脚与灯座）造成的。轻轻旋动灯管、启动器，仔细检查接线是否断开或接错，再检查电源。

（6）灯管两端发黑，在正常电压下不能发亮。是灯管老化寿命将终，需要更换新管。

（7）荧光灯关闭后还有微弱的辉光现象。是开关错接在零线上造成的。因为开关接在零线上，虽然开关已断开，而灯管的灯丝仍然和相线连着，在绝缘不良时将有漏电流通过，使荧光灯管出现微弱的辉光现象。处理方法是将开关改接在相线上即可。所以在安装照明灯时，开关一定要安装在相线上。

（8）防爆荧光灯送电后无任何反应。首先对荧光灯各元器件进行检修，若都是好的，则可能是灯具本身的机械限位接触不良或行程不到位。

7.3 综合技能实训

7.3.1 双速交流异步电动机自动变速控制电路

1. 实训项目器件（见表 2-7-1）

表 2-7-1 项目所需电气元件明细表

代 号	名 称	型 号	规 格	数 量
QF	低压断路器	DZ108－20（0.63－1A）	0.63～1A	1
FU_1	熔断器座	RT18－32－3P	配熔断芯 3A	1
FU_2	熔断器座	RT18－32－2P	配熔断芯 2A	1

（续）

代　号	名　　称	型　　号	规　　格	数　量
KM、KM_1 ~ KM_3	交流接触器	LC1 - E0610Q5N/AC 380V	线圈 AC 380V	4
KT_1	通电延时时间继电器	（ST3PF）JSZ3 - A - B 0 ~ 60s AC 380V	线圈 AC 380V	1
SB_1 ~ SB_4	无灯按钮（SB_1 红色；SB_2、SB_4 绿色）	NP2 - EA35、NP2 - EA45	一常开一常闭自动复位	3
M	三相双速异步电动机	WM22	U_N 380V（△）	1

2. 电气原理图（见图 2-7-8）

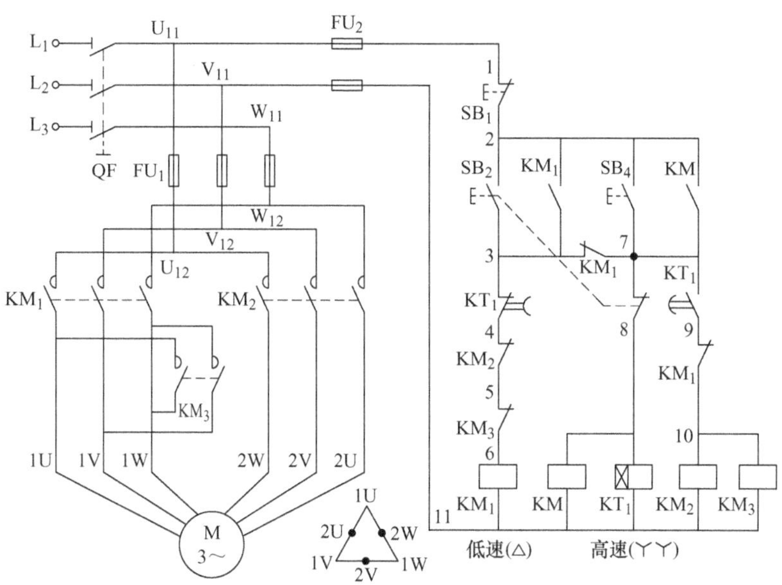

图 2-7-8　双速交流异步电动机自动变速控制电路

3. 原理分析

用按钮和时间继电器控制双速电动机低速起动高速运转的电路图如图 2-7-8 所示。时间继电器 KT 控制电动机△起动时间和△－YY的自动换接运转。

△形低速起动运转：按下 SB_2→SB_2 常闭触点先分断、常开触点后闭合→KM_1 线圈得电→KM_1 自锁触点闭合自锁、主触点闭合、两对常闭触点分断对 KM_2、KM_3 联锁→电动机 M 接成△形低速起动运转。

YY形高速运转：按下 SB_4→KT_1 线圈得电、KM 线圈得电→KM 常开触点闭合自锁→经 KT_1 整定时间→KT_1 延时断开的动断触点分断、KT_1 延时闭合的动合触点闭合→KM_1 线圈失电→KM_1 常开触点均分断、KM_1 常闭触点恢复闭合→KM_2、KM_3 线圈得电→KM_2、KM_3 主触点闭合，KM_2、KM_3 联锁触点分断对 KM_1 联锁→电动机 M 接成YY形高速运转。

停止时，按下 SB_1 即可。图 2-7-8 中 KM 可用 KA 代替。

若电动机只需高速运转时，可直接按下 SB_4，则电动机△形低速起动后，YY形高速运转。

4. 检测与调试

电动机绕组的 6 个端子先不接，调节通电延时时间继电器，延时时间约 5s。断开电源，再把电动机的6个端子接上，确认接线无误，操作者可接通交流电源自行操作，若出现不正常，则应分析并排除故障。

7.3.2 通电延时直流能耗制动的Y/△起动控制电路

1. 实训项目器件（见表2-7-2）

表2-7-2 项目所需电气元件明细表

代 号	名 称	型 号	规 格	数 量
QF	低压断路器	DZ108－20（0.63－1A）	0.63～1A	1
FU_1	熔断器座	RT18－32－3P	配熔断芯3A	1
FU_2	熔断器座	RT18－32－2P	配熔断芯2A	1
KM_1～KM_4	交流接触器	LC1－E0610Q5N/AC380V	线圈AC 380V	4
KT_1	通电延时时间继电器	（ST3PF）JSZ3－A－B 0～60s AC 380V	线圈AC 380V	1
KT_2	断电延时时间继电器	（ST3PF）JSZ3－特 0～60s AC 380V	线圈AC 380V	1
FR	热继电器	NR2－25/Z 0.63－1A	整定0.63A	1
SB_1 SB_2	无灯按钮（SB_2 绿色； SB_1 红色	NP2－EA35、NP2－EA45	一常开一常闭 自动复位	2
M	三相笼型异步电动机	WM26	U_N 380V（△）	1
VD	二极管（控制屏）	1N5408		4
R	电阻（控制屏）	10Ω/25W		1

2. 电气原理图（见图2-7-9）

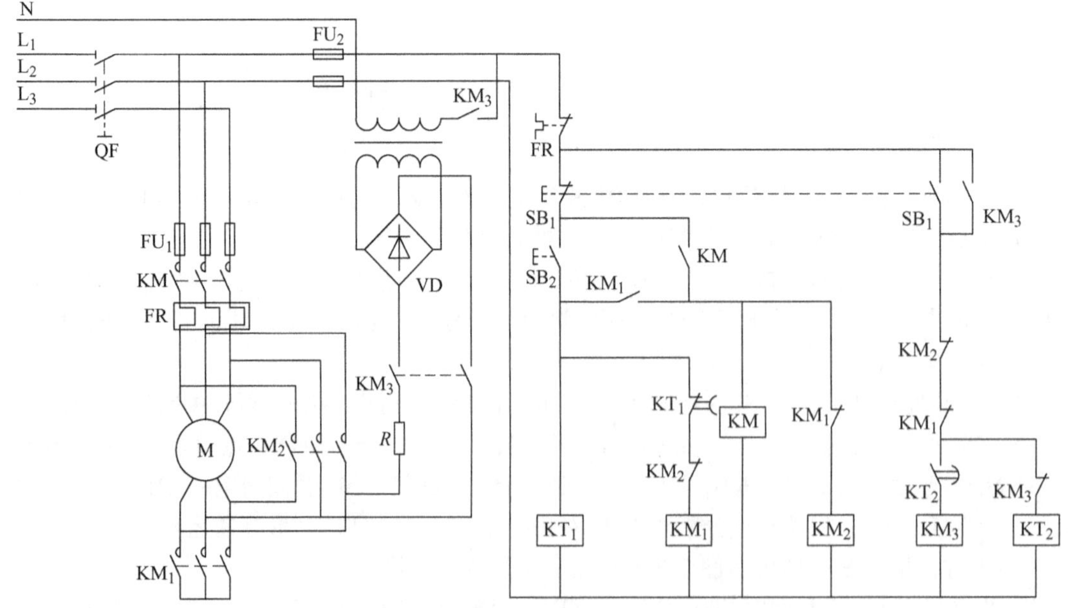

图2-7-9 通电延时直流能耗制动的Y/△起动控制电路

3. 原理分析

通电延时带直流能耗制动的星形/三角形起动控制电路，如图 2-7-9 所示。该线路由 4 个接触器、1 个热继电器、1 个通电延时继电器、1 个断电延时继电器和两个按钮组成。

工作原理如下：先合上电源开关 QF，然后进行如下动作：

按下起动按钮 SB_2，KM_1 线圈、KT_1 线圈得电，KM_1 常开触点闭合，KM_1 常闭触点断开，KM 线圈得电，KM 常开触点闭合，形成Y形。KT_1 延时断开，KM_1 失电，KM_1 常开触点不再闭合而断开，KM_1 常闭触点闭合，KM_2 线圈得电，形成△形。

按下停止按钮 SB_1，KM、KM_2 和 KT_1 线圈失电，KM 和 KM_2 触点恢复原状态，KM_3 线圈、KT_2 得电，电动机 M 接入直流电能耗制动、KM_3 常开触点闭合、KT_2 瞬时常闭触点断开，KM_3 失电，电动机 M 切断直流电源，能耗制动结束。

4. 检测与调试

接线完毕，经指导老师检查无误后，按下列步骤进行操作：

（1）起动电源，合上电源总开关，接通三相交流电源。

（2）按下按钮 SB_2，观察并记录电动机 M 的转向、各触点的吸断情况。

（3）按下按钮 SB_1，观察并记录电动机 M 的转向、各触点的吸断情况。

（4）操作完毕，按下“停止”按钮，再断开电源总开关。

7.3.3　三相异步电动机双重联锁正反转能耗制动控制电路

1. 实训项目所需元件（见表 2-7-3）

表 2-7-3　项目所需电气元件明细表

代　号	名　　称	型　　号	规　　格	数　量
QF	低压断路器	DZ108－20（0.63－1A）	0.63～1A	1
FU_1	熔断器座	RT18－32－3P	配熔断芯 3A	1
FU_2	熔断器座	RT18－32－2P	配熔断芯 2A	1
KM_1～KM_3	交流接触器	LC1－E0610Q5N/AC380V	线圈 AC 380V	3
KT_1	通电延时时间继电器	（ST3PF）JSZ3－A－B 0～60s AC 380V	线圈 AC 380V	1
FR	热继电器	NR2－25/Z 0.63－1A	整定 0.63A	1
SB_1～SB_4	无灯按钮（SB_2、SB_4 绿色；SB_1 红色）	NP2－EA35、NP2－EA45	一常开一常闭 自动复位	3
M	三相异步电动机	WM26	U_N 380V（△）	1
R	电阻（控制屏）	10Ω/25W		3
V	二极管（控制屏）	1N5408		4

2. 电气原理图（见图 2-7-10）

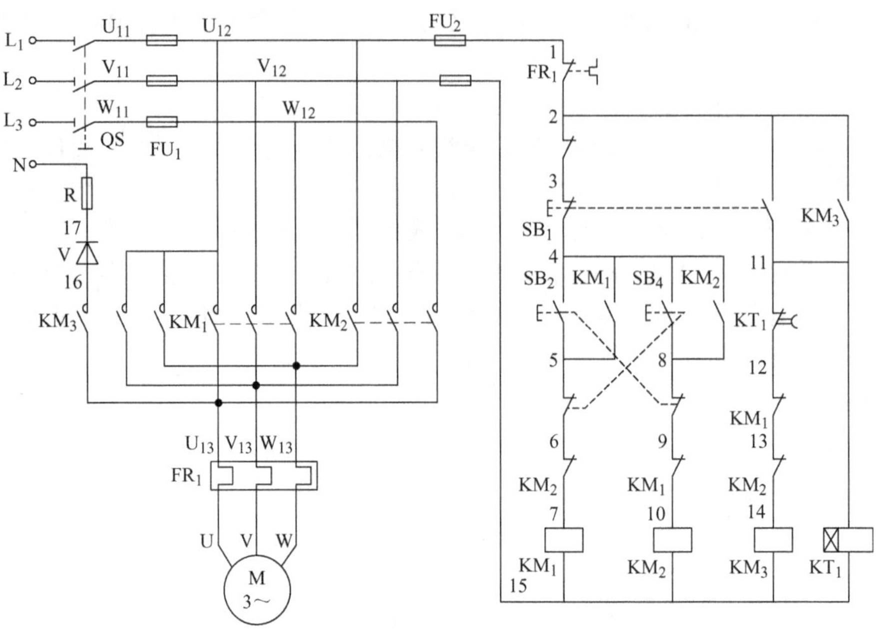

图 2-7-10　三相异步电动机双重联锁正反转能耗制动控制电路

3. 原理分析

其工作原理如下：先合上电源开关 QF。

（1）正向起动运转：按下 SB_2→KM_1 线圈得电→电动机 M 起动正向运转。

（2）能耗制动停转：按下 SB_1→KM_1 线圈失电；KM_3 线圈得电→KM_3 主触点闭合→电动机 M 接入直流电能耗制动；KT_1 线圈得电→KT_1 常闭触点延时后分断→KM_3 线圈失电→KM_3 主触点分断→电动机 M 切断直流电源停转，能耗制动结束。

（3）反向起动运转：按下 SB_4→KM_2 线圈得电→电动机 M 起动反向运转。

（4）能耗制动停转：按下 SB_1→KM_2 线圈失电；KM_3 线圈得电→KM_3 主触点闭合→电动机 M 接入直流电能耗制动；KT_1 线圈得电→KT_1 常闭触点延时后分断→KM_3 线圈失电→KM_3 主触点分断→电动机 M 切断直流电源停转，能耗制动结束。

4. 检测与调试

接线完毕，经指导老师检查无误后，按下列步骤进行操作：

（1）起动电源，合上电源总开关，接通三相交流电源。

（2）按下按钮 SB_2，观察并记录电动机 M 的转向、各触点的吸断情况。

（3）按下按钮 SB_1，观察并记录电动机 M 的转向、各触点的吸断情况。

（4）按下按钮 SB_4，观察并记录电动机 M 的转向、各触点的吸断情况。

（5）按下按钮 SB_1，观察并记录电动机 M 的转向、各触点的吸断情况。

（6）完毕，按下“停止”按钮，再断开电源总开关。

7.3.4　三相异步电动机工作台自动往返控制电路

1. 实训项目所需元件（见表 2-7-4）

表 2-7-4　项目所需电气元件明细表

代　号	名　　称	型　　号	规　　格	数　量
QF	低压断路器	DZ108－20（0.63－1A）	0.63～1A	1
FU_1	熔断器座	RT18－32－3P	配熔断芯 3A	1
FU_2	熔断器座	RT18－32－2P	配熔断芯 2A	1
KM_1、KM_2	交流接触器	LC1－E0610Q5N/AC380V	线圈 AC 380V	2
FR	热继电器	NR2－25/Z 0.63－1A	整定电流 0.63A	1
SQ_1～SQ_4	行程开关	YBLX－19		4
SB_1～SB_3	无灯按钮	NP2－EA35、NP2－EA45		3
M	三相笼型异步电动机	WM26	U_N 380V（△）	1

2. 电气原理图（见图 2-7-11）

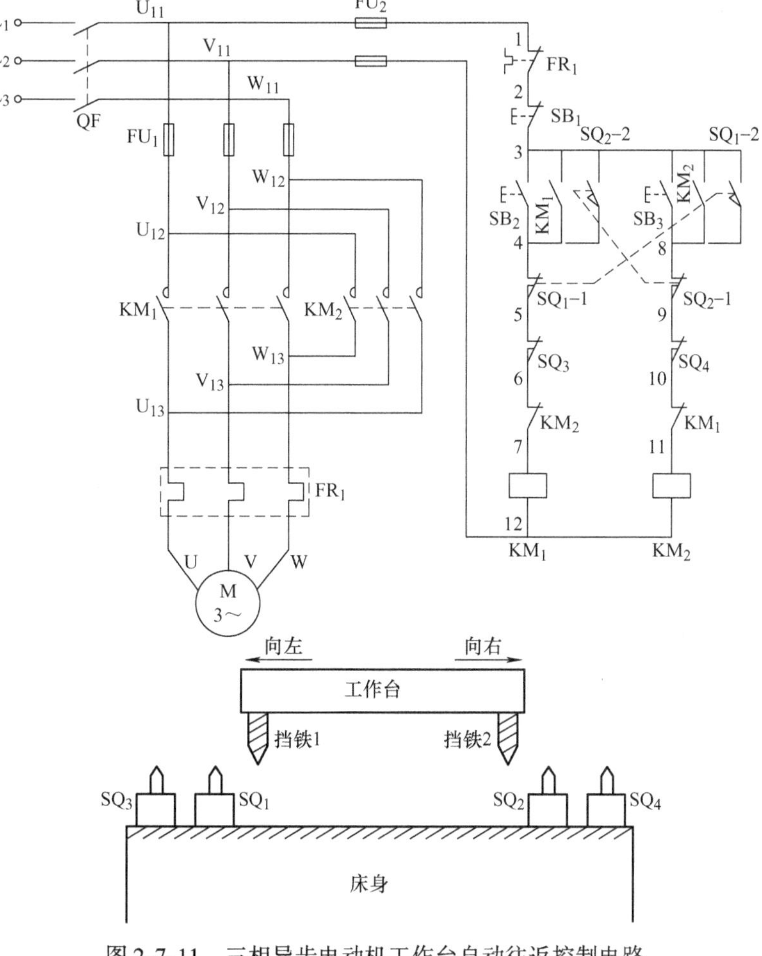

图 2-7-11　三相异步电动机工作台自动往返控制电路

3. 原理分析

工作台自动往返控制电路主要由4个行程开关来进行控制与保护，其中SQ_1、SQ_2装在机床床身上，用来控制工作台的自动往返，SQ_3和SQ_4用来做终端保护的，即限制工作台的极限位置。在工作台的T形槽中装有挡块，当挡块碰撞行程开关后，能使工作台停止和换向，工作台就能实现往返运动。工作台的行程可通过移动挡块位置来调节，以适应加工不同的工件。

如图2-7-11所示，SQ_3和SQ_4分别安装在向左或向右的某个极限位置上。如果SQ_1或SQ_2失灵时，工作台会继续向左或向右运动，当工作台运行到极限位置时，挡块就会碰撞SQ_3或SQ_4，从而切断控制电路，迫使电动机M停转，工作台就停止移动。SQ_3和SQ_4起终端保护作用，称为终端保护开关或简称终端开关。

该电路的工作原理：按下SB_2→KM_1线圈得电→KM_1主触点闭合、KM_1自锁触点闭合自锁、KM_1互锁触点分断对KM_2互锁→电动机M正转→工作台向右移动→至指定位置挡块碰撞SQ_1→常闭触点先分开→KM_1失电→电动机停转→工作台停止；解除对KM_2的互锁；常开触点后闭合→KM_2线圈得电→主触点闭合、自锁触点闭合自锁、互锁触点分断对KM_1互锁→电动机M反转→工作台向左移动→至指定位置挡块碰撞SQ_2→常闭触点先分开→KM_2失电→电动机停转→工作台停止；解除对KM_1的互锁；常开触点后闭合→KM_1线圈得电→主触点闭合、自锁触点闭合自锁、互锁触点分断对KM_2互锁→电动机M正转→工作台向右移动→以后重复上述过程，工作台就在一定行程范围内往返运动，停止时，按下SB_1即可。

4. 检测与调试

接线完毕，经指导老师检查无误后，按下列步骤进行操作：

（1）起动电源，合上电源总开关，接通三相交流电源。

（2）按下SB_2，使电动机正转约10s。

（3）用手按SQ_1（模拟工作台左进到终点，挡块压下行程开关SQ_1），观察电动机应停止正转并变为反转。

（4）反转约0.5min，用手压SQ_2（模拟工作台右进到终点，挡块压下行程开关SQ_2），观察电动机应停止反转并变为正转。

（5）正转10s后按下SQ_3和反转10s后按下SQ_4，观察电动机运转情况。

（6）重复上述步骤，电路应能正常工作。

（7）操作完毕，按下“停止”按钮，再断开电源总开关。

7.3.5 两台三相异步电动机顺序起动、顺序停转控制电路

1. 实训项目所需元件（见表2-7-5）

表2-7-5 项目所需电气元件明细表

代 号	名 称	型 号	规 格	数 量
QF	低压断路器	DZ108－20（0.63－1A）	0.63～1A	1
FU_1	熔断器座	RT18－32－3P	配熔断芯3A	1
FU_2	熔断器座	RT18－32－2P	配熔断芯2A	1

（续）

代　号	名　　称	型　　号	规　　格	数　量
KM_1、KM_2	交流接触器	LC1－E0610Q5N/AC380V	线圈 AC 380V	2
FR	热继电器	NR2－25/Z 0. 63－1A	整定电流 0. 63A	1
SB_1、SB_3	无灯按钮	NP2－EA45	红色	2
SB_2、SB_4	无灯按钮	NP2－EA35	绿色	2
M_1	三相笼型异步电动机	WM26	U_N 380V（△）	1
M_2	三相笼型异步电动机	WM24－1	U_N 380V（Y）	1

2. 电气原理图（见图 2-7-12）

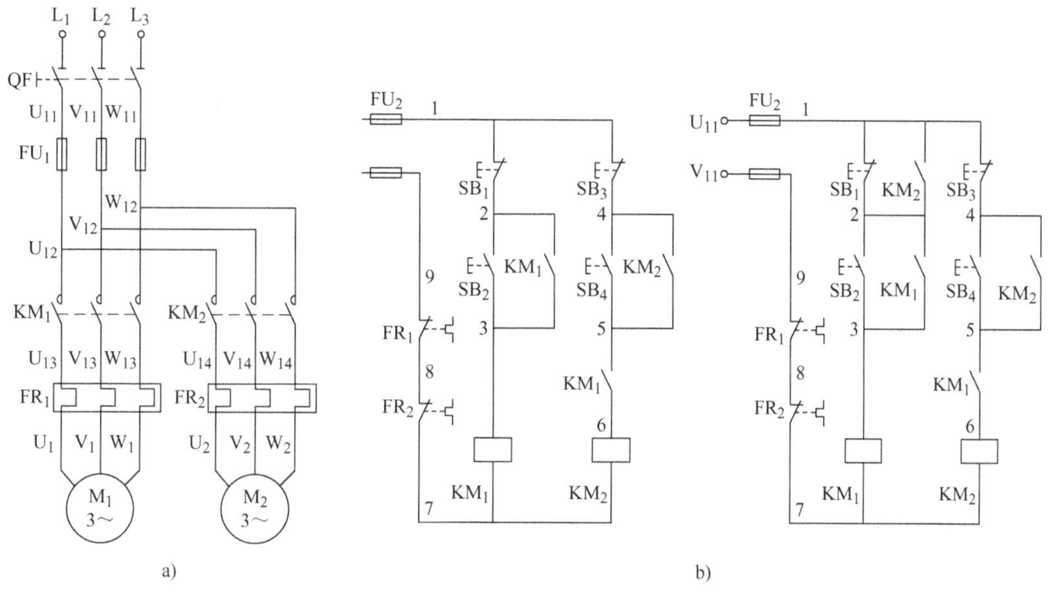

图 2-7-12　两台三相异步电动机顺序起动、顺序停转控制电路

3. 原理分析

在装有多台电动机的生产机械上，各电动机所起的作用是不相同的，有时需按一定的顺序起动，才能保证操作过程的合理性和工作的安全可靠。例如以一台电动机起动后另一台电动机才能起动的控制方式，叫作电动机的顺序控制，如图 2-7-12 所示。

在图 2-7-12a 控制电路中，接触器 KM_1 的另一对常开触点（线号为 5、6）串联在接触器 KM_2 线圈的控制电路中，当按下 SB_2 使电动机 M_1 起动运转，再按下 SB_4，电动机 M_2 才会起动运转，若要使 M_2 电动机停止，则只要按下 SB_3 即可。

在图 2-7-12b 控制电路中，由于在 SB_1 停止按钮两端并联一个接触器 KM_2 的常开辅助触点（线号为 1、2），所以只有先使接触器 KM_2 线圈失电，即电动机 M_2 停止，同时 KM_2 常开辅助触点断开，然后才能按 SB_1 达到断开接触器 KM_1 线圈电源的目的，使电动机 M_1 停止。

顺序控制电路特点：使两台电动机依次顺序起动，而逆序停止。

4. 检测与调试

接线完毕，经指导老师检查无误后，按下列步骤进行操作：

(1) 按图 2-7-12a 起动电源，合上电源总开关，接通三相交流电源。

1) 按下 SB_2，观察并记录电动机 M_1 的转向、各触点的吸断情况。

2) 再按下 SB_4，观察并记录电动机 M_2 的转向、各触点的吸断情况。

3) 再按下 SB_3，观察并记录电动机 M_1、M_2 的转向、各触点的吸断情况。

4) 完毕，按下"停止"按钮，再断开电源总开关。

(2) 按图 2-7-12b 起动电源，合上电源总开关，接通三相交流电源；

1) 按下 SB_2，观察并记录电动机 M_1 的转向、各触点的吸断情况。

2) 再按下 SB_4，观察并记录电动机 M_2 的转向、各触点的吸断情况。

3) 再按下 SB_1，观察并记录电动机 M_1 的转向、各触点的吸断情况。发现 M_1 没有停止运转，按下 SB_3，观察并记录电动机 M_1、M_2 的转向、各触点的吸断情况。再按下 SB_1，观察并记录电动机 M_1 的转向、各触点的吸断情况。

4) 完毕，按下"停止"按钮，再断开电源总开关。

7.3.6 C620 型车床模拟控制电路

1. 实训项目所需元件（见表 2-7-6）

表 2-7-6 项目所需电气元件明细表

代 号	名 称	型 号	规 格	数 量
QF	低压断路器	DZ108－20（0.63－1A）	0.63～1A	1
FU_1	熔断器座	RT18－32－3P	配熔断芯 3A	1
FU_2 FU_3	熔断器座	RT18－32－3P	配熔断芯 2A	2
EL	指示灯	AD17－16/DC（AC）6V 红		1
SA_1 SA_2	转换开关			2
KM	交流接触器	LC1－E0610Q5N/AC380V	线圈 AC 380V	1
FR_1 FR_2	热继电器	NR2－25/Z 0.63－1A	整定电流 0.63A	2
SB_1 SB_2	无灯按钮（SB_1 红色； SB_2 绿色）	NP2－EA35、NP2－EA45	一常开一常闭 自动复位	2
M_1	三相笼型异步电动机	WM24－1	U_N 380V（Y）	1
M_2	三相笼型异步电动机	WM26	U_N 380V（△）	1
TC	变压器		220V/26V/6.3V	1

2. 电气原理图（见图 2-7-13）

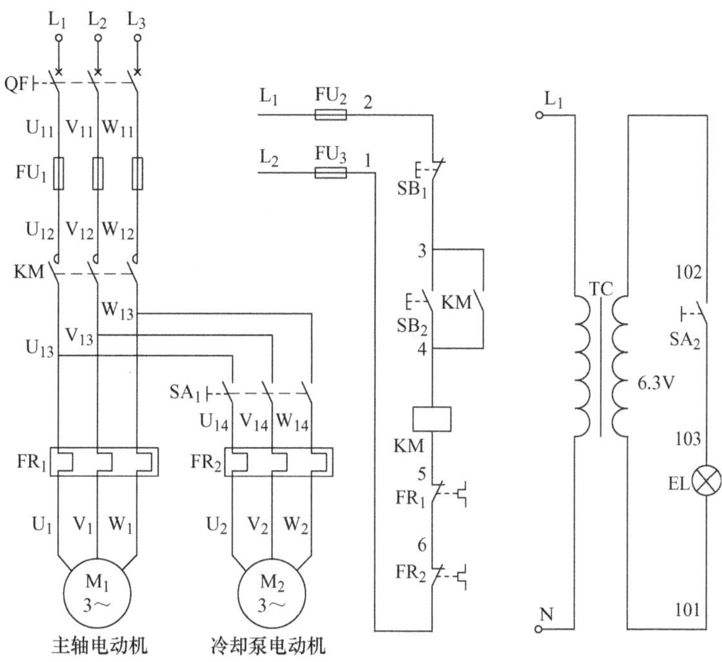

图 2-7-13　C620 型车床模拟控制电路

3. 原理分析

合上低压断路器 QF，将工件安装好以后，按下起动按钮 SB_2，控制电路通电，通电回路是：U_{11}→FU_2→SB_1→SB_2→KM→FR_1→FR_2→FU_2→V_{11}。接触器 KM 的线圈通电而铁心吸合，主回路中接触器 KM 的三个常开主触点合上，主电动机 M_1 得到三相交流电起动运转，同时接触器 KM 的常开辅助触点也合上，对控制回路进行自锁，保证起动按钮 SB_2 松开时，接触器 KM 的线圈仍然通电。若加工时需要冷却，则拨动开关 SA_2，冷却泵电动机 M_2 通电运转，带动冷却泵供应冷却液。

停车时，按下停止按钮 SB_1，使控制回路失电，接触器 KM 跳开，使主电路断开，电动机停止转动。若两台电动机中有一台长期过载，则串联在主电路中的热继电器发热元件将过热而使双金属片弯曲，通过机械杠杆推开串联在控制回路中的常闭触点，使控制电路断电，接触器 KM 断电释放，主回路失电，电动机停止转动。若要再次起动电动机，必须找出过载原因排除故障以后，将动作过的热继电器复位。另外，若电源电压太低，使电动机输出的转矩下降很多，拖不动负载而造成闷车事故，热继电器也会动作，避免电动机烧毁。接触器本身具有失电压和欠电压保护功能，当电压低于额定电压的 85% 时，接触器线圈的电磁吸力将克服不了铁心上弹簧力而自行释放，可以避免欠电压造成的事故。

4. 检测与调试

接线完毕，经指导老师检查无误后，起动电源，合上低压断路器 QF，接通三相交流电源。若出现故障应进行检查和修理，直到该电气线路能正常工作。

7.3.7 电动葫芦的模拟控制电路

1. 实训项目所需元件（见表 2-7-7）

表 2-7-7 项目所需电气元件明细表

代 号	名 称	型 号	规 格	数 量
QF	低压断路器	DZ108－20/10－F	0.63～1A	1
FU_1	熔断器座	RT18－32－3P	配熔体 3A	1
FU_2、FU_3	熔断器座	RT18－32－3P	配熔体 2A	1
KM_1～KM_4	交流接触器	LC1－E0610Q5N/AC380V	线圈 AC 380V	4
FR	热继电器	NR2－25/Z 0.63－1A	整定电流 0.63A	1
SB_1～SB_4	按钮（SB_1、SB_3 绿色；SB_2、SB_4 红色）	NP2－EA35、NP2－EA45	一常开一常闭 自动复位	4
SQ_1	行程开关	YBLX－19		1
YB	交流电磁阀	SA1192/AC380V	线圈 AC 380V	1
M_1	三相笼型异步电动机	WM26	U_N 380V（△）	1
M_2	三相笼型异步电动机	WM24－1	U_N380V（Y）	1

2. 电气原理图（见图 2-7-14）

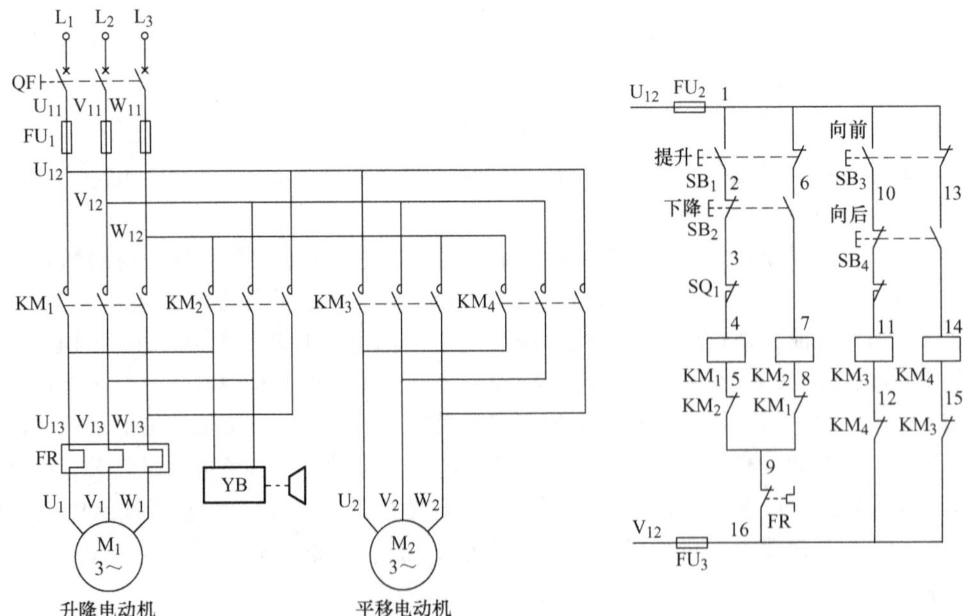

图 2-7-14 电动葫芦的电气控制电路

3. 原理分析

（1）提升和下放控制：按下按钮 SB_1，KM_1 吸合，KM_1 主触点闭合，电磁制动 YB 得电松闸（实训中使用电磁铁模拟电磁制动器 YB），提升电动机 M_1 转动将物件提起。

将 SB_1 松开，KM_1 释放，KM_1 所有触点都断开，YB 失电依靠弹簧的推力使制动器抱闸，使电动机 M_1 和卷筒不能再转动。

要下放物件时，将 SB_2 按下，KM_2 得电吸合，其主触点闭合，YB 得电松闸，电动机 M_1 反转下放物件。

松开 SB_2，KM_2 断电释放，主触点断开，YB 失电抱闸。

SQ_1 为上限位开关，当提升到极限位置时，会将 SQ_1 压下，其触点 SQ_1（3、4）断开，KM_1 失电，YB 抱闸，电动机 M_1 停止。

（2）水平移动控制：M_2 为水平移动电动机，用来水平移动搬运货物，由 KM_3、KM_4 进行正反转控制。

按下 SB_3，KM_3 得电吸合，电动机 M_2 正转，电动葫芦沿工字梁向前作水平移动，松开 SB_3，KM_3 释放，电动机 M_2 停止，电动葫芦停止移动。

按下 SB_4，KM_4 得电吸合，电动机 M_2 反转，电动葫芦向后作水平移动，松开 SB_4，KM_4 释放，电动机 M_2 停止，电动葫芦停止移动。

4. 检测与调试

接线完毕，经指导老师检查无误后，合上低压断路器 QF，接通三相交流电源。若出现故障应进行检查和修理，直到该电气线路能正常工作。这个项目大家再思考一下：为什么在电动葫芦控制电路中，按钮要采用点动控制？行程开关 SQ_1 起到什么作用？如何实现电动葫芦的更多功能？

7.3.8 Y3150 型滚齿机模拟控制电路

1. 实训项目所需元件（见表 2-7-8）

表 2-7-8 项目所需电气元件明细表

代 号	名 称	型 号	规 格	数 量
QF	低压断路器	DZ108－20（0.63－1A）	0.63～1A	1
FU_1	熔断器座	RT18－32－3P	配熔断芯 3A	1
FU_2	熔断器座	RT18－32－3P	配熔断芯 2A	1
KM_1～KM_3	交流接触器	LC1－E0610Q5N/AC380V		3
FR	热继电器	NR2－25/Z 0.63－1A	整定 0.63A	1
SB_1～SB_4	无灯按钮	NP2－EA35、NP2－EA45		4
SA_1	转换开关			1
SQ_1、SQ_2	行程开关（自动复位）	YBLX－19		2
M_1	三相笼型异步电动机	WM26	U_N 380V（△）	1
M_2	三相笼型异步电动机	WM24－1	U_N 380V（Y）	1

2. 电气原理图（见图 2-7-15）

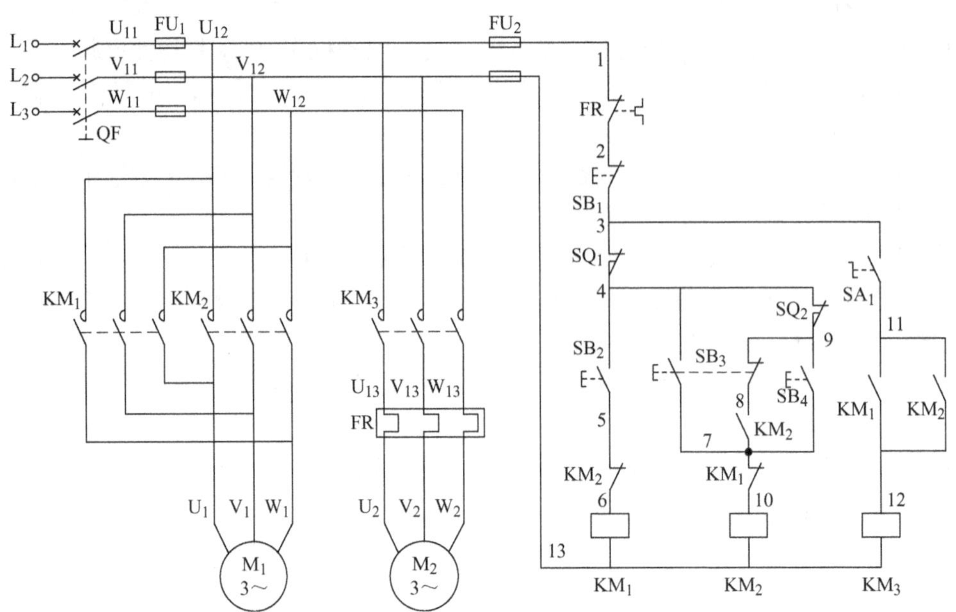

图 2-7-15　Y3150 型滚齿机模拟控制电路

3. 原理分析

(1) 主轴电动机 M_1 的控制：按下起动按钮 SB_4，KM_2 得电吸合并自锁，其主触点闭合，电动机 M_1 起动运转，按下停止按钮 SB_1，KM_2 失电释放，M_1 停转。

按下点动按钮 SB_2，KM_1 得电吸合，电动机 M_1 反转，使刀架快速向下移动；松开 SB_2，KM_1 失电释放，M_1 停转。

按下点动按钮 SB_3，其动合触点 SB_3（4、7）闭合，使 KM_2 得电吸合，其主触点闭合，电动机 M_1 正转，使刀架快速向上移动，SB_3 的动断触点 SB_3（9、8）断开，切断 KM_2 的自锁回路；松开 SB_3，KM_2 失电释放，电动机 M_1 失电停转。

(2) 冷却泵电动机 M_2 的控制：冷却泵电动机 M_2 只有在主轴电动机 M_1 起动后，闭合开关 SA_1，使 KM_3 得电吸合，其主触点闭合，电动机 M_2 起动，供给冷却液。

在 KM_1 和 KM_2 线圈电路中有行程开关 SQ_1。SQ_1 为滚刀架工作行程的极限开关，当刀架超过工作行程时，撞铁撞到 SQ_1，其动断触点 SQ_1（3、4）断开，切断 KM_1、KM_2 的控制电路电源，使机床停车。这时若要开车，则必须先用机械手柄把滚刀架摇到使挡铁离开行程开关 SQ_1，让行程开关 SQ_1（3、4）复位闭合，然后机床才能工作。

在 KM_2 线圈电路中行程开关 SQ_2 为终点极限开关，当工件加工完毕时，装在刀架滑块上的挡铁撞到 SQ_2，使其动断触点（4、9）断开，使 KM_2 失电释放，电动机 M_1 自动停车。

4. 检测与调试

接线完毕，经指导老师检查无误后，接通低压断路器 QF，调试各个功能。若出现故障应进行检查和修理，直到该电气线路能正常工作。

7.3.9 X62W 型万能铣床主轴与进给电动机的联动控制电路

1. 实训项目所需元件（见表 2-7-9）

表 2-7-9 项目所需电气元件明细表

代 号	名 称	型 号	规 格	数 量
QF	低压断路器	DZ108 - 20（0.63 - 1A）	0.63 ~ 1A	1
FU_1	熔断器座	RT18 - 32 - 3P	配熔断芯 3A	1
KM_1 KM_2	交流接触器	LC1 - E0610Q5N/AC380V		2
FR_1，FR_2	热继电器	NR2 - 25/Z 0.63 - 1A	整定 0.63A	2
SB_1 ~ SB_3	无灯按钮（SB_1、SB_2 绿；SB_3 红）	NP2 - EA35、NP2 - EA45		3
M_1	三相笼型异步电动机	WM26	U_N 380V（△）	1
M_2	三相笼型异步电动机	WM24 - 1	U_N 380V（Y）	1

2. 电气原理图（见图 2-7-16）

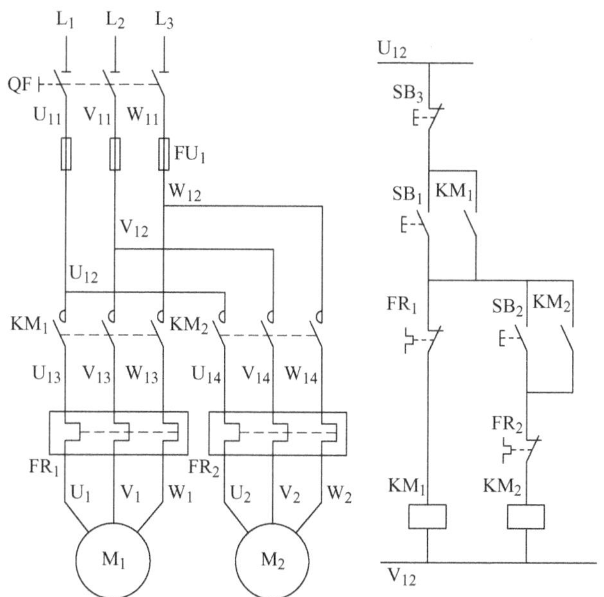

图 2-7-16 X62W 型万能铣床主轴与进给电动机的联动控制电路

3. 原理分析

如图 2-7-16 所示，M_1 是主轴电动机，M_2 是进给电动机。进给电动机 M_2 控制电路与接触器 KM_1 的常开辅助触点串联，保证了只有当 M_1 起动后，M_2 才能起动。而且，如果由于某种原因（如过载或失电压等）使 KM_1 失电，M_1 停转，M_2 也立即停转，实现了两台电动机的顺序和联锁控制。

控制电路的工作原理：合上 QF，按下起动按钮 SB_1，接触器 KM_1 线圈通电，主触点 KM_1 闭合，电动机 M_1 起动运转。与此同时，常开辅助触点 KM_1 闭合形成自锁。然后按下起动按钮 SB_2，接触器 KM_2 线圈通电，主触点 KM_2 闭合，电动机 M_2 起动运转。同时，常开辅助触点 KM_2 闭合自锁。

停车时，只需按动停止按钮 SB_3，两台电动机会同时停止。

如果事先不按 SB_1，线圈不通电，常开辅助触点 KM_1 不闭合，这时即使按下 SB_2，线圈 KM_2 也不会通电，所以电动机 M_2 既不能先于 M_1 起动，也不能单独停止。电路中的两个热继电器常闭触点 FR_1 和 FR_2 分别串接在两个控制电路中，发生过载现象时，均可使两台电动机断电，得到过载保护。

4. 检测与调试

接线完毕，经指导老师检查无误后，合上低压断路器 QF，接通三相交流电源。若出现故障应进行检查和修理，直到该电气线路能正常工作。

7.3.10 住宅照明与计量电路实训

1. 实训所需元件（见表 2-7-10）

表 2-7-10 实训所需电气元件明细表

代号	名称	型号	规格	数量
	单相电能表	DD862－220V 1.5（6）A 2 级		1
Q	漏电保护器	DZ47LE－32－2P－10A		1
FU_1、FU_2	熔断器座	RT18－32－3P	配熔断芯 3A	2
S_4	声光控延时开关	NEW7－E307	一联 100W	1
	触摸延时开关	NEW7－E310		1
	红外线感应开关	NEW7－E311	一联	1
S_1	单控大跷板开关	NEW7－E003B	一联	1
S_2、S_3	双控大跷板开关	NEW7－E007B	二联	2
	荧光灯管	10W		1
V	辉光启动器	220－240V（S10）		1
L	镇流器	13W		1
	辉光启动器座			1
	火车头灯座			2
EL_1、EL_2	节能灯	LED 螺口（5W）		2
	86 明盒	NEH1－201		6

2. 电气原理图（见图 2-7-17）

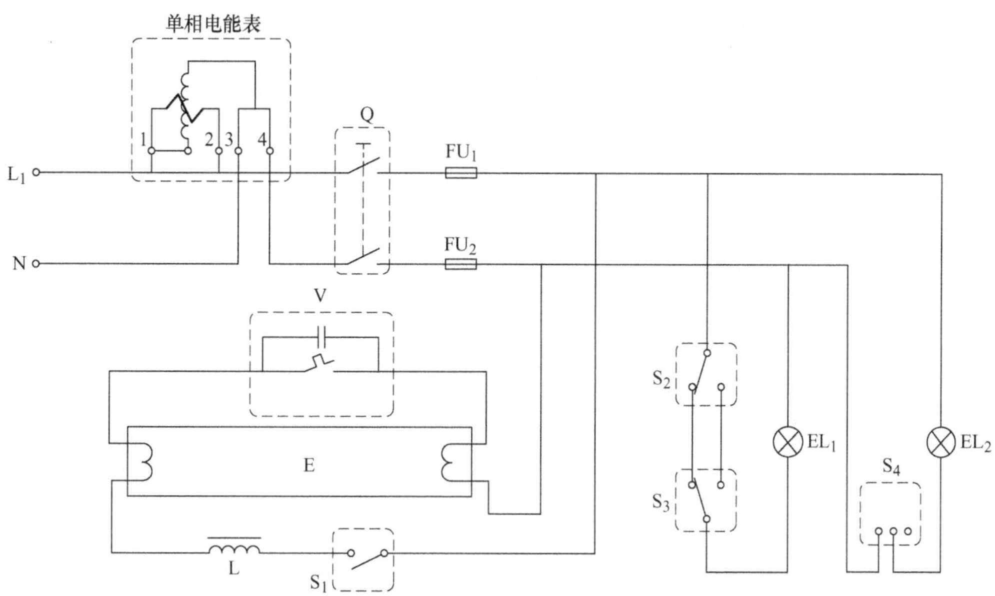

图 2-7-17 住宅照明与计量电路图

3. 原理分析

如图 2-7-17 所示，其原理自行分析。注意：接线时相线用红色导线，零线用蓝色导线，接地保护导线 PE 用黄绿双色线。安装照明电路必须遵循的总原则：相线必须进开关；开关、灯具要串联；照明电路间要并联。

依次用声光控开关、感应开关和触摸开关接线。

4. 检测与调试

接线完毕，经指导老师或技术人员检查无误后，按下列步骤进行操作：

（1）起动电源控制屏。合上电源总开关，按下“起动”按钮，接通控制屏三相电源输出。

（2）按下开关，观察照明灯的亮灭情况。

（3）完毕，按下控制面板上的“停止”按钮，再断开电源总开关。

7.3.11 工厂/工业照明与计量电路实训

1. 实训所需元件（见表 2-7-11）

表 2-7-11 操作所需电气元件明细表

代 号	名 称	型 号	规 格	数 量
	三相四线电能表	DT862－4 220V/380V1.5（6A）		1
	熔断器座	RT18－32－3P		1
QF	低压断路器	DZ108－20（0.63－1A）	0.63～1A	1
	凸轮开关	LW38D－16YH4/2		1

（续）

代　号	名　　称	型　　号	规　　格	数　量
	交流电压表	6L2 – V 450V		1
	交流电流表	6L2 – A 5A		3
	电流互感器	LMK3（BH）–0.66 5/5A 5VA		3
	三相负载箱			1

2. 电气原理图（见图 2-7-18）

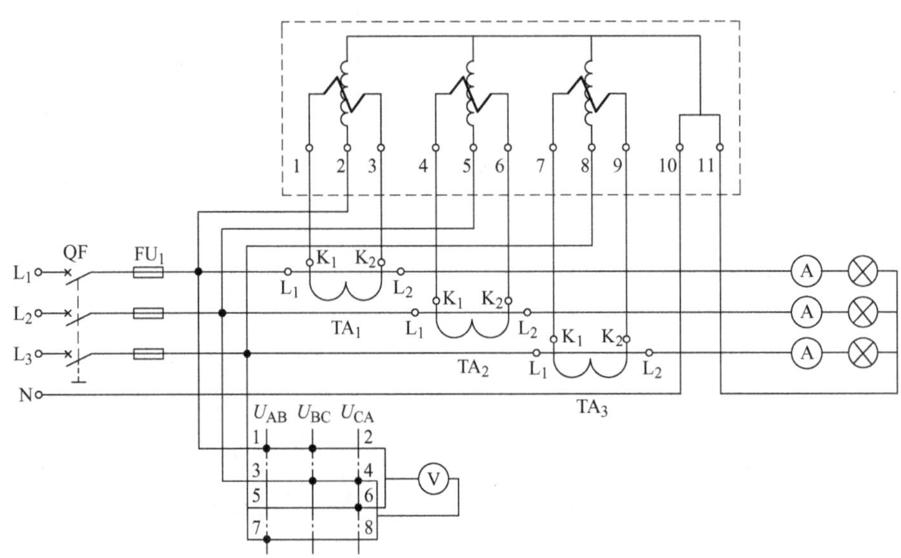

图 2-7-18　工厂/工业照明与计量接线图

3. 原理分析

如图 2-7-18 所示，其原理自行分析。

4. 检测与调试

接线完毕，经指导老师或专业技术人员检查无误后，按下列步骤进行操作：

（1）起动电源控制屏。合上电源总开关，按下“起动”按钮，接通三相电源输出。

（2）按下开关，观察灯的亮灭情况和比较三相电压和三相电流的变化。

（3）完毕，按下控制面板上的“停止”按钮，再断开电源总开关。

7.4　创新技能实训

7.4.1　机械手动作的模拟

在这部分实训项目里通过编程来实现机械手动作的模拟，进而掌握 PLC 逻辑指令的使用，培养学生的创新能力。

1. 实训元件

配有 PLC、编程电缆的实验装置、装有对应 PLC 主机编程软件的计算机、机械手控制实验模块、10P 排线一根。

2. 实训要求

（1）一个将工件由 A 处传送到 B 处的机械手。设备装有上、下限位开关和左、右限位开关，它的工作过程按照箭头所示，有 8 个动作，即为

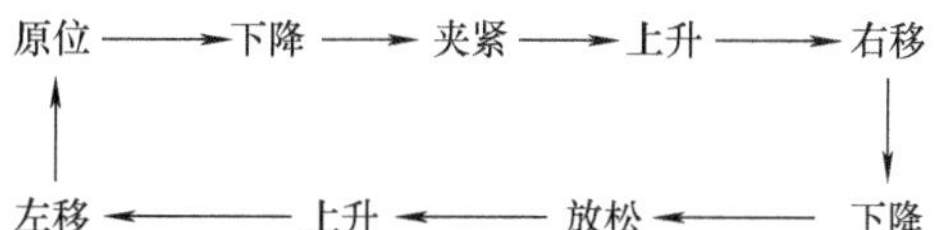

（2）项目控制面板：如图 2-7-19 所示。模块输入为低电平有效，输出为高电平有效。

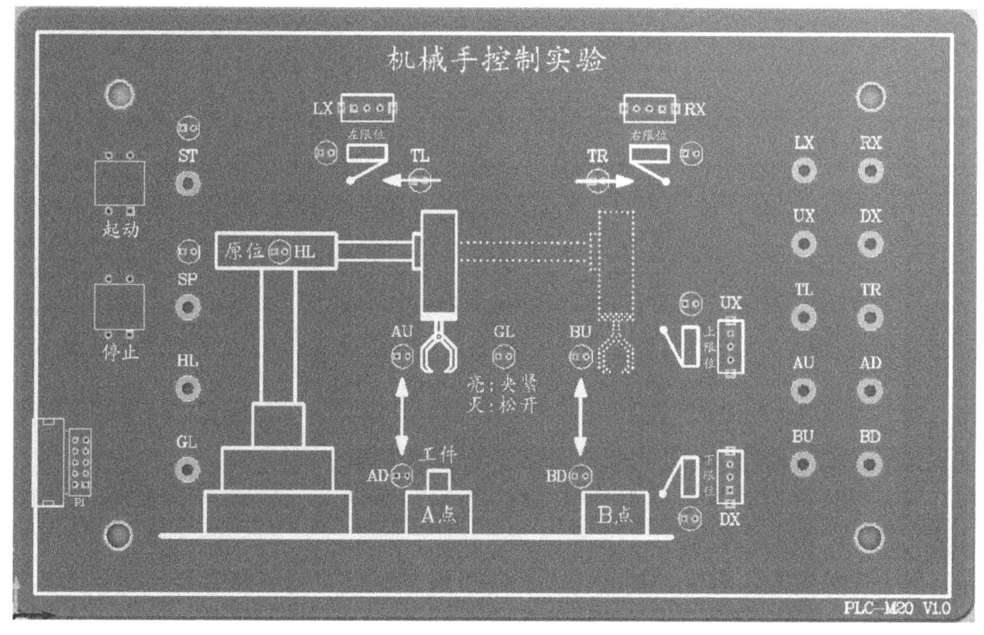

图 2-7-19　操作面板

3. 实训步骤

表格中的 L+、M 指的是 PLC 本身的传感器输出电源。

（1）输入输出连线（见表 2-7-12）

表 2-7-12　PLC 输入输出线

PLC 输入端接线		
序　号	PLC 接口（输入）	模块面板
1	1M 接 L+	
2	I0.0	LX
3	I0.1	RX

（续）

PLC 输入端接线		
序　号	PLC 接口（输入）	模块面板
4	I0.2	UX
5	I0.3	DX
6	I0.4	ST
7	I0.5	SP

PLC 输出端接线		
序　号	PLC 接口（输出）	面　　板
1	1L 接 L+	
2	Q0.0	TL
3	Q0.1	TR
4	Q0.2	AU
5	Q0.3	AD
6	2L 接 L+	
7	Q0.4	BU
8	Q0.5	BD
9	Q0.6	HL
10	Q0.7	GL

（2）设计及编写程序，打开主机电源将程序下载到主机中。

（3）实训过程：起动并运行程序使 PLC 处于运行状态，RUN 指示灯亮，观察实验现象。

模块初始状态应为：限位开关 LX、UX 处于闭合状态（指示灯常亮），限位开关 RX、DX 处于断开状态（指示灯熄灭），机械手处于 A 点“工件”正上方。

当“起动”按钮按下后：

1）原位指示灯“HL”常亮，限位开关 LX、UX 处于闭合状态（指示灯常亮），机械手处于 A 点“工件”正上方。

2）将限位开关 UX 拨到断开状态（指示灯熄灭），同时下降指示灯“AD”常亮表示机械手处于下降状态。

3）将限位开关 DX 拨到闭合状态（指示灯常亮），同时下降指示灯“AD”熄灭，延时 1s，夹紧指示灯“GL”常亮表示已经夹紧“工件”。

4）将限位开关 DX 拨到断开状态（指示灯熄灭），同时上升指示灯“AU”常亮表示机械手处于上升状态；将限位开关 UX 拨到闭合状态（指示灯常亮），同时上升指示灯“AU”熄灭。

5）将限位开关 LX 拨到断开状态（指示灯熄灭），HL 熄灭，同时指示灯“TR”常亮表示机械手向右移动；将限位开关 RX 拨到闭合状态，表明机械手处于“B 点”正上方，同时指示灯“TR”熄灭。

6）将限位开关 UX 拨到断开状态（指示灯熄灭），同时下降指示灯“BD”常亮表示机械手处于下降状态。

7）将限位开关 DX 拨到闭合状态（指示灯常亮），同时下降指示灯“BD”熄灭，延时 1s，夹紧指示灯“GL”熄灭表示已经松开“工件”。

8）将限位开关 DX 拨到断开状态（指示灯熄灭），同时上升指示灯“BU”常亮表示机械手处于上升状态；将限位开关 UX 拨到闭合状态（指示灯常亮），同时上升指示灯“BU”熄灭，表明机械手处于“B 点”正上方。

9）将限位开关 RX 拨到断开状态（指示灯熄灭），同时指示灯“TL”常亮表示机械手向左移动；将限位开关 LX 拨到闭合状态（指示灯常亮）表明机械手运行到“原位”。

如图 2-7-20 所示，依次循环①～⑨过程；当“停止”按键按下后，机械手停止运行。

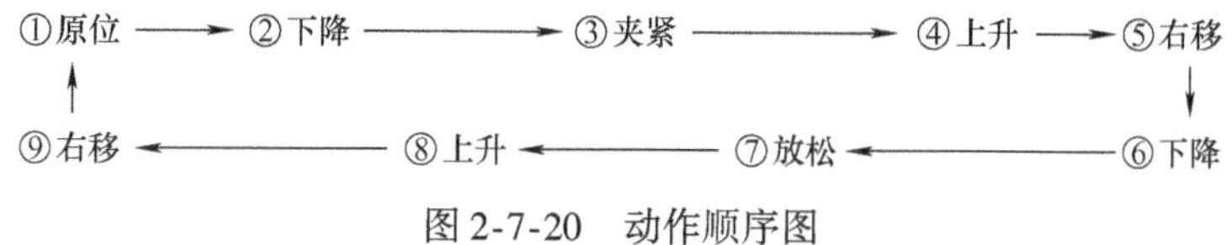

图 2-7-20　动作顺序图

（4）动作完成后，拆下并整理好器件，导线。

4. 实训报告

（1）写出 I/O 分配表、程序梯形图、清单。

（2）仔细观察实训现象，认真记录实训中发现的问题、错误、故障及解决方法。

（3）以本项目为基础，进行项目创新。

7.4.2　装配流水线实训

了解装配流水线工作原理，掌握 I/O 的分配和接法，掌握梯形图的编程方法和指令程序的编法，进而培养同学们的创新能力。

1. 实训器件

配有 PLC、编程电缆的实验装置、装有对应 PLC 主机编程软件的计算机、装配流水线实验模块、10P 排线一根。

2. 实训要求

实验中，传送带共有 16 个工位。工件从 1 号位装入，依次经过 2 号位，3 号位，……，16 号工位。在这个过程中，工件分别在 A（操作 1）、B（操作 2）、C（操作 3）三个工位完成三种装配操作，经最后一个工位送入仓库。

（1）流程：按下起动开关，流水线传送带顺序从 D 到 G 自动循环执行；按下移位按钮，传送带上开始传送工件，工件经过“DEFG”传送之后到达“A”操作工位，再经过“DEFG”传送之后到达“B”操作工位，再经过“DEFG”传送之后到达“C”操作工位，再经过“DEFG”传送之后到达“H”仓库中。

在任意状态下选择复位按钮程序都返回到初始状态。

（2）项目控制面板：如图 2-7-21 所示。模块输入为低电平有效，输出为高电平有效。

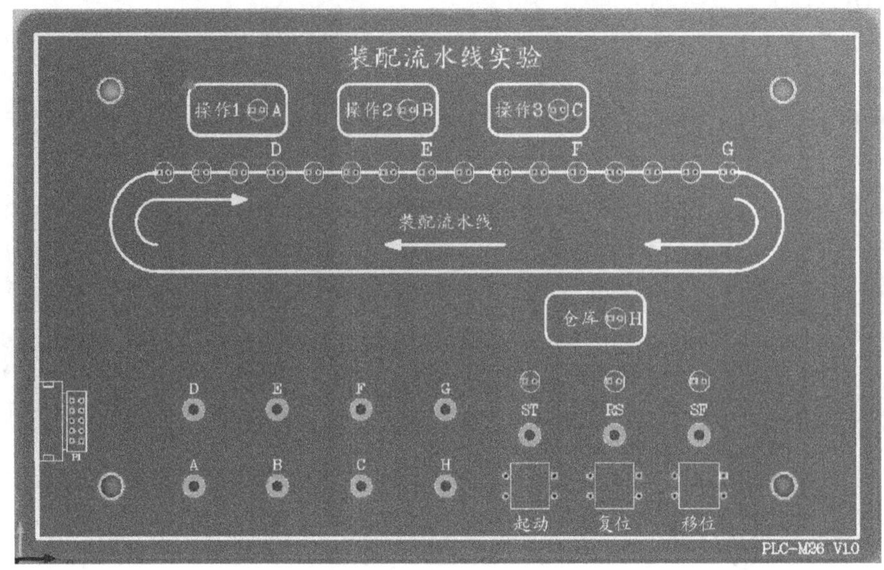

图 2-7-21　操作面板

3. 实训步骤

表格中的 L+、M 指的是 PLC 本身的传感器输出电源。

(1) 输入输出连线见表 2-7-13。

表 2-7-13　PLC 输入输出线

PLC 输入端接线		
序号	PLC 接口（输入）	模块面板
1	1M 接 L+	
2	I0.0	ST 起动
3	I0.1	RS 复位
4	I0.2	SP 停止
PLC 输出端接线		
序号	PLC 接口（输出）	模块面板
1	1L 接 L+	
2	Q0.0	A 操作员
3	Q0.1	B 操作员
4	Q0.2	C 操作员
5	Q0.3	D 工位
6	2L 接 L+	
7	Q0.4	E 工位
8	Q0.5	F 工位
9	Q0.6	G 工位
10	Q0.7	H 仓库

（2）设计及编写程序，打开主机电源将程序下载到主机中。

（3）实训过程：起动并运行程序使PLC处于运行状态，RUN指示灯亮，观察实验现象。

当“起动”按钮按下后：

1）传送带起动，“D”亮“E、F、G”熄灭，延时1s后，“E”亮“D、F、G”熄灭，延时1s后，“F”亮“D、E、G”熄灭，延时1s后，“G”亮“D、E、F”熄灭，延时1s后，“D”亮“E、F、G”熄灭，顺序循环。

2）传送带起动后，“移位”按钮按下，此时传送带上开始传送工件，工件经过“D、E、F、G”传送之后到达“A”操作工位，再经过“D、E、F、G”传送之后到达“B”操作工位，再经过“D、E、F、G”传送之后到达“C”操作工位，再经过“D、E、F、G”传送之后到达“H”仓库中。

3）工作流程：“D”亮→“E”亮→“F”亮→“G”亮→“A”亮（工位）2s→“D”亮→“E”亮→“F”亮→“G”亮→“B”亮（工位）3s→“D”亮→“E”亮→“F”亮→“G”亮→“C”亮（工位）4s→“D”亮→“E”亮→“F”亮→“G”亮→“H”亮（仓库）5s→“D”亮→“E”亮→“F”亮→“G”亮→“A”亮（工位）2s→……。

4）“复位”按钮按下后，整个系统恢复到初始化状态。

（4）动作完成后，拆下并整理好元件，导线。

4. 实训报告

（1）写出I/O分配表、程序梯形图、清单。

（2）仔细观察实训现象，认真记录实训中发现的问题、错误、故障及解决方法。

（3）以本项目为基础，进行项目创新。

7.4.3　液位传感器系统实训

了解使用PLC模拟量输入，在PLC程序中在线监控下能实时输出液位深度，熟悉编程软件及编程方法，模拟量与工程量的编程原理及方法，熟悉传感器系统工作原理和控制技巧，进而培养学生的创新能力。

1. 实训器件

可编程序控制器1台、PLC面板、装有编程软件和开发软件的计算机、液位传感器、电缆线。

2. 实训原理

液位传感器（静压液位计/液位变送器/液位传感器/水位传感器）是一种测量液位的压力传感器。静压投入式液位变送器（液位计）是基于所测液体静压与该液体的高度成比例的原理，采用先进的隔离型扩散半导体敏感元器件或陶瓷电容压力敏感传感器，将静压转换为电信号，再经过温度补偿和线性修正，转化成标准电信号。

液位传感器一般分为两类：一类为接触式，包括单法兰静压/双法兰差压液位变送器，浮球式液位变送器，磁性液位变送器，投入式液位变送器，电动内浮球液位变送器，电动浮筒液位变送器，电容式液位变送器，磁致伸缩液位变送器，伺服液位变送器等。第二类为非接触式，分为超声波液位变送器，雷达液位变送器等。

用静压测量原理：当液位变送器投入到被测液体中某一深度时，传感器迎液面受到的压

强公式为

$$P=\rho gH+P_{o}$$

式中 P——变送器迎液面所受压强；

ρ——被测液体密度；

g——当地重力加速度；

P_{o}——液面上大气压；

H——变送器投入液体的深度。

同时，通过导气不锈钢管将液体的压力引入到传感器的正压腔，再将液面上的大气压 P_{o} 与传感器的负压腔相连，以抵消传感器背面的 P_{o}，使传感器测得压力为 ρgH，显然，通过测取压强 P，可以得到液位深度。

投入式液位传感器，技术参数：

（1）工作电源：DC 24V；

（2）测量输入范围：0 ~ 1m；

（3）输出信号：DC 0 ~ 10V。

投入式液位变送器接线：如图 2-7-22 所示，电源 +（对应实物中红色线）、电源-（对应实物中蓝色线）、信号输出 OUT（对应实物中白色/黄色线），电压表可以省去，控制系统即是 PLC 的模拟量输入。如图 2-7-23 所示。

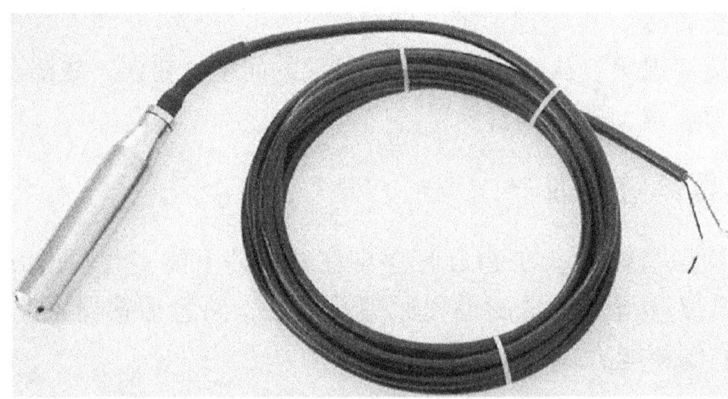

图 2-7-22　投入式液位传感器

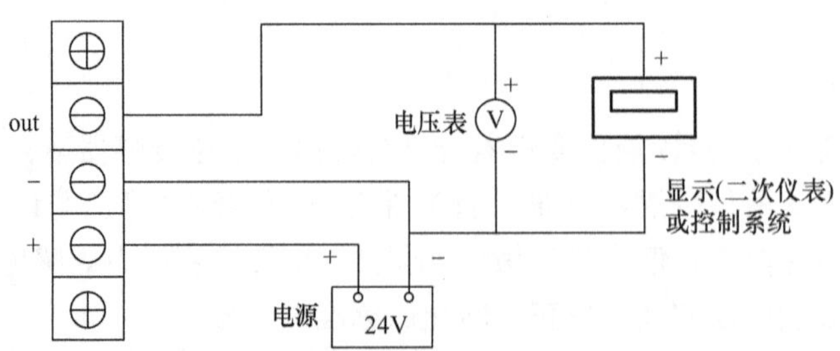

图 2-7-23　端子型三线制电压输出接线图

3. 实训步骤

（1）输入输出连线（见表 2-7-14）

表 2-7-14　模拟量输入输出连线

PLC 模拟量输入端接线		
序　号	PLC（输入）	液位传感器接线端子
1	模拟量接口 0 +	VO
2	M（短接 0 -）	GND
3	L +	24V

（2）实训过程：因为传感器是 0 ~ 10V 输出，而 A/D 也是 0 ~ 10V，满量程对应的数字量为 27648，所以模拟量的值除以 27648 就是对应的液位高度，单位是米。

1）编写并下载液位变送器实训（0 ~ 10V）程序，成功完成后，使 PLC 处于运行状态，RUN 指示灯亮。

2）把液位传感器放进液体里（水桶或其他容器均可，须保证液位传感器处于垂直状态）。

3）在编程软件里点击监控按钮，就可以实时监控液位深度，如图 2-7-24 所示，也可在触摸屏里看到监测数据，需下载触摸屏程序。

4）试着改变程序，以其他形式实验同样的结果或现象。

5）实训完成，去掉接线，关断电源，整理好器件和导线。

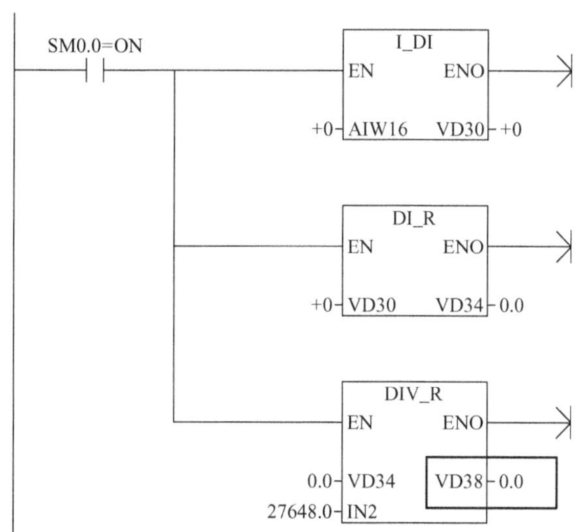

图 2-7-24　实时监控液位深度程序

4. 实训报告

整理出运行和监视程序时观察到的现象。

（1）写出 I/O 分配表、程序梯形图、清单。

（2）仔细观察实训现象，认真记录实训中发现的问题、错误、故障及解决方法。

（3）以本项目液位变送器为基础，进行项目创新。

7.4.4 重量/压力传感器系统实训

了解使用 PLC 模拟量输入，在 PLC 程序中在线监控下能实时输出重量，熟悉编程软件及编程方法，模拟量的编程原理以及转换工程量的方法，熟悉传感器系统工作原理和控制技巧，进而培养学生们的创新能力。

1. 实训器件

可编程序控制器、PLC 面板、装有编程软件和开发软件的计算机、重量/压力传感器、重量变送器、电缆线。

2. 实训原理

将电阻应变片粘贴在弹性元件特定表面上，当力、扭矩、速度、加速度及流量等物理量作用于弹性元件时，会导致元件应力和应变的变化，进而引起电阻应变片电阻的变化。电阻的变化经电路处理后以电信号的方式输出。

力学传感器的种类繁多，如电阻应变片压力传感器、半导体应变片压力传感器、压阻式压力传感器、电感式压力传感器、电容式压力传感器、谐振式压力传感器及电容式加速度传感器等。电阻应变压力传感器按其应变的分类来说，主要有金属电阻应变片、半导体应变片两类。

金属电阻应变片的工作原理是吸附在基体材料上应变电阻随机械形变而产生阻值变化的现象，俗称为电阻应变效应。金属导体的电阻值可用下式表示：

$$R=\rho L/S$$

式中 ρ——金属导体的电阻率（$\Omega \cdot cm^2/m$）；

S——导体的截面积（cm^2）；

L——导体的长度（m）。

以金属丝应变电阻为例，当金属丝受外力作用时，其长度和截面积都会发生变化，从上式中看出，其电阻值即会发生改变，假如金属丝受外力作用而伸长时，其长度增加，而截面积减少，电阻值便会增大。当金属丝受外力作用而压缩时，长度减小而截面增加，电阻值则会减小。只要测出加在电阻的变化（通常是测量电阻两端的电压），即可获得应变金属丝的应变情况。

称重压力传感器，如图 2-7-25 所示，技术参数见表 2-7-15。

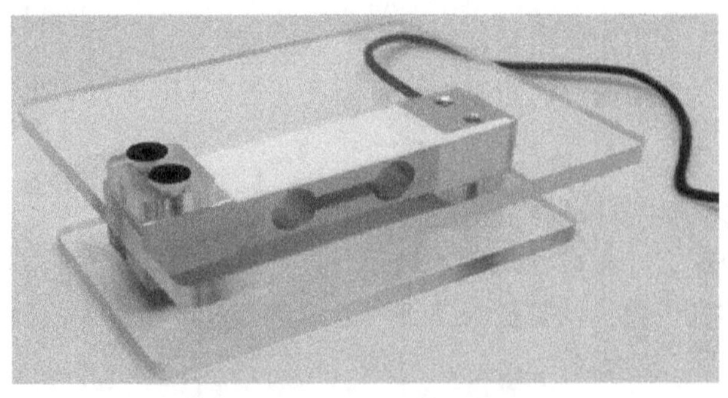

图 2-7-25 称重压力传感器

表 2-7-15　重力传感器技术参数

量程/kg		1、3、5	
综合误差/（%F. S）	0. 05	额定输出温度漂移/（%F. S/10℃）	≤ 0. 15
灵敏度/（mV/V）	1. 0 ±0. 1	零点输出/（mV/V）	±0. 1
非线性/（%F. S）	0. 05	输入电阻/Ω	1000 ±50
重复性/（%F. S）	0. 05	输出电阻/Ω	1000 ±50
滞后/（%F. S）	0. 05	绝缘电阻/MΩ	≥ 2000（DC100V）
蠕变/（%F. S/3min）	0. 05	推荐激励电压/V	3 ~12
零点漂移/（%F. S/1min）	0. 05	工作温度范围/℃	-10 ~ +50
零点温度漂移/（%F. S/10℃）	0. 2	过载能力/（%F. S）	150

称重压力传感器接线：白接 E+，黑接 E-，红接 S-，绿接 S+，其中 E+和 E-是电源和地，接对应变送器的 E+和 E-；S+、S-是信号输出，接对应变送器的 S+、S-，如图 2-7-26 所示。

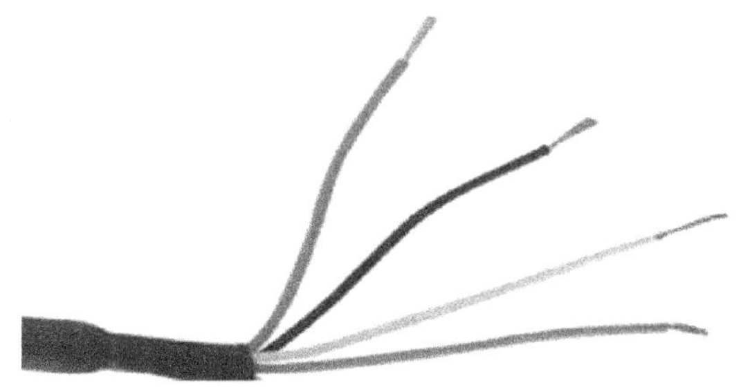

图 2-7-26　重力传感器接线图

由于称重传感器输出的信号是很小的电压信号，所以需通过变送器处理后才可以供 PLC 等系统使用，变送器可配接各种电阻全桥式应变传感器，进行称重、拉压力、张力等测量应用。将传感器输出的毫伏级信号进行调理、滤波、放大，同时输出 0 ~5V（10V）和 4 ~20mA 的标准工业控制信号，供 PLC 或其他测量系统采集处理。内置的有源低通滤波器可有效滤除工业现场的电磁干扰。采用 ABS 密封外壳，具有一定的防水防尘性能。重量变送器，引脚定义、物理连接、实际应用连接等参照产品说明书。

传感器之间的接线见表 2-7-16，默认传感器和变送器之间的接线已经接好，大家只需接数据传输电缆上的三根线（电源 24V、电源 GND、电压输出 VO）到 PLC 实训系统即可。

表 2-7-16　传感器端子接线

端子说明	序号	功　能	标识	接线说明
称重传感器接线端子（称重传感器电缆）	1	传感器激励正	E+	传感器出线接到变送器的对应端子上
	2	传感器信号正	S+	
	3	传感器信号负	S-	
	4	传感器激励负	E-	
	5	传感器屏蔽线	SLD	

（续）

端子说明	序号	功　能	标识	接线说明
供电及输出端子（接24V电源和模拟量输入）	6	供电 DC 24V 正	24V	24V/L+
	7	电流输出正	IO	
	8	电压输出正	VO	模拟量输入 0+
	9	供电及输出公共端	COM	模拟量公共端 0-，短接 GND
	10	屏蔽接地端	SLD	

3. 实训步骤

表格中的 L+、M 指的是 PLC 本身的传感器输出电源。

（1）输入连线见表 2-7-17。

表 2-7-17　模拟量输入连线

PLC 模拟量输入端接线		
序　号	PLC（输入）	接线端子
1	模拟量接口 0+	VO
2	M（短接 0-）	GND（电缆黑色线）
3	L+	24V（电缆红色线）

（2）实训过程：因为传感器是 0～10V 输出，而 A/D 也是 0～10V，满量程对应的数字量为 27648，所以模拟量的值除以 27648 就是对应的物体重量，单位是 kg（SUB 函数用于微调重量）。

1）编写并下载重量（压力）变送器实训（0～10V）程序，成功完成后，使 PLC 处于运行状态，RUN 指示灯亮。

2）把重物（小于 10kg）放在传感器上面，如图 2-7-27 所示，重物放在上面有螺钉的一侧）。

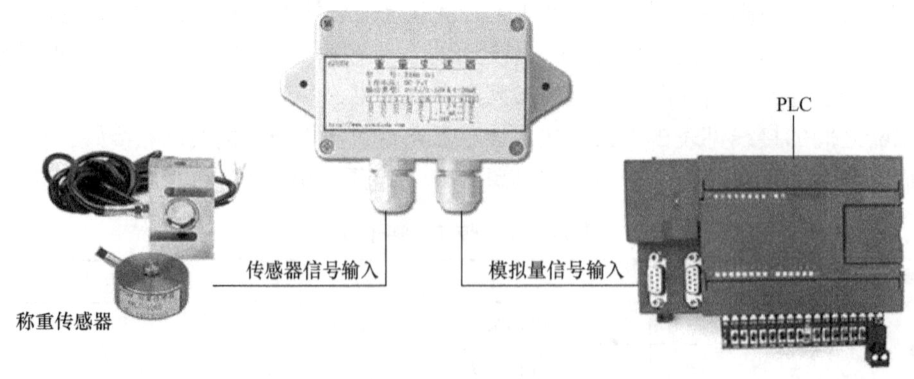

图 2-7-27　单路传感器连接示意图

3）在编程软件里点击监控按钮，实时监控物体重量，如图 2-7-28 所示，也可在触摸屏里看到监测数据，需下载触摸屏程序。

4）试着改变程序，以其他形式实验同样的结果或现象。

5）实训完成，去掉实训接线，关断电源，整理好器件及导线，结束实训。

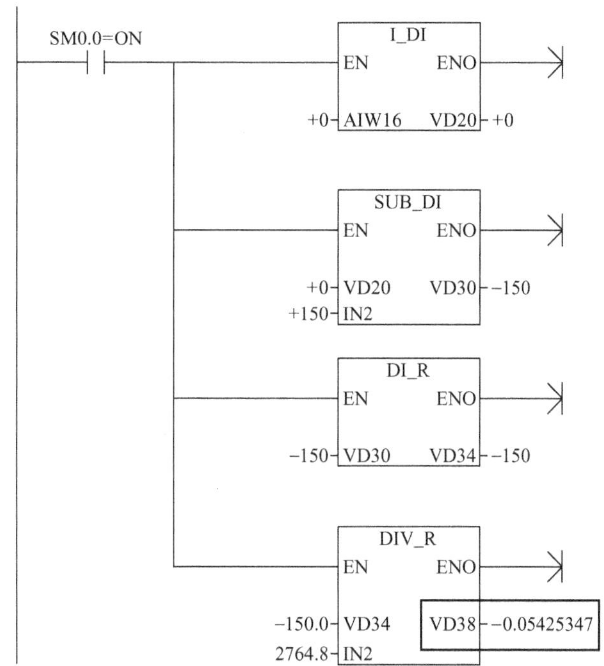

图 2-7-28　实时监控物体重量程序

4. 实训报告

整理出运行和监视程序时观察到的现象。

（1）写出 I/O 分配表、程序梯形图、清单。

（2）仔细观察实训现象，认真记录实训中发现的问题、错误、故障及解决方法。

（3）以本项目重量/压力传感器为基础，进行项目创新。

第3篇

电子工艺实训

Chapter

第1章 常用电子元器件识别与检测

电子元器件是电子线路中具有独立电气功能的基本单元，是组成电子产品的基础，熟悉和掌握电子元器件的种类、结构、特点、性能，使用方法、检测方法，对电子设备的设计、焊接、调试、维修都具有重要的意义。本章重点介绍常用电子元器件的基本知识。

1.1 常用电阻器、电感器和电容器

1.1.1 电阻器

电阻器简称电阻，是利用具有电阻性的金属或非金属材料制成的电子元件，是在电路中起阻碍电流通过的耗能元件。具有限流、分流、分压、减压的作用，是电子设备应用最广泛的电子元器件之一。

1. 分类

按材料分为薄膜型电阻、合金型电阻、线绕型电阻、敏感电阻、熔断电阻（FU）；按电阻的数值能否变化分为固定电阻、可变电阻（电阻值变化范围小）、电位器（电阻值变化范围大）；按用途分为高频电阻、高温电阻、光敏电阻、热敏电阻等；按照结构形状不同分为圆柱形电阻、管形电阻、圆盘形电阻、平面片状电阻；按照引线不同分为轴向引线电阻、径向引线电阻、同向引线电阻、无引线电阻。

2. 表示方法

通常用字母 R 表示，可变电阻用 R_p 表示，电路符号及常见实物如图 3-1-1 所示。

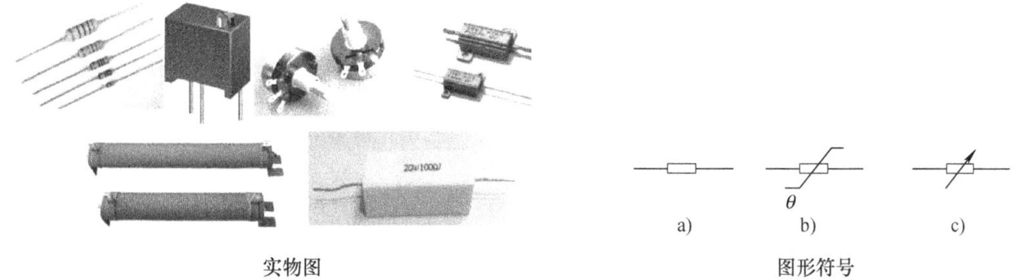

图 3-1-1 电阻器

a）电阻 b）热敏电阻 c）电位器

3. 固定电阻器

固定电阻器即阻值不可改变的电阻。

（1）阻值表示方法：直标法、文字符号法、数码法、色标法。

1）直标法。将电阻器的类别、标称阻值、允许误差及额定功率等主要参数直接标在电阻器表面上的标识方法，如图 3-1-2 所示，直接标出“4.70kΩ±10%”，电阻值 4.7kΩ，偏差 ±10%。这种表示方法常用在体积比较大的电阻器上。

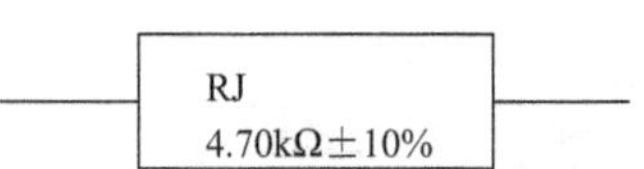

图 3-1-2 电阻器阻值的直标法

2）文字符号法。将需要标志的主要参数与技术性能用文字、数字符号有规律地组合标识在产品表面上，其中单位符号前面标出电阻器阻值的整数值，后面标出电阻器阻值的第一位小数值的方法，其中单位符号 R 代表 100，k 代表 10^3，M 代表 10^6，G 代表 10^9，T 代表 10^{12}。如图 3-1-3 所示，电阻器上数字符号 5k6，表示阻值为 5.6kΩ。

图 3-1-3 电阻器阻值的文字符号表示法　　图 3-1-4 电阻器阻值的数码表示法

3）数码法。用三位数字表示电阻器阻值的方法，数字从左到右第一二位数字表示电阻器阻值的有效数字，第三位数字表示有效数字后面零的个数，单位用欧姆（Ω）表示。如图 3-1-4 所示，104 表示电阻器的阻值为 100000Ω，即 100kΩ，J 表示偏差 ±5%。

4）色标法。是国际上常用的阻值表示法，用不同颜色的色带或色点在电阻器表面标出标称阻值和允许误差，常见四色环和五色环表示法。色标法中不同颜色色环的含义见表 3-1-1。具体表示如图 3-1-5 所示，四环电阻色标分别是棕、红、绿、金表示的电阻值 1200kΩ，偏差 ±5%。

表 3-1-1 色标法中不同颜色的含义

颜色	棕	红	橙	黄	绿	蓝	紫	灰	白	黑	金	银	无色
有效数字	1	2	3	4	5	6	7	8	9	0	/	/	/
乘数	10^1	10^2	10^3	10^4	10^5	10^6	10^7	10^8	10^9	10^0	10^{-1}	10^{-2}	/
误差	±1%	±2%	/	/	±0.5%	±0.25%	±0.1%	/	/	/	±5%	±10%	±20%
工作电压	/	/	4	6.3	10	16	25	32	40	50	63	/	/

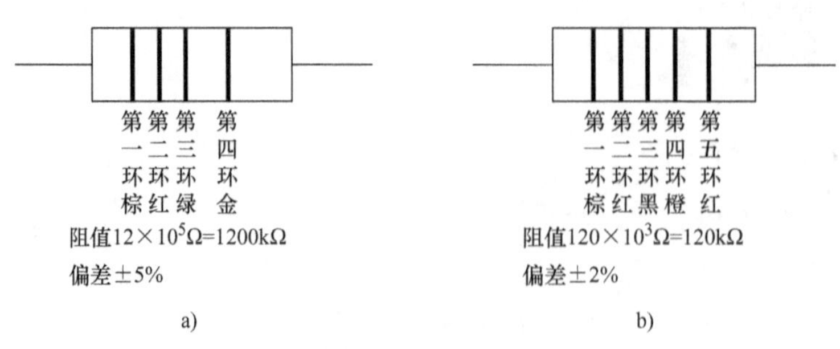

图 3-1-5 色标法表示
a）四色环读法 b）五色环读法

当电阻为四环时，最后一环必为金色或银色，前两位为有效数字，第三位为乘方数，第四位为偏差。四色环表示一般用于普通电阻标注。

当电阻为五色环时，最后一环与前面四环距离较大。前三位为有效数字，第四位为乘方数，第五位为偏差。五色环表示一般用于精密电阻标注。

判断色环顺序小方法：

方法一：先找标志误差的色环（五色环电阻我们称为精度环），从而确定色环的顺序，一般常用来表示误差的颜色是：金、银、棕，尤其是金环和银环，一般很少用作电阻色环的第一环，基本上可以认定为色环电阻的最后一环。

方法二：在实践中可以按照色环之间的间隔加以判别，比如对于一个五色环电阻，第五环和第四环之间的间隔比第一环和第二环之间的间隔要宽一些，同样对四色环电阻，第四环和第三环之间的间隔比第一环和第二环之间的间隔要宽一些。由此来判断色环顺序。

方法三：根据电阻阻值系列来判断：如电阻色环是棕、黑、黑、黄、棕，其阻值为 $100\times10^4\Omega$，误差为 1%，反过来，棕、黄、黑、黑、棕，则阻值为 $140\times10^2\Omega$，误差为 1%，显然后一种读数在电阻的生产系列中是没有的，后一种色环顺序不对。

（2）固定电阻器的选用与检测：

1）选用原则。

① 选用固定电阻器时一般选用通用型电阻器，这类电阻器的阻值范围宽，品种多，规格全，来源充足、价格便宜，有利于生产和维修。

② 选用的电阻器的额定功率为实际承受功率的两倍左右为最佳，这样才能保证电阻器正常工作，不至于因过电流等情况被烧坏。

③ 在高增益前置放大电路中，应该选用噪声电动势小的电阻，从而减小噪声对有用信号的干扰。其中金属膜、金属氧化膜、碳膜电阻器的噪声较小。

④ 根据电路的工作频率选择电阻，其中 RX 型电阻器适用于低频电路，RH 型合成膜电阻器和 RS 型有机实心电阻器适用于几十兆赫的电路中，RT 型碳膜电阻器适用于频率 100Hz 左右的电路中，RJ 型金属膜电阻器和 RY 型氧化膜电阻器适用于频率高于 100MHz 的高频电路中。

⑤ 根据电路对温度稳定性的要求选择电阻，实心电阻器温度系数较大，碳膜电阻器、金属膜电阻器、玻璃釉膜电阻器温度特性较好，线绕电阻器温度系数较小，阻值最稳定。

⑥ 根据安装位置选择电阻器，由于制作工艺不同，相同阻值、相同功率的电阻器体积大小也不相同，例如相同阻值相同功率的金属膜电阻器体积是碳膜电阻器的 1/2 左右，因此应根据电子产品的安装位置和电子产品自身体积大小选择合适的电阻器。

⑦ 根据工作环境选择电阻器。

2）阻值确定方法。

① 色环电阻的阻值可以用色环来确定。

② 用数字万用表（本书中所述万用表皆为数字万用表）测量电阻值，选用万用表电阻档，在测量之前要记录表笔短接时的电阻值之后再进行测量，然后计算出实际电阻值（测量值减去表笔短接时的电阻值）。注意，测量电阻器阻值之前最好将万用表电阻档调到最大量程，然后根据测得的电阻值再重新选择量程进行测量。

③ 测量时手不能碰触万用表表笔和电阻器导电部分。

④ 如果需要测量的电阻器在电路中，必须将电阻器拆下或者至少焊开一端，避免电路

中的其他元器件对电阻器的阻值产生影响。

3）故障检测。

① 观察电阻器是否有明显的断裂现象。

② 用万用表测量电阻器的电阻值，如果测量结果为0，电阻器短路损坏；测量结果为无穷大，电阻器开路损坏。

4. 电位器

电位器为实际上阻值连续可调的可变电阻器，由一个电阻体和一个转动或滑动端组成。

（1）电位器的阻值：电位器的阻值是变化的，其最大阻值通常直接标在电位器的外壳上，最小阻值理论上是0。

（2）电位器的选用与检测：

1）根据使用要求选用电位器，如音频放大电路需要选用双联同轴电位器，中高频电路需要选用碳膜电位器等。

2）合理选择电位器的参数，包括额定功率、标称电阻值、允许误差、分辨率、最高工作电压等。

3）根据阻值变化规律选用电位器，如音响器材中的音频控制应选用对数型电位器，音量控制应选用指数型电位器。

（3）电位器动触点的辨别方法：

1）电位器三个引脚的中间一个为动触点。

2）用万用表测量三个引脚中任意两个的电阻值，当测得的电阻值与标称阻值相等时，此为固定引脚，剩余一个为动触点引脚。

（4）阻值确定方法：

1）测量电位器两端的引脚得到的是电位器的最大阻值。

2）测量中间引脚与任一端引脚之间的电阻值，通过改变电位器的可调旋钮可以得到从0到最大值之间的任意电阻值。

（5）故障检测：

1）观察电阻器是否有明显的损坏现象。

2）用万用表接电位器的两端引脚进行测量，并与标称值进行比较，如果阻值为零或者比标称值大很多，则电位器损坏，如电阻值不停变化，可能是电位器内部接触不好。

3）检测可变引脚与固定引脚之间的电阻值，如果阻值从最小到最大连续变化，并且最小值接近0，最大值接近标称值，则电位器是好的，如果阻值间断或者不连续，说明电位器滑动端接触不好，电位器不能使用。

5. 光敏电阻器

是基于内光电效应制成的。

（1）光敏电阻器的特点：对光线非常敏感。无光照时，光敏电阻器呈现高电阻状态，此时的电阻称为暗阻。当有光照时，电阻值迅速减小，此时的电阻称为亮阻。对于光敏电阻器来说，暗阻越大越好，而亮阻则越小越好。其结构、电路符号和实物图如图3-1-6所示。

（2）光敏电阻器的种类：根据制作光敏层所用的材料不同，光敏电阻器可以分为多晶

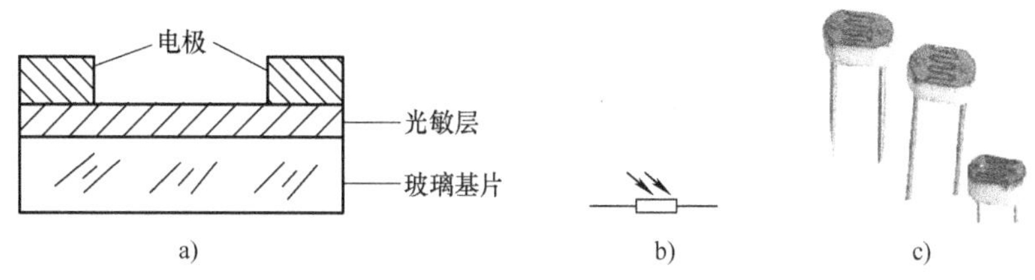

图3-1-6 光敏电阻器
a）结构图 b）电路符号 c）实物图

光敏电阻器和单晶光敏电阻器两类。根据光敏电阻器的光谱特性，可分为紫外光光敏电阻器、可见光光敏电阻器和红外光光敏电阻器等。

（3）光敏电阻器的选用与检测：

1）选用原则。

① 因为光敏电阻器对光特别敏感，因此在选用时首选确定电路对光敏电阻器的光谱特性有何要求，是选可见光光敏电阻器，还是选红外光光敏电阻器。

② 需要确定亮阻和暗阻的范围。

2）故障检测。

① 将数字万用表的功能开关设置在电阻档（“Ω”），测量时量程可以选择大一些。

② 打开数字万用表，将红、黑表笔分别接触光敏电阻器的两个引脚，则此万用表显示出这个光敏电阻器的阻值。

③ 用手或黑色的纸/布将光敏电阻器的透光窗口遮住，则万用表所显示的数值变大甚至接近无穷大，阻值越大，说明光敏电阻器的光敏性能越好。

④ 光敏电阻器的灵敏性的检测。将手或黑色的纸/布放在光敏电阻器的透光窗口上移动，使它间断地受光，随着手或黑色的纸/布的移动，万用表显示的数值不断地变大或变小，则说明该光敏电阻器是正常的。如果万用表显示的数值不随手或黑色的纸/布的移动而变化，则说明这个光敏电阻器已损坏。

6. 电阻器的代换

（1）固定阻值电阻器的代换：尽量选用规格相同、型号相同、阻值相同的电阻器；如找不到相同阻值的电阻器，可采用电阻串并联的方法得到，用串联的方法得到高阻值的电阻，用并联的方法得到低阻值的电阻，但是要在满足电路设计的要求条件下才能替换。

（2）电位器的代换：应遵循规格相同、型号相同、阻值相同的原则。

1.1.2 电容器

电容器通常称为电容，是由中间夹有电介质的两块金属板构成的一种电路元件，是一种储能元件。在电路中起到调谐、耦合、旁路、隔直、滤波、延时等作用。

1. 分类

按介质材料分为涤纶电容、云母电容、瓷介电容、电解电容等；按电容的容量能否变化分为固定电容、半可变电容（又称微调电容，电容值变化范围较小）、可变电容（电容值变化范围较大）等；按电容的用途分为耦合电容、旁路电容、隔直电容、滤波电容等；按有无极性分为电解电容（有极性电容）和无极性电容。

2. 表示方法

电容通常用 C 表示，电路符号及实物如图 3-1-7 所示。

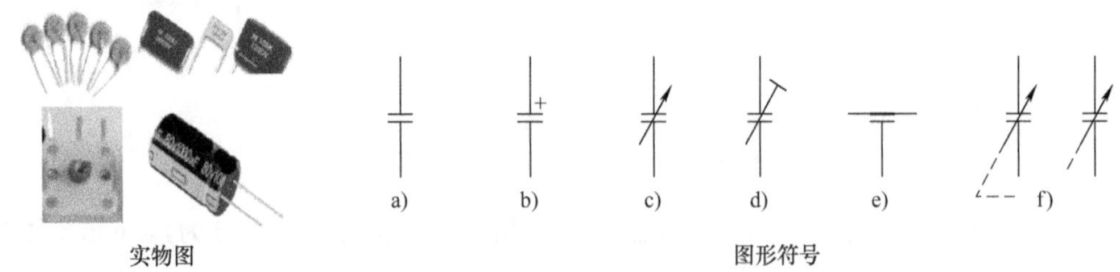

图 3-1-7　电容

a）一般符号　b）极性电容器　c）可变电容器　d）微调电容器　e）穿心电容器　f）双联同轴可变电容器

3. 容值表示方法

电容的标注方法与电阻标注方法相同，有直标法、文字符号法、数字表示法、色标法。

（1）直标法：即将电容的容值与偏差直接标注在电容体上，如：“250V 2000pF ±10%”。

用直标法标注的容值，有时并不标出容量的单位，识读方法为：凡容值大于 1 的无极性电容器，它的容量单位为 pF，例如 2000 表示容量为 2000pF。凡容量小于 1 的电容器，它的容量单位为 μF，例如 0.1 表示容量为 0.1μF。凡是有极性电容器，容量的单位都是 μF，例如 10 表示容量为 10μF。

（2）文字符号法：将容值整数部分标注在容值单位标志符号前面，容值小数部分标注在容值单位标志符号后面，容值单位符号即相当于小数点的位置。例如，4p7 表示容值为 4.7pF 的电容。还有一种表示是在数字前标注有 R 字样，相当于标志符号前的 0 省略不写，则容值为零点几微法，例如，R47 就表示容值为 0.47μF。

（3）数字表示法：是最常见的一种标注方法，一般用 3 位数字表示电容器容量的大小。单位为 pF，其中前两位为有效数字，第三位为倍率 10^i，i 为第三位有效数字。例如，103 表示容值为 10×10^3pF = 10000pF。若第三位为 9，则表示 10^{-1}，例如，229 表示容值为 22×10^{-1}pF = 2.2pF。

（4）色标法：是指用不同色环按照规定的方法在电容器上标出电容器主要参数的方法，与电阻的色标法类似，标注的颜色也与电阻色标法相同。色标法的单位是 pF，是色环从电容顶端向电容器引脚排列，前两环为电容器容量的有效数字，第三环表示乘方数，即零的个数，第四环表示允许误差，第五环表示额定工作电压。

4. 容值确定方法

1）通过容值的标注确定容值。

2）将万用表置于电容档，测量出电容值，如果所测电容值与标定电容值相差较大，则电容老化严重或者损坏。

5. 可变电容器

可变的电容器一般由相互绝缘的两组金属极片组成，其中固定的一组称为定片，可旋转的一组称为动片，当旋转动片一定角度时，就可以达到改变电容量大小的目的，如半导体收音机中的双联电容。

6. 电容器的选用原则

（1）根据电容所在电路的特点选择：例如，对于要求不高的低频电路和直流电路可选用纸介质电容器和低频瓷介质电容器；在高频电路中可选用云母电容器、高频瓷介质电容器或穿心瓷介质电容器；在要求较高的中低频电路中，可选塑料薄膜电容器；在整流、滤波、去耦电路中可选用铝电解电容器；对于要求可靠性高、稳定性高的电路中，应选用高压瓷介质电容器或其他类型的高压电容器；对于调谐电路，可选用可变电容器及微调电容器。

（2）根据额定电压来选择：一般要求选用的电容器额定电压是实际工作电压的 1.5～2 倍，当有脉动电压时，额定电压应为脉动最高电压，当用于交流时，额定电压随频率的增加要相应增大，当应用环境温度较高时，额定电压还要选用得更大。

（3）根据容量和精度选择：尤其注意在振荡、延时及音调或高压电路中电容量要求非常精确，容量及误差要满足电路要求。

（4）根据使用环境来选择：在高温工作环境中要选择温度系数小的电容器，在寒冷的环境中要选择耐寒的电解电容器，在风沙或湿度大的环境，要选择密封型的电容器。

（5）考虑安装现场的要求：电容器的外形有很多种，选用时应根据实际情况来选择电容器的形状及引脚尺寸。

7. 故障检测

电容器使用之前必须进行测量，从而判断电容器的好坏。

1）电容器损坏严重可以直接从外观上看出，如电解电容器“鼓了”，即电容器已经超过耐压值使用而损坏。

2）用万用表欧姆档测电容（容量大于 5000pF）的漏电阻。漏电阻 $R\geqslant500\text{k}\Omega$，否则电容损坏。

3）检测电容的充电过程，如不存在则电容损坏。

4）对于可变电容器用手旋动转轴，感觉应该十分平滑，不应有时松时紧及卡滞及松动现象。

8. 特殊电容的判断

（1）电解电容极性判断：

1）全新的电解电容器长引脚为正，短引脚为负。

2）此外负极有标注“－”。如图 3-1-8 所示。

3）用万用表测漏电阻，分别对两个引脚进行测量，漏电阻小的一次，黑表棒接触的是负极。

（2）双联电容引脚判断：双联电容是两个可调电容同轴调节变容量的电容，用于收音机上的调台。双联电容有字面面向自己，从左向右依次为天线联、接地端、振荡联。

图 3-1-8　电解电容极性判定

9. 电容器的代换

（1）中小容量电容器的代换：一般在低频电路中，用容量相同的电容器代换，但是应注意代换电容器的耐压值不应小于原电容器的耐压值，容量差别最好在30% ~50%之间，不会有明显的影响；对于旁路电容、耦合电容可选用高容量的电容器代换，除此之外还可以用等容量的高频电容器代换；但高频电路中，必须考虑电路的频率特性，不能用低频电容器代换。

（2）电解电容器的代换：代换时应注意代换电容器的容量和耐压值。

（3）可变电容器的代换：代换时需要采用规格相同、型号及容量变化方位相同的可变电容器代换。

（4）不可随意更改电容容量：对于振荡电路的电容不允许随意更改容量，否则会使振荡频率变化，影响电路正常工作；对于分频电路也不能随意改变电容器的容量，如果改变容量将会造成分频点混乱。

（5）不同类型电容间的代换：云母电容器、瓷介质电容器可代换纸介质电容器，瓷介质电容器可代换云母电容器与玻璃釉电容器，钢电解电容器可代换铝电解电容器。

（6）电容器串并联的代换：当没有合适容量电容器时，可采用电容器的串并联来实现，串联电容器的耐压值可以提升，但是电容器的容量会减小，并联的电容器的容量会增大，但是不能提升耐压值，并联之后电容器耐压值最低的那个应该不小于原电容器耐压值。

1.1.3 电感器

电感器是利用电磁感应原理制成的元件，用绝缘导线绕制而成，也称为电感线圈，简称电感。在电路中具有隔直通交的作用，用于电路的耦合、滤波、阻流、补偿、调谐、振荡等。

1. 电感器的分类

在无线电元器件中，电感器分为两大类：一类是利用自感原理制成的线圈，称为电感线圈；一类是用互感原理制成的变压器或者互感器。

2. 电感线圈

（1）分类：电感线圈的种类很多，通常按电感形式分为固定电感线圈、可变电感线圈；按电感线圈导磁体性质可分为空心线圈、铁氧体线圈，铁心线圈、铜心线圈；按工作性质分为天线线圈、振荡线圈、扼流线圈、偏转线圈等；按绕线结构分为单层线圈、多层线圈、蜂房式线圈。

（2）表示方法：通常用 L 表示，电路符号及实物如图3-1-9所示。

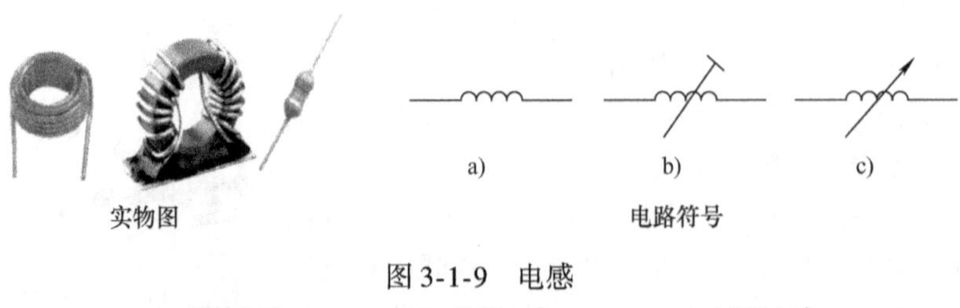

图3-1-9 电感

a）普通电感　b）微调电感　c）可调电感

（3）电感量的表示方法：电感的识别方法与电阻、电容相似，有直标法，文字符号法和色标法，其中色标法与电阻色标法相同，此时的单位为μH，这里不再介绍。

（4）选用原则：

1）电感器的电感量、额定电流必须满足电路的要求。

2）要明确选用电感应满足的频率范围，一般铁心电感器只能用于低频电路中，铁氧体电感器、空心电感器用于高频电路中，100MHz 以上应选用空心线圈电感器。

3）电感器的封装要满足电路设计要求。

4）在电感量需要变化的场合则需要选用可变电感。

（5）故障检测：

1）检查电感线圈有无断线或者烧焦情况，线圈绝缘漆是否掉落。

2）测量电感线圈的直流电阻，如果所测阻值比标称阻值大许多，则线圈是坏的；如相差不多，则线圈是好的；电阻值为 0 说明电感内部线圈有短路故障；电阻值为无穷大说明电感器内部线圈与线圈接点处发生了断路故障。

3）具有金属屏蔽罩的电感线圈要检测线圈与屏蔽罩之间是否短路。

4）可变电感还要检测电感量是否平滑变化。

（6）电感线圈的代换：

1）电感线圈必须原值代换、即匝数相同、大小相同。尤其是高频电路中的空心电感线圈，不能改动线圈原来的位置。

2）电感量和标称电流相同的色码电感或小型固定电感线圈可以代换。

3. 变压器

（1）变压器分类：按照工作频率的不同分为低频变压器、中频变压器、高频变压器；按导磁性质可分为空心变压器、磁心变压器、铁心变压器等；按传输方式可分为电源变压器、输入变压器、输出变压器、耦合变压器。

（2）表示方法：变压器通常用 T 表示，电路符号及实物如图 3-1-10 所示。

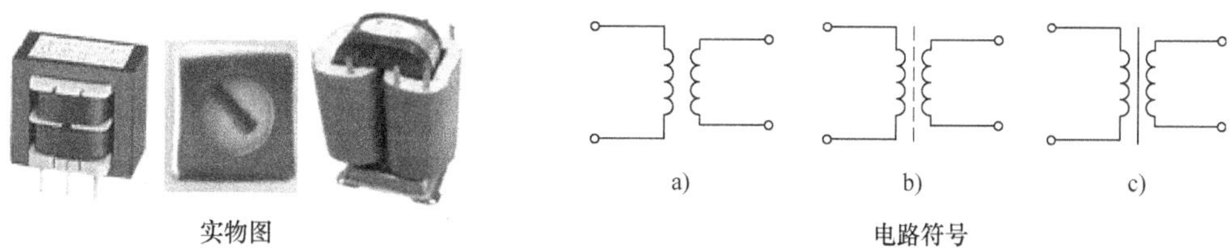

图 3-1-10　变压器

a）空心变压器　b）铁氧体磁心变压器　c）铁心变压器

（3）变压器同名端的判断：同名端判断方法如下：如图 3-1-11 所示，一般阻值较小的绕组可直接与电池相连。当开关闭合的一瞬间，万用表指针正偏，则说明 1、4 脚为同名端。若反偏，则说明 1、3 脚为同名端。

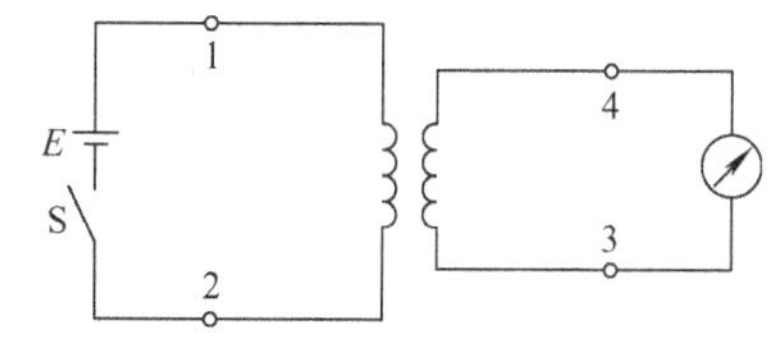

图 3-1-11　变压器同名端的判断

（4）变压器一、二次绕组区分：一般电源变压器一次绕组多标有 220V 字样，二次绕组则标出额定电压值，如 5V、15V 等，一次绕组漆包线比较细，匝数比较多，二次绕组漆包线比较粗，匝数比较少。还可以通过测量直流电阻来区分，一次绕组的直流电阻要比二次绕组的直流电阻大得多。

升压变压器进线侧（也就是一次侧）匝数少，减压变压器的一次绕组匝数多，可以通过测量阻值确定。

（5）中周：中周即中频变压器，是超外差式收音机和黑白电视机的特有选频元件。其外壳起屏蔽作用外，还起导线的作用，所以中周外壳必须接地。焊接实例中可根据颜色区分是第几中周；还可根据变压器线圈的内阻区分。

（6）选用标准：选用变压器时，应根据电路的具体参数要求选用，还需要根据不同的使用场合选用不同类别的变压器，同时考虑电路的安装条件和安装位置选择。

（7）故障检测：

1）通过观察外观，检查变压器是否有明显的异常现象。如线圈引脚是否断裂、脱焊，绝缘材料是否有烧焦痕迹，铁心紧固螺杆是否有松动等。

2）变压器的性能检测方法与电感大致相同，不同之处在于：检测变压器之前，先了解该变压器的连线结构。在没有电气连接的地方，其电阻值应为无穷大；有电气连接之处，有其规定的直流电阻（可查资料得知）。

（8）代换原则：变压器代换时应注意规格、型号和电感量是否与被代换的变压器相同。

1.2 半导体分立器件

半导体分立器件是利用半导体材料制成的器件的总称。半导体器件的导电性介于导体和绝缘体之间，可做整流器、振荡器、放大器等。

1.2.1 二极管

二极管是由一个 PN 结、两条电极引线以及管壳封装构成的，其最大特点是单向导电性，具有稳压、整流、检波、开关、光/电转换等作用。

1. 分类

二极管的种类很多，按材料分为硅二极管、锗二极管、砷二极管等；按结构不同可分为点接触型二极管和面接触型二极管；按用途不同可分为整流二极管、检波二极管、稳压二极管、变容二极管、发光二极管、光电二极管等；按照工作原理分为隧道、变容和雪崩二极管等。

2. 表示方法

二极管用 VD（也有用 D 表示）表示，电路符号及实物如图 3-1-12 所示。

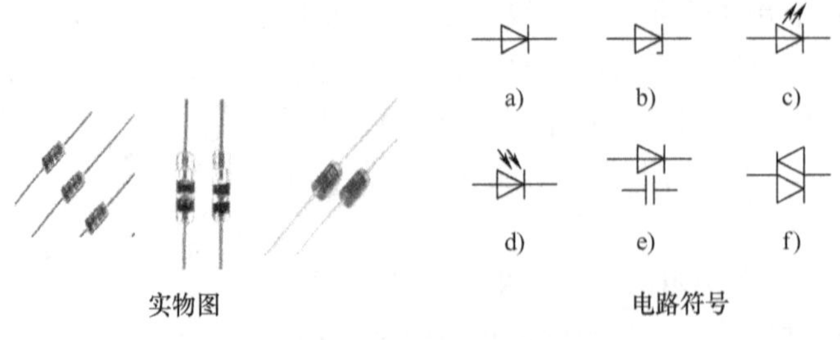

图 3-1-12　二极管

a）普通二极管　b）稳压二极管　c）发光二极管　d）光电二极管　e）变容二极管　f）双向触发二极管

3. 二极管极性判定

（1）一般二极管极性判定：

1）一般小功率二极管有色环的一端为负极，塑封用白色环标记、玻璃封装用黑色标记负极。如图 3-1-13 所示。

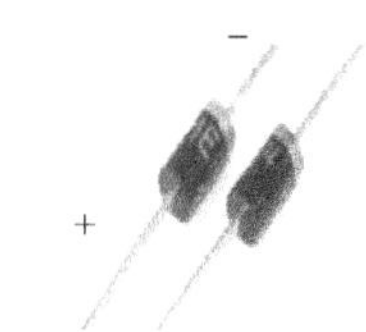

图 3-1-13　二极管极性判定

2）使用数字万用表二极管档，红黑表笔接二极管两引脚，如果有示数则红表笔接触的一端为正极，另一端为负极，如果没有示数，反过来再测量，显示的示数是二极管的正向导通电压。

3）用万用表电阻档测二极管两引脚之间的电阻，然后交换表笔再测量一次，两次测量的二极管电阻值一大一小，则二极管是好的，同时测量阻值较小的一次黑表笔所接的那端为正极、红表笔所接的那一端则为负极。如果两次测得的电阻值都很小，则二极管内部短路，如果两次测得的电阻值都很大，则说明二极管内部断路。如果两次测得的阻值相差不大，说明二极管的性能很差，也不能使用。二极管反向电阻与正向电阻的比值越大越好。

（2）光电二极管极性判定：光电二极管的极性判别如图 3-1-14 所示。

1）全新的光电二极管引脚长的为正极，短的为负极。

2）将光电二极管拿到明亮处，从侧面观察它的两条引脚在管体内的形状，较大的是正极，较小的是负极。

3）用万用表进行判别，当无光照射时与普通二极管一样，通过正反向电阻值大小区分正负极，当有光照射时万用表会显示出电阻值，当光照很强时，电阻值会很小。

（3）发光二极管极性判定：发光二极管的极性判别如图 3-1-15 所示。

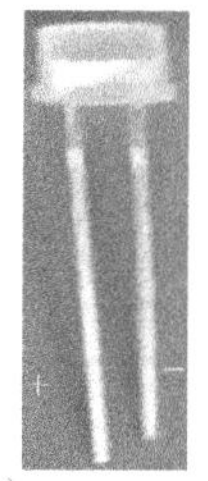

图 3-1-14　光电二极管极性判定

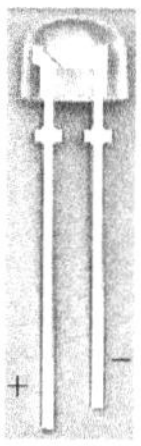

图 3-1-15　发光二极管极性判定

1）全新的发光二极管长引脚为正、短引脚为负。

2）将发光二极管拿到明亮处，从侧面观察它的两引脚在管体内的形状，较小的是正极，较大的是负极。

3）用万用表二极管档，可使发光二极管点亮，此时红色表笔所接一端为正极，黑色表笔所接一端为负极。

4. 选用原则

根据二极管的最大整流电流、反向工作峰值电压、反向峰值电流、工作频率等参数进行选择。另外根据电路的用途、要求选择不同功能的二极管。

5. 二极管的检测

（1）一般二极管性能检测：使用数字万用表二极管档，用红黑表笔分别接二极管两引脚，一般硅管正向压降为 0.5 ~ 0.7V，锗管正向压降为 0.1 ~ 0.3V，若显示值过小或接近于

0，则说明管子短路；若显示“OL”或“1”过载，则说明二极管内部开路或处于反向状态。还可用万用表测量二极管的正反向电阻来判断二极管的好坏。

(2) 光电二极管的故障检测：

1) 确定好光电二极管的极性后，用黑纸片将光电二极管的透明窗口遮住，用万用表测电阻，正向电阻值应为10～20kΩ，反向电阻值无穷大，管子可用。否则管子损坏。

2) 进行光照特性测试，随着光照强度的增加，如果万用表测得的阻值逐渐减小，说明光电二极管是好的，否则管子损坏。

(3) 发光二极管的性能检测：

将万用表置于二极管档，用万用表两表笔交替接触发光二极管的两引脚，则必定有一次能正常发光。如果发光二极管性能良好，如不发光则管子损坏。

6. 二极管的代换

普通整流二极管最好用同规格、同特性参数的管子代换，反向电流相同时，耐电压高的可以代替耐电压低的；肖特基二极管正向电压降相同时，耐电压高的可以代替耐电压低的，快速恢复二极管和高效率二极管恢复时间相同时，耐压高的可以代替耐压低的。检波二极管只要工作频率能满足要求的二极管均可代替。

1.2.2 晶体管

晶体管由两个PN结构成，主要功能是电流放大、电压放大、功率放大和开关作用等。本节中仅介绍双极型晶体管。

1. 分类

晶体管种类很多，从结构上可分为NPN型和PNP型两种，从材料上可分为硅管和锗管，从工作频率上可分为高频管、低频管和开关管，从功率上可分为大功率管和小功率管，从封装形式上可分为塑封管、金封管和片状管。

2. 表示方法

晶体管用V（也有用T）表示，电路符号和实物如图3-1-16所示。

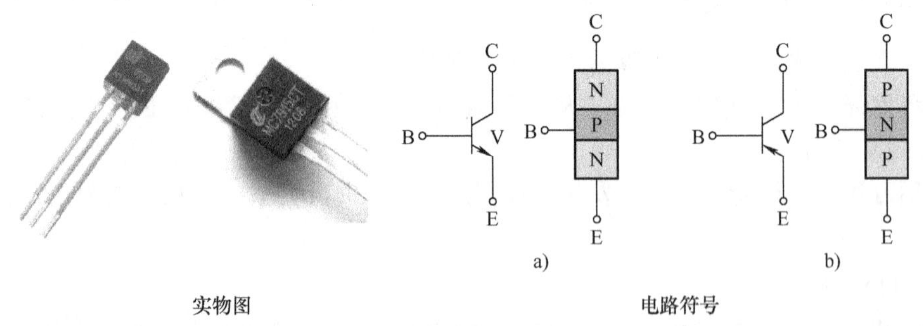

图3-1-16 晶体管

a) NPN型 b) PNP型

3. 极性判断

1) 有字面向上，从左向右依次为E极、B极、C极。如图3-1-17所示。

2）用数字万用表判断晶体管引脚极性，先判断基极和管子类型，然后判断集电极和发射极。

判断基极：测量小功率晶体管每两个电极之间的正反向电阻值。当第一支表笔接触某一电极，第二支表笔先后接触另外两个电极测量电阻值，如果均测得低电阻值，则第一支表笔接触的电极为基极。如果测量时红表笔接触的是基极，则此管为 NPN 型，如果黑表笔接触的电极为基极，则此管为 PNP 型。

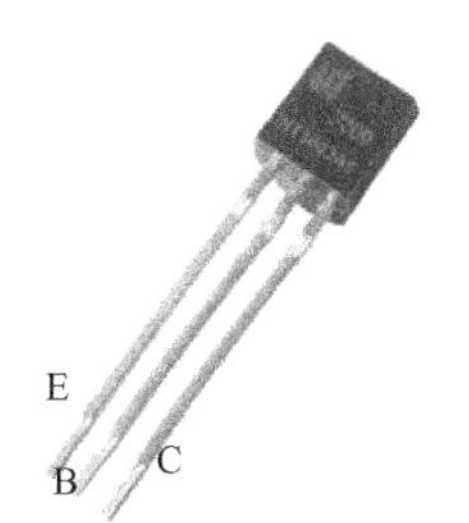

图 3-1-17　晶体管极性判定

判断集电极和发射极：由于晶体管的制作工艺，可以根据测得的电阻值大小判断出集电极和发射极。如果所测的晶体管为 NPN 型，黑表笔接触基极，用红表笔分别接触另外两个引脚时，测得的阻值会一个大一些一个小一些，其中阻值小的那次测量，红表笔所接引脚为集电极，阻值较大的一次测量，红表笔所接的引脚为发射极。PNP 型方法相同。

将万用表打到 h_{FE}一档，根据判定的管子类型插入到测试孔，如果管子的 h_{FE}值在正常范围内则管子是好的，否则是坏的。

4. 选用原则

根据电流放大系数 h_{FE}、集电极最大电流 I_{CE}、集电极最大耗散功率 P_{CM}、特征频率 f_T、反向击穿电压等方面进行选择考虑，以满足各种不同电路对晶体管的要求。

5. 故障检测

用万用表电阻档测晶体管两个 PN 结正反向电阻的大小，如正反向电阻都很小，说明管子有击穿现象；都为无穷大，说明管子内部出现断路现象；如相差不大，说明管子性能变坏。用万用表测管子的 h_{FE}值，根据测得值判断好坏。

6. 双极型晶体管的代换

代换时需要选用与原晶体管参数相近的晶体管进行代换。

1）极限参数高的可以代替极限参数低的晶体管。

2）放大倍数高的晶体管可以代替放大倍数低的晶体管。

3）性能好的可以代替性能差的晶体管。

4）高频开关晶体管可以代替普通低频型的晶体管。

5）硅管与锗管可相互代用，但要注意类型要相同。

1.2.3　场效应晶体管

场效应晶体管是利用电场效应来控制电流的一种半导体器件，是一种电压控制元器件。它的输出电流决定于输入电压的大小，基本上不需要信号源提供电流。它的主要作用是放大、阻抗变换，可作为恒流源、电子开关及可变电阻等。

1. 分类

按结构不同场效应晶体管分为两类，一类为结型场效应晶体管，另一类为绝缘栅场效应晶体管。绝缘栅场效应晶体管也称 MOS 场效应晶体管，本节只介绍 MOS 场效应晶体管。MOS 场效应晶体管按照工作状态可分为增强型和耗尽型两类，每类有 P 沟道和 N 沟道之分。

2. 表示方法

绝缘栅场效应晶体管电路符号及实物如图 3-1-18 所示。

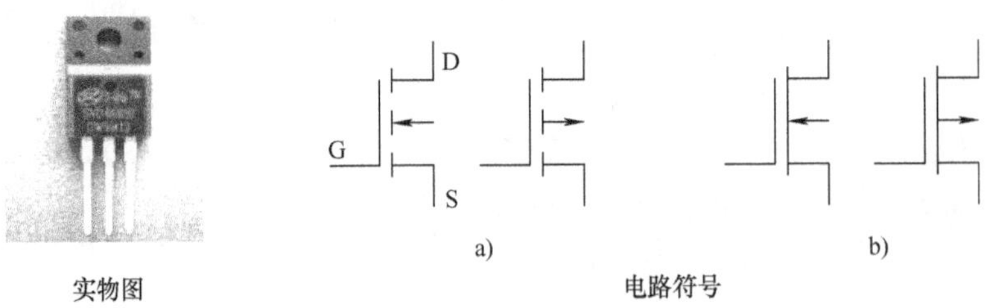

图 3-1-18 绝缘栅场效应晶体管

a）增强型 b）耗尽型

3. 极性判别

1）MOS 场效应晶体管带字面向上，不管是 N 沟道还是 P 沟道，从左到右依次为栅极 G、漏极 D、源极 S，如图 3-1-19 所示。

2）必须用专用测试仪器进行测试。

4. 选用原则

确定是选用 N 沟道还是 P 沟道，根据额定电流、热要求、开关性能等进行选择。

图 3-1-19 MOS 场效应晶体管极性判定

5. MOS 场效应晶体管运输使用时的注意事项

在运输、贮藏过程中必须将引出引脚短路，并要用金属屏蔽包装，以防止外来感应电势将栅极击穿，保存时应放入金属盒内，而不能放入塑料盒。在使用时要求从元器件架上取下时，应以适当方式确保人体接地；焊接时电烙铁和电路板都应有良好的接地，焊接引脚时，先焊接源极，在接入电路前，管子的全部引脚保持相互短接状态，焊接完毕后才允许把短接材料去掉。

6. 故障检测

对于结型场效应晶体管，根据其结构特点可用万用表检测 G、D、S 极之间的电阻值，如均有固定电阻值，则管子良好。如阻值趋于零或者无穷大，则管子损坏。MOS 场效应晶体管输入阻抗极高，极易被感应电荷击穿，因而不能随便用万用表测量器件参数。

7. 代换

用参数相同或相近的管子进行代换。

1.2.4 晶闸管

晶闸管（旧称可控硅）具有单向导电性，是一个可控导电开关，通过它可用弱电来控制强电的各种电路。常用于整流、调压、交直流变换、开关、调光等控制电路。

1. 分类

晶闸管按其关断、导通及控制方式可分为普通晶闸管、双向晶闸管、逆导晶闸管、门极关断（GTO）晶闸管、温控晶闸管和光控晶闸管等；按其引脚和极性可分为二极晶闸管、三极晶闸管和四极晶闸管；按其封装形式可分为金属封装晶闸管、塑封晶闸管和陶瓷封装晶闸管；按电流容量可分为大功率晶闸管、中功率晶闸管和小功率晶闸管三种；按其关断速度可分为普通晶闸管和高频（快速）晶闸管。

2. 表示方法

晶闸管用VT（或者V）表示。电路符号及实物图如图3-1-20所示。

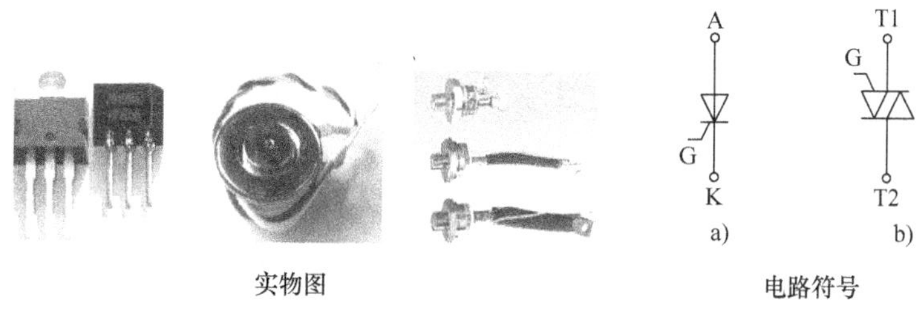

图3-1-20　晶闸管

a）单向晶闸管　b）双向晶闸管

3. 极性判别

几种常见封装引脚排列如图3-1-21所示。

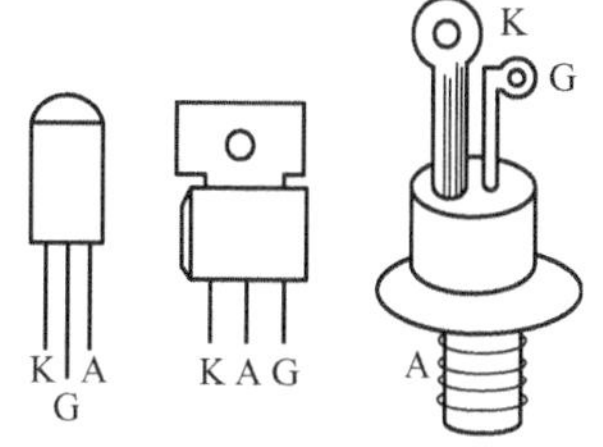

图3-1-21　晶闸管极性判别

（1）用万用表判别晶闸管的极性：螺栓型和平板型晶闸管的三个电极形状区别很大，可以直接区分，不需要再进行判别。有时为了便于和触发电路连接，在其阴极上另外引出一根较细的引线，这样该晶闸管便有四个电极，由于它和阴极直接相连，所以也很容易区别出来。

（2）塑封型小功率晶闸管判别：可用万用表的电阻档测任两脚的正反向电阻，两者皆为无穷大时这两极即为阳极和阴极，另一脚为控制极，然后用黑表笔接控制极，红表笔分别接另外两极，电阻小的一脚为阴极，电阻大的一脚为阳极。

（3）单向晶闸管的极性判别：单向晶闸管控制极与阴极之间有一个PN结，而阳极与控制极之间有两个反极性串联的PN结。因此用万用表电阻档可首先判定控制极G。将黑表笔接某一电极，红表笔依次碰触另外两个电极，所测阻值一次很小，约为几百欧，一次很大约为几千欧，则黑表笔接的是控制极G，如不是则重新测量找到控制极G。其中阻值小的那一次红表笔接的是阴极，阻值大的那一次红表笔接的是阳极。若两次测的阻值都很大，说明黑表笔接的不是控制极，应改测其他电极，并重新判断。

（4）双向晶闸管极性判别：

1）由双向晶闸管的内部结构图和等效电路结构可见，G极与第一电极T_1靠近，与第二电极T_2较远。由此可见$G-T_1$之间的正反向电阻都很小，只有几十欧姆。T_2-G，T_2-T_1之间的正反向电阻都很大。由此可知，当用万用表分别测量双向晶闸管的G、T_1、T_2时，如果某极与其余两极都不相通，成开路状态，则该极为T_2极。

2）T_2确定之后，首先假定剩余一极为T_1，另一极为G。将万用表置于低阻档，不区分表笔极性测量两电极的电阻值，然后再交换表笔测量电阻值。两次测量的电阻值为几十欧至100Ω。仔细比较两次的测量结果，电阻值为一大一小，在得到电阻值较小的那一次测量中，

黑表笔所接的即是 T_1，红表笔所接的则为 G。

4. 选用原则

根据晶闸管的额定电流、浪涌电流、控制极参数、擎住电流、重复峰值电压、断态电压临界上升率、通态电流临界上升率等参数选择。

5. 故障检测

1）若断开控制极（G）后，单向晶闸管仍维持导通状态，则单向晶闸管基本正常。

2）如果双向晶闸管具有双向触发导通的能力，则该双向晶闸管正常。如果无论怎样检测均不能使双向晶间管触发导通，表明该管已损坏。

3）双向晶闸管 $G-T_1$ 之间的正反向电阻都很小，T_2-G，T_2-T_1 的正反向电阻都很大，用万用表测量电阻值，如果满足上述要求，则晶闸管是好的，否则是坏的。

6. 晶闸管的代换

可选用与原晶闸管性能参数相近的其他型号晶闸管代换，代换时要注意其额定峰值电压、额定电流、正向压降、门极触发电流及触发电压、开关速度等参数。还要注意一点，代换时最好选用同外形的晶闸管。

1.3 电声器件

电声器件是指可以将音频电信号转换成声音信号或者能将声音信号转换成音频电信号的器件。它是利用电磁感应、静电感应或压电效应等来完成电声转换的。常见的电声器件有扬声器、传声器、拾音器、耳机、蜂鸣器等。本节主要介绍扬声器和传声器。

1.3.1 扬声器

扬声器（俗称喇叭）是一种把音频电信号转换成声音信号的电声器件。

1. 分类

按结构可分为内磁扬声器和外磁扬声器；按放声频率可分为低音扬声器、中音扬声器、高音扬声器、全频带扬声器；按工作原理可分为电动式扬声器、电磁式扬声器、静电式扬声器和压电式扬声器。从外观看可分为锥盆扬声器、球顶扬声器、平板扬声器和号筒扬声器。扬声器如图 3-1-22 所示。

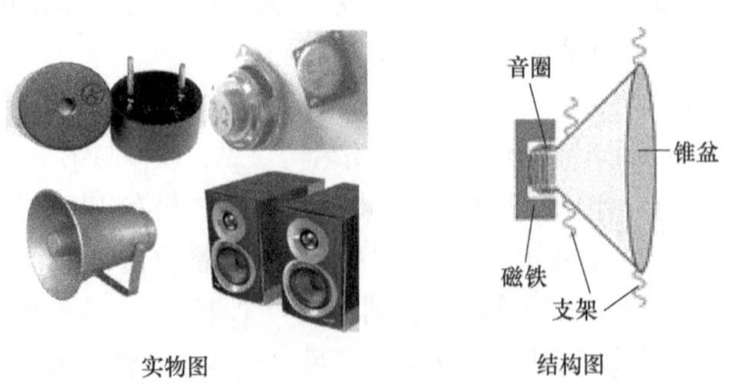

图 3-1-22 常见扬声器

2. 结构图

扬声器结构图和实物图如图3-1-22所示。主要包括磁铁、音圈、锥盆和支架。

3. 选用原则

应根据使用的场合和对声音的要求，结合扬声器的不同特点来选择。如在室外可以选用电动式号筒扬声器；要求音质较高则选择电动式扬声器，室内一般广播可选择单个电动纸盆式扬声器。需要高音质的场合可以选择由高、低音扬声器组合。

4. 极性判别

扬声器的两根引线分别是音圈的头和尾引线，引线极性一般在背面的接线支架上用“+、-”符号标出。单支扬声器使用时可不分正负极性，多只扬声器同时使用时两个引线有极性之分。

（1）用电池判断：如无标注极性，在多只扬声器同时使用时必须进行判断。将扬声器的两引线分别接电池正负极，如果扬声器纸盆向前运动，则电池正极所接的引线端为扬声器的正极；如果扬声器的纸盆向后运动，则电池正极所接引线端为扬声器的负极。

（2）用两只扬声器判断：将两只扬声器引线任意并联起来，然后接到功率放大器的输出端，给两只扬声器馈入电信号，此时两只扬声器会同时发声。然后将两只扬声器口对口地接近，如果此时声音越来越小，则说明两只扬声器是反极性并联的。如不是则两只扬声器是同极性并联。

5. 扬声器使用注意事项

1）不能超过额定功率使用。

2）使用时要注意阻抗匹配。即扬声器的阻抗要与功率放大器的输出阻抗匹配，否则会引起功率损耗和谐波失真。

3）多个扬声器使用时需要注意极性问题。

4）注意防潮防振，远离高温元器件等。

1.3.2　传声器

传声器是将声音信号转变为电信号的声电元件。又叫话筒、微音器，是我们生活中常说的“麦克风”。

传声器的种类很多，有铝带式、碳粒式、动圈式话筒、驻极体话筒、电容式话筒等。目前常用的是驻极体话筒和动圈式话筒。

（1）驻极体话筒：由一片单面涂有金属的驻极体薄膜与一个上面有若干小孔的金属电极（背电极）构成，其中背面与外壳相连的一脚为负极，当多个驻极体话筒共同使用时必须注意极性，如图3-1-23所示。

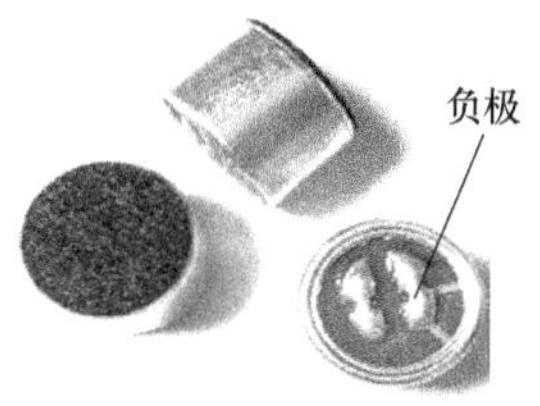

图3-1-23　驻极体话筒的实物图

（2）动圈式话筒：动圈式话筒是利用电磁感应原理制成的，其结构图及实物图如图 3-1-24a、b 所示。

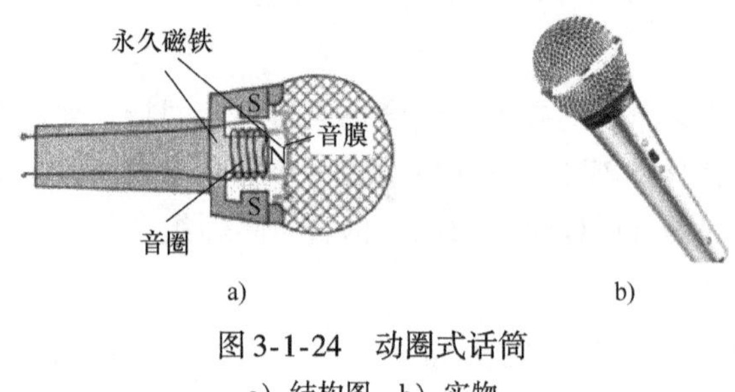

图 3-1-24　动圈式话筒

a）结构图　b）实物

1.4　开关、接插元件和继电器

1.4.1　开关

开关是利用机械力或电信号的作用完成电气接通、断开等功能的元器件。它的突出特点是接触可靠性。如果接触不可靠，不仅会影响电信号和电能的传输，而且也是噪声的主要来源之一。开关的品种繁多，在此仅做简单介绍。

1. 开关的电路符号及分类

开关的电路符号如图 3-1-25 所示。开关的种类很多，按照机械动作的方式可分为旋转式开关、按动式开关和波动式开关。按照结构和工作原理，主要分为单刀开关、多刀开关、单刀多掷开关、多刀多掷开关等。常用开关的电路符号如图 3-1-25 所示。

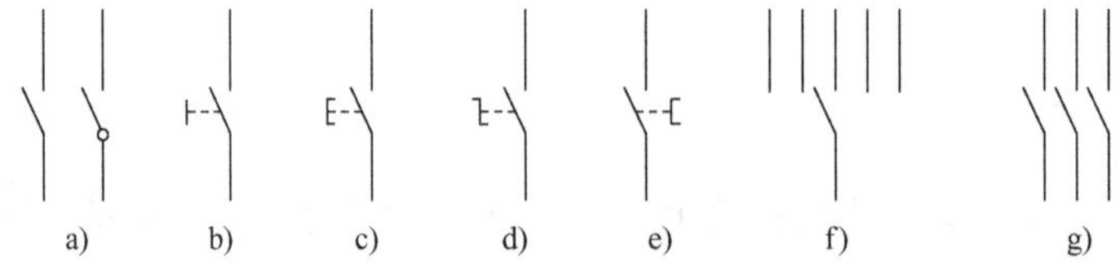

图 3-1-25　几种开关的电路符号

a）一般开关　b）手动开关　c）按钮开关　d）旋转开关　e）拉拨开关　f）单极多位开关　g）多极多位开关

2. 开关的主要参数

额定电压、额定电流、接触电阻、绝缘电阻、耐压、工作寿命等。

3. 常用开关

拨动开关、钮子开关、琴键式开关、微动开关、旋转式拨动开关等。如图 3-1-26 所示。

图 3-1-26　常用开关

a）钮子开关　b）拨动开关　c）琴键式开关　d）微动开关　e）旋转式拨动开关

1.4.2　接插元件

接插元件又称连接器或插头插座，泛指连接器、插头、插塞、接线熔丝座、IC 座等，如图 3-1-27 所示。

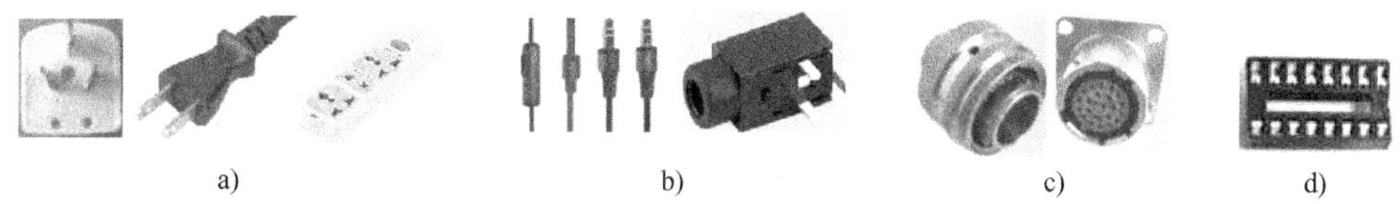

a)　　b)　　c)　　d)

图 3-1-27　常见接插元件

a）二线、三线电源插头和插座　b）耳机的插头和插塞　c）屏蔽插头和插座　d）IC 座

1.4.3　小型继电器

本节只介绍常用小型继电器。小型继电器如图 3-1-28 所示。

图 3-1-28　小型继电器

1. 选用原则

根据继电器的额定工作电压、直流电阻、吸合电流、释放电流、触点切换电压和电流等来选择。

2. 小型继电器的判别检测

1）判别交直流继电器。可通过继电器上标注的“AC”“DC”字样来判别。

2）观察继电器触点结构可以知道该继电器有几对触点，触点是常开触点还是常闭触点。

3）用万用表测量继电器触点电阻，常开触点电阻为无穷大，常闭触点电阻值应为 0。

4）用万用表测量线圈电阻，根据继电器标称的直流电阻值来判断。

3. 使用注意事项

小型继电器在使用时通常在继电器线圈两端并联二极管，如图 3-1-29 所示，并联的二极管作为续流二极管，当继电器线圈（或其他储能元件）失电时，两端会产生一个与供电极性相反的电动势，这个电动势可能会高于晶体管等控制器件的反向击穿电压而使其击穿损坏，续流二极管并联在线圈两端，可以将这个感应电动势通过线圈和二极管构成的通路以“续电流”的方式泄放消耗，起到保护控制元器件的作用。

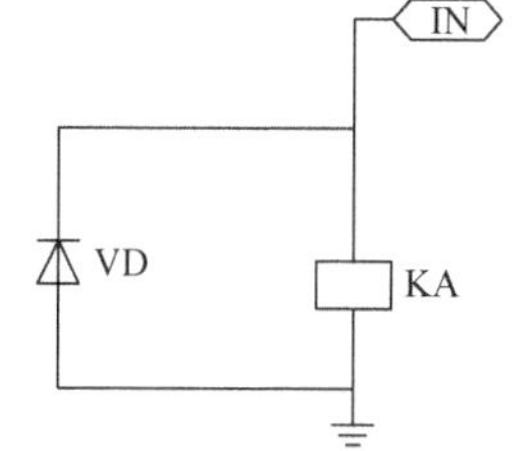

图 3-1-29　继电器线圈并联续流二极管

1.5　LED 数码管

LED 数码管是目前常用的一种数显器件，它把发光二极管制成条状，再按照一定的方式连接，组成数字“8”，就构成 LED 数码管。

1. 分类

按显示位数可分为一位、双位、多位 LED；按显示亮度可分为普通亮度和高亮度；按字形结构可分为数码管、符号管两种；按公共端不同可分为共阴或共阳；按外形尺寸可分为小型 LED，大型 LED。

2. 符号表示

数码管如图 3-1-30 所示。

3. 数码管共阴极和共阳极的区分

共阳极数码管是指八段数码管的八段发光二极管的阳极都连在一起，即位选接高电平，而阴极对应的各段可分别控制，输入低电平有效。共阴极是指八段数码管的八段发光二极管的阴极都连接在一起，即位选接低电平，而阳极对应的各段可分别控制，输入高电平有效。共阴极和共阳极内部连接如图 3-1-31 所示。

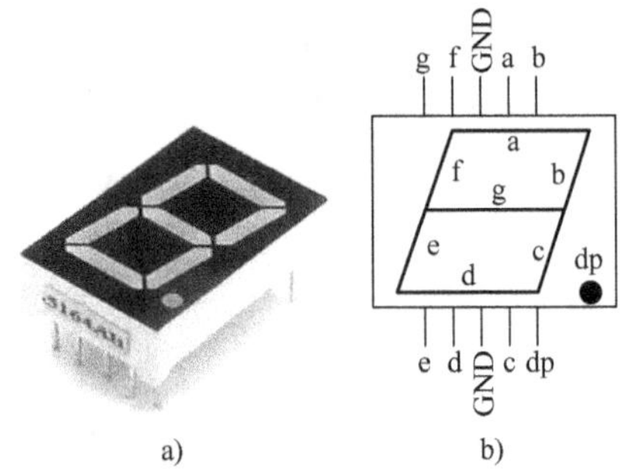

图 3-1-30　数码管

a）实物图　b）电路符号

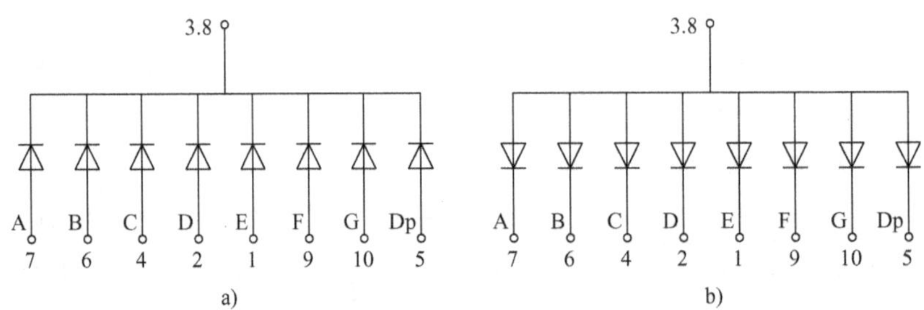

图 3-1-31　共阴极和共阳极数码管内部接法

a）共阴极内部接线　b）共阳极内部接线

4. 性能检测

找到公共电极，确定数码管是共阳极还是共阴极数码管，然后按照检测普通二极管好坏的方法检测数码管的每一段好坏。

5. 使用注意事项

LED 数码管每笔画工作电流 I_{LED} 在 5 ~ 10mA 之间，若电流过大会损坏数码管，因此在使用时必须加限流电阻，其阻值可按式计算：$R_{限} = (U_{o} - U_{LED}) / I_{LED}$，其中，$U_{o}$ 为加在 LED 两端电压，U_{LED} 为 LED 数码管每笔画压降（约 2V）。

1.6　半导体集成电路

集成电路是将有源元器件（如晶体管等）、无源元器件（如电阻、电容等）及连线等制作在基片上，形成一个具有一定功能的完整电路，然后封装在一个特制的外壳中而制成的电路。集成电路是半导体集成电路、膜集成电路和混合集成电路的总称，通常称为 IC。

1. 分类

按集成度不同可分为小规模、中规模、大规模和超大规模集成电路（即 SSI、MSI、LSI 和 VLSI）；按导电类型可分为双极型集成电路、单极型集成电路和二者兼容的集成电路；按功能分为数字集成电路和模拟集成电路；按制作工艺不同可分为半导体集成电路和膜集成电路；按用途不同可分为电视机用集成电路、音响用集成电路、影碟机用集成电路、录像机用集成电路、计算机用集成电路等各种专用集成电路。

常见的数字集成电路有 TTL、DTL、ECL 和 HTL 等；常用的模拟集成电路有 A－D，D－A 转换器，运算放大器等。

2. 表示方法

常用集成电路如图 3-1-32 所示。

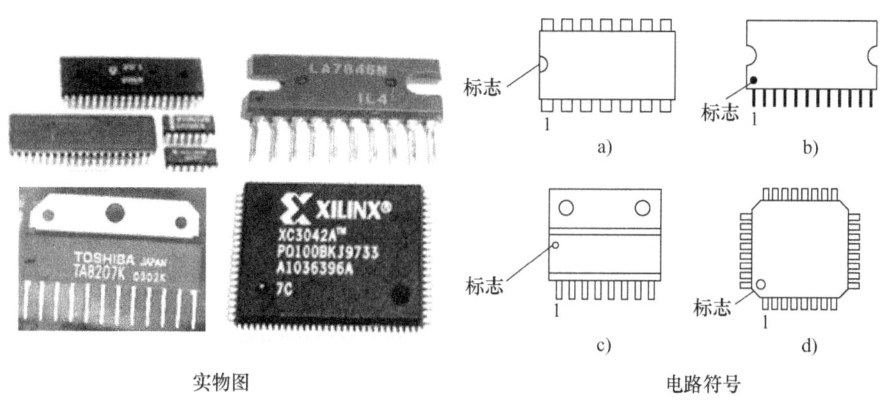

图 3-1-32　集成电路

a）双列直插　b）单列直插　c）功率塑料　d）扁平矩形

3. 引脚识别

（1）扁平封装或双列直插封装集成电路：将集成电路文字、符号面面向使用者，从有标记端（圆点或者缺口）的左侧第一脚逆时针起依次为 1、2、3…，读完一侧后逆时针转至另一侧再读，如图 3-1-33 所示。

（2）金属圆筒形集成电路封装有两种读法：引脚间距离不等排列，面对引脚，以两脚间距最大处为标志，将标志朝下，左起第一脚为 1，顺时针依次为 2、3…，如图 3-1-34a 所示；引脚间等距离排列，通常将有凸键作为标志，标志朝下，左起逆时针方向依次为 1、2、3…，如图 3-1-34b 所示。

4. 集成电路引脚好坏的估测

集成电路好坏用万用表检测方法分为在路测试与非在路测试两种。

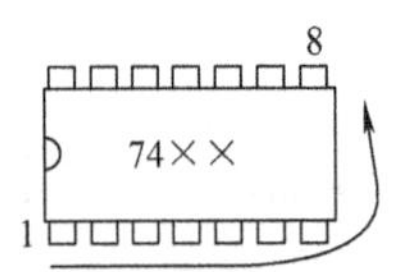

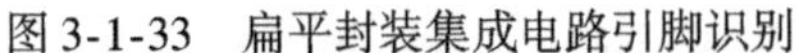

图 3-1-33　扁平封装集成电路引脚识别

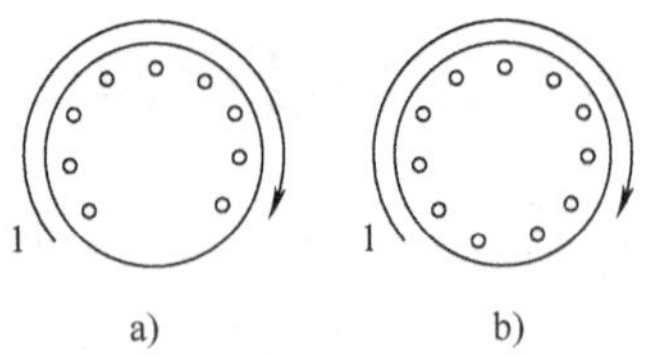

图 3-1-34　圆筒封装集成电路的引脚识别

（1）在路测试：用万用表测各脚对地电压，在集成电路供电电压符合规定的情况下，如有不符合标准电压值的引脚，再查其外围元器件，若无失效和损坏，则可认为是集成电路没问题。

（2）非在路测试：用万用表欧姆档测集成电路各个引脚对其接地脚的电阻，然后与标准值进行比较，从中发现问题。

（3）代换法：用好的集成电路代替坏的集成电路，可以判断出集成电路的好坏。

（4）精确测试：集成电路的精确测试应采用专用仪器进行。

5. 集成电路的代换

代换与被代换的集成电路在功能、性能指标、封装形式、引脚用途、引脚序号和间隔等方面均需要相同。

（1）同一型号的集成电路代换：集成芯片损坏时，最佳选择是选用同一型号的集成电路代换，安装集成电路时要注意方向不能搞错。

（2）不同型号的集成电路的代换：

1）型号前缀字母相同、数字不同。集成电路由于同一型号的不断改进，后缀数字有变化，但是引脚功能不变，可以直接代换。

2）型号字母不同，数字相同。集成电路的型号字母表示的是生产厂和电路类别，一般情况下可以直接代换，有少数集成芯片虽然数字相同，但是功能不同，不能直接代换。

3）型号字母不同，数字不同。有一些厂家引进未封装的集成电路芯片，然后加工成按本厂命名的产品，还有如为了提高某些参数指标而改进的产品，这些产品虽然型号不同，数字不同，但是可以直接代换。否则不可代换。

6. 安装集成电路时应注意的问题

1）安装集成电路一定要确定第一引脚的位置，即注意方向。

2）有些空引脚不能擅自接地。

3）对于功率集成电路在未安装散热片前不能随意通电，散热片与集成电路之间最好加导热硅胶导热。

4）要注意供电电源的稳定性。

5）不能带电插拔芯片。

1.7　常见表面组装元器件介绍

表面组装元器件是随着电子产品体积微型化、集成化、智能化发展而发展起来的，又称为片状元器件或贴片元器件。

1.7.1　表面组装元器件特点

表面组装元器件是无引脚或短引线的新型微小元器件，适用于在没有通孔的印制电路板上安装，具有体积小，重量轻、安装精密度高、可靠性高、抗震性好、形式简单、高频特性好等特点。同时减少了传统插件引脚打弯、剪切等工序，电路板上可以减少打孔，降低了电子产品成本，容易形成大规模生产。

1.7.2　常用表面组装元器件介绍

1. 贴片电阻

外形多为矩形，引脚在元器件两端，如图 3-1-35 所示。一般为黑色。阻值读法见本篇 1.1.1 节数码法说明。

图 3-1-35　贴片电阻

通常所说的 1206、0805 等表示的是电阻的封装代号。比如 3216 其对应的尺寸是 3.2mm × 1.6mm 或者是 1.2in × 0.6in，其中前两位表示元器件的长度，后两位表示元件的宽度，具体对应尺寸见表 3-1-2。

表 3-1-2　贴片电阻的封装

公制封装代号	3216	2012	1608	1002	0603
对应的公制封装代号	1206	0805	0603	0402	0201

2. 贴片电容

多层陶瓷电容的外形一般为矩形，封装代号与贴片电阻相同，一般为土黄色或者淡蓝色，通常电容值标注在编带盘上，如图 3-1-36a 所示。

贴片电解电容容值等在本体上有标注，与插件电解电容类似，极性判断也类似，通常标有横线的一端是正极，另外一端是负极，如图 3-1-36b 所示。对于标出电容量的电容，读法见本篇 1.1.2 节中数字表示法说明。

3. 电感

电感的表示方法有两种：如 1R0，表示电感量为 1μH，其中 R 表示小数点，单位为 μH；如 101J，前两位表示有效数字，第三位为 10 的指数，第四位字母表示精度，单位为 μH，如 470 表示的电感值为 47μH，如图 3-1-37 所示。

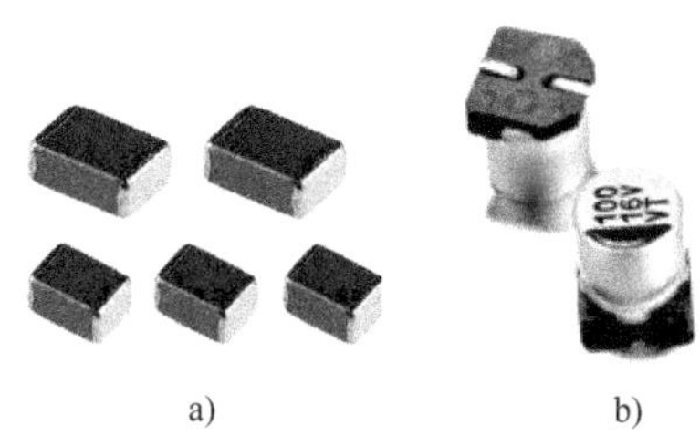

a)　　b)

图 3-1-36　贴片电容

a）陶瓷电容　b）电解电容

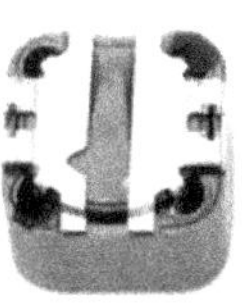

图 3-1-37　贴片电感

4. 二极管

贴片二极管有整流二极管、稳压二极管等。其中有色环的一极为负极，可以用万用表进行测试；稳压二极管上标有稳压值；发光二极管可用万用表测试使其发光，一般尺寸大的发光二极管有标记的是负极，如图3-1-38所示；尺寸小的封装底部有“T”字形或者倒三角符号，其中“T”字正看时有一横的一侧，三角符号的角靠近的一侧是负极。

5. 晶体管

普通贴片晶体管有三个引脚的，也有四个引脚的，其中极性区分如图3-1-39所示。

图3-1-38　贴片二极管

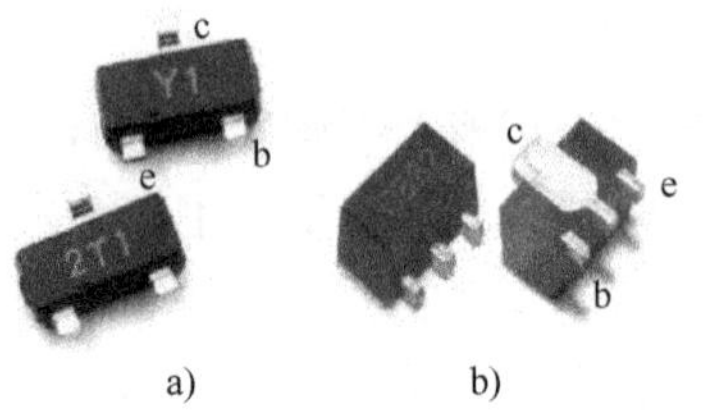

图3-1-39　贴片晶体管

a）三引脚晶体管　b）四引脚晶体管

6. 常见贴片集成电路封装形式

常见贴片集成电路封装形式，如图3-1-40所示，有小外形封装SOP（Small Outline Package）、方形扁平封装QFP（Quad Flat Package）、塑封引脚芯片载体PLCC（Plastic Leaded Chip Carrier）、球栅阵列封装BGA（Ball Grid Array）。每种封装第一脚的位置都有明显标志，然后顺时针方向为引脚顺序。

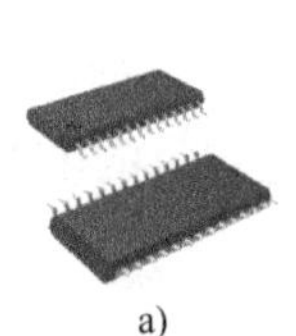

a)

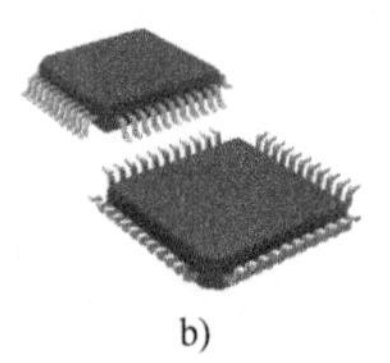

b)

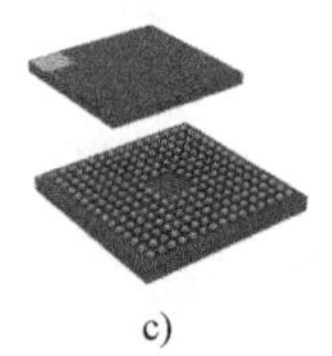

c)

d)

图3-1-40　常见贴片集成电路封装形式

a）SOP封装　b）QFP封装　c）PLCC封装　d）BGA封装

Chapter

第2章 电子产品手工焊接技术及工艺

在电子产品设计制作、调试中都要用到手工焊接技术，手工焊接技术是广大电子工艺实训学生必须了解掌握的一项基本操作技能。本章主要介绍焊接材料、助焊剂、焊接工具、拆焊工具、焊接基本原则及焊接操作等。

2.1 焊接及其特点

焊接的过程就是用熔化的焊料将母材金属与固体表面结合到一起的过程，在这个过程中母材是不熔化的，其中熔点比母材低的金属称为焊料。

电子工业中是利用熔点较低的锡合金进行焊接的，因此电子产品中的焊接称为锡钎焊。锡钎焊熔点低，焊接方法简单，容易形成焊点，并且焊点有足够的强度和电气性能，成本低并且操作简单方便，锡钎焊过程可逆，易于拆焊，适用范围广。

2.2 焊料、焊剂、焊锡膏及阻焊剂

2.2.1 焊料

电子产品中常用的焊料是锡铅焊料，其中含锡63%，含铅37%，熔点是183℃。由于铅是重金属，有一定的毒性，因此现在要求电子产品焊料的无铅化。无铅即要求焊料铅含量小于0.1%~0.3%。

2.2.2 焊剂

焊剂又称焊接溶剂、溶剂或助焊剂。主要作用是去除母材和焊料表面的氧化膜，降低焊料表面张力，改善焊料的润湿性；防止再氧化等。在电子产品中主要用以松香为主的有机焊剂作为助焊剂。

2.2.3 焊锡膏

焊锡膏是将焊料和助焊剂粉末拌合在一起制成的膏状物，用来助焊，可以隔离空气防止氧化，还可以增加毛细管作用，增加润湿性，防止虚焊，是所有助焊剂中最良好的表面活性添加剂，广泛用于高精密电子元器件中做中高档环保型助焊剂。

2.2.4 阻焊剂

阻焊剂是一种耐高温的涂料，是焊料、助焊剂和被焊接材料无法融合的材料，用在浸焊和波峰焊中，保护不需要焊接的部位。阻焊剂可以防止拉尖、桥接、短路、虚焊等现象的发生，提高焊接质量，同时还可以节省焊料。

2.3 手工焊接及拆焊工具

手工焊接是电子产品焊接技术的基础，适用于小批量生产和电子产品爱好者的电子制作。下面简单介绍手工焊接工具、拆焊工具以及焊接辅助工具等。

2.3.1 手工焊接工具

1. 电烙铁

电烙铁是电子产品手工焊接过程中不可缺少的工具，它是依靠电烙铁头的热传导作用来加热母材和熔化焊料的焊接工具。

电烙铁的典型构造包括：烙铁头、发热丝、手柄、接线柱、电源线、电源插头、紧固螺钉等。电烙铁分为内热式和外热式两种，结构图及实物图分别如图 3-2-1、图 3-2-2 所示。

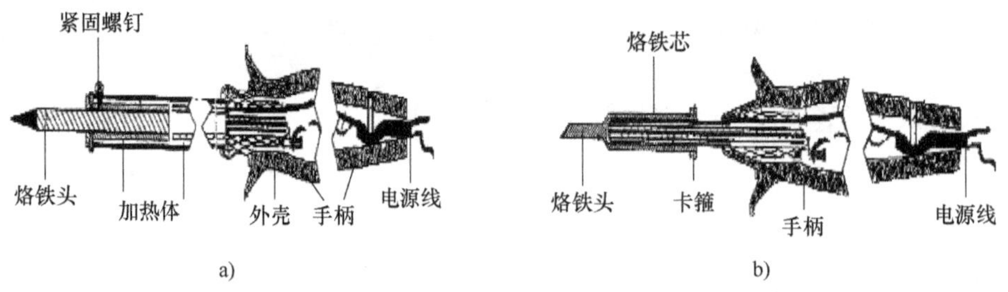

图 3-2-1 内热式、外热式电烙铁结构图

a）外热式电烙铁 b）内热式电烙铁

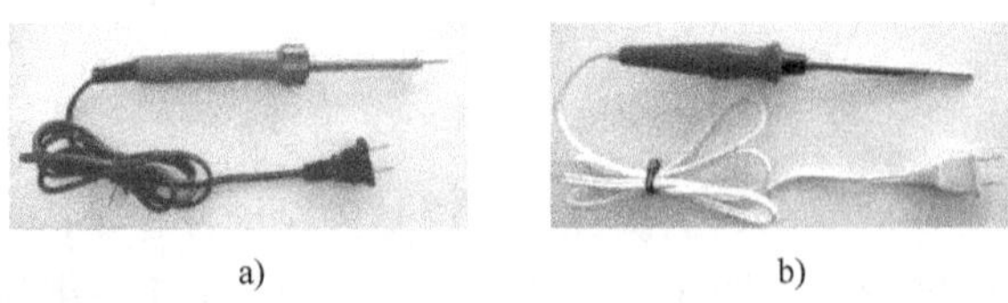

图 3-2-2 内热式、外热式电烙铁实物图

a）外热式电烙铁 b）内热式电烙铁

（1）电烙铁的分类：电烙铁按功率分有 20W，25W，30W，35W，…，100W，200W，300W 等；按发热方式分有电阻式、感应式和 PTC 式三种。电阻式电烙铁又可分为内热式电烙铁和外热式电烙铁两种；此外还有吸锡电烙铁、感应式电烙铁、气焊烙铁、储能式电烙铁、用蓄电池供电的碳弧电烙铁、能自动送料的自动电烙铁，高温电烙铁，低电压电烙铁等。对于电子产品的焊接、维修、调试一般选用 20W 内热式或恒温式电烙铁，也可以采用感应式、储能式电烙铁和焊接台。

（2）电烙铁使用注意事项：

1）新买的电烙铁使用之前首先要测量插头与金属外壳之间的绝缘电阻，如果绝缘电阻在 5MΩ 以上，电烙铁可用，否则不可用。确保电烙铁没有短路问题方可使用。

2）检查烙铁头是否松动，电源导线线皮有无破损。

3）电烙铁使用之前要清理烙铁头，用抹布或者湿纤维海绵擦拭，然后进行“上锡”，闲置不用时需将烙铁头镀上焊锡，也就是平时所说的带锡放置。

4）当电烙铁闲置不用时，应及时关闭电源。

5）使用电烙铁过程中应注意安全问题，不能将电烙铁随手放置，电烙铁暂时不使用时应该将其放置在电烙铁架上，避免引起火灾或者是烫伤。

6）电烙铁使用过程中不能采用用力甩的方法来去除烙铁头上的多余焊锡，避免焊锡球烫伤周围的人，要采用专用纤维海绵擦拭或者用抹布擦拭掉。

7）使用电烙铁时应注意电烙铁温度问题，温度太低不容易熔化焊锡，导致焊点不好看或者是虚焊假焊等现象发生，温度太高容易使烙铁“烧死”。

8）焊接过程中要注意不能使电源线搭到电烙铁上，以免烫坏电源线绝缘层发生漏电现象，导致发生事故。

2. 恒温电焊台

如图 3-2-3 所示为安泰信 936b 电焊台。

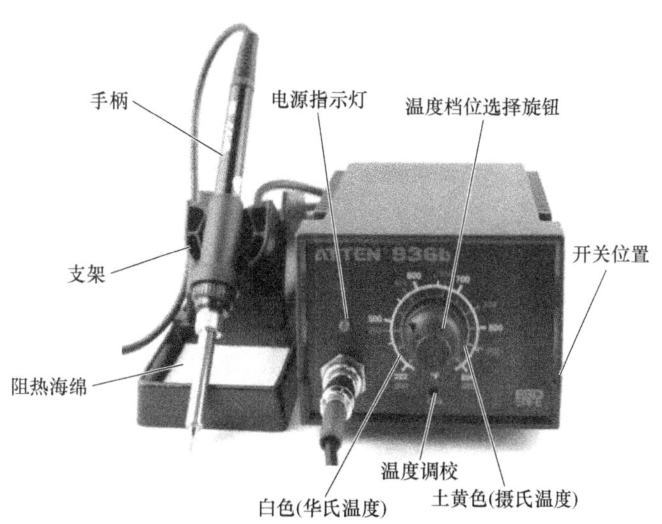

图 3-2-3　安泰信 936b 电焊台

使用时根据焊接要求将使用温度调到适合温度，一般调到 270℃左右，接通电源开关，电源指示灯点亮，电焊台加热，当加热到选定温度后，指示灯灭，当温度降低继续加热时指示灯继续点亮。注意使用温度的设定，温度太低，焊锡不容易熔化，温度太高容易弄坏元器件和电路板。不能用力敲打电烙铁，否则可能导致震断电烙铁内部电热丝或引线而产生故障。焊接结束后，应该及时切断电烙铁电源，待电烙铁冷却后将其放回工具箱。

3. 烙铁架

为了避免加热的电烙铁烫坏工作台面以及烫坏电器的塑料外壳、电烙铁的电源导线绝缘外皮以及塑封元器件外封装，烙铁架实物图如图 3-2-4 所示，简易烙铁架制作过程如图 3-2-5 所示。

图 3-2-4　烙铁架

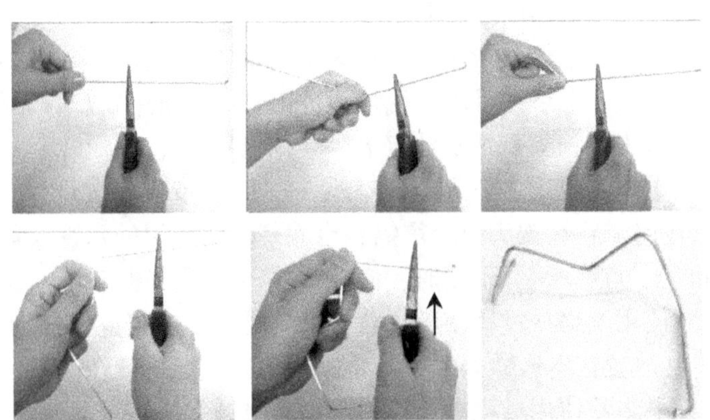

图 3-2-5　简易烙铁架制作过程

2.3.2　手工拆焊工具

在电子产品调试、维修以及元器件焊错的情况下都需要对元器件进行拆焊更换，拆焊时要用到拆焊工具，常用的手工拆焊工具有：吸锡器、吸锡球、吸锡线、吸锡电烙铁、热风枪等。常见拆焊工具实物如图 3-2-6 所示。

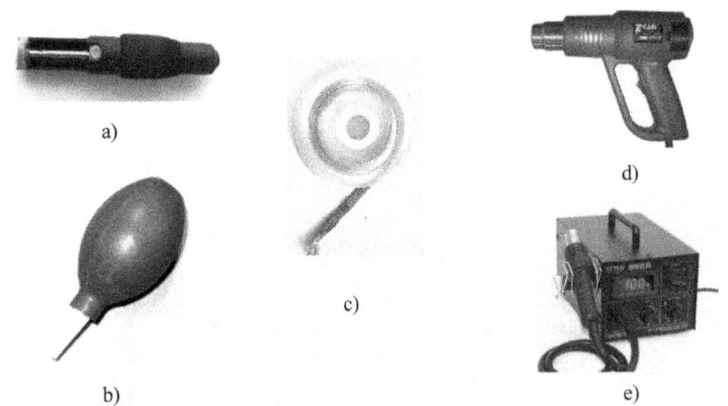

a)　b)　c)　d)　e)

图 3-2-6　常见拆焊工具

a）手动吸锡器　b）吸锡球　c）吸锡线　d）一般热风枪　e）数显热风枪

2.4　焊接技术

在手工锡焊中焊接技术直接影响到焊接质量的好坏，广大电子产品爱好者和大中专院校的学生要掌握手工锡焊技术，本节主要介绍电烙铁的拿法、焊锡丝的拿法、加热焊件的方法、焊接姿势、焊接步骤。

2.4.1　电烙铁的握法

电子产品手工焊接中电烙铁的握法有反握法、正握法和握笔法三种，三种握法如图 3-2-7

所示。其中反握法适用于大功率电烙铁，正握法适用于中功率电烙铁，握笔法适用于小功率电烙铁。

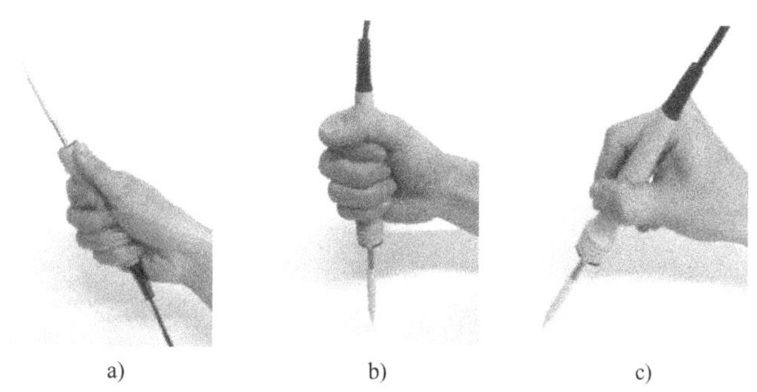

a)　　b)　　c)

图 3-2-7　电烙铁的三种握法

a）正握法　b）反握法　c）握笔法

2.4.2　焊锡丝的拿法

手工焊接中，焊锡丝的拿法一般分为两种，一种是连续作业时的拿法，适用于成卷焊锡丝的手工焊接，如图 3-2-8a 所示；一种是间断作业时的拿法，适用于小段焊锡丝的手工焊接，如图 3-2-8b 所示。

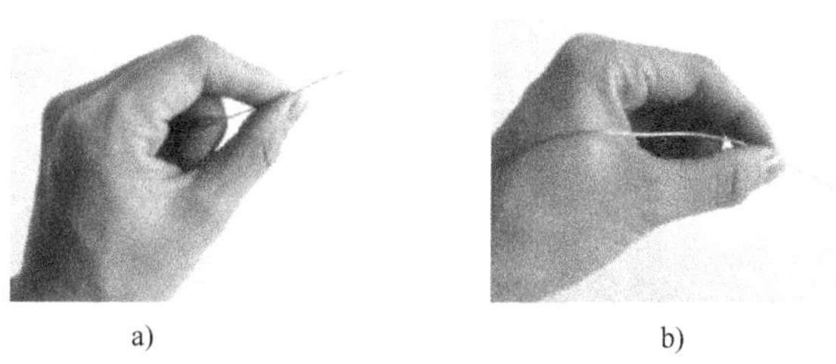

a)　　b)

图 3-2-8　焊锡丝的拿法

a）连续锡焊时焊锡丝的拿法　b）断续锡焊时焊锡丝的拿法

2.4.3　加热焊件的方法

用电烙铁焊接元器件时要注意烙铁头和焊件的接触方法，焊接时烙铁头与焊件应形成面接触，不是点接触或者是线接触。如图 3-2-9 所示。

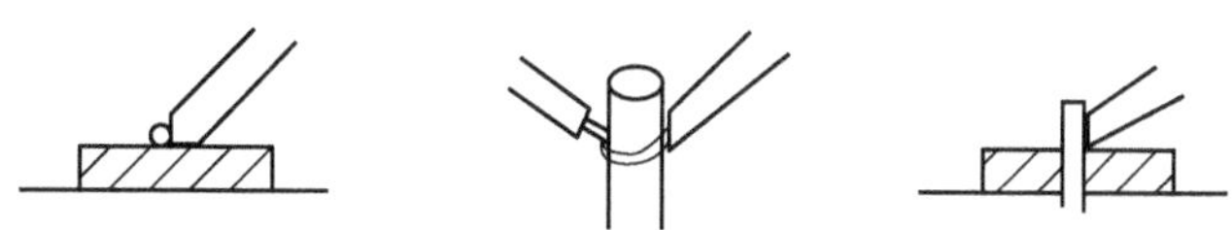

图 3-2-9　烙铁头和元器件接触方法

2.4.4　焊接姿势

焊接时，工具要摆放整齐，电烙铁要拿稳，保持烙铁头的清洁。将桌椅高度调整适当、挺胸、端坐，操作者的鼻尖与烙铁头的距离在 20cm 以上。

2.4.5　焊接步骤

电子产品的手工锡焊接操作可分为两种，一种是五步锡焊接法，适用于对热容量要求大的焊接焊件；一种是三步锡焊接法，适用于对热容量要求小的焊件。

1. 五步操作法步骤

准备施焊、加热焊件、送入焊锡丝、撤离焊锡丝、撤离电烙铁，如图 3-2-10 所示。

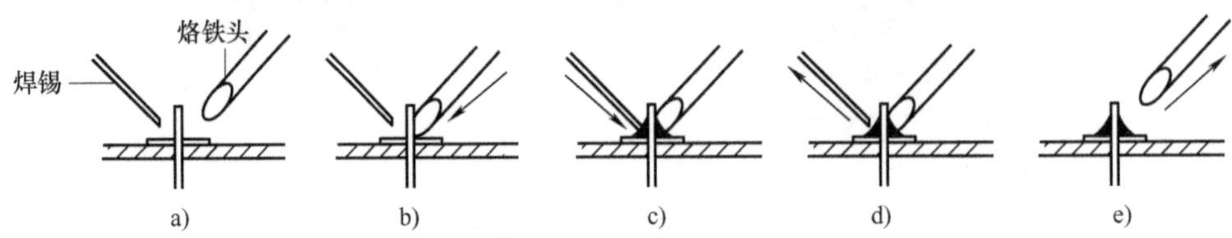

图 3-2-10　五步操作法

a）准备施焊　b）加热焊件　c）送入焊锡丝　d）撤离焊锡丝　e）撤离电烙铁

（1）准备施焊：要求被焊件表面清洁，无氧化物；要求烙铁头清洁无焊渣，处于带锡状态。一般左手拿焊锡丝，右手拿电烙铁，进入被焊状态。

（2）加热焊件：将烙铁头同时加热两个被焊件（如引线和焊盘），使被焊件同时均匀受热。

（3）送入焊锡丝：元器件引脚加热到能熔化焊料的温度后，沿 45°方向及时将焊锡丝从烙铁头的对侧触及焊接处的表面，注意：不能把焊锡丝送到烙铁头上。

（4）撤离焊锡丝：熔化适量的焊锡丝之后迅速将焊锡丝移开。

（5）撤离电烙铁：继续加热使焊锡丝充分浸润焊盘和焊件，焊锡最光亮，流动性最强时及时移开电烙铁。此时应注意电烙铁撤离的速度和方向。大体上应该沿 45°角的方向离开，完成焊接一个焊点全过程所用的时间为 3～5s 最佳，时间不能过长。

2. 三步操作法

又称为带锡焊接法，步骤：准备施焊、同时加热焊件和焊锡丝，同时撤离电烙铁和焊锡丝三步，如图 3-2-11 所示。

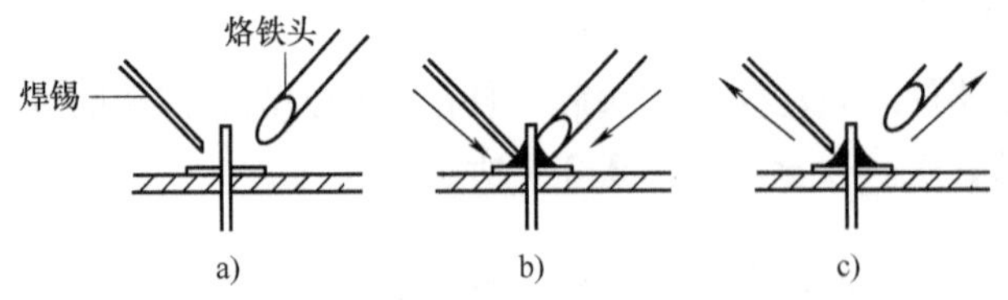

图 3-2-11　三步操作法

a）准备施焊　b）同时加热焊件和焊锡丝　c）同时撤离电烙铁和焊锡丝

（1）准备施焊：同五步法步骤（1）。

（2）同时加热待焊元器件及焊锡丝：烙铁头加热两被焊件的同时在烙铁头的对侧送入焊锡丝。

（3）同时撤离电烙铁和焊锡丝：当焊料完全润湿焊点达到扩散范围要求后，迅速拿开电烙铁和焊锡丝，移开焊锡丝的时间不能迟于电烙铁移开的时间。

3. 左手两用法

用大拇指和食指夹住导线，用食指和中指夹住焊锡丝，用中指向前送焊锡丝，如图3-2-12所示。一只手当两只手用，会使焊接工作方便很多。这种操作方法看起来很困难，但是经过一段时间的练习都能学会。

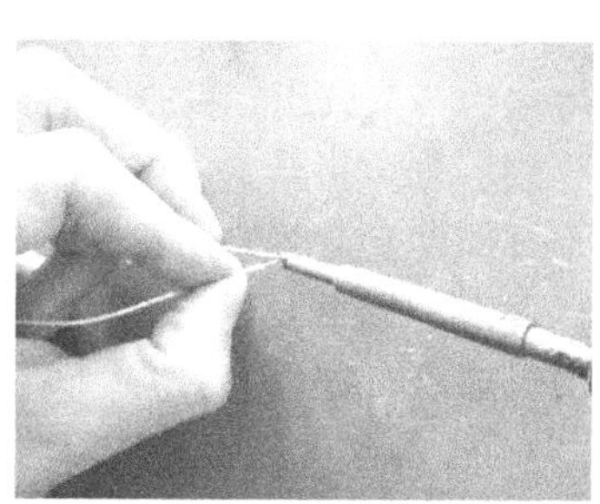

图3-2-12　左手两用法焊接

2.4.6　焊接过程中的注意事项

1）根据焊接对象合理选用不同类型的电烙铁。

2）焊接姿势要正确，焊接环境要清洁。

3）焊前将元器件及焊盘，导线端部等进行清洁及去除氧化物。

4）焊接过程中烙铁头要保持清洁。

5）掌握好焊接的温度和时间。在焊接时，要有足够的热量和温度，焊接时间不宜过长。

6）焊料不能过多也不能过少，过多了会出现堆焊等现象，焊料过少会出现焊点机械强度不够的现象。

7）焊接过程中不能用烙铁头对元器件和焊盘施力。

8）电烙铁撤离的方向，要根据具体的焊接情况看选择合适的撤离方式。

9）在熔化的焊锡凝固之前不能移动或碰触焊件，特别是焊接贴片元件时，一定要等焊锡凝固好之后才能撤走镊子，否则会引起焊件移位，焊点不合格。

10）集成电路应最后焊接，电烙铁要可靠接地。

11）焊接过程中要注意安全，避免烫伤和触电事故发生。

12）电烙铁应该放在电烙铁架上，长时间不使用应该断电放置。

2.5　拆焊技术

在电子产品装接、测试等过程中，需要把已经焊接在电路板上的装错、损坏、需要调试或维修的元器件拆卸下来，这个过程叫拆焊。

2.5.1　拆焊工具的选择

一般元器件拆焊可以选择吸锡器、吸锡球、吸锡线、吸锡电烙铁、医用空心针头，对于多引脚集成芯片需要采用热风枪进行拆焊。同时需要的辅助工具有镊子、斜口钳等工具。

2.5.2　拆焊方法

1. 插件拆焊方法

（1）分点拆焊法：用拆焊工具，对需要拆焊的各个焊点分别清除分离，该方法适用于拆焊插装的电阻、普通电容、电感等元器件。拆焊时用电烙铁对焊接面该引脚所在焊盘进行加热，当焊盘上焊锡全部熔化后，用镊子将该焊盘上的引脚轻轻拉出。

（2）集中拆焊法：用拆焊工具对需要拆焊的各焊点同时清除分离，适用于拆焊印制电路板上引脚之间距离较近的元器件或集成电路等。此种方法需要将几个焊点同时加热，待焊锡熔化后一次拔出，可采用热风枪进行拆焊多引脚元器件。

（3）保留拆焊法：对需要保留元器件引脚或导线端头的情况下的拆焊方法，此种方法用于拆卸没有损坏的元器件，要求比较严格，一般先用吸锡器吸取多余焊锡，然后摘除。

（4）剪断拆焊法：此种方法常用于拆除已损坏的元器件等，拆焊时剪断需拆除元器件的引脚或沿引脚根部剪断，再拆除焊盘上的引线头。

2. 贴片元器件拆焊方法

（1）对二端元器件可采用一个电烙铁快速加热两引脚的方法，对二端以上但是引脚相对较少的元器件可采用两个电烙铁同时加热元器件多个引脚的方法，然后用镊子将元器件拆下。

（2）用热风枪拆焊引脚多的元器件，用热风枪将引脚焊锡熔化，用镊子将元器件轻轻夹起，避免损坏焊盘。如果焊盘上焊锡较多且有粘连，可用吸锡线吸走多余焊锡。

2.5.3　拆焊注意事项

1）拆焊时不能损坏印制电路板上的印制导线和焊盘，也不能损坏印制电路板本身。

2）拆焊过程中不能损坏其他元器件，不能拆动其他元器件，如果避免不了，拆动之后要尽量恢复原样。

3）拆焊时一定要用镊子或者是其他工具将元器件取下，不能用手去拿，避免烫伤。

4）拆焊过程中，避免熔化的焊料或者是焊剂飞溅到其他元器件、引脚或者是人身体上，避免烫坏元器件，烫伤工作人员。

5）严格控制加热的温度和时间，焊锡熔化之后要立刻轻轻拉出元器件，避免时间过长烧坏元器件，也避免用力过猛损坏元器件本身和其他元器件以及印制电路板。

6）在拆焊过的焊盘上安装新的元器件时一定要将焊盘清理干净，避免在安装新的器件时引起焊点不良或者是焊盘以及印制导线翘起等现象。

2.6　手工焊接技巧

导线、端子及印制电路板元器件的插装、焊接及拆焊在手工焊接中是非常重要的，因此掌握焊接技巧正确进行操作是十分重要的，下面就各种焊接技巧做简单介绍。

2.6.1　导线的焊接方法

导线是电子整机中电路之间，分机之间进行电气连接与相互传递信号必不可少的线材。电子产品中用到的导线基本上都是有覆皮的铜材质导线，因此在使用时首先需要剥掉导线线端的绝缘覆皮，然后进行线端加工。

1. 剥掉导线线端绝缘覆皮

用专用工具剥掉导线绝缘覆皮，可用工具有：覆皮烧切工具、剥线钳、斜嘴钳、小刀、剪刀、打火机等。

2. 线端加工

剥掉绝缘覆皮的导线需要先进行线端加工才能进行后续的焊接工作。导线不同，线端加工的方法也不同。

3. 导线的处理方法

（1）单股导线：绝缘覆皮剥掉之后露出里面的芯线，然后对芯线进行上锡处理，即预焊，防止芯线接触空气被氧化，在焊接时还需要进行除氧化层的处理。

（2）多股导线：多股导线绝缘覆皮剥掉之后芯线成散开状态，需要进行捻头处理，之后再对芯线进行预焊操作。

（3）屏蔽线：先剥掉最外层的绝缘层，然后用镊子把金属编织线根部扩成线孔，剥出一段内部绝缘导线，接着把根部的编织线捻成一个引线状，剪掉多余部分，切掉一部分内层绝缘体，露出导线，最后给导线和金属编织网的引线进行预焊。

注意：切除内层绝缘体时不要伤到导线。

（4）漆包线：先用研磨工具（或小刀）将漆层去除。用小刀刮去漆层时，首先在需要焊接的长度处用小刀向外侧刮，一边刮一边转动漆包线，直到漆包线的绝缘皮被全部剥掉为止；然后将剥掉漆层的部分预焊。

4. 注意事项

1）绝缘导线的剪裁长度应符合设计或者工艺文件要求，不允许有负误差，可以有5%～10%的正误差。

2）拨头的长度根据芯线截面积和接线端子的形状来确定，一般电子产品中搭焊拨头长度为3mm，调整范围为+2mm，钩焊拨头长度为6mm，调整范围为+5mm，绕焊拨头长度为15mm，调整范围为±5mm。

3）剥皮时不能损伤芯线，多股导线不能断股。

4）多股导线上锡之前要进行捻线，捻线时注意不能用手直接接触导线芯线，在导线剥皮时不将剥去部分直接剥掉，而是用手捏紧没有剥落的导线绝缘覆皮进行绞合，绞合时旋转角度在30°～45°，不能太小也不能太大，角度太小捻线容易松散，太大容易捻紧过度，并且绞合旋转方向应该与芯线原来旋转方向一致，绞合完成后再剥掉绝缘覆皮。

5）导线上锡之前要蘸取松香水，导线上锡时上锡区域距离绝缘皮应该有1～3mm的间隔，不能让焊锡浸入到绝缘皮中，烙铁头上放少量焊锡，有助于传热；上锡时上锡区应该向下，避免焊锡过多流到预留的区域，同时有助于多余的焊锡滴下。上锡的要求是全部浸润集中，不能松散，不能有毛刺。这样有利于导线穿套管，同时也有利于检查导线是否有芯线断股，并可以保证绝缘覆皮不被烫坏，保证美观及绝缘性。

5. 导线预上锡方法

经过剥皮处理的导线因为内层芯线裸露在外，接触空气很容易被氧化，而且还会黏附附着物，因此必须进行预上锡处理，即预焊后才能进行焊接或放置等待焊接。

（1）锡锅上锡：将处理过的导线蘸上助焊剂然后浸入到锡锅中进行预上锡。注意：不要将导线过度地浸入到锡锅中，引起预上锡过量，过度上锡会导致焊锡浸入到没有剥掉绝缘覆皮的芯线中，或者引起导线绝缘覆皮烫焦烫坏。锡锅上锡优点是上锡快，操作简单。缺点是可能会导致芯线中被切断的地方被上锡，固定在芯线上，导致潜在的焊接缺陷发现不了，成为隐患。

（2）电烙铁上锡：有水平上锡法、垂直上锡法和手持上锡法三种方法。此种方法优点是能及时发现导线剥去覆皮时导致的芯线存在的隐患；缺点是焊接操作慢，不适合大批量的生产。

6. 导线与接线柱、端子的焊接方法

导线与接线柱、端子的焊接方法分为搭焊、钩焊和绕焊，如图 3-2-13 所示。

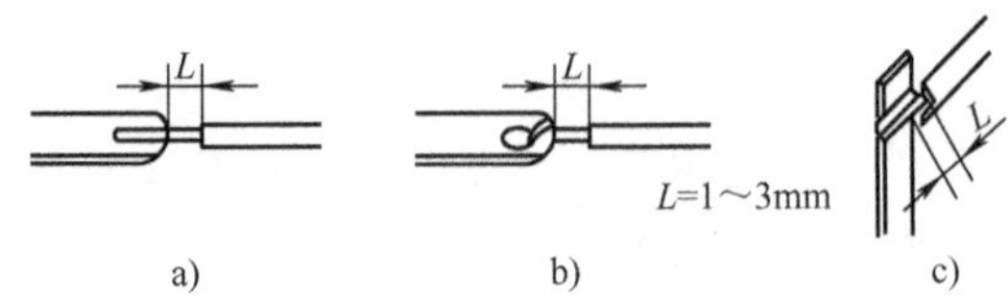

图 3-2-13　导线与端子的焊接

a）搭焊　b）钩焊　c）绕焊

绕焊：经过上锡的导线端头在接线端子上缠绕一圈，再用钳子将缠绕的导线拉紧，之后进行焊接操作。绕线时，导线在接线柱的周围相对于接线柱应垂直缠绕，绕线必须整洁牢固，否则焊接时如果缠绕处松弛，焊接处将会由于导线松弛引起松动而无光泽，还会造成虚焊。绕线后多余的导线应该用斜嘴钳剪掉。

钩焊：将上过锡的导线端头弯成钩形钩在接线端子上，用尖嘴钳夹紧之后再进行焊接工作。注意导线与接线端子的接头不能松动。钩焊的焊接强度低于绕焊，但是焊接简单容易操作，所以在不需要特别高强度的场合采用钩焊的方法更方便。

搭焊：把经过上锡的导线端头搭接到导线端子上进行焊接，搭焊是最简单的焊接方法，但是强度及可靠性最差，适用于维修调试及临时需要焊接的地方或者是不便缠绕的地方，不能用于正规产品的焊接中。

7. 导线与导线的焊接方法

导线与导线之间的焊接有三种基本形式：搭焊、钩焊和绕焊，如图 3-2-14 所示，其中主要以绕焊为主。

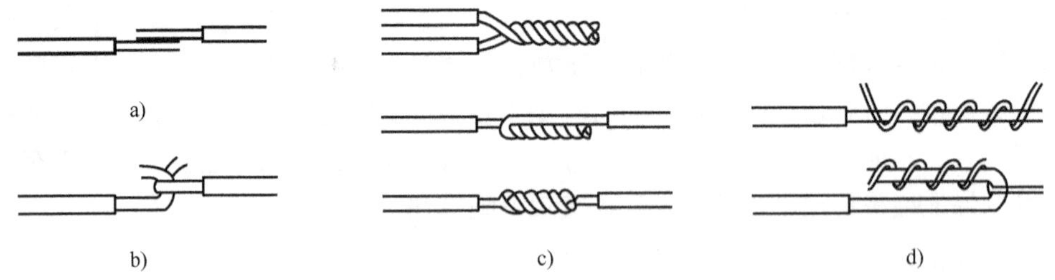

图 3-2-14　导线与导线的焊接

a）搭焊　b）钩焊　c）相同粗细的导线绕焊　d）粗导线和细导线的绕焊

导线之间绕焊的操作步骤如下：

1）根据要求将导线去掉一定长度的绝缘覆皮；

2）对导线进行预焊处理；

3）将导线套上合适直径的热缩管；

4）将两根或者是多根导线绞合，并进行焊接；

5）趁热将热缩管套上，待焊接处冷却后热缩管固定在导线的接头处。

8. 检查和整理

导线与导线，导线与端子焊接完毕之后需要进行检查，可以用力拉拽导线，看是否焊接牢固；焊接牢固之后再检查焊接接头，看热缩管是否紧固，是否有破损的地方，如果破损需要重新套热缩管或者缠绕绝缘胶布。

2.6.2　印制电路板上元器件的焊接

印制电路板上元器件的安装分为卧式和立式两种方式，卧式安装美观、牢固、散热条件好，检查辨认方便，立式安装节省空间，结构紧凑，不管哪种安装，安装之前都要进行引脚成形处理及插拔两个预处理步骤之后才能进行焊接操作。

1. 引线成形要求

（1）对于轴向引脚元器件：引脚成形时不能从引脚的根部进行弯曲，弯曲的地方至少离开引脚根部2mm，应该有适当的圆角，圆角直径为引脚直径的2倍以上，如图3-2-15a，b所示。引脚弯曲方向与元器件本身要成直角，而且两根引脚要平行且与元器件中心轴线在同一平面内，两侧引脚的弯曲位置与元器件的距离要相同。如图3-2-15c所示。

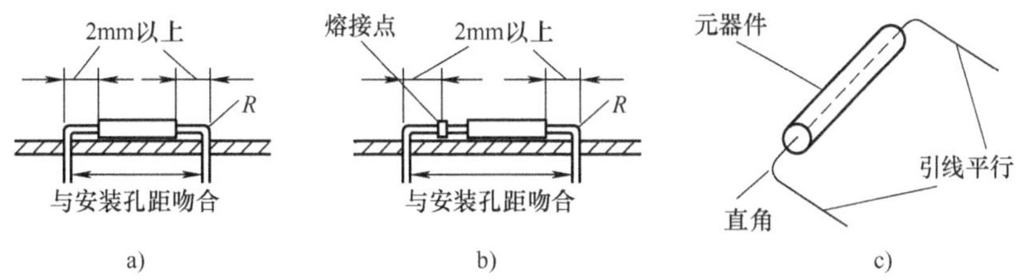

图3-2-15　引脚的基本成形要求

a）正常引脚成形　b）有熔接的引脚成形　c）引脚弯曲时要求

（2）两焊盘孔距不标准时的引脚成形：如图3-2-16所示。

由于引脚不能从元器件根部弯曲，所以这里在距离引脚根部2mm以上位置稍弯曲引脚，而后将引脚以R半径弯出一弧度之后再根据两焊盘实际间距弯曲引脚，这里R等于2倍引脚直径。该方法成形的电阻主要用于安装空间有限的印制电路板，为了节省空间，电容元件不能强行打弯直接插入，这样会损坏元件。

（3）垂直插装的元器件引脚成形：垂直插装的元器件引脚也要进行成形处理，不能强行安装，元器件中心应在两焊盘的中心位置，采用斜向弯曲方法，也可采用只弯曲一只引脚的方法。成形形状如图3-2-17所示。

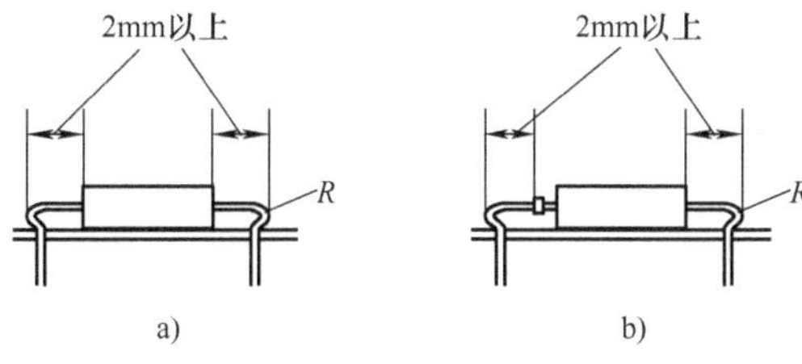

图3-2-16　孔距不是标准孔距时引脚成形方法

a）正常引脚　b）有熔接的引脚

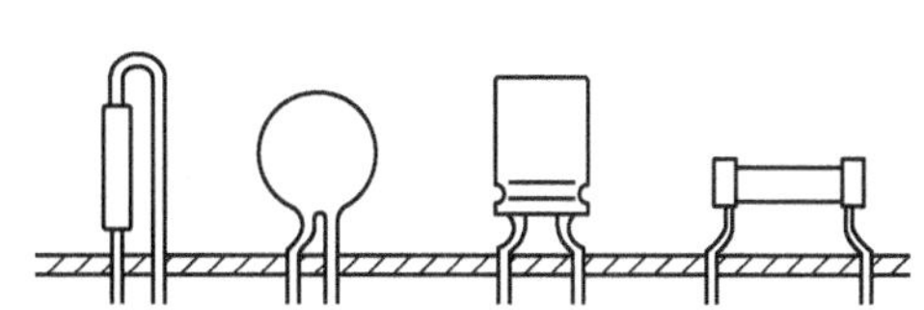

图3-2-17　垂直插装时元器件引脚成形

(4) 集成电路引脚成形：集成的 DIP 封装器件虽然形状符合印制电路板的要求，但是实际安装时会发现引脚间距与标准焊盘之间的间距稍有差别，在手工焊接中可采取的方法有：找一平滑绝缘板，手拿芯片将其一侧引脚贴在绝缘板上稍微用力，使其引脚略收拢，同样可弯曲另外一侧引脚，从而使得引脚符合焊盘要求。

(5) 卷发式、弯曲式成形：卷发式成形适合耐热性差的元器件以及非紧贴安装元器件的要求。引脚经过卷曲打弯之后焊接，增加了元器件散热的长度，该形状引脚成形制作稍微复杂，如果没有特殊要求不采用该种方式。卷发式成形示意图如图 3-2-18 所示。

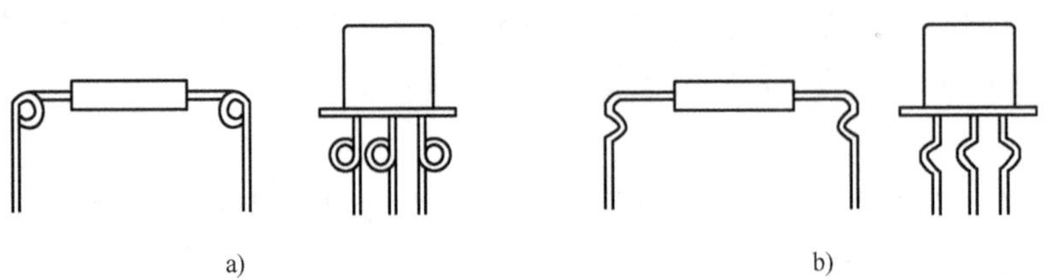

图 3-2-18 卷发成形示意图

a) 卷发式成形 b) 打弯成形

连接线焊接完毕之后对连接线进行处理，用斜嘴钳将多余连线剪掉，连线预留长度不能超过焊盘半径，尽可能与焊锡形成的焊点顶端齐平。

2. 印制电路板上元器件的插装

引脚成形工作完成后要进行元器件的插装工作，元器件插装时，用左手拿住印制电路板，元器件面向上，铜箔面向下，右手拿元器件从上面将元器件的引脚插入到印制电路板的焊盘孔中，为避免翻转时元器件掉落，可将插入的元器件引脚弯曲，使其与印制电路板成25°夹角，或者用绝缘小板覆盖住元器件面将其翻转。

注意：插装元器件弯曲引脚时不能用手直接碰触到元器件的引脚部分和印制电路板的焊盘部分，否则手上的汗液会污染元器件的引脚和印制电路板上的焊盘，导致可焊性下降。

(1) 元器件插装要求：

1) 元器件要按照图样上标注的方向进行安装，图样上未标明时可以以任何方位作为基准，但必须按照一定标准进行插装，所有元器件的安装必须统一。

2) 插装时一般为先插焊较低元器件，再插焊较高元器件和对焊接要求较高的元器件，一般次序是电阻-电容-二极管-晶体管-其他元器件等。

3) 当一个元器件与另外一个元器件的引脚间隔在 2mm 以上，且相邻元器件引脚仍有碰触可能时，应在引脚上加热缩管。对于紧贴安装印制电路板，所有元器件均应紧贴印制电路板，元器件与印制电路板的紧贴距离应小于 0.5mm。

4) 非紧贴插装。非紧贴插装又称为架空安装，对于特殊元器件不能紧贴插装的必须实行非紧贴插装，架空安装的元器件与印制电路板之间的距离一般为 3 ~ 7mm。

此类元器件有：

① 电路图中标明的要进行架空安装的元器件；

② 大功率元器件，发热大的元器件（例如大功率电阻）；

③ 对于电阻、二极管等轴向引脚元器件进行垂直插装时；

④ 印制电路板上两焊盘间距大于或者小于元器件引脚间距时，此时如果实行紧贴插装，

会损坏元器件（例如陶瓷电容，半固定电阻，可变电容等）；

⑤ 受热易坏元器件，实行非贴紧插装，增加引脚长度增大散热长度，使元器件热冲击减小（例如晶体管）；

⑥ 由于元器件自身构造不能实行贴紧安装的元器件（例如 IC）。

（2）元器件引脚打弯处理：元器件插装结束后，为防止翻转电路板时元器件掉落，需要将引脚进行打弯处理，对于印制电路板而言引脚打弯时原则上沿铜箔方向进行固定。对于轴向引脚元器件，应将两根引脚向相反方向弯曲或成一定角度，对于只有独立焊盘的电路，引脚弯曲时应向没有铜箔的方向弯曲。引脚弯曲方向如图 3-2-19 所示。

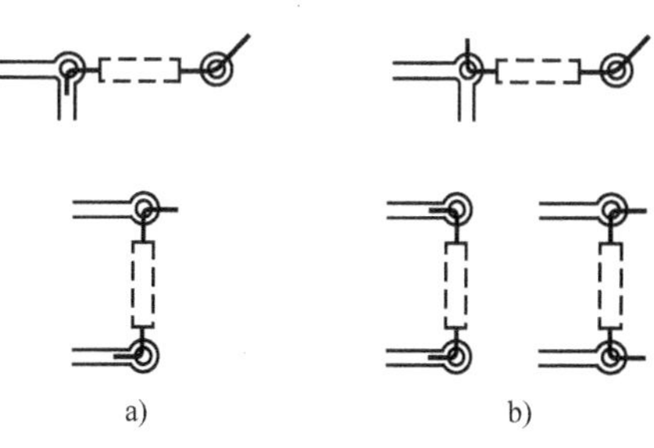

图 3-2-19 引脚弯曲方向

a）正确弯曲方向 b）错误弯曲

缺点：引脚打弯之后对于维修拆卸工作来说没有直插时拆卸方便。

（3）元器件引脚剪断处理：元器件引脚插装之后需要对过长的引脚进行剪断处理，可以使用斜嘴钳进行引脚剪断，一般从元器件插装孔的中心起留 2 ~ 3mm 长为准。

如果是独立的焊盘，应在引线距离焊盘外边缘 1mm 处剪断，而且此时引脚剪断角度应是 45°，如果垂直剪断引脚，斜嘴钳的尖端容易划伤印制电路板，而且不利于焊料润湿。引脚剪断如图 3-2-20 所示。剪断长度如图 3-2-21 所示。

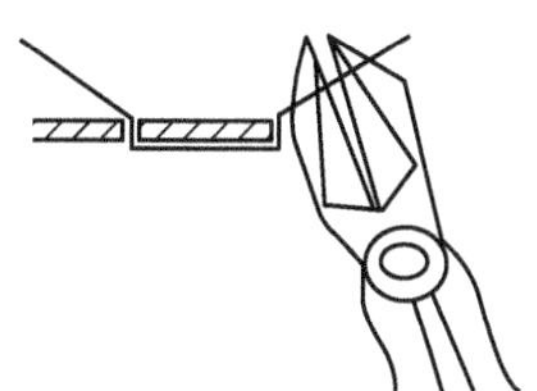

图 3-2-20 引脚剪断示意

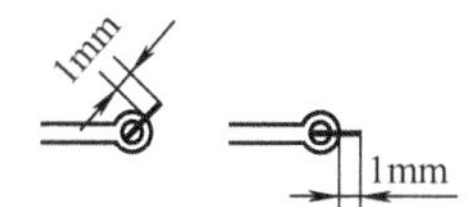

图 3-2-21 引脚剪断长度

引脚剪断工序也可以在焊接完毕之后进行，此时应贴近焊点处进行剪断。

注意：引脚剪断时不能对焊点进行剪切，否则会影响到焊点的机械强度。剪断后的引脚不能过长，过长在装配时容易搭到其他引脚上发生短路故障。

3. 印制电路板的焊接

（1）印制电路板焊接时电烙铁的选择：印制电路板的焊接应选用 20 ~ 40W 的电烙铁，如果电烙铁功率过小，则焊接时间较长，如果电烙铁功率过大则容易使元器件过热损坏，这都会影响到元器件的性能，还会引起印制电路板上的铜箔起皮，印制电路板起泡，烧焦。烙铁头的形状选择以不损伤电路元器件、印制电路板为原则。对于引脚密集的 IC 最好选用圆锥形烙铁头。

（2）印制电路板上着烙铁的方法：加热时烙铁头应能同时加热焊盘和元器件引脚，采用握笔法持电烙铁，小手指垫在印制电路板上，在焊接时不仅可以稳定印制电路板还能起到支撑稳定电烙铁的作用，采用此法握电烙铁可以随意调节电烙铁与焊盘及引脚的接触面积，角度及接触压力。

当铜箔引脚都达到焊锡熔化温度后，在烙铁头接触引脚部位先加少许焊锡，再稍微向引脚的端面移动烙铁头，在引脚的端面上再一次填入焊锡，而后像画圆弧一样，一点一点地朝着引脚打弯的相反方向移动电烙铁和焊锡，最后依次从印制电路板上撤掉焊锡和电烙铁，完成焊接操作。

对于引脚插装后未打弯的元器件，可以在烙铁头上加少许焊锡再去加热引脚和焊盘，待到引脚和焊盘都加热后，将焊锡从引脚与电烙铁相对一侧加入，焊接完毕后先撤离焊锡后再撤离电烙铁。

（3）印制电路板上元器件的焊接：

1）电阻器的焊接。按电路图找好合适阻值电阻装入规定位置，插装时要求标记向上，字向一致，这样不仅看起来美观，而且便于检查和维修。插装完同一阻值电阻之后再装另一阻值电阻，不仅可以避免来回找电阻的麻烦，也避免漏装电阻。插装时电阻器的高度要保持一致。引脚剪断工作可根据个人习惯在焊接之前或之后剪断都可以。

2）电容器焊接。按电路图找好合适电容值的电容器装入规定位置，对于有极性的电容器安装时要注意极性，“ + ”与“ - ”极不能接反，电容器上的标记方向也要清晰可见。先装玻璃釉电容器、有机介质电容器、瓷介电容器，最后装电解电容器。

3）二极管的焊接。按电路图找好合适二极管装入规定位置，要注意二极管的极性不能装错，二极管上的标记要清晰可见。对于立式二极管，最短引脚焊接的时间不能超过 2s。

4）晶体管焊接。晶体管焊接之前要查清引脚 E、B、C 的顺序，安装时注意 E、B、C 三引脚位置插接要正确；焊接时用镊子夹住引脚，此时的镊子是用来散热的，焊接时间尽可能短。焊接大功率晶体管需要安装散热片时，散热片的表面一定要平整、光滑，在元器件与散热片之间要涂上硅胶，以利于散热，而后将其紧固。如果要求加垫绝缘薄膜时，要记住将绝缘薄膜加上。晶体管装焊一般在其他元器件焊好之后进行，每个管子的焊接时间不能超过 10s，在焊接时为了避免烫坏管子，应用镊子夹住引脚散热。

5）集成电路焊接。首先按电路图样要求，检查集成电路型号、引脚位置是否符合要求。焊接时先焊边缘对角线上的两根引脚，以使其定位，然后再按从左到右、自上而下的顺序逐个焊接引脚。集成电路可以直接焊接在印制电路板上，也可用专用的 IC 插座焊接在印制电路板上，然后把集成电路插入到插座中，这种方法在检测、更换元器件是尤其方便。

集成电路焊接注意事项：

① 对于引脚是镀金银处理的集成电路，只需用酒精擦拭引脚即可。

② 对于事先将各引脚短路的 CMOS 电路，焊接之前不能剪掉短路线，应在焊接之后剪掉。

③ 工作人员应佩戴防静电手环在防静电工作台上进行焊接操作，工作台应干净整洁。

④ 手持集成电路时，应持住集成电路的外封装，不能接触到引脚。

⑤ 焊接时，应选用 20W 的内热式电烙铁，而且电烙铁必须可靠接地。

⑥ 焊接时，每个引脚的焊接时间不能超过 4s，连续焊接时间不能超过 10s。

⑦ 要使用低熔点的焊剂，一般焊剂熔点不应超过 150℃。

⑧ 对于 MOS 管，安装时应先 S 极，再 G 极最后 D 极的顺序进行焊接。

⑨ 安装散热片时应先用酒精擦拭安装面，之后涂上一层硅胶，放平整之后安装紧固螺钉。

⑩ 直接将集成电路焊接到电路板上时，焊接顺序为：地端—输出端—电源端—输出端的顺序。

6）塑封元器件的焊接。塑封元器件目前被广泛使用，例如各种开关、插接件等都是用热铸塑的方式制成的。这种元器件不能承受高温，在焊接过程中如果温度过高，焊接时间过长，将会导致元器件变形，失效。

塑封元器件焊接时的注意事项：

① 焊接前要注意必须清理好接点，引脚上锡时要注意不能损坏外封装。

② 选用圆锥形电烙铁，烙铁头应该选尖一些的，这样可以避免在焊接过程中碰触到相邻点或者是元器件的塑料封装。

③ 焊接时间要短，不要反复多次焊接一点，在元器件塑封未冷却前不能对元器件进行牢固性实验，避免扭曲外壳，损坏元器件。

④ 焊接时烙铁头不能对接线片施加压力。

⑤ 簧片类元器件的焊接：该类元器件由于有簧片的存在，如果在焊接时对簧片施加外力，则容易损坏簧片触点的弹力，导致元器件失效。因此焊接时必须对元器件进行可靠镀锡，装配焊接时不能对元器件任何方向施力。焊锡量要少，焊接时间要短，安装不能过紧。

2.6.3　贴片元器件的焊接方法

现在电子设备力求体积小、质量高，那么贴片元器件的使用必不可少。对于电子爱好者新手来说，总觉得贴片元器件太小不容易焊接，其实不然，下面对贴片元器件手工焊接做简单介绍。

1. 工具的选择

贴片元器件的焊接需要的基本工具有小镊子、电烙铁、吸锡带、除此之外还需要热风枪、防静电手环、松香、酒精溶液、带台灯的放大镜。

2. 焊接步骤

（1）二端、三端贴片元器件的焊接步骤：

1）清洁并固定印制电路板，要将印制电路板上的污物和油迹清除干净，并用砂纸打磨焊盘，清除氧化物，涂上松香水，提高电路板的可焊性。

2）将其中的一个焊点上锡，用电烙铁熔化少量焊锡到焊点上即可。

3）用镊子夹住需要焊接的元器件，将其放在需要焊接的焊点上；注意不能碰到元器件端部可焊位置。

4）用电烙铁在已经镀锡的焊点上加热，直到焊锡熔化并将贴片元器件的一个端点焊接上为止，而后撤走电烙铁。注意撤走电烙铁后不能移动镊子，也不能碰触贴片元器件，直到焊锡凝固为止，否则可能会导致元器件错位，焊点不合格。

5）焊接余下的引脚。

6）焊接时焊接时间最好控制在 2s 以内。

7）检查焊点，焊点焊锡量要合适，不能过多也不能过少。

8）清洗焊盘，焊接过程中助焊剂及焊锡会弄脏焊盘，需要用酒精进行清洗，清洗过程中应轻轻擦拭，不能用力过大。

贴片元器件焊接示意图如图 3-2-22 所示，贴片元器件焊点示意图如图 3-2-23 所示。

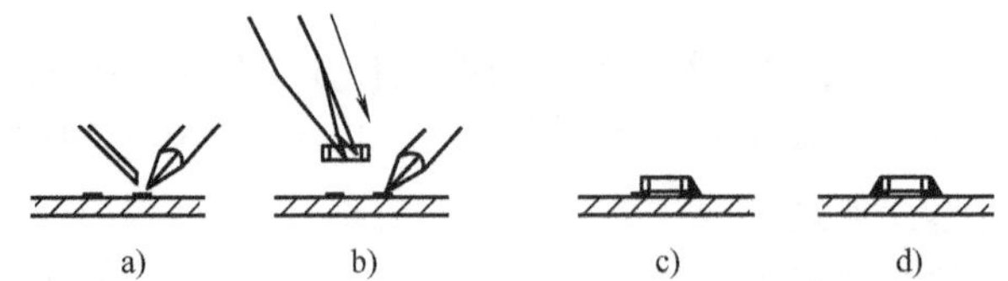

图 3-2-22　贴片元器件的焊接示意图
a）一个焊盘上锡　b）焊接一个引脚　c）焊好的引脚　d）焊接另外一个引脚

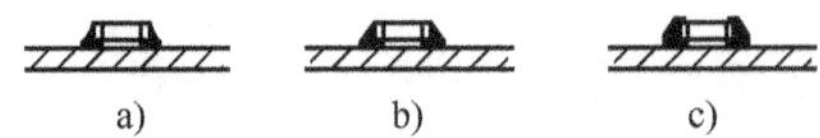

图 3-2-23　贴片元器件焊点示意图
a）焊锡太少　b）焊锡适中　c）焊锡太多

（2）贴片 IC 的焊接方法：对于引脚众多的 IC 在焊接的过程中一定要注意，避免 IC 引脚粘连、错位，反复操作会导致芯片损坏焊盘脱落，因此在焊接过程中一定要认真，仔细，做到一次成功。

焊接 IC 方法同二端元器件。

注意：

1）选择 IC 引脚图上一侧最边缘位置的焊盘上锡。

2）将 IC 对角线位置的引脚焊好，这样可以避免在焊接其他引脚时 IC 发生移动而引起引脚错位；同时在焊接过程中可以用镊子适当调整 IC 的位置，之后撤离电烙铁。

3）处理连脚过程中动作要轻，避免弯曲 IC 引脚，引起引脚错位或者是引脚折断，如果不小心很多个引脚连焊到一起也可采用吸锡带进行吸除，而后进行补焊。

4）焊接 IC 时要佩戴防静电手环，避免焊接过程中产生静电损坏 IC。

2.6.4　焊接顺序

电子产品元器件焊接过程中，焊接顺序依次为：电阻器、电容器、二极管、晶体管、集成电路、大功率管，其他元器件为先小后大的顺序进行。对于贴片元器件和插件都存在的电路板中首先焊接贴片小电阻，无极性电容，集成芯片等可以称之为最矮的元器件，而后是插件的电阻，电容，二极管，晶体管，集成电路，大功率管等，按照由矮到高，由小到大的顺序进行焊接。

2.7　焊接质量检验与排除

2.7.1　焊接质量检查标准

检查焊接质量有多种方法，比较先进的方法是用仪器进行检查，而在通常条件下，则采用观察外观和用电烙铁重焊的方法来检验。

检验焊接质量前首先要明确合格焊点和不合格焊点。

合格焊点：合格焊点要求焊接牢固、接触良好、锡点光亮、圆滑而无毛刺、锡量适中、焊锡和被焊件融合牢固，不应有虚焊和假焊。典型焊点外观如图 3-2-24 所示。

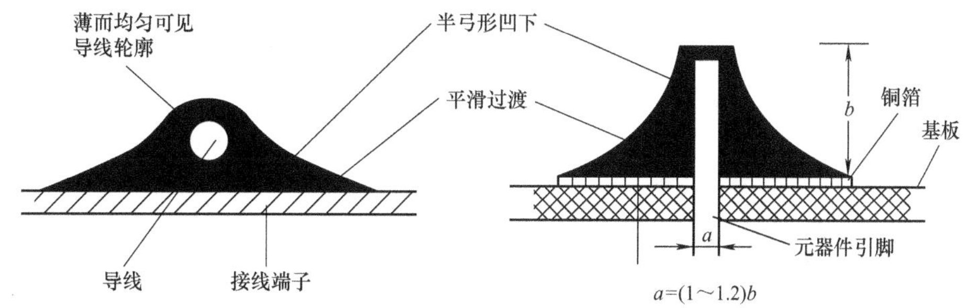

图 3-2-24　典型焊点外观

不合格焊点：不合格焊点有过热、冷焊、松香焊、气泡、焊料过少、铜箔翘起、针孔、桥连、拉尖、堆焊、松动、虚焊等，手工焊接常见不合格焊点及产生原因，危害及预防与解决方法见表 3-2-1。

表 3-2-1　不合格焊点外观、产生原因及危害

焊接缺陷		外观特点	产生原因	危害
名称	图片			
过热		焊点发白，无金属光泽，表面较粗糙	电烙铁功率选择过大，加热时间过长	强度低，焊盘容易剥落
冷焊		表面呈豆腐渣状、颗粒，有时有裂纹	焊料未凝固前焊件抖动，加热时间不足	强度低，导电性差
松香焊		焊缝中夹有松香渣	烙铁头移开太早，使助焊剂未能浮到表面；焊接时间不足，加热不足，表面氧化膜未去除	连接强度不足，导通不良
气泡		表面可能看不出来，内部含有气泡	印制电路板的铜箔面的热容量很大，焊盘上的污渍，元器件引脚氧化处理不良，焊盘过孔太大，元器件引脚过细，焊料过少，松香用量过多等	暂时性导通，但是容易引起焊料开裂，脱焊
焊料过少		未形成裙状平滑面外观	焊丝撤离过早	机械强度不足
铜箔翘起		可以看到焊盘铜箔翘起	手工焊接时过热或集中加热电路中的某一部分；或者用烙铁头撬焊料等	电路容易出断路现象
针孔		目测或放大镜检查可见有孔	焊盘孔与引脚间隙太大造成的	强度不足，焊点易被腐蚀

（续）

焊接缺陷		外观特点	产生原因	危害
名称	图片			
桥连		相连导线或焊盘连接	烙铁头移开时焊料拖尾产生；焊料用得过多，焊接过程中温度过高，使得相邻焊点的焊锡熔化，也会造成桥连	造成电气短路
拉尖		焊点出现尖端	烙铁头移开时撤离角度不对焊料拖尾，助焊剂过少，加热时间过长	焊点外观不佳，拉尖过长容易造成桥连现象
堆焊		焊盘与焊锡浸润不足，焊料堆积在焊盘上。	引脚或焊盘氧化而浸润不良、焊点加热不均匀、维修时焊料堆积过多等	强度不足，浪费焊料
松动		导线或元器件引脚可移动	焊料未凝固而引线发生了移动；元器件的引线氧化焊料而出现浸润不良等	电路导通不良或不导通
虚焊		可见引脚与焊料有缝隙	加热不足，焊料只是直接接触烙铁头被熔化了，焊料堆附在焊件面上；元器件引脚氧化严重或存在污染物，助焊剂不足或质量差	连接强度不足，电路会出现不通或时断时通的现象

2.7.2 焊接缺陷的排除方法

通过目视外观检验和电性能检验发现的缺陷叫作明显缺陷。所谓明显缺陷，就是利用某种方法通过视觉能够寻找到的形状和光泽等表现在外观上的缺陷，即指能够通过目视检验和电性能检验的方法发现的缺陷。

外观检验除用目测（或借助放大镜，显微镜观测）检查焊点是否合乎上述典型焊点的四条标准外，还包括检查以下各点：漏焊、焊料拉尖、焊料引起导线间短路（即所谓“桥接”）、导线及元件绝缘的损伤、发热体与导线绝缘皮接触、布线整形焊料飞溅、线头的放置等。对于单靠目测不易发现的缺陷，可采用指触检查、镊子轻轻拨动，检查有无导线脱出、导线折断、焊料剥离、松动等现象。

产品经过外观检查后还需要进行电性能检查，电性能检查主要有元器件不良和导通不良两种。元器件不良是由焊接造成的元器件损坏，导通不良包括电路开路、短路、断续导通等。

Chapter

第3章 电子产品整机装配工艺

电子产品的整机装配是指按照工艺文件的工艺规程和具体要求，把各种合格的电子元器件、零部件等装连在印制电路板、面板、机壳等指定位置上，构成具有一定功能的完整的电子产品的过程。整机装配是电子整机生产中一个重要的工艺过程。

3.1 电子产品整机装配技术

3.1.1 整机装配基本要求

1）总装之前要对组成整机的有关零部件和组件进行调试、检验，不合格品不得安装。

2）总装之前要认真阅读安装工艺文件和设计文件，严格遵守工艺规程，总装完成后的整机应符合图样和工艺文件的要求。

3）总装过程中对产品包含的电子元器件的数量要进行严格管理。

4）总装过程中产品的元器件和操作工具等要放在指定位置，统一管理，防止掉入产品中。

5）总装过程中不能损伤、损坏元器件，避免碰坏机箱及元器件上的涂覆层，以免损害绝缘性能。

6）应熟练掌握操作技能，保证质量。

7）严格遵守总装的一般顺序，防止前后顺序颠倒，注意前后工序的衔接。

3.1.2 整机装配的原则

电子产品整机装配要经过多道工序，装配顺序是否合理会直接影响到整机的装配质量及操作人员的劳动强度。

按装配级别来分，整机装配要按元件级、插件级、插箱板级和箱柜级顺序进行：

1）元件级：是指电子元器件、集成元器件，这一级是最低的组装级别。

2）插件级：是指装有元器件的印制电路板或插件板，用于组装和互连电子元器件。

3）插箱板级：用于安装和互连的插件或印制电路板的部件。

4）箱柜级：通过电缆及连接器互连插件和插箱而组成具有一定功能的电子产品。

装配时一般来说是先轻后重，先小后大，先铆后装，先里后外，先下后上，先低后高，易碎、易损坏的器件后装，上一道工序不影响下一道工序。具体如下：

1）装配时要注意零部件的位置、方向、极性，不能装错。

2）印制电路板上元器件的引脚穿过焊盘后应至少保留 2mm 以上的长度。

3）安装高度应符合规定的要求，统一规格的元器件应尽量安装在同一高度上。

4）对一些特殊元器件的安装处理，如 CMOS 集成电路的安装要在等电位工作台上进行，以免静电损坏元器件。

5）发热元器件（如 2W 以上的电阻）要与印制电路板保持一定的距离，不允许贴面安装。

6）安装的元器件、零件及部件必须端正牢固。安装好的螺钉头部应用胶黏剂固定。铆好的铆钉不应有偏斜、开裂、毛刺及松动现象。

7）装配时不能破坏零件，元器件的覆盖层要保持干净。

8）导线或线扎的放置必须稳固、安全，整齐及美观。导线的抽头分叉、转弯、终端等部位或长线束中间每隔 20～30cm 用线夹固定。

9）电源线或高压线的连接一定要可靠，不能受力。查看导线绝缘层是否损坏以防止发生短路或漏电事故。

3.1.3 整机装配工艺流程

无论多么复杂的电子产品，从千百个元器件到生产出成品，要经过许多道工序。在生产过程中，大量的工作是由具有一定操作技能的人员，通过使用特定的工具、设备，按照特定的工艺流程和方法完成的。

电子产品装配的工艺流程基本上可以分为装配准备、装联（包括焊接和安装过程）、总装、调试、检验、包装入库或出厂这几个环节。

1. 装配准备

主要是准备好整机装配时用的各种工艺文件。主要包括产品技术工艺文件和组织生产所需的工作文件。前者又分为两类：一类是以投影关系为主绘制的图样，用以说明产品加工和装配要求等，如零件图、印制电路板装配图等。另一类是以图形符号为主绘制的图样，用以描述电路的设计内容，如系统图、框图、电路图、接线图等。

2. 装联过程

装联过程包括元器件的筛选、零部件的加工、导线与电缆的加工、印制电路板的焊接及零部件的装配。这一过程直接决定了电子产品的质量，是整机装配的重要环节。

3. 整机总装

整机总装是将零部件和组件按预定的设计要求装配在机箱（或机柜）内，再用导线将各零部件、组件之间进行电气连接。在生产中必须遵循其安装工艺和接线工艺。

在装配完毕后，必须进行整机调试，使整机达到规定技术指标的要求，保证产品能稳定、可靠地工作。

3.1.4 流水线作业法

通常电子产品的整机总装采用流水线作业法，又称为流水线生产方式。把一台电子整机装联工作划分成若干简单操作项目，每个工人完成各自负责的操作项目，并按照规定顺序把机件传给下一道工序的装配工人继续操作，似流水般不停地自首至尾逐步完成整机总装的作业法。流水线生产方式带有一定的强制性，但由于工作内容简单、动作单纯、记忆方便，故能减少差错、提高功效、保证产品质量。

3.1.5　电子产品装配过程中的静电防护

静电放电对电子产品的损伤是指当带静电的物体与电子元器件接触，静电会转移到元器件上或通过元器件放电，或元器件本身带电，通过其他物体放电。这两个过程都会给电子元器件及产品造成损伤。损伤的程度与静电放电模式有关，主要分为三种：带电人体的静电放电；带电机器的静电放电；充电器件的静电放电。

为了防止静电对元器件、组件、设备的设计性能及使用性能造成损伤。在电子产品装配过程中必须做静电防护措施。

3.2　电子产品整机调试技术

整机调试是按照调试工艺对电子整机进行调试，包括调整和测试两部分，使电子产品达到或超过标准化组织所规定的功能、技术指标和质量标准。如果达不到要求则需要做适当调整。

调整主要是对电路参数的调整，及对整机内可调元器件及与电气指标有关的调节系统、机械传动部分进行调整，使之达到预定的性能要求。测试则是在调整的基础上，对整机的各项技术指标进行系统的测试，使电子设备各项技术指标符合规定的要求。

3.2.1　电子产品调试之前需要注意的事项

简单的小型整机调试工作简便，一般在装配完成之后可直接进行调整及调试，而复杂的整机，调试工作较为繁重，通常先对单元板或分机进行调试，达到要求后，进行总装，最后进行整机总调。电子产品调试之前需要注意以下事项：

1）明确电子设备调试的目的和要求。

2）正确合理地选择和使用测试仪器和仪表。

3）按照调试工艺对电子设备进行调整和测试。

4）运用电路和元器件的基础理论分析来排除调试中出现的故障。

5）对调试数据进行分析、处理。

6）写出调试工作报告，提出改进意见。

3.2.2　仪器仪表选择标准

整机进行调试时必须选择合适的仪器仪表，一般调试仪器可分为专用仪器和通用仪器。通用仪器为一项或多项电参数的测试而设计，可检测多种产品的电参数，如示波器、函数信号发生器等。在选用测试仪器时要注意以下几点：

1）测量仪器的工作误差应远小于被测参数要求误差的1/10。

2）仪器的测量范围和灵敏度应覆盖被测量的数值范围。

3）指针式仪表的量程选择，应使被测量值指示在满刻度值的80%附近处为最佳。对于数字式仪表，应使其测量值的有效数字位数尽量等于所指示的数字位数。

4）仪器输入/输出阻抗，在接入被测电路后，不至于显著改变被测电路的状态。

5）仪器输出功率应大于被测电路的最大功率，一般应大一倍以上。

6）调整、测试仪器的使用频率范围（或频率响应）应符合被测电量的频率范围（或频率响应）。

3.2.3 整机调试一般程序

电子产品种类繁多，电路复杂，各种产品单元电路等种类数量也各不相同，所以调试程序也不尽相同，但对一般电子产品来说，调试程序大致分为如下几部分：

1. 外观检查

在整机通电之前，首先要对电子产品进行外观检查，确认产品零部件齐全，外观调节部件和活动部件灵活，金属结构件无开焊、开裂、元器件安装牢固，导线无损伤，元器件和端子套管的代号符合产品设计文件的规定，整机内无多余物（如焊料残渣、零件、金属屑等）。

2. 通电观察

通电之前应先检查电源变换开关是否符合要求，熔丝是否装入，输入电压是否正确，确认无误后，插上电源插头，打开电源开关。观察电源指示灯是否点亮，产品有无放电、打火、冒烟等异常现象，有无异常气味，用手触摸元器件是否发烫等，如出现以上各种现象立刻断电检查，只有排除故障后方可重新通电检查。

3. 分块分级调试

分块调试是将电子产品按功能分成不同的部分，把每部分看成一个模块进行调试。在调试过程中每个人的顺序都不尽相同，比较理想的顺序是将电路分成静态和动态，然后按照信号的流向进行。

在分块调试中首先要进行电源调试，通电检查之后，对电子设备的电源电路进行检查测试，确保设备电源无误之后才能顺利检查其他单元电路。

1）电源通电之后首先测试各模块、芯片供电电源是否都能正常接通。

2）电源空载。插上电源部分的印制电路板，测试电源部分有无稳定的直流电压输出，输出电压值是否符合设计要求值。

3）电源加载。加上额定负载，测量各项性能指标，看其是否符合设计要求值，可调节有关调试元件，锁定电位器等调整元件，使电源电路具有加载时所需的最佳功能状态。

静态调试是在电路没有信号输入的情况下进行的，比如模拟电路中需要测试电路的静态工作点，数字电路需要测试各输入端和输出端的电平值及逻辑关系等。通过静态测试可以找出元器件损坏及电路中连接不牢固的地方或者是元器件安错的地方。比如超外差式调幅收音机的调试，首先测试收音机的整机电流，然后按照顺序分级测试静态工作电流，没有问题之后再将断点连接，进行整机调试。动态测试是在有输入信号的情况下进行的，可以利用前一级的输出信号作为本级的输入信号，也可以利用自身的信号检查功能模块的各个指标是否满足设计要求，检查包括信号幅值、波形形状、相位关系、频率、放大倍数等。

4. 整机调试

在分块调试过程中，逐渐扩大调试范围，实际上已经完成了局部联调的工作。局部调试没有问题之后，将电路全部连通，就可以实现整机联调。检查各部分之间有无影响，以及机械结构对电气性能的影响等。

5. 系统精度及可靠性测试

用较高精度的测试仪表对整机性能指标进行测试，所有指标要满足产品技术文件规定的各项技术指标。

Chapter

第4章 工业生产中电子元器件焊接工艺简介

随着电子技术的发展，电子产品向着微型化方向发展，为了提高流水线上的生产效率，降低成本，保证产品质量，在电子工业生产中采用自动化的焊接系统。工业生产中电子产品的焊接称为电子工业焊接，其焊接技术有三种：浸焊、波峰焊、回流焊。

4.1 浸焊

浸焊是将安装好电子元器件的印制电路板浸入有熔化焊锡的锡炉内，一次完成印制电路板上所有焊点的焊接。浸焊主要有手工浸焊和机械自动浸焊两种。

4.1.1 浸焊特点

浸焊具有效率高、操作简单、无漏焊现象，适应批量生产的优点，但是浸焊焊接质量不如手工焊接，容易造成虚焊等焊接缺陷，需要补焊修正焊点；焊料浪费较大，锡锅温度掌握不当时，会导致印制电路板起翘、变形和元器件损坏。

4.1.2 操作步骤

浸焊分为插装元器件、喷涂焊剂、浸焊、冷却剪脚、检查修补五步。

1. 插装元器件

将需要焊接的元器件插装在印制电路板之后，安装在具有振动头的专用夹具上并放入自动导轨上。

2. 喷涂焊剂

经过泡沫助焊槽，将安装好元器件的印制板喷涂助焊剂，并经加热器将助焊剂烘干。

3. 浸焊

将喷涂好助焊剂的印制电路板送入装有熔融焊料的锡锅内进行浸焊。

4. 冷却剪脚

焊接完毕后，进行冷却处理，可采用风冷方式冷却。当焊锡完全凝固后，送到切头机上，剪去过长的引脚。一般引脚露出锡面的长度不超过2mm。

5. 检查修补

检查印制电路板上有无焊接缺陷，若有少量缺陷，可用电烙铁进行修复。若缺陷较多，就必须重新浸焊。

浸焊操作时要注意温度的调整。锡炉内的温度一般应控制在高于锡炉内焊锡熔点40 ~

50℃范围内，浸焊时间约为3~5s，浸入深度约为印制电路板的50%~70%。印制电路板在浸焊前必须保证洁净。浸焊之前需要检查印制电路板上的元器件是否有歪斜、跳出的现象，如有则需要进行调整。同时，还要根据锡锅内钎料的消耗情况，及时增添焊料，消除锡炉内焊料的灰渣污物。也可以向锡炉内适当加入一些松香，以提高浸焊质量。

浸焊适用于元器件引脚较长的焊接，对于不能经受浸焊炉温度的元器件，如特殊的隧道二极管和不能浸焊的元器件（如插头座）等应在电路板冷却之后再手工装配。浸焊时由于锡炉内的焊锡表面是静止的，焊锡表面的氧化物会影响焊接质量，造成虚焊等缺陷，因此在大批量电子产品生产中被波峰焊接所代替，或在高可靠性要求的电子产品中作为波峰焊的前道工序。

4.2 波峰焊

波峰焊是电子焊接中使用较为广泛的一种焊接方法，由于其焊接效率高、质量好，因此用于大批量自动化生产中。波峰焊原理是让电路板焊接面与熔化的焊料波峰接触，形成连接焊点，一次完成印制电路板上所有焊点的焊接。

4.2.1 波峰焊特点

波峰焊由于焊锡槽内的焊料熔液始终处于流动状态，焊锡表面是非静止的，波峰上直接用于焊接的焊料表面无氧化物，避免了因氧化物的存在而产生的“夹渣”虚焊现象。同时由于印制电路板与波峰之间始终处在相对运动状态，所以焊剂蒸气易于挥发，焊接点上不会出现气泡，提高了焊点的质量。波峰焊的生产效率高，适合单面印制电路板大批量的焊接。但是波峰焊容易造成焊点桥接和短路现象，补焊修正的工作量比较大。

4.2.2 波峰焊步骤

波峰焊主要步骤为：焊前准备、插件、喷涂焊剂、预热、波峰焊接、冷却、清洗。

1. 焊前准备

包括元器件引脚搪锡、成形，印制电路板的准备及清洁等工作。

2. 插件

根据电路要求，将元器件插装在印制电路板上。

3. 喷涂焊剂

把焊剂均匀地喷涂在印制电路板及元器件引脚上，以清除其表面的氧化物，提高焊接质量。焊剂的喷涂形式有：发泡式、喷雾式、喷流式和浸渍式等，其中以发泡式最为常用。

4. 预热

预热是对已喷涂焊剂的印制电路板进行加热。预热使电路板上的助焊剂得到适当蒸发而获得适宜的黏度，焊接时减少焊点的虚焊、桥接等缺陷及焊接时对印制电路板的热冲击。一般预热温度为100℃左右。可采用热风加热或用红外线加热。

5. 波峰焊接

经喷涂焊剂和预热后的印制电路板，由传送装置送入焊料槽。机械泵或电磁泵根据焊接要求，源源不断地泵出熔融焊锡，形成平稳的焊料波峰与印制电路板板接触，完成焊接过程。

6. 冷却

印制电路板焊接后，板面的温度仍然很高，焊点处于半凝固状态，这时，轻微的振动都会影响焊点的质量。因此，焊接后必须对印制电路板进行冷却处理，一般用风扇、鼓风机或压缩空气管吹印制电路板来进行冷却。

7. 清洗

在焊接过程中不能充分挥发而残留在焊点上的助焊剂，将对电气性能产生不良的影响，尤其是使用活性或酸性较强的残留物的危害更大，同时助焊剂残留还会黏附灰尘或者污物。因此在焊接冷却后，必须对焊点进行清洗，目前常用的清洗法有液相清洗法和气相清洗法。

4.3 回流焊接

回流焊接也称再流焊接，是SMT的主要焊接方法，大部分用于小型和微型的贴片元器件的焊接。焊接时将焊料加工成一定颗粒的粉末，并拌以适当的液态黏合剂，使之成为具有一定流动性的糊状焊膏，用它将贴片元器件粘在印制电路板上，然后通过加热使焊膏中的焊料熔化而再次流动，达到将元器件焊接到印制电路板上的目的。

4.3.1 回流焊接的特点

元器件受到的热冲击小、无桥接等焊接缺陷、操作简单、焊接效率高、焊点质量高、一次性好，而且仅在元器件的引片下有很薄的一层焊料，是一种适合自动化生产的微电子产品装配技术。

4.3.2 回流焊接步骤

回流焊主要步骤为：焊前准备，点膏、贴装SMT元器件，加热及回流焊接，冷却，测试，修复及整形，清洗及烘干。

1. 焊前准备

焊接前，准备好需焊接的印制电路板、贴片元器件以及焊接工具，并将粉颗粒焊料、焊剂、黏合剂制作成糊状焊膏。

2. 点膏、贴装SMT元器件

使用手工、半自动或自动丝网印刷机，将焊膏印到印制电路板上，然后可用手工或自动化装置将SMT元器件粘贴到印制电路板上，使它们的电极准确地定位于各自的焊盘。这是焊膏的第一次流动。

3. 加热及回流焊接

根据焊膏的熔化温度，加热焊膏，使丝印的焊料熔化而在被焊元器件的焊接面再次流动，以将其焊接到印制电路板上。由于焊膏在贴装SMT元器件过程已流动过一次，焊接时的这次熔化流动是第二次流动，因此称为回流焊接或再流焊接。

回流焊接的加热方式通常有：红外线辐射加热、激光加热、热风循环加热及热板加热等方式。

4. 冷却

焊接完毕，要对印制电路板进行冷却处理，这样可以避免对元器件和印制电路板的热损伤，保证焊接质量。一般可用冷风方式进行冷却处理。

5. 测试

进行电路检验测试。判断焊点连接的可靠性及有无焊接缺陷。

6. 修复及整形

若焊点出现缺陷要及时进行修复并对电路板进行整形。

7. 清洗及烘干

修复、整形后，对印制电路板板面残留的焊料、焊剂、废渣及污物进行清洗，以免它们对焊点产生腐蚀。为了防止潮气对焊点的侵蚀，在完成清洗后通常还要进行烘干处理并涂敷防潮剂。

回流焊接的工艺流程大都是在自动上料机、自动图像丝印机或者高速点胶机、自动贴片机、自动再流焊机等一系列设备连成的整条自动化生产线中连续完成的。因此操作方法简单、焊接效率高、质量好、一致性好，是一种适合自动化生产的微电子产品装配技术。

Chapter

第5章 实训项目

5.1 基础操作实训

5.1.1 万用表的使用及基本元器件的识别

1. 实训任务

1）对照本书常用电子元器件讲解，在实训台认识电子元器件实物。

2）到实训台对电子元器件进行识别，掌握元器件原理，选型常识，元器件测试方法。

3）检测挂件箱上常用元器件好坏。

2. 实训目标

1）认识常用元器件的外形，了解其使用方法，选型标准。

2）掌握数字万用表检测电子元器件的方法。

3. 设备及器材

HRPY41－A 型电子产品工艺实训台。

5.1.2 手工锡焊技术基础操作实训

1. 实训任务

通过本次实训了解常用焊接工具类型、结构及使用方法，在万能板上学习手工锡焊技能。

2. 实训目标

1）掌握调温焊台及拆焊工具吸锡器的使用方法。

2）通过手工锡焊万能板套件熟练掌握手工锡焊技能。

3. 设备及器材

HRPY41－A 型电子产品工艺实训台、调温焊台、吸锡器、镊子、偏口钳子等。

5.2 基本技能实训

5.2.1 循环彩灯电路的制作

1. 实训目的

1）了解循环彩灯的工作原理。

2）通过对电路的制作，进一步熟悉电子工艺的技能。

2. 实训所需仪器

1）多功能面包板。

2）HRPY41－A 型电子产品工艺实训台。

3）数字式万用表、双踪示波器。

4）常用焊接工具。

3. 工作原理

循环彩灯的原理是将两组发光二极管（LED）串联起来，在其中点处交替产生高低电平，使两组 LED 交替导通，以实现循环彩灯的效果。产生交替的高低电平，通常采用多谐振荡器的方式，其中以 555 定时器为核心构成的多谐振荡器应用最为广泛。

555 定时器内部有两个比较器、一个 RS 触发器，以及一个反相器用于驱动放电管，其内部原理图如图 3-5-1 所示，引脚功能见表 3-5-1。

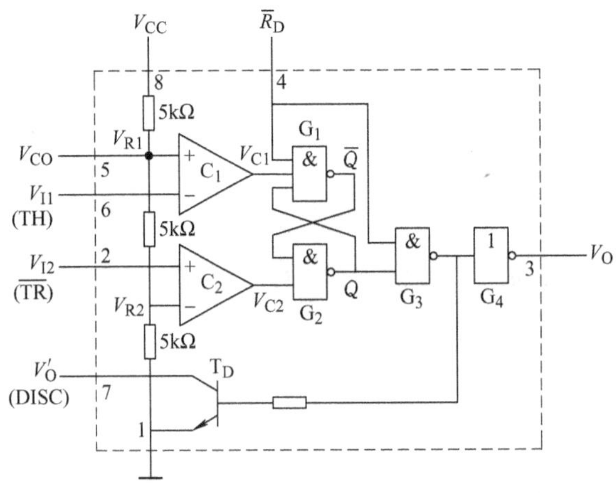

图 3-5-1　555 定时器的原理图

表 3-5-1　555 定时器的引脚功能

引　脚	名　　称	描　　述
1	公共地 GND	接地公共端
2	触发电压 V_{I2}(TR)	当此引脚电压低于 $1/2V_{CO}$ 时，输出高电平，且放电管关断，外接电容进入充电过程
3	输出 V_O	输出端，电流输出能力可达 200mA
4	复位端 $\overline{R}_D$	此引脚接高电平时定时器工作，接低电平时芯片复位
5	外接参考电平 V_{CO}	改变内部比较器的比较电平。当不接外部电压时，$V_{CO}=2/3V_{CC}$，且可使用旁路电容器接地
6	阈值电压 V_{I1}(TH)	当此引脚电压高于 V_{CO} 时，输出低电平，且放电管导通，外接电容进入充电过程
7	电容放电端 V'_O/(DISC)	内部放电管导通时，该引脚与 GND 连通，进入放电状态
8	电源 V_{CC}	供电电源，可在 4.5～16V 范围内工作

使用 555 定时器构成的多谐振荡器如图 3-5-2a 所示，根据上面的分析，由于触发电压

V_{I2}及阈值电压V_{I1}均连接在电容器上，因此在电容器电压低于$1/3V_{CC}$时电容器充电，而高于$2/3V_{CC}$时电容器放电，这样电路就会自发地产生振荡，对应的输出端就会产生交替变化的高低电平，如图 3-5-2b 所示。

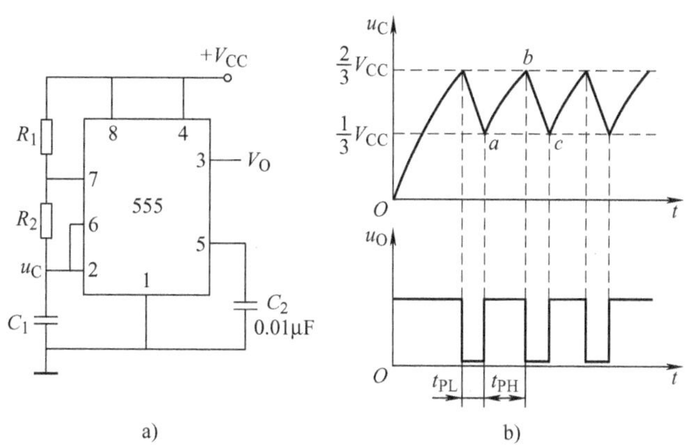

图 3-5-2　多谐振荡器电路

a）多谐振荡器原理图　b）时序关系图

其中，充电回路由 R_1、R_2 及 C_1 构成，因此充电时间即输出高电平时间为

$$T_1 = \ln2(R_1 + R_2)C_1 \tag{3-5-1}$$

放电回路由 R_2 和 C_1 构成，因此放电时间即输出低电平时间为

$$T_2 = \ln2R_2C_1 \tag{3-5-2}$$

显然，高电平时间大于低电平时间，在闪烁效果中则希望高电平时间尽可能接近低电平时间，所以在电阻阻值选取时，要使 R_2 远大于 R_1（即数十倍）。注意不可以使 R_1 为 0，因为当放电管导通时，7 引脚与 GND 是连通的，若此时 $R_1=0$，则使 V_{CC}与 GND 短路，引发事故。

这时，在 V_{CC}和 V_O 之间，以及 V_O 与 GND 之间各连接一组 LED，如图 3-5-3 所示，则可以使两组 LED 循环点亮。由于 555 定时器输出可达 200mA，所以每组可使用多个 LED 并联，并使用限流电阻保护 LED 不因过电流而损坏。

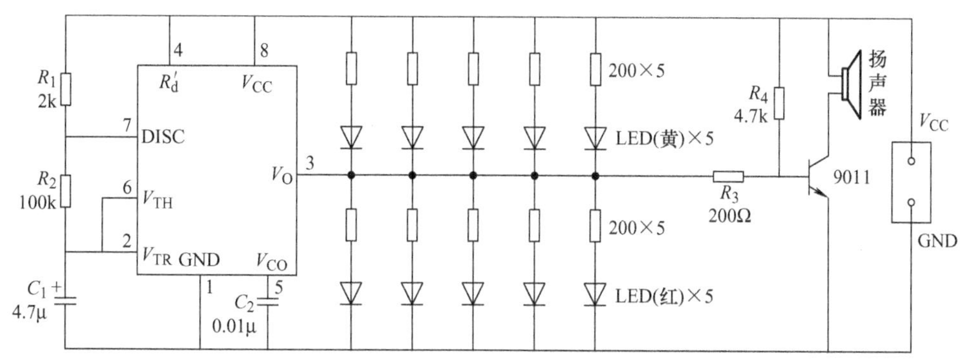

图 3-5-3　循环彩灯电路图

为了使现象更加明显，以及方便排查故障，可在电路后级加入蜂鸣器。当 V_O 交替输出高低电平时，扬声器线圈不断吸合和复位，便产生了声音。应注意，此声音类似于汽车转向

灯起动时的“咔嗒”声音，是断续的。为加强电路的带载能力，需使用晶体管驱动，使现象更为明显。

4. 实训步骤

1）装前检查：根据图样核对所用元器件规格、型号及数量；对多功能面包板进行外观检查。

2）元器件测试：用万用表或专用的测量仪器对所用到的元器件进行测量，将不合格的元器件筛选出来。

3）在多功能面包板上自行设计走线：走线既可以利用元器件引脚，也可以使用导线。要求走线尽可能短、工整。

4）按元器件装配图进行装配及走线的焊接：线路板上元器件排列整齐、成形美观、线路板清洁；焊点光滑无虚焊和漏焊；焊接过程中，不损坏元器件。焊接好后，检查面包板有无虚焊或漏焊现象，经老师检查后方可进行调试。

5）加入+5V电源，观察两组LED是否能够以肉眼可辨的速度循环闪烁，以及是否能够听到有节律的声音。若两组LED同时点亮，且听到的声音为嗡嗡声，有可能是电阻阻值太小，导致闪烁频率太快，人眼无法分辨，若根本没有声音，则可能是555芯片损坏；若只有连接在V_0和GND之间的一组LED点亮，则检查555芯片4引脚是否接到高电平上，若4引脚已接高电平，则检查R_1电阻值是否错误，以及是否远大于R_2。

5.2.2 直流稳压电源的制作

1. 实训目的

1）学会串联型稳压电源的制作，进一步掌握稳压电源的工作原理。

2）学会电子电路的测试、检修方法与技巧。熟悉电子线路板的插装、焊接工艺。

2. 实训所需仪器

1）HRPY41－A型电子产品工艺实训台。

2）数字式万用表、双踪示波器。

3）常用焊接工具。

3. 工作原理（见图3-5-4）

输入的交流电经过整流二极管VD_1～VD_4整流，电容C_1滤波，获得直流电，送到稳压部分，稳压部分由复合调整管V_1和V_2、比较放大管V_3及稳压二极管VD_Z和取样微调电位器R_P组成。复合调整管上的管压降是可变的，当输出电压有减小的趋势，管压降会自动地变小，维持输出电压不变；当输出电压有增大的趋势，管压降会自动地变大，仍维持输出电压不变。复合调整管的调整作用是受比较放大管控制的，输出电压经过微调电位器R_P分压，输出电压的一部分加到V_3的基极和地之间。由于V_3的发射极是通过稳压二极管稳定的，可以认为V_3的发射极对地的电压是不变的，这个电压叫作基准电压。这样V_3的基极电压的变化就反映了输出电压的变化。如果输出电压有减小的趋势，V_3基极发射极之间的电压也要减小，这就使V_3的集电极电流减小，集电极电压增大。由于V_3的集电极和V_2的基极是直接耦合的，V_3集电极电压增大，V_2的基极电压随着增大，这就使复合调整管加强导通，管压降减小，维持输出电压不变。同样，当输出电压有增大的趋势时，也会维持输出电压不变。C_2 在是市电电压降低的时候，为了减小输出电压的交流成分而设置的，C_3 的作用是降低稳压电源的交流内阻和纹波。

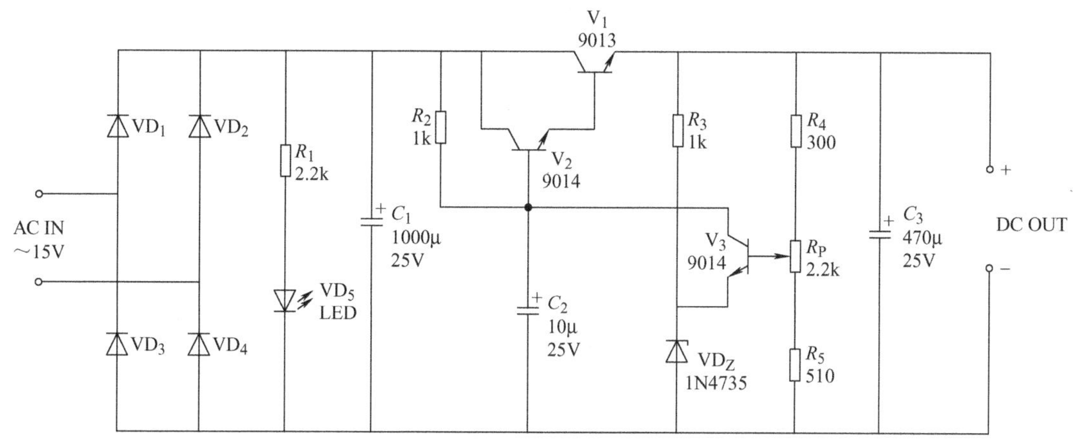

图 3-5-4　直流稳压电源原理图

4. 实训步骤

1）装前检查：根据图样核对所用元器件规格、型号及数量；对印制板按图做线路检查和外观检查。

2）元器件测试：用万用表或专用的测量仪器对所用到的元器件进行测量，将不合格的元器件筛选出来。

3）按元器件装配图进行装配焊接：线路板上元器件排列整齐、成形美观、线路板清洁；焊点光滑无虚焊和漏焊；焊接过程中，不损坏元器件。注意晶体管的方向。

4）装后检测：装配和焊接好后，大致地检查和测量所焊接的板子有无短路或漏焊现象，一切正常后，加入交流 15V 左右的电压，观察管子有无发烫现象。调节 R_P，用直流数字电压表观察输出电压的变化。

5）接上负载调试：输出 10V 电压，接上 100Ω 的负载电阻。负载接入前和接入后输出电压的变化应小于 0.5V。

5.2.3　OTL 功率放大电路的制作

1. 实训目的

1）进一步理解 OTL 功率放大器的工作原理。

2）学会 OTL 电路的调试及主要性能指标的测试方法。

2. 实训所需仪器

1）HRPY41 - A 型电子产品工艺实训台。

2）实训挂箱。

3）数字式万用表、双踪示波器。

4）常用焊接工具。

3. 工作原理

如图 3-5-5 所示，OTL 低频功率放大器电路由晶体管 V_1 组成推动级（也称前置放大级)，V_2、V_3 是一对参数对称的 NPN 和 PNP 型晶体管，它们组成互补推挽 OTL 功放电路。由于每一个管子都接成射极输出器形式，因此具有输出电阻低，负载能力强等优点，适合于做功率输出级。V_1 工作于甲类状态，它的集电极电流 I_{C1} 由电位器 R_{P1} 进行调节。I_{C1} 的一部分流经电位器 R_{P2} 及二极管 VD_1，给 V_2、V_3 提供偏压。调节 R_{P2}，可以使 V_2、V_3 得到合适的静态电流而工作于甲、乙类状态，以克服交越失真。静态时要求输出端中点的电位 $U_A = V_{CC}/2$，可以通过调节 R_{P1} 来实现，又由于 R_{P1} 的一端接在中心点，因此在电路中引入交、直流电压并联负反馈，一方面能够稳定放大器的静态工作点，同时也改善了非线性失真。

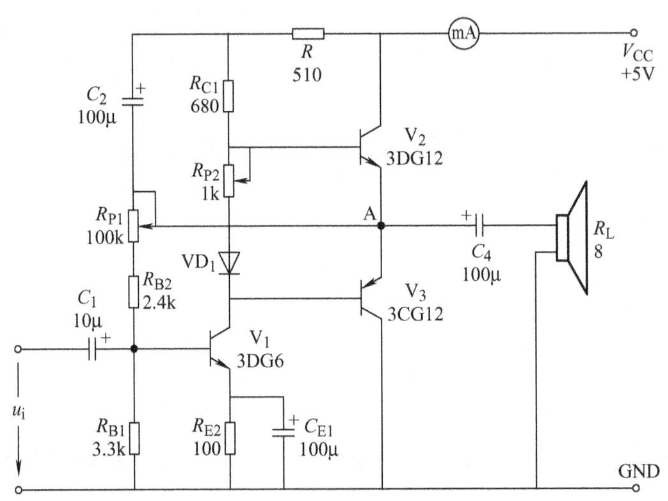

图 3-5-5　OTL 放大器原理图

当输入正弦交流信号 u_i 时，经 V_1 放大、倒相后同时作用于 V_2、V_3 的基极，u_i 的负半周使 V_2 管导通（V_3 管截止），有电流通过负载 R_L，同时向电容 C_4 充电，在 u_i 的正半周，V_3 导通（V_2 截止），则已充好电的电容器 C_4 起着电源的作用，通过负载 R_L 放电，这样在 R_L 上就得到完整的正弦波。

C_2 和 R 构成自举电路，用于提高输出电压正半周的幅度，以得到大的动态范围。

4. OTL 电路的主要性能指标

1）最大不失真输出功率 P_{om}：理想情况下，$P_{om} = V_{CC}^2/(8R_L)$，在实验中可通过测量 R_L 两端的电压有效值，来求得实际的 $P_{om} = U_o^2/R_L$。

2）效率 η：$\eta = (P_{om}/P_E) \times 100\%$。其中，$P_E$ 为直流电源供给的平均功率。

理想情况下，$\eta_{max} = 78.5\%$。在实验中，可测量电源供给的平均电流 I_{dc}，从而求得 $P_E = V_{CC}I_{dc}$，负载上的交流功率已用上述方法求出，因而也就可以计算实际效率了。

3）输入灵敏度：输入灵敏度是指输出最大不失真功率时，输入信号 u_i 之值。

5. 实训步骤

1）装前检查：根据图样核对所用元器件规格、型号及数量；对印制板按图做线路检查和外观检查。

2）元器件测试：用万用表或专用的测量仪器对所用到的元器件进行测量，将不合格的元器件筛选出来。

3）按元件装配图进行装配焊接：线路板上元件排列整齐、成形美观、线路板清洁；焊点光滑无虚焊和漏焊；焊接过程中，不损坏元器件。注意晶体管的安装方向，尤其是3DG12和3CG12，要根据原理图上的方向来进行焊接。在装配0.25W/8Ω的扬声器时，用焊片固定扬声器，或用502胶水固定，要保证牢靠。注：其中0.1μF的CBB电容焊在晶体管3DG6的B、E之间，以增加电路的稳定性。

在整个测试过程中，电路不应有自激现象。

4）静态工作点的测试：将输入信号旋钮旋至零（$u_i=0$），电源进线中串入直流毫安表，电位器R_{P2}置最小值，R_{P1}置中间位置。接通+5V电源，观察毫安表指示，同时用手触摸输出级管子，若电流过大，或管子温升显著，应立即断开电源检查原因（如R_{P2}开路，电路自激，或输出管性能不好等）。如无异常现象，可开始调试。

输出端中点电位U_A，调节电位器R_{P1}，用直流电压表测量中心点电位，使$U_A=V_{CC/2}$。

调整输出级静态电流及测试各级静态工作点

调节R_{P2}，使V_2、V_3的$I_{C2}=I_{C3}=5\sim10\text{mA}$。从减小交越失真角度而言，应适当加大输出级静态电流，但该电流过大，会使效率降低，所以一般以5～10mA为宜。由于毫安表是串在电源进线中，因此测得的是整个放大器的电流，但一般V_1的集电极电流I_{C1}较小，从而可以把测得的总电流近似当做末级的静态电流。如要准确得到末级静态电流，则可从总电流中减去I_{C1}之值。

调整输出级静态电流的另一方法是动态调试法。先使$R_{P2}=0$，在输入端接入$f=1\text{kHz}$的正弦信号u_i。逐渐加大输入信号的幅值，此时，输出波形应出现较严重的交越失真（注意：没有饱和和截止失真），然后缓慢增大R_{P2}，当交越失真刚好消失时，停止调节R_{P2}，恢复$u_i=0$，此时直流毫安表读数即为输出级静态电流。一般数值也应在5～10mA，如过大，则要检查电路。

输出级电流调好以后，测量各级静态工作点，记入表3-5-2。

表3-5-2 静态工作点的测试

$I_{C2}=I_{C3}=$ mA $U_A=2.5\text{V}$

	V_1	V_2	V_3
U_B/V			
U_C/V			
U_E/V			

注意：

在调整R_{P2}时，一是要注意旋转方向，不要调得过大，更不能开路，以免损坏输出管。输出管静态电流调好，如无特殊情况，不得随意旋动R_{P2}的位置。

5）最大输出功率P_{om}和效率η的测试：

① 测量P_{om}输入端接$f=1\text{kHz}$的正弦信号u_i，输出端用示波器观察输出电压u_o波形。逐渐增大u_i，使输出电压达到最大不失真输出，用交流毫伏表测出负载R_L上的电压U_{om}，则$P_{om}=U_o^2/R_L$。

② 测量η当输出电压为最大不失真输出时，读出直流毫安表中的电流值，此电流即为直流电源供给的平均电流I_{DC}（有一定误差），由此可近似求得$P_E=V_{CC}I_{DC}$，再根据上面测得的P_{om}，即可求出$\eta=(P_{om}/P_E)\times100\%$。

6）试听：输入信号改为录音机输出，输出端接试听音箱及示波器。开机试听，并观察语言和音乐信号的输出波形。

5.2.4 脉宽调制控制器电路的制作

1. 实训目的

1）了解脉宽调制控制器电路的工作原理。

2）通过对脉宽调制控制器电路的焊接和调试，进一步掌握电子工艺的技能。

2. 实训所需仪器

1）HRPY41－A 型电子产品工艺实训台。

2）数字式万用表、双踪示波器。

3）常用焊接工具。

3. 工作原理

在图 3-5-6 的电路中，运放 OP_1 为电压跟随器，其同相端连接在电阻调压网络中，其电压可调范围为 ±4V。此电压作为基准电压，输出至运放 OP_4 构成的比较器的同相端。

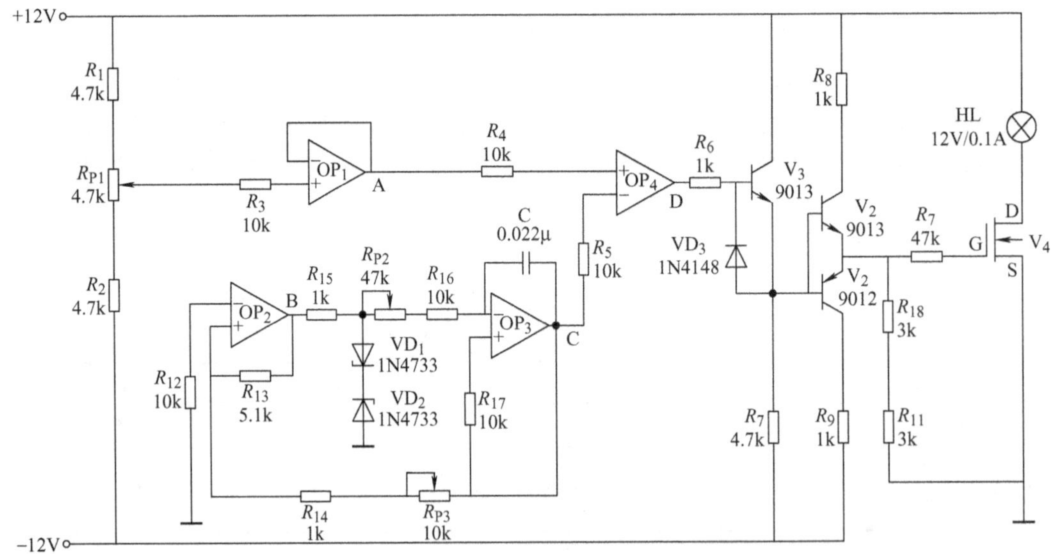

图 3-5-6 脉宽调制控制电路原理图

运放 OP_2 与运放 OP_3 构成了典型的方波-三角波发生电路，在电路起动时，需要调整 R_{P3} 至合适值，否则该部分电路可能不起振。调节 R_{P2} 可以调节三角波的频率，如下式所示：

$$f=\frac{R_{13}}{4(R_{14}+R_{P3})(R_{16}+R_{P2})C} \tag{3-5-3}$$

该三角波信号输入运放 OP_4 构成的比较器的负端，与比较器正端的电压基准信号进行比较，即产生了初级 PWM 矩形波信号，如图 3-5-7 所示。

在本实训项目中，驱动信号的负半周无法驱动 MOS 开关管，因此该部分信号是无效的，所以使用 VD_3 将其滤除，再经过 V_1 构成的前置放大电路以及 V_2 和 V_3 构成的推挽放大电路，使信号具有驱动能力，进而控制 MOS 开关管的通断，即实现了脉宽调制 PWM 控制。

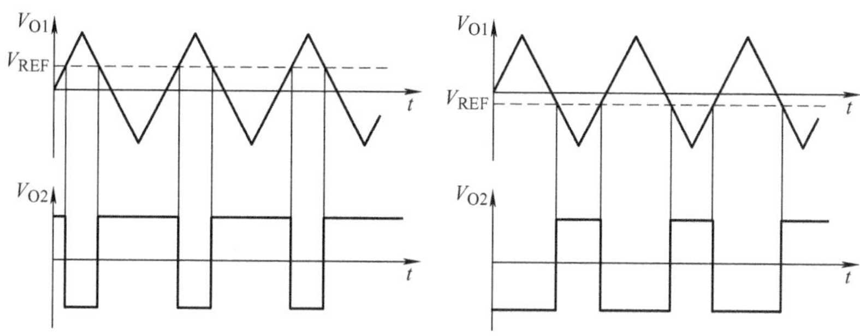

图 3-5-7 参考电压 V_{REF} 与输出的关系

4. 实训步骤

1）装前检查。根据图样核对所用元器件规格、型号及数量；对印制板按图做线路检查和外观检查。

2）元器件测试。用万用表或专用的测量仪器对所用到的元器件进行测量，将不合格的元器件筛选出来。

3）按元件装配图进行装配焊接。线路板上元件排列整齐、成形美观、线路板清洁；焊点光滑无虚焊和漏焊；焊接过程中，不损坏元器件。焊接好后，检查 PCB 有无虚焊或漏焊现象，经老师检查后方可进行调试。

4）加入 ±12V 电源，观察芯片有无发烫现象。调整三角波频率和波形，要求 $f_o = (1 \pm 5\%)$ kHz; $U_p = 3(1 \pm 10\%)$ V，对实测数据进行记录。

5）记录画出三角波波形图（C 点）和方波波形图（B 点）。

6）观察 D 点调制波，记录调制度为 100%、50%、0% 对应的给定电压值（A 点），输出电压（D 点）和负载两端电压。

7）测量给定电压范围和频率可调范围，并记录。

5.2.5 抢答器电路的设计制作

1. 实训任务

1）制作一个抢答器电路；

2）抢答器电路具有 9 个由每个选手控制的抢答按钮，以及一个由裁判员控制的复位按钮。当其中一个选手按下按钮后，所有抢答按钮全部失效。裁判员按下复位按钮后，所有抢答按钮恢复为有效状态。

3）电源使用 +5V 电源。抢答器具备数字显示，显示抢答选手编号。在抢答成功后有音乐作为声音提示。

2. 实训目标

1）通过项目制作，理解抢答器的工作原理。

2）掌握数字组合逻辑电路在实际中的应用。

3）掌握模块化电路调试的能力。

3. 任务分析

要完成该任务，需要解决以下 5 个问题。

1）选手编号的确定：采用数字电路二进制编码的模式。

2）选手编号的显示：使用显示译码器芯片，将上面的选手二进制编码转换为数码管的驱动信号，以显示选手编号。

3）选手编号的锁定：当首位选手按下按钮后，电路须进入下一工作阶段，此时不再接受选手按键输入信息。同时持续显示抢答成功选手编号。

4）选手编号的解锁：解锁电路应在下一次抢答开始前，由裁判员按下复位按键，以重新接受按键信息，电路回到抢答状态。

5）实现声音效果：为了使抢答成功时的效果更加明显，可在电路输出端添加声音芯片及扬声器播放抢答成功时的声音。

4. 任务实现

1）确定选手编号：在本项目中，共有 9 位选手，故需要 9 个按钮 $S_1 \sim S_9$，以及 4 根地址线。每个按钮一端连接 +5V 正电源，另一端则连接地址线上其对应的二进制编码，即其二进制数为“1”的位数。如果将按钮和地址线直接相连，则会导致按下任何一个按钮都会使所有地址线都为高电平的错误结果。为避免这种现象，需要使用二极管 $VD_1 \sim VD_{15}$，而且二极管必须连接在多条地址线连接的节点之前。当按钮未按下时，对应的地址线为悬空的状态，而 CMOS 是不允许悬空状态的。因此地址线的另一端还需要接地，并在一端加入电阻 $R_1 \sim R_4$ 限流。

2）数字显示的实现：要将二进制编码转换为数码管驱动信号，需要使用显示译码器芯片。本项目中采用的显示译码器芯片是 CD4511。其 VDD 接 +5V 电源，VSS 接 GND。输入端 A ~ D 端连接地址线。输出端 A ~ G 连接七段数码管。$\overline{LT}$与$\overline{BI}$在本项目中均不需要使用，故接高电平。LE 端与后续的锁定及复位电路相连，以改变电路的工作状态。驱动数码管时，要在数码管的每一个输入端上加入限流电阻 $R_{10} \sim R_{16}$，以免数码管因过电流而损坏。

3）锁定判定的实现：锁定生效的条件是有按钮按下的瞬间，用逻辑语言形容即当显示不为 0 的瞬间锁定生效。注意必须使用显示来判断，若使用 4 位地址输入端判定，会导致按钮松开即锁定失效，导致电路功能不正常。

当数码管显示 0 时，其驱动信号 A ~ F 为高电平，而 G 为低电平。将这 7 位电平输入 CD4068 八输入与非门。该芯片 VDD 接 +5V 电源，VSS 接 GND。当 CD4511 译码器输出 0 时，A ~ F 均为高电平，可直接连接到与门的输入端，G 为低电平，应经过非门再连接到剩余的两个引脚。而最简单的非门就是使用晶体管的基极作为输入，集电极作为输出，再接入 CD4068 的 G 与 H 端。这 8 位电平的与非信号由 Y 输出，并且经过 74LS02 芯片的两个 TTL 逻辑门，以增加信号的驱动能力。

4）锁定与解锁部分：将上面的输出信号接回 CD4511 的 LE 端，则当显示不为 0 时，CD4511 输入不再刷新，即实现了锁定功能。同时电路不能永远锁定，还需要解锁。S10 为裁判员按钮，按下此按钮，LE 端电平被强制拉低，使 CD4511 重新接受输入信号。C_1 以及 R_5 可延缓电压变化速率，以减小对电路的冲击。

5）抢答成功提示部分：锁定判定的输出信号同时还作为启动抢答成功提示的驱动信号。该信号启动 MUSIC IC，其产生音频信号，通过晶体管 V_1 进行放大，驱动蜂鸣器产生抢答成功的音乐声。当复位按钮按下时，该信号被强制拉低，驱动失效，故音乐停止。

总电路图如图 3-5-8 所示。

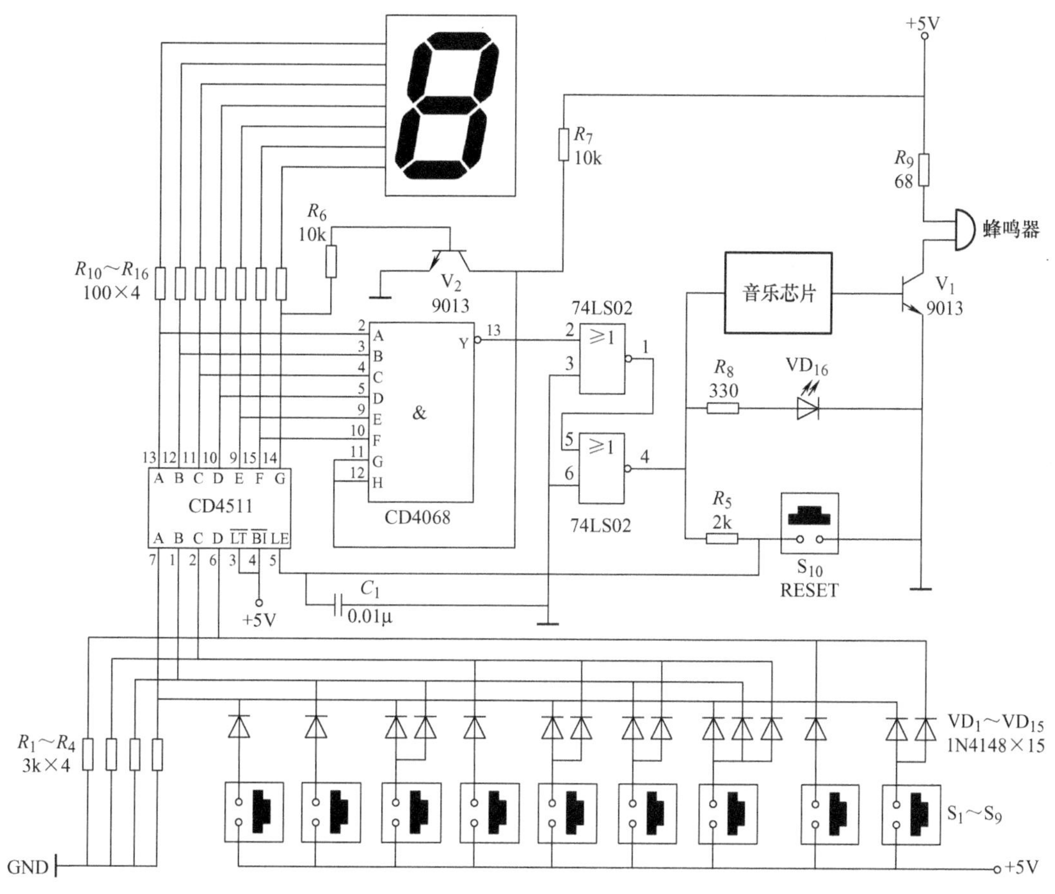

图 3-5-8　抢答器总电路图

5. 运行调试

将电源连接至系统。此时数码管应显示“0”，抢答成功的 LED（VD_{16}）不点亮，也没有声音出现。这时按下 1 号按键，观察数码管的显示是否对应地变为“1”，同时抢答成功的 LED（VD_{16}）是否点亮，以及声音是否出现。在按下解锁键之前，按下任一抢答按键是否不会生效。

以上部分验证完毕后，按下解锁按键，观察电路是否能回到初始状态。然后从 2 号按键到 9 号按键依次验证电路的功能。

5.2.6　编码电子锁电路的制作

1. 实训目的

1）掌握电路中 D 触发器等单元电路的综合应用。

2）熟悉编码电子锁的调试。

2. 实训所需仪器

1）BMDZS0000 PCB 编码电子锁电路。

2）HRPY41－A 型电子产品工艺实训台。

3）数字万用表、双踪示波器。

4）常用焊接工具。

3. 工作原理

电路如图 3-5-9 所示。

编码电子锁是只要记住一组十进制数字（即密码），顺着数字的先后从高位数到低位数，用手指逐个按下按键开关，锁便自动打开。若操作顺序不对，锁就打不开。同时，该电子锁还具有电子门铃的功能，只要按下 0 号键，音乐片就驱动蜂鸣器发出乐声。

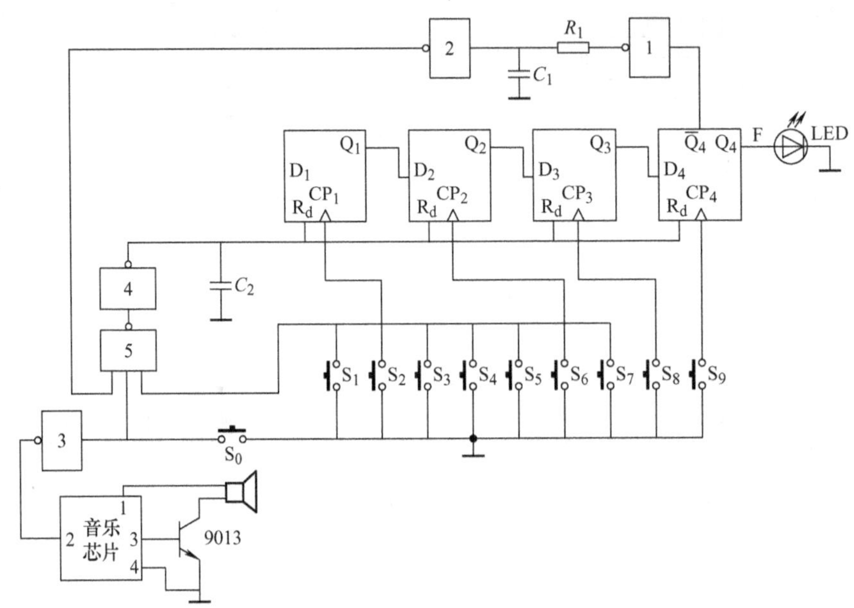

图 3-5-9　编码电子锁原理图

4 个 D 触发器的复位端连在一起，由反相器 4 的输出控制，并接一只电容 C_2 到地，由于电容两边的电压不能跃变，因此在接通电源的瞬间，R_d 为低电平，将四个 D 触发器置零。F 输出为低电平，电子锁处于关的状态，LED 不亮。

左边第一个触发器的 D_1 端悬空，始终处于高电平。它的输出端 Q_1 接下一个触发器的 D_2 端，依次类推。因此，后一个 D 触发器的输入状态与前一个触发器的输出相同，即 $D^{n+1}=Q^n$。四个触发器的 CP 脉冲输入端 CP_1、CP_2、CP_3、CP_4 分别通过按键开关 S_2、S_6、S_8、S_9 接地，形成 2689 四位编码。当 S_2、S_6、S_8、S_9 没有被按下时，4 个 CP 脉冲端均悬空，相当于输出高电平，输出保持原状态不变，当按下 S_2 键后，CP_2 变为低电平，松手后，CP_2 来了一个上升沿，使触发器 D_1 的输出 Q_1 变为高电平，再按下 S_6 并松手后，CP_2 来了一个上升沿，使 D_2 的输出也变为高电平，依次类推，当按次序按下 S_2、S_6、S_8、S_9 时，将会依次使 $D_2=Q_1=1$，$D_3=Q_2=1$，$D_4=Q_3=1$，$Q_4=F=1$。F 作为输出端，驱动控制电路，将锁打开，LED 亮。若输入的编码次序不对，锁将不能被打开。

电路中，与非门 5 的输出经反相器 4 后接到四个触发器的复位端。与非门 5 有 3 个输入端，一个通过 S_0 接地，当按下 S_0 时，与非门 5 输出为高电平，经 4 反相后将各触发器复位，同时，由于S_0被按下，将使与非门3的输出为高电平，给音乐片的触发端提供一个触发信号，音乐片带动蜂鸣器工作，发出声音，即具有电子门铃的功能。与非门5的第二个输入端与开关S_1、S_3、S_4、S_5、S_7相连，当这些开关中有一个被按下时，都会将D_1 ~ D_4置零。与非门5的第三个输入端经反相器1和2及由R_1、C_1组成的延时网络与第四个触发器的$\overline{Q}_4$端相连，当依次输入密码将锁打开后，$\overline{Q}_4$输出低电平，使反相器1输出高电平，经RC延时网络延时一定时间后，将反相器2置零，使各个D触发器复位。延迟时间的长短，决定于电阻R_1和电容C_1的值。

4. 实训步骤

1）装前检查：根据图样核对所用元器件规格、型号及数量；对印制板按图做线路检查和外观检查。

2）元器件测试：用万用表或专用的测量仪器对所用到的元器件进行测量，将不合格的元器件筛选出来。

3）按元器件装配图进行装配焊接：线路板上元器件排列整齐、成形美观、线路板清洁；焊点光滑无虚焊和漏焊；焊接过程中，不损坏元器件。注意集成芯片的安装方向。

4）音乐集成片的安装和焊接：集成块用502胶水固定在PCB的背面，位置要保证焊接线时方便，音乐片上标有C、B、E的三个点分别用12芯的导线引出来焊接在PCB上晶体管的相应位置。集成块剩余的两个点，从左面数第一点引线焊在和+5V连接的焊盘上，第二点引线焊在CD4011的第10脚上，对应的两个焊盘在CD4011集成座的下方。

5）装配和焊接好后，检查和测量所焊接的板子有无短路或漏焊现象，一切正常后，经老师检查好后，接通电源+5V，并观察芯片有无发烫现象。

6）开锁后的延迟时间可以通过调节R_1和C_1的数值进行调整，电容越大延迟时间越长；电阻越大延迟时间也越长。

7）根据工作原理部分的说明，进行调试。

5.2.7　可编程定时器电路的制作

1. 实训目的

1）掌握由CD4029、CD4518、NE556组成的可编程定时器电路和工作原理。

2）掌握NE556组成的振荡电路和CD4029的外围电路。

2. 实训所需仪器

1）DSQ0000 PCB可编程定时器电路。

2）HRPY41-A型电子产品工艺实训台。

3）数字万用表。

4）常用焊接工具。

3. 工作原理

电路原理图如图3-5-10所示。

该定时器由分钟脉冲发生器、可预置计数器、分频器、驱动器及报警电路组成。定时范围从1~99min内任意预设。

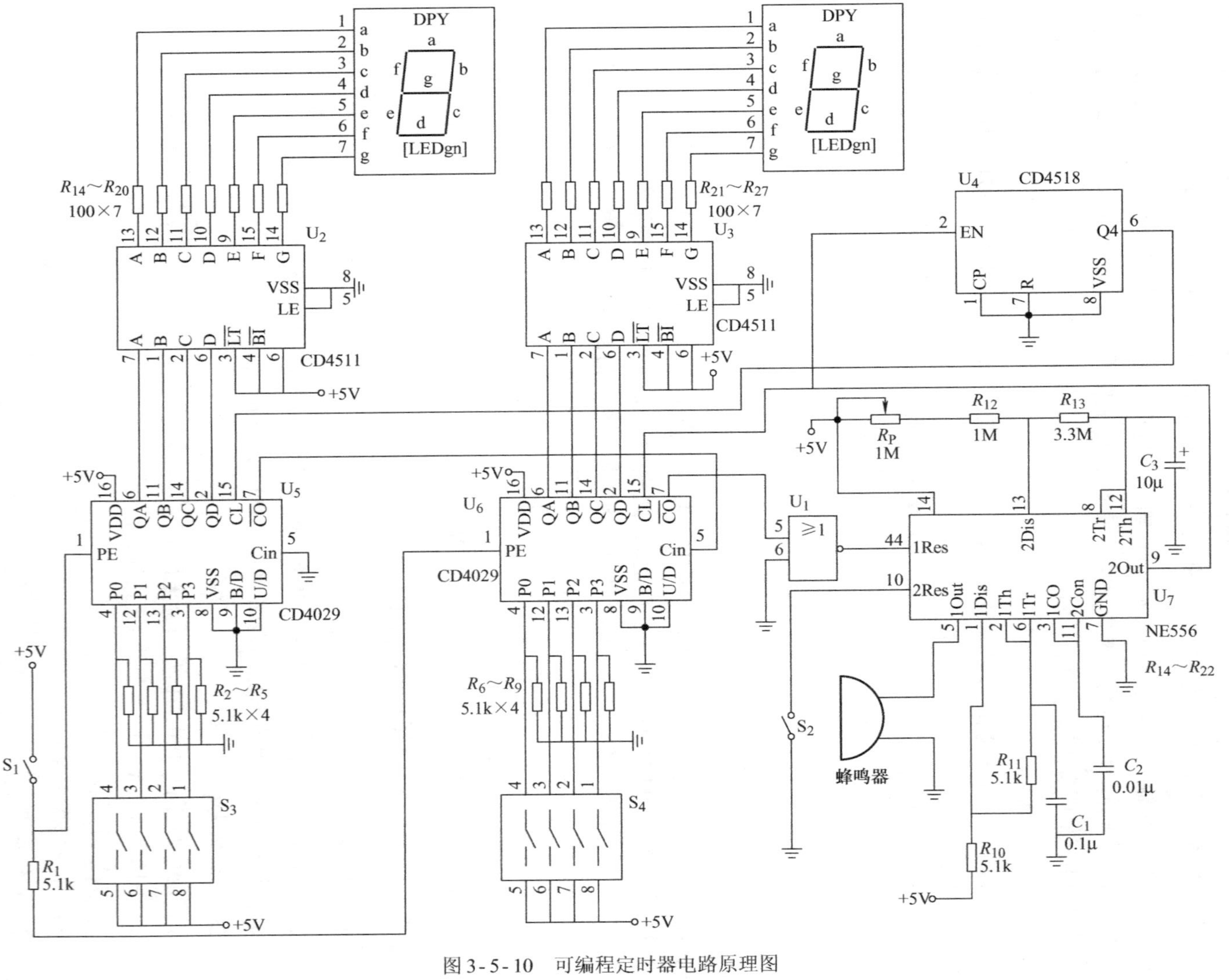

图3-5-10 可编程定时器电路原理图

由 NE556 的一半及 R_P、R_{12}、R_{13}、C_3 组成分钟脉冲发生器，$T=0.7(R_P+R_{12}+2*R_{13})C_3$，调节 R_P，使脉冲周期为60s，它的复位端第 10 脚受钮子开关的控制，开关打在开的位置时，定时器开始计数，开关打在关的位置时，定时器停止计数。NE556 的另一半及 R_{10}、R_{11}、C_1 组成多谐振荡器，用于蜂鸣器报警，频率 $f=1.44/(R_{10}+2*R_{11})C_1$，约为 1kHz。CD4518 为十进制计数器，和其外围电路组成十分频器，分频时钟由分钟脉冲发生器提供，第 6 脚输出 10min 的脉冲。CD4029 采用 4 位可预置可逆计数器，接成十进制减法计数器的形式，组成十进制的两位编程器。只有当 U_5 的输出全减为 0 时，CO 的输出由高变低，U_6 才开始计数，当 U_6 的输出全减为 0 时，CO 的输出由高变低，经 74LS02 后变成高电平提供给 NE556 的第 4 脚，第 5 脚有振荡波形输出，使蜂鸣器输出报警提示，计时结束。拨码开关用于预设定时时间，采用 8421 码显示，开关设好以后，按 S_1 按钮，则数码管上会显示所预设的时间，同时计数开始。由于分钟脉冲发生器的复位端只受钮子开关的控制，所以分钟脉冲发生器一直在计数，这样就导致定时结束后，蜂鸣器进行报警，而后又开始计时，所以当一次定时结束后，钮子开关要打在关的位置或进行第二次定时。

4. 实训步骤

1）装前检查。根据图样核对所用元器件规格、型号及数量；对印制板按图样做线路检查和外观检查。

2）元器件测试。用万用表或专用的测量仪器对所用到的元器件进行测量，将不合格的元器件筛选出来。

3）按元器件装配图进行装配焊接。线路板上元器件排列整齐、成形美观、线路板清洁；焊点光滑无虚焊和漏焊；焊接过程中，不损坏元器件。注意集成块和拨码盘的安装方向。钮子开关在进行装配和连线时，要按照原理图对其进行操作。

4）装配和焊接好后，大致地检查和测量所焊接的板子有无短路或漏焊现象，一切正常后，将 +5V 电源接入，则数码管显示为 00，打开钮子开关，用示波器观察 NE556 芯片的第 9 脚，会有方波输出，调节 R_P 使其输出的周期为 1s。

5）在拨码开关上预设定时时间，左边的拨码开关用来预设十位数，右边的拨码开关用来预设个位数，显示的时间单位为分钟。设好以后，按一下 S_1，则数码管显示相应的数字，计时器开始计时。

6）假设所设定的定时时间为 99min，则数码管的十位数会以 10min 为单位进行递减，个位数保持不变，当数码管显示为 09 时，个位上的数码管会以 1min 的时间进行递减，当定时时间到时，数码管显示为 00，并有蜂鸣器报警声音。

7）定时结束后，钮子开关打在关的位置或按 S_1 进行第二次定时。

5.3　综合技能实训

5.3.1　超外差收音机的制作

1. 实训任务

制作一个调幅半导体收音机。

基本技术要求：

1）对照原理图讲述整机工作原理，看懂装配接线图。

2）了解原理图和版图符号，并与实物对照。

3）根据技术指标测试各元器件的主要参数。

4）认真细致地安装焊接，排除安装焊接过程中出现的故障。

2. 实训目标

通过收音机的安装、焊接、调试，了解电子产品的装配全过程，锻炼读图能力，训练动手能力；掌握元器件的识别、简易测试，通过实践可以根据电路原理图和印制电路板较熟练地进行电路组装和调试。

3. 性能分析

该机为七管中波调幅半导体收音机，采用全硅管标准二级中放电路，利用两只二极管构成正向压降稳压电路，稳定从变频、中频到低放各级的工作电压，不会因为电池电压降低而影响接收灵敏度，使收音机仍能正常工作。如图 3-5-11 所示，B_1 及 C_1 组成的天线调谐电路，当调幅信号感应该电路后就会选出我们所需要的电信号 f_1 进入晶体管 V_1 的基极；本振信号调谐在高出 f_1 频率一个中频的 $f_2(f_2=f_1+465\text{kHz})$，例如：$f_1=700\text{Hz}$，则 $f_2=700\text{kHz}+465\text{kHz}=1165\text{kHz}$，进入晶体管 V_1 的发射极，由晶体管 V_1 进行变频处理后，通过中周 B_3 选出 465kHz 中频信号经晶体管 V_2 和 V_3 组成的二级中频放大电路的处理后进入晶体管 V_4 检波，检出音频信号经晶体管 V_5 进行低频放大后进入由晶体管 V_6、V_7 组成的功率放大器进行功率放大，推动扬声器发声。图 3-5-11 中二极管 VD_1、VD_2 组成 $1.3\text{V}\pm0.1\text{V}$ 稳压电路，固定变频电路、第一级中放电路、第二级中放电路、低放电路的基极电压，从而稳定各级电路的工作电流，保持灵敏度。晶体管 V_4 用作检波。电阻 R_1、R_4、R_6、R_{10} 分别为晶体管 V_1、V_2、V_3、V_5 的工作点调整电阻，电阻 R_{11} 是晶体管 V_6、V_7 功放级的工作点调整电阻，电阻 R_8 为中放的 AGC 电阻，B_3、B_4、B_5 为内置谐振电容的中周，既是放大器的交流负载又是中频选频器，该级的灵敏度，选择性等主要指标靠中频放大器保证。B_6、B_7 为音频变压器，起交流负载及阻抗匹配作用。

4. 工作原理

收音机包括输入回路，变频回路，中频放大电路，检波及自动增益控制（AGC）电路，低频放大电路及电源 6 部分，如图 3-5-11 所示。

1）输入回路。该回路具有选择所需电台信号和抑制干扰信号的作用。

由磁性天线 B_1 的一次线圈 L_1 和可变电容器天线 C_1A 组成。调节双联可变电容器到所需要接收的电台频率。

2）变频电路。该回路由本机振荡电路和变频电路组成。

利用非线性元件的特性，把本机振荡信号与接收信号差频出一个固定的中频信号。由晶体管 V_1，天线线圈 B_1 的二次线圈 L_2；电阻 R_1、R_2；电容 C_1、C_2、C_3；可变电容双联 C_1B 与振荡线圈 B_2 组成。经天线及调谐回路选择后的信号电压感应给 L_2，经过 L_2 将要接收的信号电压加到变频晶体管 V_1 的基极。由振荡变压器的振荡线圈与 C_1B 组成并连谐振回路，与晶体管 V_1 配合组成振荡电路，从而产生本机振荡信号，加到晶体管 V_1 的发射极。这两个不同频率的信号电压同时作用在晶体管 V_1 的基极和发射极回路中，在晶体管 V_1 的集电极产生

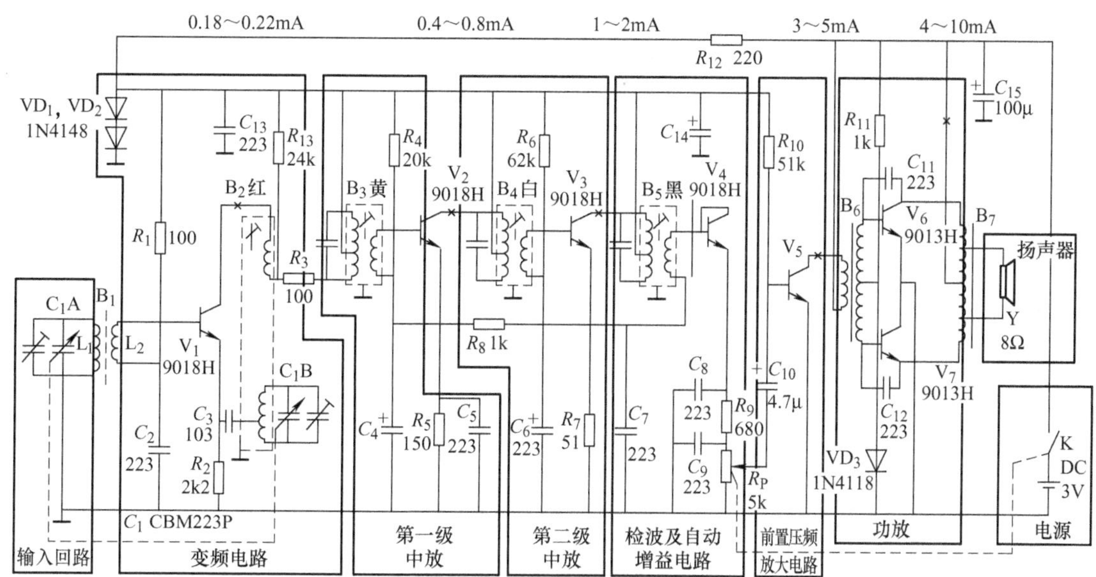

图 3-5-11 七管收音机原理图

接收信号。其中本振信号接收信号的差频正是中放所需要的中频信号。

3）中频放大电路。由两极中频放大器构成。

具有放大中频信号的作用。由中频变压器 B_3，晶体管 V_2，电阻 R_4、R_5，电容 C_4、C_5 等组成第一极中放；由中频变压器 B_4，晶体管 V_3，电阻 R_6、R_7，电容 C_6 等组成第二级中放；由变频电路产生的差频信号经过中频变压器 B_3 的调谐作用，使之调谐在465kHz 上，同时对其他信号起到衰减作用。465kHz 的中频信号经过 B_3 的二次侧耦合到中放晶体管 V_2 的基极，使之得到放大，再经中频变压器 B_4，晶体管 V_3 得到进一步的调谐与放大。

4）检波及自动增益控制（AGC）电路。从中频调幅信号中检出音频信号。

AGC 电路能自动调节收音机的增益，由中频变压器 B_5、晶体管 V_4、音量控制电位器 R_P，电阻 R_8、R_9，电容 C_7、C_8、C_9 组成。经过两极中放得到的中频信号经 B_5 调谐，耦合到晶体管 V_4 的基极，利用晶体管 V_4 发射结的单向导电性得到单向调幅波，中频信号经电容 C_8 滤出，在发射极、音量控制电位器上得到低频信号和直流成分，由于晶体管具有电流放大作用，将检波与放大适当结合起来，可以提高整体的增益。AGC 电压由晶体管 V_4 发射极取出，交流信号由电容 C_7、C_4 滤掉。直流信号由 R_8 送到晶体管 V_2 的基极达到自动控制的目的。

5）低频放大电路。包括前置低频放大器和功率放大器。

音频信号经过前置低频放大后输入到功率放大器，以足够的功率输出推动扬声器发音。由晶体管 V_5，电阻 R_{10}，电容 C_{10} 组成前置低频放大电路，由输入变压器 B_6，晶体管 V_6、V_7，电阻 R_{11}，二极管 VD_3，电容 C_{11}、C_{12}，输出变压器 B_7 组成功率放大电路，由检波器，负载电位器 R_P 取出的音频信号和直流成分经电容 C_{10} 隔直后得到音频信号耦合到低放晶体管 V_5 的基极，经晶体管 V_5 放大后从其集电极输出音频信号电压，经过输入变压器耦合到晶体管 V_6 和 V_7 的基极，经晶体管 V_6 和 V_7 推挽放大后得到足够大的功率推动扬声器发出声音。

6）电源。由两节 5 号电池提供 3V 直流电压。

收音机各级共用一个电源，各级信号电流都流经电源。在各级公共电源上设置由电阻 R_{12}、电容 C_{15}组成的退耦电路，以消除自激振荡。

5. 检测修理方法

（1）常用检查方法：

1）目视检查接线、元器件是否有误，焊点是否合格，确定无误后装上电池，收音机通电后听有无异声，如无异声闻有无焦煳味道，并用手触摸晶体管看其是否烫手，看电解电容是否有胀裂现象。

2）用色环法检查电路中电阻元件的阻值是否正确，检查电容是否断线、击穿或者是漏电，检查二极管、晶体管是否正常。

3）用万用表直流电压档检测电源、晶体管的静态工作电压是否正确，如不正确找出原因，同时也可以检测交流电压值。

4）用示波器检查电路输出波形，此时需要在有外部信号输入的情况下进行，用示波器检查各个晶体管输出波形。

5）用万用表直流电流档检测晶体管的集电极静态电流，看其是否符合标准。

6）可采取从前级向后级排查的方法，也可采取从后级向前级排查的方法。在各级之间设置测试断点。

（2）检测修理方法：

1）本机静态总电流≤25mA，无信号时，如果测量值大于 25mA，则说明该机出现短路故障，如果无电流则说明电源没接上。

2）总电压 3V，正常情况下 VD_1、VD_2 两个二极管电压在(1.3 ±0.1)V，如果此电压大于 1.4V 或小于 1.2V，收音机均不能正常工作。该电压大于 1.4V 时可能是二极管 VD_1 或 VD_2 极性接反或损坏，此时首先应检查二极管极性问题，如果极性接反则应先拆焊再重新插装锡焊，如果极性正确那么必定有二极管损坏，查出损坏二极管进行拆焊更换。如果该电压小于 1.3V 或无电压时应检查 3 个问题：首先检查电源 3V 是否接上；电源 3V 已经接上则检查电阻 R_{12}是否接对或接好；如果上述两种情况都正常，那么检查中周（特别是白色中周和黄色中周）一次侧与外壳是否有短路情况。

3）变频级无工作电流。出现此种情况首先需要检查天线线圈二次侧，看其是否接好；如果天线线圈接好，那么检查晶体管 V_1 是否已经损坏或未按要求接好；前述都正常那么检查振荡线圈 B_2（红）二次侧看其是否接通，电阻 R_3（100Ω）是否虚焊、错焊或接了大阻值电阻；最后检查电阻 R_1（100kΩ）和 R_2（2.2kΩ）是否接错或虚焊。

4）第一级中放无工作电流。出现该问题首先检查晶体管 V_2 是否损坏，引脚是否插错（B，E，C 脚）；其次检查电阻 R_4（20kΩ）是否接错或未接好；然后检查黄中周二次侧是否开路；然后检查电解电容 C_4 看其是否短路；最后检查电阻 R_5 看其是否开路或虚焊。

5）第一级中放工作电流为 1.5 ~ 2mA（标准是 0.4 ~ 0.8mA，见原理图），出现该问题首先检查电阻 R_8（1kΩ）是否接好或连接 1kΩ 电阻的铜箔是否有断裂现象；然后检查电容 C_5（223）是否短路或电阻 R_5（150Ω）错接成 51Ω；然后检查电位器 R_P 是否损坏，是否能测量出阻值，然后检查电阻 R_9（680Ω）是否未接好；最后检查作为检波管的晶体管 V_4（9018）是否有损坏或引脚插错情况。

6）第二级中放无工作电流。出现该问题首先检查中周 B_5（黑），看其一次侧是否开路；然后检查黄中周 B_3 二次侧是否开路；然后检查晶体管 V_3 是否有损坏或引脚接错情况；然后检查电阻 R_7（51Ω）是否接上；最后检查电阻 R_6（62kΩ）是否接上。

7）第二级中放电流大于 2mA。出现该问题检查电阻 R_6（62kΩ）是否接错，阻值是否远小于 62kΩ。

8）低放级无工作电流。出现该问题首先检查输入变压器 B_6（黄、绿），一次侧是否开路；然后检查晶体管 V_5 是否损坏或接错引脚 ；最后检查电阻 R_{10}（51kΩ）是否焊好或错焊。

9）低放级电流大于 6mA。出现此问题检查电阻 R_{10}（51kΩ）是否焊错，看其阻值是否太小。

10）功放级（晶体管 V_6、V_7）无电流。出现此问题首先检查输入变压器 B_6 二次侧是否接通；然后检查输出变压器 B_7 是否接通；然后检查晶体管 V_6、V_7 是否损坏或接错引脚；最后检查电阻 R_{11}（1kΩ）是否接错。

11）功放级电流大于 20mA。出现该问题首先检查二极管 VD_3 是否损坏或极性接反，引脚是否焊好；然后检查电阻 R_{11}（1kΩ）是否装错或者用了小电阻（远小于 1kΩ 的电阻）。

12）整机无声。出现该问题首先需要检查电源是否加上，音量电位器是否加上；然后检查二极管 VD_1、VD_2 两端电压是否是(1.3 ±0.1)V；再检查静态电流是否≤25mA；再检查各级工作电流是否正常，变频级(0.2 ±0.02)mA；第一级中放(0.6 ±0.2)mA；第二级中放(1.5 ±0.5)mA；低放(3 ±1)mA；功放(4 ±10)mA(注:15mA 左右属正常)；再用万用表电阻档检查扬声器，应有 8Ω 左右的电阻，表笔接触扬声器引出接头应有“喀喀”声，若无阻值或无“喀喀”声，说明扬声器已损坏（测量时应将扬声器焊下，不可连机测量）；最后检查黄中周 B_3 外壳是否焊好。

整机无声用万用表检查故障方法：用万用表电阻档黑表笔接地，红表笔从后级向前级查找，对照原理图，从扬声器开始沿着信号传播的方向逐级向前碰触，喇叭应发出“喀喀”声。当碰触到某级扬声器无声时，故障就发生在该级，可测量其工作点是否正常，并检查各元器件有无接错、焊错、搭焊、虚焊等进行故障排除。若在整机上无法查出元器件好坏，则可拆下检查，直到找到问题为止。

5.3.2　声光控走廊灯的设计与制作

1. 实训任务

设计一个走廊灯，白天或光线较强时，开关为断开状态，灯不亮；当光线暗或夜晚来临时，开关进入预备工作状态，此时，当来人有脚步声、说话声、拍手声等声源时，开关自动打开，灯亮，并且触发自动延时电路，延时一段时间后自动熄灭。

（1）基本技术要求：

1）可在 220V 交流电路中使用，不需要外加直流电源供电。

2）光照亮度及声音灵敏度可调，白炽灯点亮时间可调。

3）制作产品并调试。

（2）提高设计要求：增加对走廊灯的触摸控制，灯点亮时间在 10s 左右。

2. 实训目标

（1）通过走廊灯的设计制作，了解声光控开关的工作原理，进一步掌握元器件的识别检测与安装工艺，熟练使用常用工具、掌握仪器仪表的正确使用方法及焊接技术，掌握电路的检测和故障排除方法。

（2）培养学生对电子电路的学习兴趣和探索精神，提高动手能力和解决实际问题的能力。

3. 任务分析

根据实训任务，走廊灯主要设计目标是声光控延时开关，就是用声音和光照来控制开关的“开启”，若干分钟后延时开关“自动关闭”。因此，整个电路的功能就是将声音信号和光照信号处理后，变为电子开关的开关动作。明确了电路的信号流程后，即可依据主要元器件将电路划分为若干个单元，系统框图如图3-5-12所示。

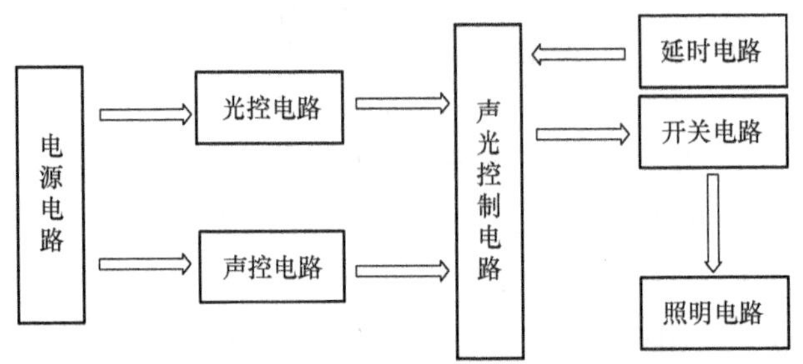

图3-5-12　声光控延时开关系统框图

（1）设计方案的选择：声控电路选择由驻极体话筒及晶体管组成，光控电路可以选择光敏电阻和电位器串联分压组成，逻辑电路选用数字集成电路CD4011，延时电路选用RC串联电路，开关选用单向晶闸管即可。

（2）设计的具体实现：电路原理图如图3-5-13所示。

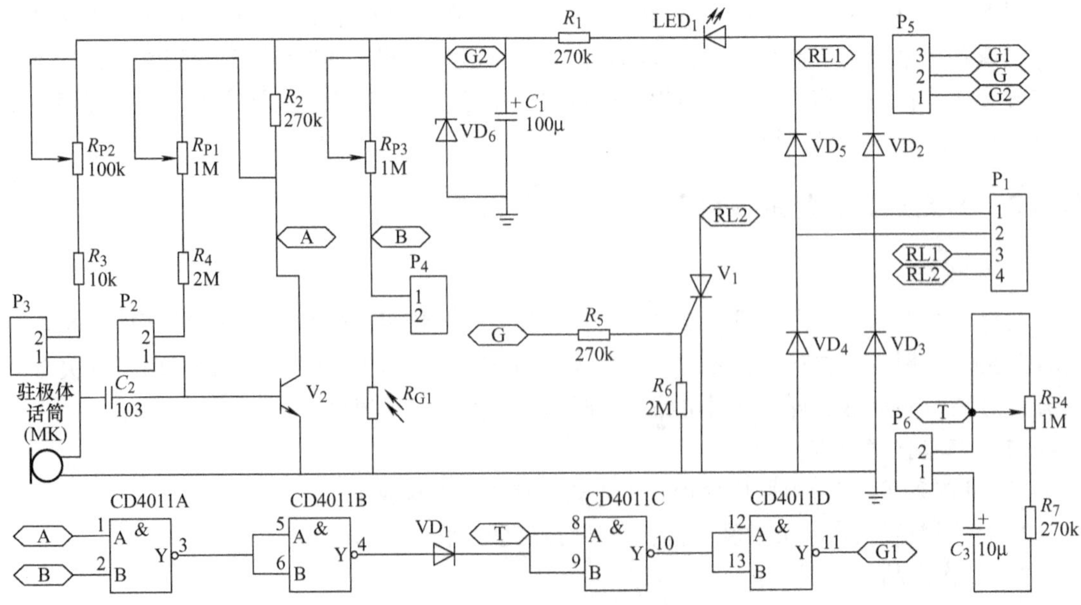

图3-5-13　声光控延时开关系统原理图

4. 电路原理分析

（1）直流稳压电路：整流二极管 VD_2 ~ VD_5 构成整流桥，220V 交流电压经过整流后经 R_1 降压再由电解电容 C_1 滤波及稳压二极管 VD_6 稳压后输出 12V 直流电压。

（2）光控电路：光敏电阻器是利用半导体的光电效应制成的一种电阻值随入射光的强弱而改变的电阻器，又称为光电探测器；入射光强，电阻减小，入射光弱，电阻增大。还有另一种入射光弱，电阻减小，入射光强，电阻增大。

光敏电阻 R_{G1} 和电位器 R_{P3} 串联分压，当光线暗时，R_{G1} 阻值增大，调节 R_{P3} 至合适阻值，光线暗时使 B 点电压 $U_B>7V$，光线亮时 $U_B<2V$，即光线亮 B 点低电平，光线暗 B 点高电平。

（3）声控电路：驻极体话筒具有体积小，频率范围宽，高保真和低成本的特点，该器件两个引脚是有极性的，根据图 3-5-14 器件外形图可区分出两个端。

电位器 R_{P2} 可调节驻极体话筒 MK 的灵敏度，晶体管 V_2 和电阻 R_{P1}、R_2、R_4 组成共射极放大电路，R_{P1} 可调节放大倍数。声音信号（脚步声、掌声等）由 MK 接收并转换成电信号，经 C_2 耦合到 V_2 的基极进行电压放大，在 A 处输出高电平。

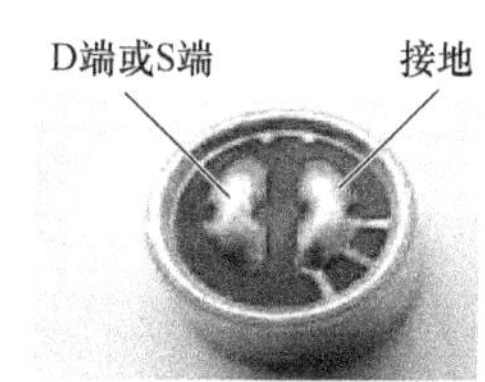

图 3-5-14　驻极体话筒外形图

（4）声光控延时开关电路：数字集成芯片 CD4011 是 4 路 2 输入与非门电路，所有的输出部分均带有缓冲器，可以提高抗干扰能力，并且可以降低对输出阻抗的要求，CD4011 是 CMOS 器件，工作电压范围是 3 ~ 15V，高电平电压 V_{IH} 是电源电压的 70% ~ 100%（如 $U_{DD}=5V$，$3.5V \leqslant V_{IH} \leqslant 5V$），芯片内部框图如图 3-5-15 所示。

晶闸管是一种具有三个 PN 结四层结构的大功率半导体器件，其符号及引脚图如图 3-5-16 所示，当控制极 G 为高电平时晶闸管导通。

光控电路和声控电路输出端 A、B 分别接芯片 1 脚和 2 脚，如果 AB 都为高电平，则 4 脚输出为高电平。图 3-5-13 中 C_3 和 R_{P4}、R_7 构成延时电路，调节 R_{P4} 可改变延时时间，当 C_3 充电到一定电位时，信号经与非门 CD4011C、CD4011D 后输出为高电平，单向晶闸管导通；C_3 充满电后向 R_{P4}、R_7 放电，当放电到一定电位时，经与非门 CD4011C、CD4011D 输出为低电平，单向晶闸管截止，完成一次完整的电子开关由开到关的过程。

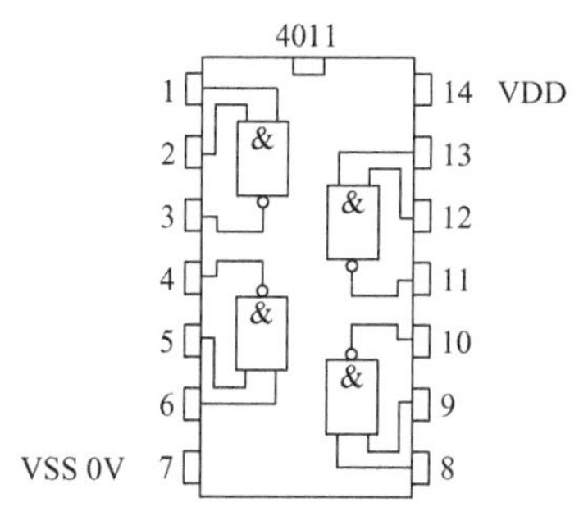

图 3-5-15　CD4011 内部结构框图

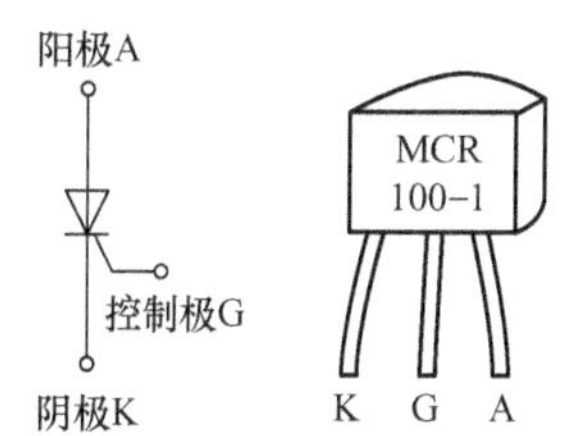

图 3-5-16　晶闸管符号及引脚图

5. 运行调试

按电路原理图将声光控延时开关焊接完毕后，上电调试。焊接有极性的元件，如电解电容、话筒、整流二极管、晶体管、晶闸管等元器件时千万不要装反，注意极性正确，否则电路不能正常工作甚至会烧毁元器件。

短路帽使用说明：P_4 接短路帽光敏电阻工作；P_2 接短路帽测量晶体管静态工作点；P_3 接短路帽测话筒静态工作参数；P_6 接短路帽延时电路工作；P_5 的 1、2 接短路帽直接触发晶闸管工作，2、3 接短路帽声光控参与工作；P_1 的 1、2 接 AC 220V，3、4 接白炽灯。

调试控制电路时，可在滤波电容 C_1 正极和接地端直接加 12V 直流电压。将对应的短路帽按要求装好，即可开始调试电路。

（1）光控电路调试：用万用表测量 B 点电压（即集成芯片 2 脚电压），调节 R_{P3}，当光线亮时，$U_B<2V$，光线暗时 $U_B>7V$ 即可。

（2）声控电路调试：用万用表测量 A 点电压（即集成芯片 1 脚电压），调节 R_{P1}、R_{P2}，没有声音信号时，$U_A<2V$，有声音信号时，$U_A>7V$ 即可。

（3）延时电路调试：用万用表测量 G 点电压（即集成芯片 11 脚电压），挡住光敏电阻，加声音信号（即 AB 点同时输出高电平），调节 R_{P4} 使 G 点为高电平时间为 10s 即可，同时测量晶闸管 A、K 两极是否导通。

控制电路调试结束即可在 P_1 的 1、2 脚接 220V 交流电源，3、4 脚接白炽灯。通电后，人体不允许接触电路板的任一部分，防止触电，注意安全。如用万用表检测时，只用将万用表两表笔接触电路板相应处即可。

6. 故障分析

调试中可能会出现以下故障。应根据具体情况进行检修。

1）光线暗声音小时白炽灯不亮，当声音很大时灯才亮。这是声音信号输入电路灵敏度降低所致。其原因可能是话筒 MIC 灵敏度降低、晶体管 V_2、电阻 R_{P1}、R_{P2} 等元器件参数改变等。检修时，可适当减小电阻 R_{P2} 的阻值以提高 MIC 的灵敏度。减小电阻 R_{P1} 的阻值，以降低晶体管 V_2 的静态工作点。提高声音输入电路的灵敏度。

2）晚上白炽灯经常误触发点亮。这一般是声音信号输入电路灵敏度太高所致。检修时对该部分电路的元器件进行）与上述 1 相反的调整。

3）白天有声音时白炽灯点亮。这是光信号输入电路的故障。检修时，检查光敏电阻是否接收光线不足，可采用清除其灰尘，检查光敏电阻的位置是否正确，是否开路，适当增大电阻 R_{P3} 的阻值，降低与非门 1 脚输入电平等办法加以解决。

4）晚上有声音时白炽灯也不亮。其原因是声音信号输入电路在有声音时不能输出高电平，光信号输入电路输出低电平，集成电路 CD4011 损坏等造成的。检修时，在有声音信号时，测量 CD4011 的 2 脚是否为高电平，在无光时测量 CD4011 的 1 脚是否为高电平。若不是高电平说明故障在相应的输入电路，若是高电平应检查集成芯片的逻辑关系是否正确。

5）白天和晚上白炽灯均长亮。其原因一般是晶闸管 V_1 被击穿。检修时，断电后用万用表的电阻挡测量两个极之间的电阻，若在 1kΩ 以下，则说明晶闸管已经被击穿，应更换。

6）白炽灯点亮的延时时间不合适。若灯亮的延时时间缩短了，有可能是电容 C_3 漏电或者是容量减小所致，可更换一只相同的电容尝试。若延时时间不够，可适当增大电阻 R_{P4} 的阻值，或者增大电容 C_3 的容量。反之，减小电阻 R_{P4} 的阻值或者电容 C_3 的容量即可。

5.3.3　热释电红外报警器的设计与制作

1. 实训任务

设计一热释电红外报警装置，在检测到人体目标时，该装置会发出响亮的报警信号。

（1）基本技术要求：

1）报警器可探测的距离大于 3m；

2）供电电压≤6V，可以通过电池串联作为供电源。

3）制作产品并调试。

（2）提高设计要求：报警时间在 6s 左右，封锁时间为 6s。

2. 实训目标

1）认识热释电红外传感器及其配套芯片 BISS0001，了解其工作原理，并进行设计和综合分析应用。

2）培养自我学习能力及逻辑思维能力，提高动手实践能力。

3. 任务分析

根据设计任务，信号接收装置选择热释电红外传感器，系统框图如图 3-5-17 所示。

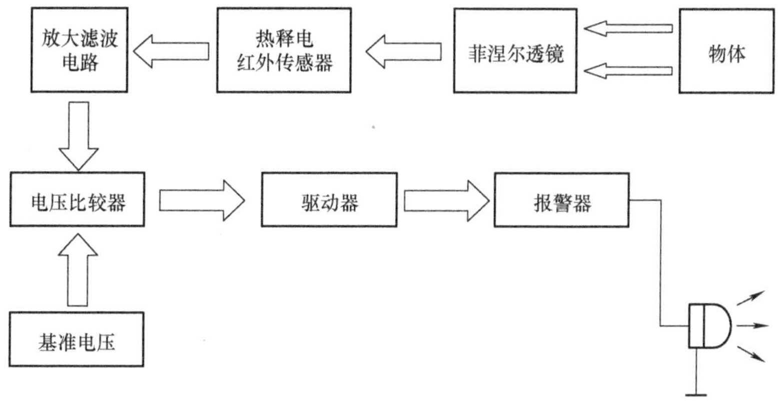

图 3-5-17　热释电红外报警系统框图

（1）设计方案的选择

设计方案一：采用芯片 BISS0001 配以热释电红外传感器和少量外接元器件构成被动式红外人体传感器。报警系统采用报警芯片、晶体管及蜂鸣片等。

设计方案二：采用热释电红外传感器接收信号，用运放 LM324 芯片完成放大的功能和 NE555 单稳态触发器完成延时的功能。下面以方案一为例说明设计原理。

（2）设计的具体实现：电路原理图如图 3-5-18 所示。

系统的工作过程：当有人从热释电传感器前通过时，传感器输出端有电压信号输出，该模拟信号通过 BISS0001 内部进行放大、比较、状态控制等，最后在 2 引脚 Vo 口输出一正向脉冲。再用这一脉冲信号作为报警芯片的输入控制信号，使电路产生报警信号，最后用晶体管 V_1 和 V_2 对电信号进行放大，以便有足够大的电流来驱动蜂鸣片连续发出报警声音。

4. 电路原理分析

（1）热释电红热外传感器：热释电红外传感器是一种被动式调制型温度传感器，也称

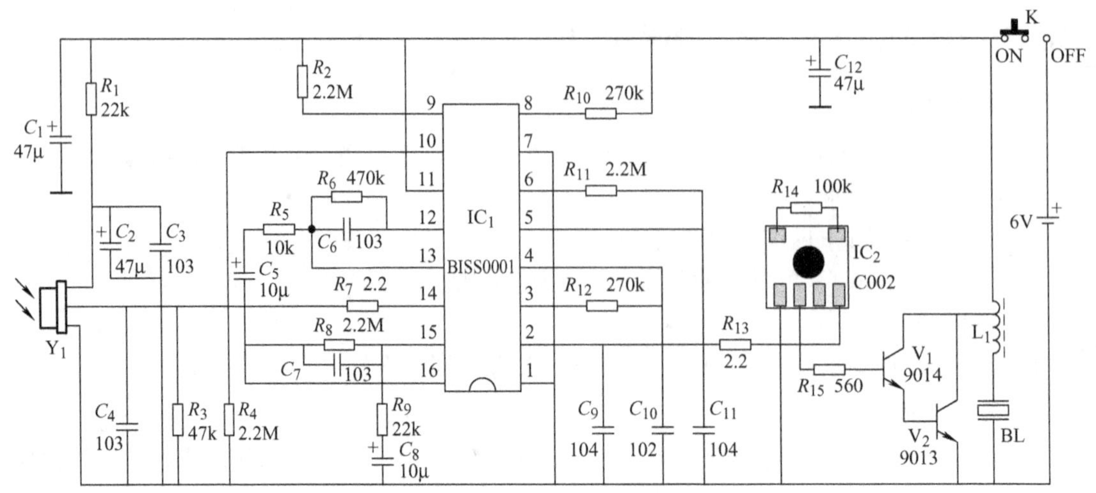

图 3-5-18 热释电红外报警器原理图

热探测型传感器。可用来直接接收目标物体发射的红外线并将其转换为电压信号输出，且不需要红外发射传感器。

热释电红外传感器反应速度快、灵敏度高、精确度高、使用方便，尤其是可以进行非接触式测量。主要应用在各类入侵报警、自动开关、非接触式测温、火焰报警、设备故障的诊断等自动化设施中。

热释电红外传感器外形及引脚如图 3-5-19 所示（其中 D 接正电源，S 为输入，G 接地）。其内部由敏感元件、场效应晶体管、高阻电阻、滤光片等组成，并向壳内冲入氮气封装起来。

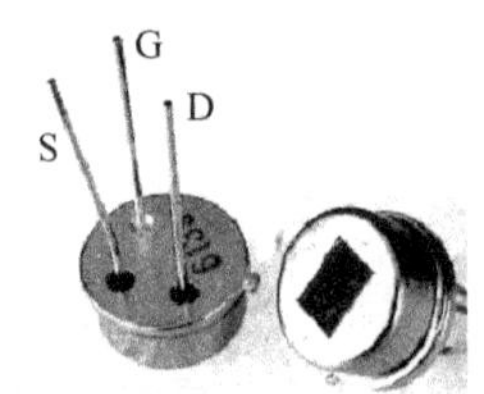

图 3-5-19 引脚功能

热释电红外传感器的主要工作参数：①工作电压：常用的热释电红外传感器的电压工作范围为 3 ~ 15V；②工作波长：通常为 7.5 ~ 14μm；③源极电压：通常为 0.4 ~ 1.1V，$R = 47\text{k}\Omega$；④输出信号电压：通常大于 2.0V；⑤检测距离：常用的热释红外传感器检测距离约为 6 ~ 10m；⑥水平角度：约为 120°；⑦工作温度范围：-10 ~ +40℃。

（2）BISS0001 红外传感信号处理器：BISS0001 红外传感信号处理器是由运算放大器、电压比较器、状态控制器、延迟时间定时器、封锁时间定时器以及参考电压源等构成的数模混合专用集成电路。可广泛应用于多种传感器和延时控制器，内部结构框图如图 3-5-20 所示，引脚功能见表 3-5-3。下面以图 3-5-21 所示的不可重复触发工作方式下的波形，来说明其工作过程。

表 3-5-3 BISS0001 引脚说明

引脚	名 称	I/O	功能说明
1	A	I	可重复触发和不可重复触发选择端。当 A 为“1”时，允许重复触发；反之，不可重复触发
2	VO	O	控制信号输出端。由 U_S 的上跳变沿触发，使 U_o 输出从低电平跳变到高电平时视为有效触发。在输出延迟时间 T_x 之外和无 U_S 的上跳变时，U_o 保持低电平状态
3	RR1	—	输出延迟时间 T_x 的调节端，接延时电阻

（续）

引脚	名　称	I/O	功能说明
4	RC1	—	输出延迟时间 T_x 的调节端，接延时电容
5	RC2	—	触发封锁时间 T_i 的调节端，接封锁电容
6	RR2	—	触发封锁时间 T_i 的调节端，接封锁电阻
7	VSS	—	工作电源负端
8	VRF	I	参考电压及复位输入端。通常接 VDD，当接“0”时可使定时器复位
9	VC	I	触发禁止端。当 $U_C < U_R$ 时禁止触发；当 $U_C > U_R$ 时允许触发（$U_R \approx 0.2U_{DD}$）
10	IB	—	运算放大器偏置电流设置端
11	VDD	—	工作电源正端
12	2OUT	O	第二级运算放大器的输出端
13	2IN -	I	第二级运算放大器的反相输入端
14	1IN +	I	第一级运算放大器的同相输入端
15	1IN -	I	第一级运算放大器的反相输入端
16	1OUT	O	第一级运算放大器的输出端

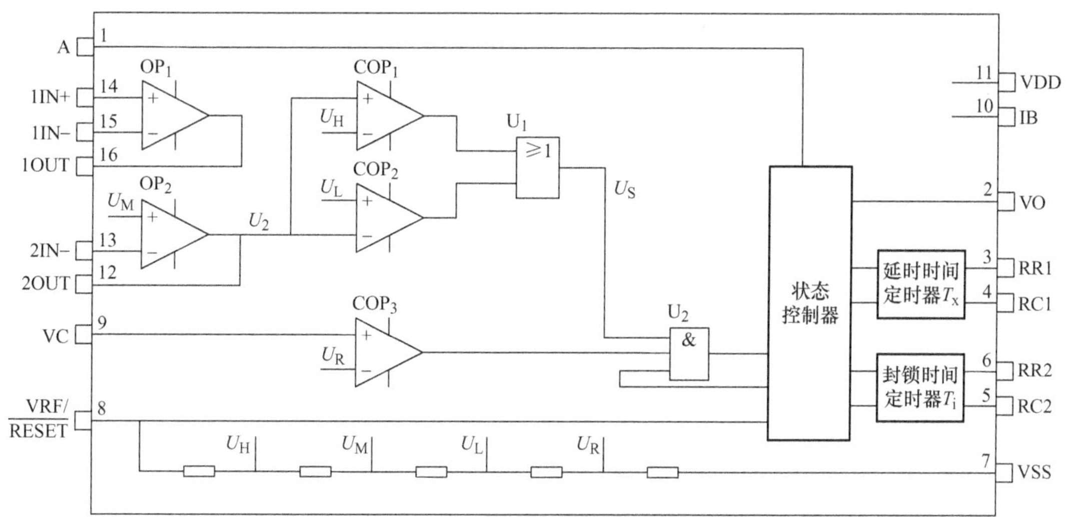

图 3-5-20　BISS0001 红外传感信号处理器的原理框图

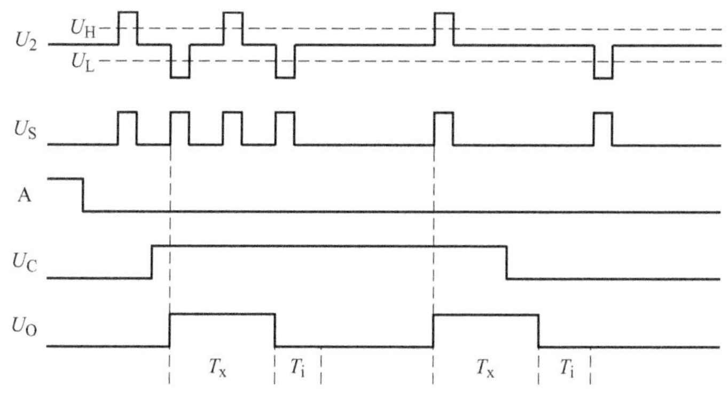

图 3-5-21　不可重复触发工作方式波形图

首先，根据实际需要，利用运算放大器 OP_1 组成传感信号预处理电路，将信号放大。然后耦合给运算放大器 OP_2，再进行第二级放大，同时将直流电位抬高为 U_M（$\approx 0.5U_{DD}$）后，将输出信号 U_2 送到由比较器 COP_1 和 COP_2 组成的双向鉴幅器，检出有效触发信号 U_S。由于 $U_H \approx 0.7U_{DD}$、$U_L \approx 0.3U_{DD}$，所以，当 $U_{DD}=5V$ 时，可有效抑制 ±1V 的噪声干扰，提高系统的可靠性。COP_3 是一个条件比较器。当输入电压 $U_C < U_R$（$\approx 0.2U_{DD}$）时，COP_3 输出为低电平封住了与门 U_2，禁止触发信号 U_S 向下级传递；而当 $U_C > U_R$ 时，COP_3 输出为高电平，进入延时周期。当 A 端接“0”电平时，在 T_x（输出延迟时间）时间内任何 U_2 的变化都被忽略，直至 T_x 时间结束，即所谓不可重复触发工作方式。当 T_x 时间结束时，U_O 下跳回低电平，同时 启动封锁时间定时器而进入封锁周期 T_i。在 T_i 时间内，任何 U_2 的变化都不能使 U_O 跳变为有效状态（高电平），可有效抑制负载切换过程中产生的各种干扰。

（3）热释电红外报警器电路工作原理：将图 3-5-18 和图 3-5-20 相结合来分析报警器电路工作原理。运算放大器 OP_1 将热释电红外传感器的输出信号做第一级放大，然后由 C_5 耦合给运算放大器 OP_2 进行第二级放大，再经由电压比较器 COP_1 和 COP_2 构成的双向鉴幅器处理后，检出有效触发信号 U_S。芯片 9 脚电压 $U_C > U_R$，COP_3 输出为高电平，因此启动延迟时间定时器，使芯片输出端输出脉冲信号 U_O，再用这一脉冲信号作为报警芯片的输入控制信号，来使电路产生报警信号，最后用晶体管 V_1 和 V_2 对电信号进行放大，以便有足够大的电流来驱动蜂鸣片连续发出报警声音。电路中芯片 IC_1 的 1 引脚接地保持为低电平，芯片则处于不可重复触发工作方式。输出延迟时间 T_x 由外部的 R_{12} 和 C_{10} 的大小调整；触发封锁时间 T_i 由外部的 R_{11} 和 C_{11} 的大小调整。

5. 运行调试

按电路原理图将报警器焊接完毕后，上电调试。报警器正常运行时，无人经过时热释电输出电压在 0.7V 左右，有人经过时会产生电压可达到 0.9～1.2V，芯片 BISS0001 引脚 13 电压在 3V 左右，引脚 8、9 均高电平，如有异常可能焊接问题或芯片损坏。

6. 故障分析

1）调试时人体尽量远离感应区域，因为虽然人体不在模块的正前方，但是人体离模块太近时模块也能感应到造成一直有输出；人体不要触摸电路部分因为会影响到模块工作。比较科学的办法是将输出端接一个 LED 或者是万用表，将模块用报纸盖住，人离开此房间，等 2min 后检查模块是否一直有输出。

2）人体感应模块只能工作在室内并且工作环境应该避免阳光、强烈灯光直接照射，如果工作环境有强大的射频干扰，可以采用屏蔽措施。若遇强烈气流干扰，关闭门窗或阻止对流。感应区尽量避免正对着发热电器和物体以及容易被风吹动的杂物和衣物。

5.3.4 温度检测仪的设计与制作

1. 实训任务

设计制作温度检测简易装置，可用于锅炉水温监控系统，无须显示。

基本技术要求：

1）可检测温度范围 0～90℃；

2）可设置报警温度上下限，有高低温报警装置，当温度低于下限值时，控制加热丝加热，当温度高于上限值时停止加热；

3）制作产品并调试。

2. 实训目标

1）通过温度检测仪的设计制作，了解温度检测的工作原理，掌握元器件 Cu50 及芯片 74LS00 的使用方法，熟练使用运算放大器设计放大电路及比较器，掌握电路的检测方法和故障排除方法。

2）培养学生对电子电路的学习兴趣和探索精神，提高动手能力和解决实际问题的能力。

3. 任务分析

根据实训任务，可以利用热敏电阻将温度信号转化成电压信号并具有一定比例关系，经放大电路放大后进入双阈值比较电路与设定的电压进行比较，将模拟信号变成数字信号并处理，实现高低温报警及控制继电器工作。明确了电路的信号流程方向后，即可依据主要元器件将电路划分为若干个单元，系统框图如图 3-5-22 所示。

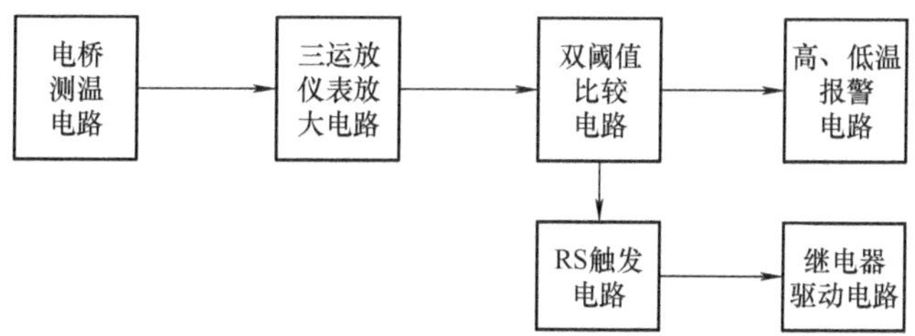

图 3-5-22　温度检测系统框图

（1）设计方案的选择：根据测温范围，电桥测温电路选择热电阻 Cu50 即可将温度信号转换成电压信号，放大电路及比较电路主要器件选择运放 LM358，由与非门芯片 74LS00 连接成 RS 触发器，继电器驱动用晶体管 9014。

（2）设计的具体实现：电路原理图如图 3-5-23 所示。

4. 电路原理分析

（1）电桥电路：该系统在检测部分采用惠斯通电桥法进行温度检测，传感器 Cu50 属于热电阻的一种，0℃时电阻值为 50Ω，当温度发生变化时，自身阻值会产生变化，因此利用 Cu50 通过惠斯通电桥法可以检测出当前温度。

由于电桥参数配比，电桥输出的电压值（mV）即为当前温度值。

（2）放大电路：该部分的主要作用是将电桥的输出放大，同时适应接地负载的需要采用了目前广泛应用的三运放高共模抑制比放大电路。它由 3 个运放组成，其中 U_1 中两个运放为两个性能抑制（主要指输入阻抗、共模抑制比和增益）相同的同相输入通用运算放大器，构成平衡对称差动放大输入级，U_2 中第一个运放构成双端输入单端输出的输出级，用来进一步抑制 U_1 的共模信号，并适应接地负载的需要。3 个运放均工作在放大区，具有虚短和虚断的特性，因此电桥输出相当于直接加在电阻 R_{12} 两端。

通过上述可知，输入级的差动输出及其差模增益只与差模输入电压有关，而其共模输出、失调及漂移均在 R_{12} 两端相互抵消，因此电路具有良好的共模抑制能力，同时不要求外部电阻匹配。但为了消除偏置电流等的影响，通常取 $R_{10}=R_{11}$。另外，这种电路具有增益调节功能，调节 R_{16} 可以改变增益而不影响电路的对称性。通过调节 R_{16}，将电桥的输出端放大 10 倍，便于观察。

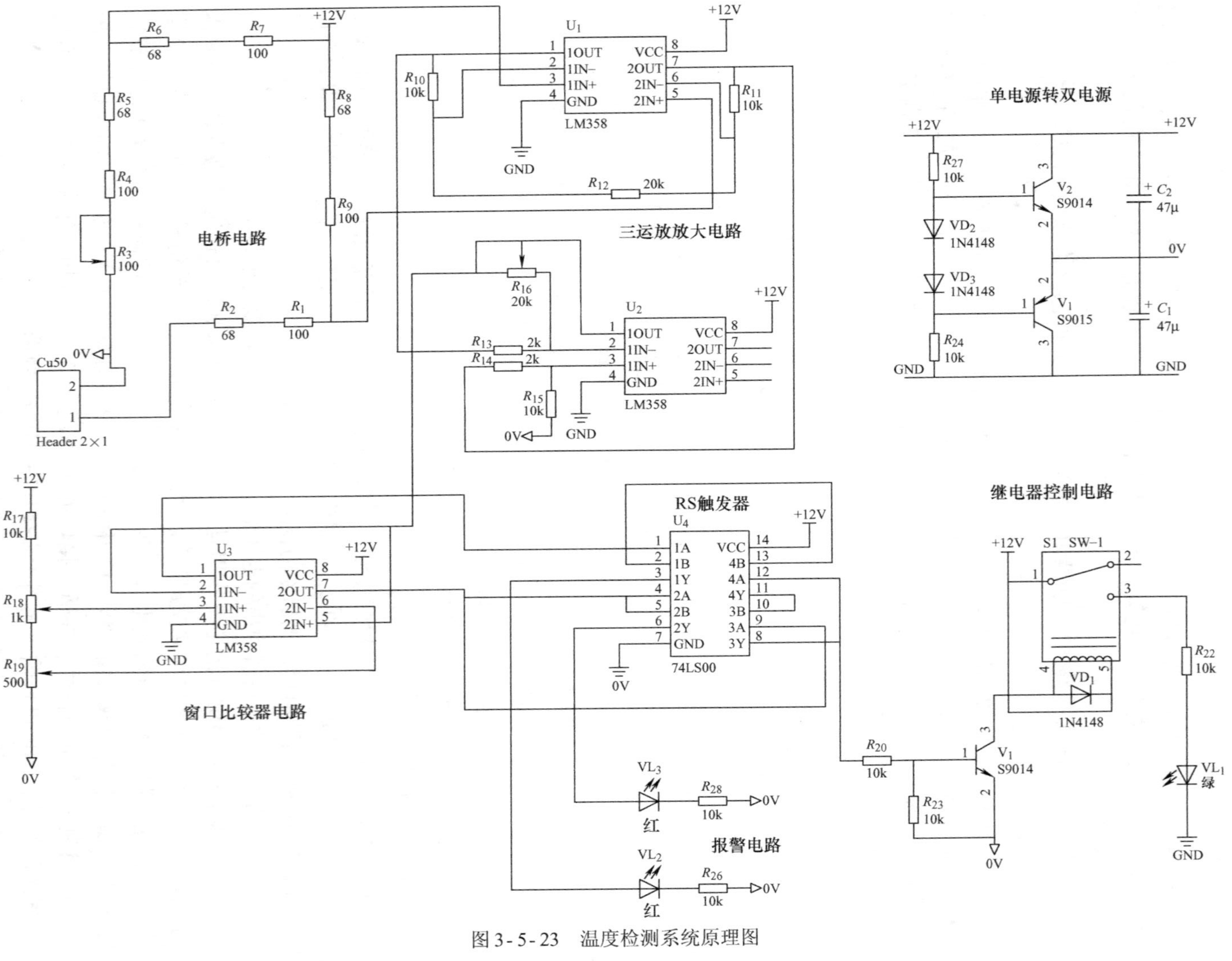

图 3-5-23　温度检测系统原理图

（3）单电源转双电源电路：

本电路运放采用的是双电源供电，单电源与双电源的区别就是单电源没有负周期，双电源有负电压，有的运放用单电源也可以工作，不过受到零点漂移（芯片工作的最小电压，几乎不为零）的影响，运放的输出存在误差，而通过单电源转换为双电源，则可以通过调节零点的方法，将零点漂移消除，提高运放工作的精确性。

用单电源供电的运放输出之后的波形中会存在直流分量，而双电源供电的运放由于存在正电压和负电压，会将波形中的直流分量抵消掉。

单电源转双电源的主要原理是让电路出现负电压，这里就要引入一个概念：参考地，一般情况下单电源转换成双电源只需要将单电源接到电位器的两端，通过分压原理实现参考地，并将电路的地连接到参考地上，这样就相当于将参考的零点提高，出现了负电压和参考地，依靠两个 10kΩ 电阻分压，两个开关二极管上的压降，让晶体管导通，将两端分成正负 6V，由于后续电路负载太大了，其 12V 和 0V 两端电压在 4. 5V 左右。

（4）窗口比较器电路：由于需要通过判断温度，来进行报警和加热，所以需要一个判断电路。该部分主要由一个窗口比较器组成，窗口比较器也称作双阈值比较器。普通的电平比较器，当输入电压单方向变化时，输出电压只变化一次，即由低变高，或由高变低，因此只能检查一个电平。要判断输入电压是否在两个电平之间，需采用窗口比较器，由图 3-5-23 可知，它由两个电压比较器组成。

将 R_{17}、R_{18}、R_{19} 和 12V 电源看成一个回路，该回路即为基准电压电路，通过分压的形式，得到上限电压和下限电压，将上限电压接入同相端，将下限电压接入反相端，当输入电压大于上限电压时，输出为低电平，当输入电压小于上限电压且大于下限电压时，输出为高电压，当输入电压小于下限电压时，输出为低电平。因此，通过该电路，可以输出两种不同的电平，用来驱动报警和加热。

（5）RS 触发器电路：由于窗口比较器在输出时分为上限输出和下限输出，所以需要将两种电压以一种逻辑关系变成一种输出，以方便驱动继电器控制加热丝，该部分采用 RS 触发器电路。通过分析，当温度低于下限温度时启动加热，一直加热到超过上限温度时停止加热，因此 RS 触发器完全可以满足要求。其逻辑关系见表 3-5-4。

表 3-5-4　RS 触发器真值表

$\overline{S}$	$\overline{R}$	$\overline{Q}$	$\overline{Q}$
0	1	1	0
1	0	0	1
1	1	保持之前状态	保持之前状态
0	0	无效	无效

（6）继电器驱动电路：继电器是一种电控制器件，通常应用于自动化电路中，它实际上是一种用小电流控制大电流的“控制开关”，本电路中主要运用继电器驱动指示灯，当继电器的线圈导通时，继电器常闭触点断开，常开触点吸合，电路通过晶体管驱动继电器线圈的导通，将灯连接至常开触点，使其完成驱动控制。加入二极管，其作用是为了续流，防止频繁开关导致继电器损坏，该方案采用 LED 指示灯代替加热丝，其电路图如图 3-5-24a 所示，如控制加热丝工作，则采用图 3-5-24b 所示的电路图。

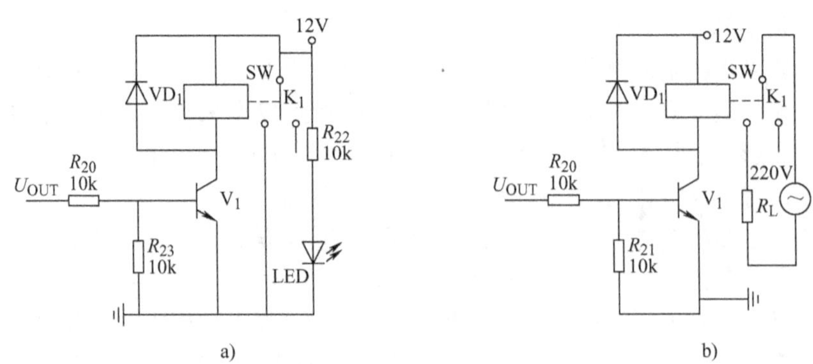

图 3-5-24　继电器驱动电路原理图

5. 运行调试

1）按电路原理图将除 Cu50 之外的器件焊接到电路板上，给 P_1 接入 12V 电源。

2）用万用表测量 Test3 两端的阻值，调节 R_3，将其调至 50Ω。

3）用万用表测量 Cu50 两端的阻值，对照分度表确认室温，将其焊接到电路板上。

4）用万用表测量 Test4 两端的电压，调节 R_3，直至示数校准。

注：如果 Cu50 阻值代表室温为 1℃，则 Test4 输出 1mV，以此类推。

5）用万用表测量 Test5 两端的电压，确认输出值为 Test4 的两倍。

6）用万用表测量 Test6 两端的电压，调节 R_{16}，直至示数为 Test4 的 10 倍。

7）用万用表测量 Test2 两端的电压，调节 R_{18}，改变报警温度上限。

注：如果两端的电压为 4.2mV，则代表报警温度上限为 42℃。

8）用万用表测量 Test9 两端的电压，调节 R_{19}，改变报警温度下限。当温度超过报警温度上限时，或者低于报警温度下限的时候，发光二极管 VL_2，VL_3 会点亮。当温度低于报警温度下限时，继电器会控制代表加热丝的灯 VL_1 点亮，当温度超过上限值时，加热丝停止加热，发光二极管 VL_1 熄灭。

注：Test3 表示 R_3，Test4 表示 U_1 的 3 引脚和 5 引脚，Test5 表示 U_1 的 7 引脚和 1 引脚，Test6 表示 U_2 的 1 引脚和 4 引脚，Test2 表示 U_3 的 3 引脚和 4 引脚，Test9 表示 U_3 的 6 引脚和 4 引脚。

6. 故障分析

调试中可能会出现以下故障。应根据具体情况进行检修。

1）Test4 两端的电压不可调，Cu50 损坏或电桥电路中有元器件虚焊。

2）Test5 两端的电压值错误，运放 U_1 损坏或与其相连电阻有虚焊、短路等现象。

3）Test6 两端的电压值错误，运放 U_2 损坏或与其相连电阻有虚焊、短路等现象。

4）U_L、U_H 逻辑电平输出错误，运放 U_3 损坏或与其相连电阻有虚焊、短路等现象。

5）高低温报警及继电器控制出现错误，与非门芯片 U_4 或与其相连器件损坏。

5.3.5　基于单片机的恒温控制器的设计与制作

1. 实训任务

设计蔬菜大棚恒温控制器，大棚设定的初始上下限温度值分别为 30℃和 20℃，也可以由人为调控设定。当实时温度在上下限温度之间时，系统处于正常状态显示实时温度；当实时温度高于上限温度或低于低温下限时系统报警，并利用加热或排风设备模块使温度回到正常值。

技术要求：

1）以 51 单片机作为核心控制，可直接使用 220V 交流电源；

2）显示器显示出上下限温度值和实时温度值，其最小的区分度为 1℃。

3）制作产品并调试。

2. 实训目标

1）通过恒温控制器的设计制作，了解单片机基本原理，进一步掌握元器件的识别检测与安装工艺，熟练使用常用工具、掌握仪器仪表的正确使用方法及焊接技术，掌握电路的检测方法和故障排除方法。

2）培养学生对电子电路的学习兴趣和探索精神，提高动手能力和解决实际问题的能力。

3. 任务分析

根据要求选择单片机 AT89C51 作为主控制器进行数据的检测和处理。因为在温度控制过程中需要加热、散热，所以硬件系统中需要一个加热灯泡和风扇，风扇用电动机代替。主控制器通过接收传感器传回的温度数据，判断温度是否在设定温度上下限值的范围内。当温度超过设定温度上限越多，电动机转动的越快，因此需要控制电动机转速。电动机的转速与施加在电动机两端的电压大小成正比，但是电动机在接入电压后转速不会立即达到最大值，而是在经过一段时间的加速后才会到达当前电压下的最大转速。在电动机的转速控制程序中，通过控制输出高低电平占空比进而控制电动机两端的平均电压，即通过 PWM 脉宽调制改变电动机输入电压的占空比来实现的。

综上所述，得到系统的基本结构框图如图 3-5-25 所示。

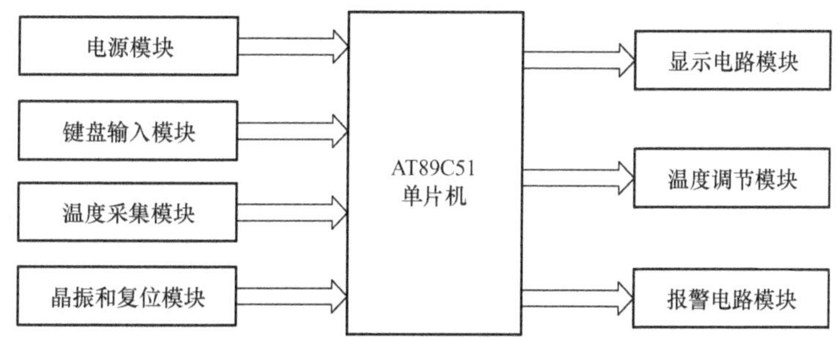

图 3-5-25　系统的基本结构框图

（1）设计方案的选择：

温度采集模块：DS18B20 温度传感器的精度高，工作稳定性好，具有很好的抗干扰能力，而且价格适中，其测温方式简单，能直接读取被测温度值，不用经过各种复杂的转换。因此，DS18B20 温度传感器能很好地完成测温任务。

显示模块：在显示器上所要显示的内容为实时温度值和设定的温度上下限值，LCD1602 液晶显示器具有功耗低，显示内容丰富清晰，显示信息量大，显示速度较快，并且与单片机连接电路简单，容易控制，因此可以选用 LCD1602 液晶显示器。

机械控制模块包括升温模块和降温模块，其中升温方式是使用大功率电灯泡加热空气温度进行，这种升温方式既快捷又方便；降温的方式是风扇通风，选用直流电动机。

（2）设计的具体实现：电路原理图如图 3-5-26 所示。

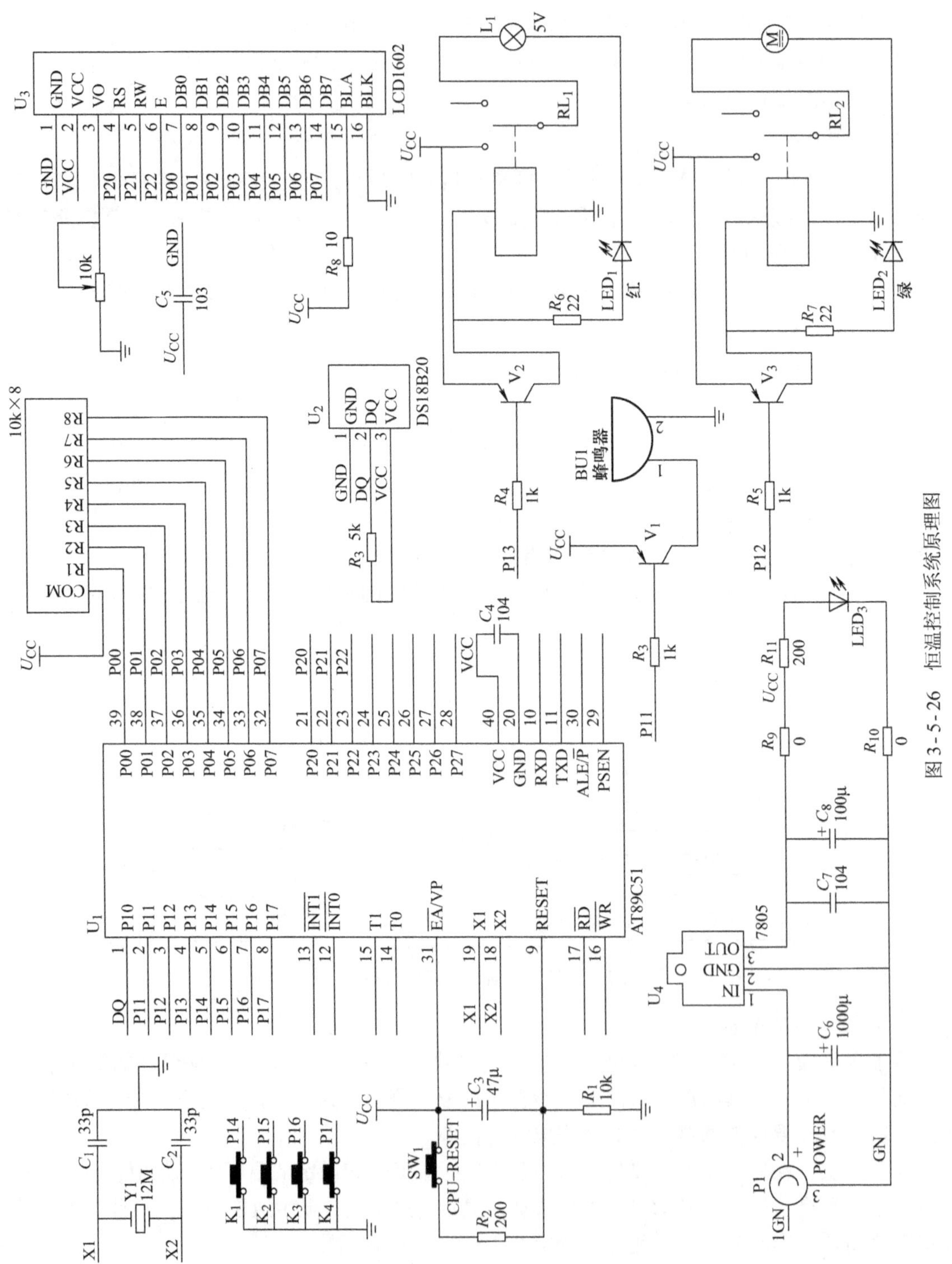

图 3-5-26 恒温控制系统原理图

4. 电路原理分析

（1）单片机最小系统：AT89C51 型单片机的最小系统由复位电路和时钟电路组成，其中复位电路的复位输入引脚为单片机提供了初始化的手段。按下复位按钮，单片机就会停止当前的运行状态，内部程序从头开始执行，使单片机内部所有参数重新处于初始的状态，并清除单片机的运行状态，最后重新开始执行程序。

该电路需要实现手动复位功能，晶振频率选用 12MHz 时 C_3 取 47μF，R_1 取 10kΩ。复位按键 SW_1 按下后，RST 引脚接高电平被时序电阻 R_1 拉高后进行复位，运行的程序就会从头开始。

本电路选择 11.0592MHz 的晶振，电容典型值在 20～100pF 之间选择，故本电路的 C_1、C_2 都选择 33pF 的电容值。

（2）温度采集模块：DS18B20 温度传感器测温电路具有工作稳定可靠、抗干扰能力强，而且电路也较简单的优点，能很好地完成测量温度的任务。在连接其测温电路时，把 DQ 口接入到单片机的 P1.0 端口，而 DQ 口再外接一个 5V 电源电压的 10kΩ 上拉电阻，就可完成其测量温度电路的连接。

（3）显示模块：显示模块主要是利用 LCD1602 液晶显示器显示实时温度值和上下限温度值。LCD1602 可以显示 2 行 16 个字符，有 8 位数据总线 D0～D7，分别连接到单片机的数据端口 P0.0～P0.7 上，进行数据传输；引脚 RS、RW、E 为三个控制端口，而 3 引脚 VO 上连接的滑动变阻器具有可以调节字符的对比度和显示器的背光功能。

（4）键盘输入模块：温度控制系统在工作时，具备温度上下限可由人为设定调控的功能，可以通过键盘输入电路实现。由于按键使用的比较少，可选用独立式按键，4 个按键的功能分别为

K_1：选择键，可以切换需要更改的温度上限与温度下限；

K_2：增加键，当需要增大温度上下限时，按此键一次可以让上、下限温度增加 1；

K_3：减小键，当需要减小温度上下限时，按此键一次可以让上、下限温度减小 1；

K_4：确定键，当重新调节好温度上下限后，按下确定键可将此时重新设定好的温度上下限的值进行保存，并在显示器上显示出来。其中按键 K_1～K_4 分别连入单片机的 P1.4～P1.7 端口，同时接地。

（5）温度调节模块：温度调节模块主要包括降温和升温电路，当环境温度发生变化时，单片机就会控制降温或升温模块电路开始进行相对应的降温或升温工作。在实际应用中，升温用的大功率电灯泡和降温用的电风扇的工作电源是 220V 交流电，因为单片机引脚的驱动能力有限，考虑用继电器来驱动加热灯泡和风扇。

利用单片机控制大功率电灯泡和电风扇的工作原理为：晶体管的基集连接到单片机的 I/O 口，通过单片机输出的电平控制晶体管的通断，然后用晶体管的集电极电流来控制 5V 继电器开关的吸合，而继电器上连接着用 220V 交流电驱动的灯泡或风扇。当继电器开关闭合时，220V 交流电压与灯泡或风扇的电路形成回路，灯泡或风扇就开始工作；继电器开关断开时，灯泡或风扇不工作。这样，单片机就可以通过电平的输出来控制灯泡或风扇的升温或降温工作。在该系统中，为安全起见，使用 5V 的直流电来代替 220V 的交流电，相对应的灯泡和风扇也使用 5V 驱动的小灯泡和直流电动机来代替。

（6）报警电路：蜂鸣器采用晶体管驱动，晶体管的基极经过 1kΩ 的限流电阻 R_3 后由单

片机的 P1.1 端口控制晶体管的导通与截止。当单片机端口输出高电平时，晶体管截止，蜂鸣器不发声；当单片机端口输出低电平时，晶体管导通，蜂鸣器发出声音报警。

（7）电源电路：该系统所需要 +5V 直流电源供电，因此需要把 220V 的单相交流电压转换为 5V 直流电压。其转换的主要工作原理是利用变压器和整流电路将交流电变为大小合适的直流电，再经过滤波电路和稳压电路将其转换成稳定的直流电压，稳压电路使用稳压芯片 7805。由于输入电压为电网电压，一般情况下所需直流电压的数值和电网电压的有效值相差较大，因而需要使用变压器进行变压，起到减压的作用。减压后还是交流电压，需要整流电路把交流电压转换成直流电压。经整流电路整流后的电压含有较大的交流分量，会影响到负载电路的正常工作，通过低通滤波电路滤波，使输出电压平滑。稳压电路的功能是使输出直流电压基本不受电网电压波动和负载电阻变化的影响，从而获得稳定性足够高的直流电压。

5. 制作调试

1）用万用表检测各元器件是否完好。

2）插装元器件时应按从小到大的顺序，元器件尽量贴板安装，单片机插座和 LCD1602 应用镊子将各引脚调整好后贴板插装。

3）集成元器件各引脚间距离较小，焊接时应避免引脚间短路。

4）当显示不正确或电动机不能正常工作时，可以根据电路图检测相应部分电路的元器件是否焊接正确。

参 考 文 献

[1] 柴瑞娟，陈海霞．西门子 PLC 编程技术及工程应用［M］．北京：机械工业出版社，2008.

[2] 廖常初．FX 系列 PLC 编程及应用［M］．北京：机械工业出版社，2013.

[3] 卢秉恒．机械制造技术基础［M］．3 版．北京：机械工业出版社，2011.

[4] 中国智能制造网．http：//www. gkzhan. com/Tech_ news/Detail/121597. html［oL］.

[5] 宁秋平，鲍风雨．典型自动控制设备应用与维护［M］．北京：机械工业出版社，2011.

[6] 邱关源．电路［M］．北京：高等教育出版社，2003.

[7] 王明昌．建筑电工学［M］．重庆：重庆大学出版社，1995.

[8] 齐占庆．机床电气控制技术［M］．北京：机械工业出版社，1993.

[9] 齐占庆．机床电气自动控制［M］．北京：机械工业出版社，1994.

[10] 钟肇新，王灏．可编程控制器入门教程［M］．广州：华南理工大学出版社，2005.

[11] 西门子（中国）有限公司．西门子 SIMATIC S7 - 200 SMART 操作手册［Z］. 2012.

[12] 上海怡申科技股份有限公司．ABB 变频器操作手册［Z］. 2006.

[13] 北京昆仑通态公司．MCGS（Monitor and Control Generated System，监视与控制通用系统）使用手册［Z］. 2014.

[14] 北京欣斯达特数字科技有限公司．斯达特 TX - 3H504D 三相混合式步进驱动器使用手册［Z］. 2012.

[15] 北京和利时电机技术有限公司．和利时 MS0010A 伺服电机驱动器接口使用手册［Z］. 2015.

[16] 恒瑞电气（杭州）有限公司．HRPW20 - J 型维修电工技能实训考核装置使用手册［Z］. 2015.

[17] 单海校．电子综合实训［M］．北京：北京大学出版社，2008.

[18] 曹海平，顾菊平．电子实习指导教程［M］．北京：电子工业出版社，2016.

[19] 曾建唐．电工电子基础实践教程：（下册）工程实践指导［M］．2 版．北京：机械工业出版社，2008.

[20] 朱新芬．电工电子基础实践教程［M］．北京：清华大学出版社，2017.

[21] 周乐挺，冷报春，王苏冶，等．电工与电子技术实训［M］．北京：电子工业出版社，2004.

[22] 吴建明，张红琴．电子工艺与实训［M］．北京：机械工业出版社，2017.

[23] 周春阳，等．电子工艺实习［M］．北京：北京大学出版社，2006.

[24] 马全喜，李晓慧，等．电子元器件与电子实习［M］．北京：机械工业出版社，2009.

[25] 吴培刚，等．电工与电子技术综合训练实习指导书［M］．北京：中国水利水电出版社，2008.

[26] 李晓红．现代电子工艺［M］．西安：西安电子科技大学出版社，2014.

[27] 辜小兵，等．SMT 工艺［M］．北京：高等教育出版社，2012.

[28] 郑先锋，张超，等．电子工艺实训教程［M］．北京：中国电力出版社，2015.

[29] 深圳市优利德电子有限公司．UT50 系列机型操作说明书［Z］. 2016.

[30] 固纬电子（苏州）有限公司．GDS - 1000 系列数字存储示波器操作手册［Z］. 2015.

[31] 李光兰，等．电子产品组装与调试［M］．天津：天津大学出版社，2010.

[32] 阎石．数字电子技术基础［M］．北京：高等教育出版社，2006.

[33] 康华光．电子技术基础：模拟部分［M］. 6 版．北京：高等教育出版社，2014.